大学计算机基础（第2版）

Fundamentals of College Computer (2nd Edition)

贾宗璞 许合利 主编
赵珊 王利红 副主编

人民邮电出版社
北京

图书在版编目（CIP）数据

大学计算机基础 / 贾宗璞，许合利主编. -- 2版
. -- 北京 : 人民邮电出版社，2013.9（2019.8重印）
21世纪高等学校计算机规划教材
ISBN 978-7-115-32849-6

Ⅰ. ①大… Ⅱ. ①贾… ②许… Ⅲ. ①电子计算机－高等学校－教材 Ⅳ. ①TP3

中国版本图书馆CIP数据核字(2013)第187023号

内 容 提 要

本书是工业和信息化普通高等教育“十二五”规划教材之一，是根据教育部高等学校计算机科学与技术教学指导委员会编制的《关于进一步加强高等学校计算机基础教学的意见暨计算机基础课程教学基本要求（试行）》编写的。本书共分9章，主要内容包括：计算机与信息技术，Windows 7操作系统，计算机网络基础，Office 2010办公软件，信息安全技术基础，多媒体技术基础，数据库技术基础，常用工具软件，实验指导。书后附有Windows常用命令。每章均有重点、难点、小结，并附有大量习题。

本书内容丰富新颖，图文并茂，通俗易懂，实用性强。可作为高等学校非计算机专业的计算机基础课程教材，也可作为应用计算机人员的学习参考书。

◆ 主　　编　贾宗璞　许合利
副 主 编　赵　珊　王利红
责任编辑　李海涛
责任印制　彭志环　焦志炜

◆ 人民邮电出版社出版发行　　北京市丰台区成寿寺路11号
邮编　100164　　电子邮件　315@ptpress.com.cn
网址　http://www.ptpress.com.cn
北京捷迅佳彩印刷有限公司印刷

◆ 开本：787×1092　1/16
印张：18　　　　2013年9月第2版
字数：448千字　　　　2019年8月北京第10次印刷

定价：36.00元

读者服务热线：(010)81055256　印装质量热线：(010)81055316
反盗版热线：(010)81055315

第 2 版前言

本书是根据教育部高等学校计算机科学与技术教学指导委员会（以下简称“教指委”）编制的《关于进一步加强高等学校计算机基础教学的意见暨计算机基础课程教学基本要求（试行）》（俗称白皮书）中有关“大学计算机基础”课程的教学要求和大纲编写的。

计算机文化基础（或同类课程）曾是高校开设最为普遍的一门课程，也是学生入学的第一门计算机课程。随着中小学“信息技术”课程的开设，大学新生的计算机基础水平逐年提高，如何开设能反映信息时代特征的第一门课程，已成为亟待解决的一个课题。为此，教指委建议开设一门具有大学水准的基础性课程（名为“大学计算机基础”）。该课程的定位是大学计算机教学中的基础课程，类似于大学物理、大学英语、大学语文等，内容涉及计算机系统组成及信息技术、操作系统、计算机网络、数据库、多媒体、信息安全、基本应用技能等多个方面。较之以前开设的“计算机文化基础”内容更深，本课程应比较系统、深入地介绍一些计算机科学与技术的基本概念和原理，并配合相应的实验课，强化学生的动手能力和技能的培养，拓展学生的视野，使他们能在一个较高的层次上认识计算机和应用计算机，提高学生在计算机与信息方面的基本素质。

本书共分 9 章。第 1 章计算机与信息技术，介绍计算机系统的组成、工作原理及信息技术的基本概念；第 2 章操作系统，介绍操作系统的功能、概念及 Windows 7 的使用；第 3 章计算机网络基础，介绍计算机网络的组成与应用；第 4 章办公软件，介绍 Word 2010、Excel 2010、PowerPoint 2010 等软件及应用；第 5、6、7、8 章依次为信息安全技术基础、多媒体技术基础、数据库技术基础和常用工具软件，分别介绍相关基础知识及应用技术；第 9 章实验指导，配合各章教学，提供了丰富的实验，对提高学生的应用能力、动手能力、自学能力有重要作用。书后附有 Windows 常用命令。

本书源于大学计算机基础教育的教学实践，汇集了河南理工大学一线教师的教学经验，吸收了全国计算机等级考试、全国中小学教师教育技术考试、公务员招聘测试以及实际工作经验等基础性的内容。在内容选取上，既注意了先进性、科学性和系统性，又兼顾了实用性；在文字叙述上，力求做到深入浅出，通俗易懂，便于自学；同时用大量的典型实例化解各章的难点，且每章都配有导读（重点、难点）、小结和大量的练习题，来指导读者的学习。读者可通过做书面作业和大量的上机练习熟练掌握所学内容。

本书为高等学校计算机基础课教材，也可作为应用计算机人员的培训教材和学习参考书。

本书由贾宗璞、许合利主编，赵珊、王利红任副主编，具体编写分工为：贾宗璞编写第 1 章，赵珊编写第 2 章，许合利编写第 3 章，王利红编写第 4 章，张俊编写第 5 章、第 8 章，陈莉编写第 6 章及附录，逯静编写第 7 章、第 9 章。在本书的编写过程中，得到了河南理工大学领导和教务处的大力支持，在此表示衷心感谢。

由于编者水平有限，书中难免存在错误和不妥之处，敬请读者批评指正。

编者

2013 年 7 月

第2版前言

本书是根据教育部高等学校计算机科学与技术教学指导委员会（以下简称“教指委”）编制的《关于进一步加强高等学校计算机基础教学的意见暨计算机基础课程教学基本要求（试行）》（俗称白皮书）中有关“大学计算机基础”课程的教学要求和大纲编写的。

计算机文化基础（或同类课程）曾是高校开设最为普遍的一门课程，也是学生入学的第一门计算机课程。随着中小学“信息技术”课程的开设，大学新生的计算机应用水平逐年提高，如何开设高校新生的计算机第一门课程，已成为高校需要解决的一个课题。为此，教指委建议开设一门具有大学水准的基础性课程（名为“大学计算机基础”），该课程的定位是大学计算机教学中的基础课程，类似于大学物理、大学英语、大学语文等，内容涉及计算机系统的组成及信息技术、操作系统、计算机网络、数据库、多媒体、信息安全、程序设计技术等多个方面，较之以前开设的“计算机文化基础”内容更深、更全面。该课程从概念入手，深入浅出介绍一些计算机科学与技术的基本概念和原理，并强调相应的实验，强化学生的动手能力和技能的培养，拓展学生的视野，使他们能在一个较高的层次上认识计算机和应用计算机，培养学生在计算机与信息方面的基本素质。

本书共分9章。第1章计算机与信息技术，介绍计算机系统的组成、工作原理及信息技术的基本概念；第2章操作系统，介绍操作系统的功能、概念及Windows 7的使用；第3章计算机网络基础，介绍计算机网络的组成与应用；第4章办公软件，介绍Word 2010、Excel 2010、PowerPoint 2010等软件的应用；第5、6、7、8章分别为信息安全技术基础、多媒体技术基础、数据库技术基础和常用工具软件，分别介绍相关基础知识及应用技术；第9章实验指导，配合各章教学，提供了丰富的实验，对提高学生的应用能力、动手能力、自学能力有重要作用。书后附有Windows常用命令。

本书融入了大学计算机基础教育的教学实践，汇集了河南理工大学一线教师的教学经验，吸取了全国计算机等级考试、全国中小学教师教育技术考试、公务员招聘考试以及实际工作岗位等基础性的内容。在体系结构上，既注意了先进性、科学性和系统性，又兼顾了实用性；在文字叙述上，力求深入浅出、通俗易懂，便于自学；同时用大量的典型实例配合章节的讲解。且每章都配有导读（重点、难点）、小结和大量的练习题，来指导读者的学习，读者可通过做书中的作业和大量的上机练习熟练掌握所学内容。

本书为高等学校计算机基础课教材，也可作为计算机人员的培训教材和学习参考书。

本书由胡宗鲁、冯今利主编，赵珊、王利红任副主编。具体编写分工为：黄宗凡编写第1章，赵珊编写第2章，冯今利编写第3章，王利红编写第4章，张俊编写第5章、第8章，陈莉编写第6章及附录，谢静编写第7章、第9章。在本书的编写过程中，得到了河南理工大学领导和教务处的大力支持，在此表示衷心感谢。

由于编者水平有限，书中难免存在错误和不妥之处，敬请读者批评指正。

编者

2015年7月

目 录

第1章 计算机与信息技术

本章重点：

- 计算机的发展、特点、分类及主要应用
- 计算机的有关概念、组成及基本工作原理
- 信息与信息技术
- 信息的表示与存储
- 计算机中的数制、数制之间的相互转换、二进制编码

本章难点：

- 数制与数制之间的相互转换

1.1 计算机的发展、特点与分类

1.1.1 计算机的发展

电子计算机是一种能自动对各种信息进行高速处理和存储的电子设备，它是现代科学技术发展的必然产物。从 20 世纪 40 年代起，现代科学技术高速发展，一方面，提出了大量复杂的计算问题，原有的计算工具已远远满足不了要求；另一方面，电子学和自动控制技术的成果，为研制计算机提供了物质技术基础。在此情况下，电子计算机应运而生。

世界上第一台电子计算机诞生于 1946 年，它是由美国宾夕法尼亚大学的莫克利（J.W.Mauchly）和艾克特（J.P.Eckert）领导研制的，取名“电子数字积分计算机”（Electronic Numerical Integrator And Calculator），简称“埃尼阿克”（ENIAC）。它有 18 000 个电子管，总质量 30t，耗电量为 150kW/h，每秒可进行 5000 次加法运算，如图 1.1 所示，主要用于导弹和氢弹研究等方面的计算。此后，计算机的发展突飞猛进。从组成计算机的电子元器件和其性能来看，计算机已经历了电子管、晶体管、集成电路和大规模集成电路四代。每一阶段在技术上都是一次新的突破，在性能上都是一次质的飞跃。

图 1.1 ENIAC

第一代计算机（1946—1958）：采用的电子元件为电子管，使用机器语言和汇编语言编制程序，处理速度为几千条指令数，内存容量只有几千字节（KB），主要用于科学计算。这一代计算机是

计算机发展史上最重要的发展阶段，为以后计算机的发展奠定了技术基础。

第二代计算机（1959—1964）：采用电子元件为晶体管，处理速度为每秒几百万条指令数，内存容量达到了几十千字节（KB），一些高级程序设计语言相继问世，除用于科学计算外，还用于数据处理、工业控制等方面。

第三代计算机（1965—1971）：电子元件采用中小规模集成电路，微程序设计技术开始被使用，系统结构有很大改进，处理速度达到了每秒几千万条指令数，内存容量也达到了数兆字节（MB），具有了操作系统，软件配置进一步完善，机种多样化、系列化，并和通信技术结合起来，已经应用到各个领域。

第四代计算机（1971年以后）：电子元件采用大规模、超大规模集成电路，系统软件中不仅有操作系统，还出现了数据库管理系统，被广泛地应用于各领域。计算机的换代不仅表现为主机器件的改进、外部设备的增加，也表现为配套软件的丰富，进而表现在性能/价格比的提高，计算机应用范围的扩大。

在此期间出现的微型计算机是计算机发展史上的一个重要里程碑。正是由于微型计算机的出现，才使得人类社会进入了计算机广泛普及应用的新纪元。

我国计算机事业始于1956年，1958年研制成功第一台小型电子管通用计算机103，1959年研制成功104大型电子管通用计算机，当时已处于比较先进的水平。1965年研制成功第一台大型晶体管计算机109乙，之后推出109丙，该机在两弹试验中发挥了重要作用。1973年研制成功第一台集成电路通用计算机150，采用自行设计的操作系统。1983年研制成功第一台巨型计算机银河-I。目前，我国在超级计算机研制方面已形成了“曙光”、“银河”、“天河”、“神威”、“深腾”等系列，在高性能微处理器方面成功研制了具有自主知识产权的“飞腾”、“申威”、“龙芯”等系列，已投入使用，并进入国际先进行列，但商用方面不如国外Intel、AMD等公司生产的处理器。

近年来，一些国家投入了大量人力、财力和物力研制新一代计算机。虽然国际上对新一代计算机究竟应该是个什么样子众说纷纭，但比较一致的看法是：新一代计算机将高度智能化，它将在模拟人脑及一些器官方面有新的突破，在实现脑力劳动自动化方面有重大进展。

新一代计算机应具有以下功能。

（1）各种形式的信息处理能力。

（2）自然语言的理解能力。

（3）学习、联想、推理和解释问题的能力。

（4）软件生产自动化的能力。

目前，计算机技术正在向以下5个方面发展。

1. 巨型化

巨型计算机也称为超级计算机或高性能计算机，通常是指由很多处理器组成，具有高速运算、大存储容量、强功能的计算机系统。超级计算机主要应用于生物医学、航空航天、气候和环境、核能、纳米技术、国防和国家安全等方面，其研制能力标志着一个国家的科技水平和综合国力。现在人们已经习惯将计算作为科学研究的第三种手段，与传统的科学研究的理论方法和实验方法并列。

目前任何高性能计算和超级计算都离不开并行技术，简单地说，并行计算是指同时对多个任务、多条指令或多个数据项进行处理。

2. 微型化

随着大规模和超大规模集成电路技术的发展，微型计算机得到了迅速普及，已广泛应用于各行各业中，其性能已达到或超过早期大、中型计算机的水平。微型计算机使用方便、体积小、成本低、功能齐全，现已进入千家万户，成为现代家庭中的重要工具。

3. 网络化

计算机网络是计算机技术和通信技术相结合的产物，它能有效地提高计算机资源（特别是信息资源）的综合利用，同时形成一个规模大、功能强、可靠性高的信息综合处理系统。近些年，局域网发展迅速，已成为管理和办公自动化等应用领域中的重要环节。

以网络为基础的计算机集群（机群）也是高性能计算机的一种结构模型，这是利用快速网络设备将一群计算机（不包括监视器、键盘、鼠标等）连接在一起，采用并行计算而实现的。

4. 智能化

随着计算机技术的迅速发展，人们对计算机的智能化提出了更高的要求，科学家们又开始了新一代计算机——神经网络计算机的艰难探索。所谓神经网络计算机，是一种试图模拟人脑工作方式的新型计算机体系，它在解决诸如知识表达、自我学习、联想记忆、模式识别等方面的问题时显示出独特的优越性，它的发展必将为人工智能开辟一条崭新的途径。

5. 多媒体化

多媒体计算机就是可以使用多种信息媒体的计算机，它将计算机系统与图形、图像、声音、视频等多种信息媒体综合进行处理，改变了计算机生硬呆板的面孔，换上了丰富多彩、声图并茂的容颜，使人们能以耳闻、目睹、口述、手触等多种方式方便、自然、友好地与计算机交换信息。人们预言，多媒体计算机将为计算机技术的发展和应用开创一个新的时代，给社会经济的发展带来深远的影响。

计算机在向微型化、巨型化、网络化、智能化、多媒体化发展的同时，许多形形色色的高性能、功能奇特且更具智能化的新概念计算机也应运而生，如光学计算机、生物计算机、量子计算机、超导计算机等，使计算机世界更加绚丽多彩。

1.1.2　计算机的基本特点

1. 运算速度快

运算速度是计算机的一个重要性能指标。计算机的运算速度通常用平均每秒钟执行指令的条数来衡量。计算机的运算速度之快超乎人们的想象，是计算机的一个突出特点。例如，2007 年 IBM 研制的“蓝色基因/L”，运算速度高达每秒 280.6 万亿次。我国于 2004 年 6 月研制成功的曙光 4000A，运算速度为每秒 11 万亿次。

2. 计算精度高

计算机具有很高的计算精度，理论上不受限制，但实际上要取决于计算机用的硬件、操作系统的类型及用于计算的软件等方面。

3. 具有很强的“记忆”和逻辑判断能力

计算机的存储器使计算机具有“记忆”功能，它能够存储程序、原始数据、中间结果、最后结果等大量信息。计算机还能进行各种逻辑运算，做出逻辑判断，并根据判断的结果自动选择以后应执行什么操作。

4. 程序控制下自动操作

计算机与以前所有计算工具的本质区别在于：它能摆脱人工干预，在程序控制下自动、连续地进行各种操作，最终得到处理结果。

5. 通用性强

计算机可以广泛应用于数值计算、信息处理、过程控制、CAD（计算机辅助设计）、CAM（计算机辅助制造）、人工智能等许多方面，不同行业的用户可以通过设计不同的软件来解决各自的问题。

1.1.3 计算机的分类

电子计算机可按不同的方法进行分类。

1. 按工作原理分类

按工作原理不同可分为电子模拟计算机、电子数字计算机和模拟数字混合计算机。电子模拟计算机用连续的物理量（模拟量）表示被处理的信息，并直接对模拟量进行操作；电子数字计算机用离散的数字量表示被处理的信息，并直接对数字形式表示的量值进行运算，其功能、速度、精度以及广泛应用的程度都远远超过电子模拟计算机；模拟数字混合计算机就是把模拟技术和数字技术结合起来的混合式计算机。通常我们所说的计算机一般是指电子数字计算机，简称计算机。

2. 按制造计算机所用元器件分类

按制造计算机所用的元器件可分为第一代计算机、第二代计算机、第三代计算机和第四代计算机。

3. 按性能分类

按性能可分为巨型计算机、大型计算机、小型计算机、微型计算机、工作站以及服务器等。大型计算机包括大型机和中型机，价格昂贵，性能次于巨型机，一般只有大中型企事业单位才配置和管理；小型机通常是一个多用户系统，其运算速度和存储容量都低于大型机，操作系统一般是基于UNIX的（如IBM公司的AIX、HP公司的HP-UNIX），具有高可靠性、高可用性和高服务性，一些银行和制造业还在使用；工作站（Work Station，WS）是一种高档的微型计算机，通常配有高分辨率的大屏幕显示器及容量很大的内存和外存，并且具有较强的信息处理功能和高性能的图形、图像处理功能以及联网功能。常见的工作站有计算机辅助设计（CAD）工作站（或称工程工作站）、办公自动化（OA）工作站、图形处理工作站等；微型计算机将在后面详细介绍；服务器从广义上讲，是指网络中能为其他机器提供某些服务的计算机（如一台普通的微型计算机对外提供服务，也可叫服务器），从狭义上讲，是指某些专门为网络应用生产的计算机，相对于普通的微型计算机来说，稳定性、安全性等性能方面都有更高的要求。

4. 按用途分类

按用途可分为通用计算机和专用计算机。通用计算机主要应用于科学计算、日常工作等，如用于科学计算的大型机，用于日常工作的个人计算机（Personal Computer，PC）等；专用计算机一般用于专门某一领域，其中嵌入式系统是专用计算机中的典型系统，如手机、MP4、汽车上的智能系统等。

1.2 信息、信息化与信息技术

人类正走进信息化的知识经济时代，信息资源已成为与材料和能源同等重要的战略资源；信息技术正以其广泛的渗透性和无与伦比的先进性与传统产业结合；信息产业已发展为世界范围内的朝阳产业和新的经济增长点；信息化已成为推进国民经济和社会发展的助力器；信息化水平则成为一个城市或地区现代化水平和综合实力的重要标志。因此，世界各国加快信息化在国防、教育、企业、民生等各行业的建设作为国家的发展战略。

1.2.1　数据与信息

数据是人们用于记录事物状况的物理符号。为了描述客观事物，用到的数字、字符以及所有能输入到计算机中并能被计算机处理的符号都可以看成数据。数据有两种基本形式，即数值型数据和字符型数据。此外，还有图形、图像、声音等多媒体数据。

信息是数据中所包含的意义。通俗地讲，信息是经过加工处理并对人类社会实践和生产活动产生决策影响的数据。

数据与信息既有区别又有联系，一方面，数据是用于表示信息的，但并非任何数据都能表示信息，信息只是加工处理后的数据，是数据所表达的内容；另一方面，信息反映客观现实世界的知识，不随表示它的数据形式而改变，数据则具有任意性，用不同的数据形式可以表示同样的信息。

信息具有如下特点。

（1）普遍存在性。信息在生活中无处不在，如一本书的名字、电视上的节目、网站上的新闻等。当今社会人们始终都在接收各式各样的信息。

（2）信息的可处理性。信息经过处理可以成为更为有用的信息，如卫星拍的云图信息经过处理后，可得到天气预报信息。

（3）可传递性和共享性。信息可以通过电视、网站、会议等多种渠道进行传播。信息在传递过程中信息量不会减少，并且可以提供给多个接收者使用，即信息可以共享。例如，不会因为某个人先看了某网站上的新闻，而导致其他人不能看此新闻或者新闻内容发生改变。

（4）信息的传递必须依附于载体。任何信息都要依附于载体才能进行存在和传递。如新闻需要电视、网站等作为载体来进行传播。

社会的进步赋予信息更丰厚的内涵，信息的膨胀与人们对其需求的激增，使信息成为当今社会生活的一大支柱，成为一种与能源、材料并存的重要战略资源。

1.2.2　计算机在信息化中的作用

信息化离不开计算机技术、通信技术和多媒体技术的支持。计算机技术从根本上改变了信息收集、分析、加工、处理的手段和方法，使人们能够方便、准确、高效地利用信息资源。通信技术和网络技术大大缩短了世界的距离，使信息得以更加快速、广泛地传播。多媒体技术集文本、音频、视频、图形、图像等多种媒体之大成，使信息世界更加绚丽多彩，成为信息处理领域在 20 世纪 90 年代出现的又一次革命。

在计算机、通信和多媒体等技术的结合中，计算机技术总是处于核心的地位，而且成为信息社会的重要支柱。正是由于计算机的高速发展和普及，才使信息产业以史无前例的速度持续增长。在世界第一产业大国——美国，信息产业已跃居为最大的产业。

1.2.3　现代信息技术的内容

信息技术（Information Technology，IT）是研究信息的获取、传输和处理的技术，由计算机技术、通信技术、微电子技术结合而成，有时也叫做“现代信息技术”。一般来说，信息技术包含 3 个层次的内容：信息基础技术、信息系统技术和信息应用技术。

1. 信息基础技术

信息基础技术主要包括传感技术、通信技术、计算机技术、缩微技术等。

传感技术的任务是延长人的感觉器官收集信息的功能，如家用电冰箱利用温度传感器返回的信号来控制电冰箱的压缩机是否工作。

通信技术的任务是延长人的神经系统传递信息的功能，通信技术的发展速度之快是惊人的，如电话、收音机、电视机、手机、传真、卫星通信等。

计算机技术的任务是延长人的思维器官处理信息和决策的功能。电子计算机是信息处理机，是人脑功能的延长，能帮助人更好地存储信息、检索信息、加工信息和再生信息。计算机技术与现代通信技术一起构成了信息技术的核心内容。例如，电子出版业系统的应用改变了传统印刷出版业。

缩微技术是指利用专门的光电摄录装置，对各种以纸张材料为信息载体的文献资料进行高密度微化和缩小的技术，其任务是延长人的记忆器官存储信息的功能。运用缩微技术，可以使处理后的信息具有体积小，便于转移、存储、销毁等特点。国外的缩微技术发展很快，美国是缩微技术最发达的国家。例如，闻名世界的美国 ProQuest 公司是一个收集、储藏以及提供文献检索的出版公司，具有海量的历代书籍、期刊、博硕士论文、档案、地图等数字化信息，其中欧美学位论文达 160 多万篇。

2. 信息系统技术

信息系统技术主要包括信息网络技术和信息资源技术。信息网络技术是指建立的信息处理、传输、交换和分发的计算机网络技术。信息资源技术是建立的信息资源采集、存储、处理的资源技术。

3. 信息应用技术

信息应用技术是指在信息基础技术和信息系统技术上建立各类业务管理应用系统时所采用的技术。

1.2.4 现代信息技术的特点

1. 数字化

数字化就是将信息用电磁介质按二进制编码方法加以处理和传输，将原先用纸张或其他媒介存储的信息转变为用计算机处理和传输的信息。

现代信息的数字化把传统的记录、语言、报刊等变为磁介质上的电磁信号，为压缩信息存储空间、改进信息组织方式、提高信息更新速度、进行信息远程传递提供了基础；将多种信息形式（如文字、符号、图形、声音等）有机地结合在一起，为进行信息的统一处理和传输提供了基础；将信息组织形式由顺序的方式转变为可按其本身的逻辑关系组成相互关联的网络结构，为提高信息检索提供了基础。

2. 多媒体化

多媒体技术是指将音像技术、计算机技术和通信技术三大信息处理技术结合起来，形成一种人机交互处理多种信息的新技术。

信息的多媒体化主要表现在现代信息以图形、图像、声音、动画等多种媒体来进行传播，以实现多种感官的综合刺激，使信息形象化，有利于对信息的获取。

3. 网络化、高速化

计算机技术与网络技术的发展使信息技术走入网络化。信息网络得到飞速发展，从局域网到广域网，再到国际互联网，使信息得到了广泛传播。

另外，网络的广泛性和计算机性能的提高使信息的传播速度大大提高，而宽带的出现，更加速了信息的传播。

4. 智能化

信息技术注重吸收社会科学等其他学科的理论和方法，表现最为突出的是人工智能理论与方法的深化与应用。在通信领域将出现类似人脑一样具有思维能力的智能通信网，当网络提供的某种服务因故障中断时，智能系统可以自动诊断故障，恢复原来的服务；在计算机领域，超级智能芯片、神经计算机、自我增殖数据库系统等得到发展。信息技术的智能化还在多媒体领域得到广泛应用，如公安系统中所应用的指纹系统。

1.3　计算机的应用

目前，计算机已广泛应用于人类社会的各个领域和国民经济的各个部门，日益显示出强大的生命力。归纳起来，计算机主要有如下 8 个方面的应用。

1. 科学计算

科学计算（或称数值计算）一直是计算机的重要应用领域之一。在科学研究和工程设计中，存在大量的数学计算问题。其特点是数据量不很大，但计算量非常大，而且十分复杂，有些还有时间限制，如解上千阶的微分方程组、大型矩阵运算、天气预报等。

2. 数据处理

在当今的信息社会中，人类需要对大量的信息进行分析、加工，这就是数据处理所面临的任务。数据处理的主要功能就是对各种数据信息进行收集、加工、分类、合并、排序、计算、传送、存储以及打印输出各种报表或图形等，其特点是要处理的原始数据量庞大，而计算比较简单，主要是大量的逻辑运算和判断，如银行业务管理、图书资料管理、情报检索、运输调度、航空及铁路客票预订等。

3. 过程控制

由于计算机既有高速计算能力，又有逻辑判断能力，所以能用于宇宙飞船、卫星、导弹、飞机等的发射和飞行过程的实时控制。过程控制的一个重要应用方面是对生产过程的控制，如机床控制、配料控制等。

4. 辅助技术

（1）计算机辅助设计（Computer Aided Design，CAD）：CAD 是近年来迅速发展起来的一个重要应用领域，它广泛应用于飞机、船舶、超大规模集成电路以及建筑、服装等的设计过程中，使设计过程自动化，提高了设计质量，缩短了设计周期，降低了设计成本。

（2）计算机辅助制造（Computer Aided Manufacturing，CAM）：CAM 的核心是计算机数值控制（数控），是将计算机应用于制造生产过程的系统。数控机床是 CAM 早期应用实例，具有精度高、重复性好等优点。数控机床实质上是一种由专用计算机控制的机床，其特点是用事先编好的数控加工程序代替人工来控制机床操作。随着数控技术的发展，出现了柔性制造系统（Flexible Manufacturing System，FMS），它是数控机床的进一步发展。FMS 通常带有存放全部加工资料的数据库，包括刀具、夹具等资料以及控制加工的程序，能够在加工过程中自动更换刀具并给出加工数据，在一次加工中完成包含多道工序的复杂零件。

（3）计算机集成制造系统（Computer Integrated Manufacturing System，CIMS）：CIMS 是集设计、制造、管理三大功能于一体的现代化工厂生产系统。它是从 20 世纪 80 年代初期迅速发展起来的一种新型的生产模式，具有生产效率高、生产周期短等优点，很有可能成为 21 世纪制造工业的主要生产模式。CIMS 是一种综合性的信息处理系统，其组成包括工程设计系统、柔性制造系统和事务处理系统。

（4）辅助决策：计算机辅助决策系统是可以帮助人类进行判断的软件系统。计算机在人类预先建立的模型基础上，根据对所采集的大量数据的科学计算，进行科学的判断。

（5）计算机辅助教育（Computer Based Education，CBE）：CBE 是计算机在教育领域的应用，包括计算机辅助教学（Computer-Aided Instruction，CAI）和计算机管理教学（Computer Managed Instruction，CMI）。CAI 有许多优点，其最大的特色是交互教育和个别指导。由于 CAI 教学是在对话过程中进行的，系统与学生可以相互提问和回答；另一方面，课件内部的超文本结构允许学生根据自己的需要选择不同的学习内容和顺序，做到"因人施教"。因此，有人认为，CAI 将"完全改变传统的教育方式"。CMI 是以计算机为主要处理手段所进行的教学管理活动，主要包括设定学习路线，使学生能按知识掌握的先后要求，依次学习；根据学生的个性化信息（学习能力、学习表现、测试成绩等）安排相应的学习进度，并给出相应学习建议；跟踪收集、分析每个学生的学习情况、课件使用情况等，并及时反馈给相应的人员。CMI 有两个重要的发展方向，即智能型 CMI 和结构化 CMI。智能型 CMI 相当于专家型教师，结构化 CMI 相当于精彩的教科书。

5. 人工智能

人工智能（Artificial Intelligence，AI）的研究领域包括模式识别、景物分析、自然语言理解和生成、博弈、专家系统和机器人等。目前，这是一个很有发展前途且极具诱惑力的应用领域，已取得不少成果，如多种专家系统已成功地应用于地质勘探、医疗诊断、遗传工程等方面，各类机器人也已在科研和工业上获得实际应用。

6. 计算机模拟

在传统的工业生产中，常使用模型对产品或工程进行分析或设计，不仅代价高，周期长，有时还具有很大的危险性。20 世纪 60 年代以后，人们尝试用计算机程序代替实物模型来进行模拟试验。实践表明，计算机模拟（Computer Simulation）不仅成本低，得出结果快，而且安全可靠。

计算机模拟也适用于社会科学领域，如军事演习、城市规划、人口控制等，都可以先在计算机上建立相应的动态模型，然后改变其中的某些参数，来观察对计划产生的影响。

虚拟现实是典型的计算机模拟技术。虚拟现实（Virtual Reality，VR）也称虚拟实境或灵境，是一种可以创建和体验虚拟世界的计算机系统，它利用计算机技术生成一个逼真的具有视、听、触等多种感知的虚拟环境，用户通过使用各种交互设备，同虚拟环境中的实体相互作用，使之产生身临其境感觉的交互式视景仿真和信息交流，是一种先进的数字化人机接口技术。

7. 电子商务

电子商务是利用计算机技术、网络技术和远程通信技术，实现整个商务（买卖）过程中的电子化、数字化和网络化。人们不再是面对面的、看着实实在在的货物、靠纸介质单据（包括现金）进行买卖交易，而是通过网络了解商品的信息、完善的物流配送系统和方便安全的资金结算系统进行交易（买卖）。

8. 电子政务

电子政务是政府机构应用现代信息和通信技术，将管理和服务通过网络技术进行集成，在互联网上实现政府组织结构和工作流程的优化重组，超越时间和空间及部门之间的分隔限制，向社会提供优质和全方位的、规范而透明的、符合国际水准的管理和服务。

1.4 计算机系统的组成与基本工作原理

美藉匈牙利数学家冯·诺依曼于 1946 年提出了计算机逻辑设计思想（存储程序原理），确定了计算机的体系结构和基本工作原理，这一设计思想是计算机发展史上的里程碑，标志着计算机时代的真正开始，所以冯·诺依曼被誉为“现代计算机之父”。现代计算机虽然在结构上有多种类别，但就其本质而言，多数都是基于冯·诺依曼的基本设计思想，因此称之为冯·诺依曼计算机。一个完整的计算机系统由硬件系统和软件系统两大部分组成，二者协同工作来完成人们要求的各种任务。

1.4.1　计算机硬件系统

计算机硬件系统是指构成计算机系统的物理设备，又称机器系统。按照冯·诺依曼提出的体系结构，硬件系统由运算器、控制器、存储器、输入设备和输出设备 5 大部分组成。

（1）运算器。运算器主要由算术逻辑单元（Arithmetic Logic Unit，ALU）、寄存器组组成，用来完成各种算术运算、逻辑运算及其他运算。有时也将运算器称为算术逻辑单元。

（2）控制器。控制器是整个计算机系统的控制中心，主要由程序计数器、指令寄存器、指令译码器、时序控制电路和微操作控制电路等组成。在系统运行过程中，按指令的要求向计算机的各部件发出微操作控制信号，指挥各部件高速协调地工作。

（3）存储器。存储器用来存放程序、数据等各种信息。计算机中的信息都是以二进制代码形式表示的，二进制数由 0 和 1 组成，所以必须使用具有两种稳定状态的物理器件来存储信息。

按存储器在计算机中的作用不同，一般分为内存储器与外存储器。

① 内存储器：又称主存储器，简称内存或主存。内存储器由半导体器件组成，存取速度较快，但容量有限，主要用来存放当前正在运行的程序和数据，它可以直接与运算器和控制器交换信息。

计算机存储信息的最小单位是位（bit），一位可存储一个二进制数 0 或 1。计算机存储信息的基本单位是字节，每 8 位二进制合在一起称为一个字节（Byte），用 B 表示。

计算机一次能同时处理的二进制信息称为字（Word）。字的位数称为字长，通常是字节的倍数。字长越长，计算机功能越强。不同型号的计算机，字长可能不一样。当代微型机的字长多采用 64 位。

在存储器中，若干位组成一个存储单元。存储器由许多存储单元组成。为了区分不同的存储单元，正确地存取信息，必须将它们统一编号。存储单元的编号称为地址。例如，一个存储器有 256 个存储单元，它们的地址编号可以从 0 到 255。地址可以按字编址，也可以按字节编址。现代计算机多是按字节编址的，几个字节才能组成一个字。

② 外存储器：又称辅助存储器，简称外存或辅存。外存储器由磁性介质或光学介质组成，如磁盘、光盘、磁带等，容量较大，但存取速度较慢，主要用来存放暂时不用的信息，是主存的后备和补充。运算器和控制器不能直接处理外存上的信息，必须先将外存上的信息调入内存，运算器和控制器才能加以处理。外存能长期保存信息，是保存信息的主要媒体。外存储器在计算机硬件结构中具有双重身份，既是输入设备又是输出设备。将外存上的信息装入内存时为输入，而将内存中的信息存到外存上时为输出。

无论内存还是外存，衡量其性能优劣的主要指标有存储容量、存储速度、可靠性、功耗、体积、重量等。存储容量指存储器所能存储的全部二进制信息量，通常以字节 B 为单位。表示存储容量大小的单位还有 KB、MB、GB、TB，它们之间的关系为：

1KB=1024B　　　　1MB=1024KB

1GB=1024MB　　　　1TB=1024GB

目前，个人计算机上的内存容量一般为几个 GB，硬盘容量为几百个 GB，甚至达到 1TB 以上。

（4）输入设备。输入设备用来向计算机输入程序、数据、各种操作命令等信息。常用的输入设备有键盘、鼠标、光笔、触摸屏、数字化仪、光电扫描仪等。

（5）输出设备。输出设备用来输出处理结果等信息。常用的有显示器、打印机、绘图仪等。

上述5部分中，运算器和控制器是计算机结构中的核心部分，通常把它们合在一起称为中央处理器（Central Processing Unit，CPU）。输入设备和输出设备合称输入/输出设备，简称I/O设备。输入/输出设备和外存统称为外部设备。

1.4.2 计算机的基本工作原理

1. 指令、指令系统和程序

指令是能被计算机识别并执行的二进制代码，它规定了计算机能完成的某一种操作，如加、减、乘、除等。指令一般由两部分组成：一部分是操作码，指出要完成的具体操作，即“干什么”；另一部分是地址码，指出操作对象所在存储单元的地址或下一条指令的地址。

指令系统是一台计算机所能执行的全部指令的集合。不同类型的计算机有不同的指令系统。

程序是为解决某个问题而编制的指令（或语句）序列。

2. 计算机的基本工作原理

冯·诺依曼存储程序原理的主要思想可以简要地概括为以下3点。

（1）计算机由运算器、控制器、存储器、输入设备和输出设备5个基本部分组成。

（2）计算机内部采用二进制表示指令和数据。

（3）要让计算机完成某项工作，就必须事先编制好相应的程序，并通过输入设备把程序和原始数据存入存储器中，启动计算机后，无须人工干预，计算机从第一条指令开始按照指令的逻辑顺序逐条执行程序的指令，使计算机在程序的控制下自动完成解题的全过程，最后根据指令将结果通过输出设备输出。

下面以指令的执行过程简单说明冯·诺依曼计算机的基本工作原理，如图1.2所示，图中实线表示数据传送，虚线表示控制信号。

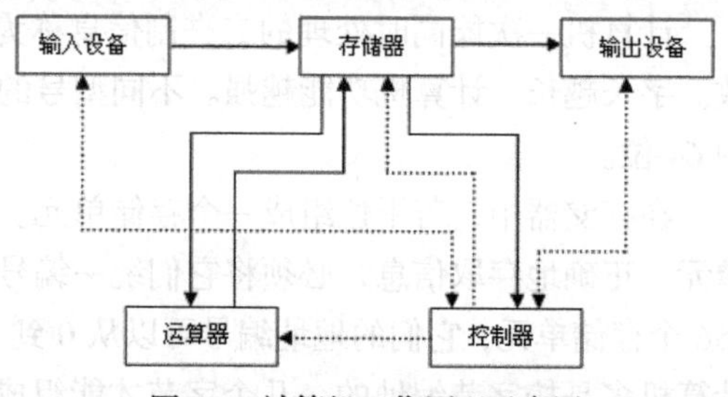

图1.2 计算机工作原理示意图

（1）取指令。按照控制器的程序计数器中的地址从内存中取出指令，并送往指令寄存器；同时使程序计数器加1，作为下一条待执行指令的地址。

（2）分析指令。对指令寄存器中存放的指令进行分析，由操作码确定执行什么操作，由地址码确定操作数的地址。

（3）执行指令。根据分析结果，由控制器发出相应的一系列控制信号，去完成该指令所要求的操作。如果遇到转移指令，则将转移地址送入程序计数器。

重复以上3个步骤，再取指令、分析指令、执行指令，如此循环，直到遇到停机指令或受到外来干预为止。

可以看出冯·诺依曼计算机采用的是串行处理，其主要特征为：计算机的各个操作（如读/写存储器、算术或逻辑运算、I/O操作）只能串行地完成，即任何时候只能进行一个操作。为了克服这种不足，在现代计算机中多采用并行处理技术。

1.4.3 计算机软件系统

软件系统是指可在计算机上运行的各种程序及其数据和相关文档等，又称程序系统。没有安装任何软件的计算机（纯硬件）称为裸机，裸机不能做任何工作。所以，如果把硬件看作是计算机进行各种操作的物质基础，那么软件就是其发挥强大功能的灵魂，二者缺一不可，相辅相成。软件的配置情况将直接影响计算机系统的功能，通常可将软件分为系统软件和应用软件两大类。

1. 系统软件

系统软件是用来管理、控制和维护计算机系统的软硬件资源，并为各种应用软件提供支持的一系列程序。它可以方便用户使用计算机，并能充分发挥计算机的效能。一般来说，系统软件包括操作系统、数据库管理系统、语言处理程序、服务性程序等。

（1）操作系统（Operating System，OS）。操作系统是计算机系统的指挥调度中心，是一切软件中最基本、最重要的软件。要使计算机正常工作，必须有操作系统。其他各种软件则可根据需要配置。操作系统是控制和管理计算机软硬件资源，合理组织计算机工作流程及改善用户工作环境、提高用户工作效率的程序的集合。

（2）数据库管理系统。在数据处理系统中，需要处理大量的数据，而将相关的数据以一定组织方式存储起来就形成了数据库（Data Base，DB）。用户通过数据库管理系统（Data Base Management System，DBMS）来管理、操作数据库，包括建立数据库，编辑、修改、增删数据库内容以及对数据的检索、统计、排序、维护等。常见的数据库管理系统有 Access、FoxPro、SQL Sever、Sybase、Oracle 等。

（3）语言处理程序。要让计算机完成给定的任务，必须使用程序设计语言编写程序。程序设计语言也叫计算机语言，具有预先规定的符号和语法规则。除机器语言外，使用其他程序设计语言编写的程序（称为源程序）不能被计算机直接识别和执行。语言处理程序的实质就是将源程序翻译成计算机能识别的二进制代码表示的目标程序，包括汇编程序、编译程序、解释程序等。语言处理程序是随着程序设计语言的发展而产生的，程序设计语言经历了下面 3 个发展阶段。

① 机器语言。机器语言是用二进制代码指令表示的计算机语言，能被计算机硬件直接识别和执行。机器语言与计算机的逻辑结构相关，也就是说，机器语言因计算机不同而异，所以机器语言是一种面向机器的语言。利用机器语言编写的程序称为机器语言程序。机器语言的优点是：编写的程序代码不需要翻译、所占存储空间小、执行速度快；缺点是：难记忆、难书写、难编程、可读性差且容易出错、不具备通用性。现在已经没有人用机器语言直接编程了。

② 汇编语言。汇编语言又称符号语言，是一种将机器语言符号化的语言，它用形象、直观、便于记忆的字母、符号来代替数字编码的机器指令。汇编语言的语句与机器指令一一对应，不同的计算机具有不同的汇编语言。用汇编语言写的程序称为汇编语言源程序，必须使用汇编程序翻译（汇编）成计算机能够识别的目标程序，才能被计算机执行，如图 1.3 所示。常见的汇编程序有 MASM、NASM、TASM 等。

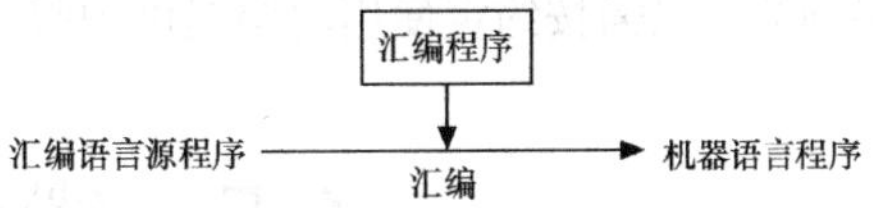

汇编程序

汇编语言源程序 → 汇编 → 机器语言程序

图 1.3　汇编程序的工作过程

汇编语言在一定程度上克服了机器语言难读难改的缺点，同时保留了其编程质量高、占据存储空间少、执行速度快的优点。所以，在实时性要求较高的地方，如过程控制等，仍经常采用汇编语言。但汇编语言照样存在通用性较差、可读性差等缺点，这导致了高级语言的出现。

③ 高级语言。高级语言是一种更接近自然语言（英语）和数学语言的程序设计语言，比自然语言更单调、更严谨和富有逻辑性，不依赖于计算机硬件，编写的程序易读、易修改，通用性好。高级语言的种类很多，使用较普遍的有 FORTRAN、BASIC、LISP、C、Visual BASIC、Visual C++、Delphi、Java、C#等。

使用高级语言编写的程序称为高级语言源程序，计算机不能直接执行，必须经过语言处理程序的翻译才能被机器接受。通常翻译的方式有两种：解释方式和编译方式，相应的翻译工具也分别称为解释程序和编译程序。解释方式类似于外语翻译的口译，逐条翻译源程序语句，翻译一句执行一句，边翻译边执行，解释完毕，程序也执行完毕。这种翻译方式不生成目标程序，每次运行时都要重新翻译。BASIC、LISP 等语言采用解释方式。编译方式对整个源程序翻译成目标程序，但还不能立即装入机器执行，因为在目标程序中还可能要调用一些其他语言编写的程序和标准程序库中的子程序，需要通过连接程序将目标程序和这些有关的程序组合成一个完整的可执行程序，如图 1.4 所示。一般高级语言（如 FORTRAN、C、Visual C++、Delphi、C#）都是采用编译方式，但有些语言采用解释和编译相结合的方式，如 Java。

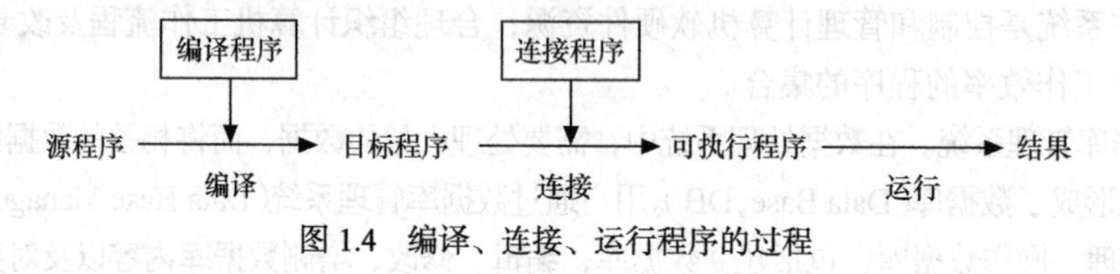

图 1.4 编译、连接、运行程序的过程

目前，高级语言已经由最初的面向过程语言（如 FORTRAN、BASIC、C）发展到了面向问题语言（如 Oracle 数据库应用开发环境、Informix-4GL、SQL Windows、Power Builder）、面向对象语言（Java、C++、Visual BASIC、Visual C++、Delphi）。

(4) 服务性程序。服务性程序又称实用程序，是为系统提供各种服务性手段而设置的一组程序。其主要功能是完成对用户程序的装入、连接、编辑、查错和纠错以及硬件故障诊断等工作。

2. 应用软件

应用软件是利用计算机解决各种实际问题或专门应用需要而设计开发的软件，如计算机辅助设计软件 AutoCAD、办公软件 Office、图形图像处理软件 Photoshop、教务管理系统、财务管理系统、连锁分销商铺管理软件、税务管理软件、科学计算软件、工业控制软件等。正是由于开发了大量的应用软件，才使得计算机的应用渗透到社会的各行各业。

按照层次观点，计算机系统的组成如图 1.5 所示。各层次的关系是：内层是外层的支撑，而外层可以不必了解内层细节，只需按约定使用内层提供的服务。

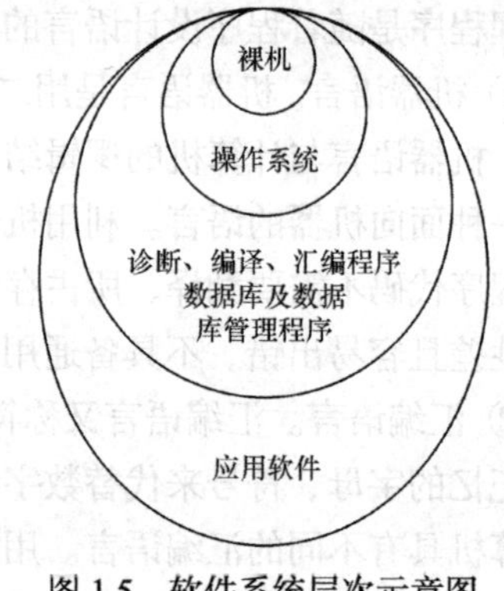

图 1.5 软件系统层次示意图

1.5 微型计算机系统

1.5.1 微型计算机概述

微型计算机于 20 世纪 70 年代问世以来，发展迅速、应用广泛、影响深远，是计算机发展史上的重要里程碑。

微型计算机系统（即通常我们所说的微型计算机或微机，俗称电脑）和一般计算机系统在组成原理上既有许多共性，也有特殊性。它也是由硬件和软件两大部分组成的，如图 1.6 所示。

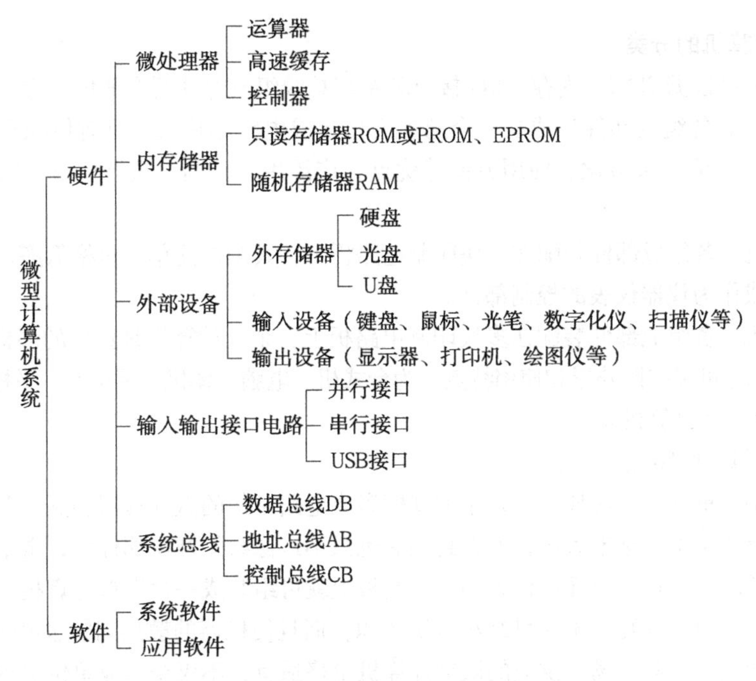

图 1.6　微型计算机系统

微型计算机的软件系统与其他计算机大致相同，这里不再叙述。本节主要介绍微型计算机的硬件系统。

微型计算机与大、中、小型计算机的区别，在于体积大小、结构复杂程度、功率消耗、性能指标、数据存储容量、指令系统和软件配置等方面。通常将微型计算机的 CPU 芯片称做微处理器。微型计算机的发展是与微处理器的发展同步的。目前，新推出的微型计算机一般使用的都是 64 位（bit）系列的微处理器。微型计算机的发展包括以下 5 个方面。

1. 高速化

随着硬件技术的不断提升，微机的计算速度也得到了很大的发展。以 Intel 公司的 CPU 产品为例，CPU 主频从 2001 年的 1GHz 多到 2010 年的 3GHz 多。2010 年 Intel 公司推出的六核心超线程“Intel 酷睿 i7 至尊版 980X”处理器主频达到 3330MHz，二级缓存达到 6×256KB，总线频率达到 6.4GT/s。

2. 超小型化

小巧、方便和易于携带一直是微型计算机的发展方向，最典型的是笔记本电脑和个人数字助理（Personal Digital Assistant，PDA）的流行。

3. 多媒体化

多媒体化体现在全新的多媒体处理芯片的设计、多媒体和超媒体系统的开发和标准化、虚拟现实技术和发展多媒体通信等。

4. 网络化

网络计算机、具有联网功能的 PDA，以及各种类型的个人计算机等正在飞速发展。

5. 隐形化

今后将摆脱显示屏、键盘加主机的传统形象，电视计算机、影音计算机等将大量出现。

1.5.2 微型计算机的分类、特点和应用

1. 微型计算机的分类

微型计算机可根据CPU、内存、I/O接口和系统总线组成部件所在的位置进行分类。

（1）单片机。各组成部件集成在一个超大规模集成电路芯片上，具有体积小、功耗低、控制功能强、扩展灵活、微型化、使用方便等优点，广泛用于控制、仪器仪表、通信、家用电器等领域。

（2）单板机。各组成部件装配在一块印制电路板上，其结构简单、价格低廉、性能较好，常用于过程控制或作为仪器仪表的控制部件。

（3）多板机。各组成部件装配在多块印制电路板上，个人计算机是典型的多板机实例。

微型计算机还可以按照外形和使用特点分为台式机、电脑一体机、笔记本、平板电脑、掌上电脑（PDA）和嵌入式计算机等。

2. 微型计算机的特点

（1）体积小、重量轻、功耗低。采用大规模集成电路制作的微处理器和其他芯片体积小，重量轻，一般只有几十平方毫米大小，外壳封装后也只不过像绘图橡皮那样大，重量只有十几克。使用为数不多的芯片，在一块插件板大小的印制板上就可组装成一台微型计算机，这样的微型计算机功耗只有几瓦至十几瓦，不仅可减小电源体积，而且使机器的散热问题也易于解决。

（2）价格便宜。目前市场上供应的微型计算机价格适宜，不仅企事业单位买得起，家庭和个人也买得起。

（3）结构简单、性能可靠。由于采用大规模集成电路，微型计算机系统内组件数大幅度下降，使印制电路板上的焊接点数也相应下降，加之MOS型电路功耗低、 发热量小，使微型计算机的可靠性大大提高。

（4）灵活性高、适应性强。由于微型计算机体系结构采用总线结构形式，因而非常灵活机动，易于构成满足各种需要的应用系统，也易于进一步的扩展。同时，由于构成微型计算机的基本部件的系列化、标准化，更增强了微型计算机的通用性。更重要的是微型计算机具有可编程序和软件固化的特点，使得一台标准微型计算机仅通过改变程序就能执行不同的任务。

3. 微型计算机的应用

虽然微型计算机的历史很短，但由于它具有上述特点，已成为计算机发展的主流。就其广泛普及应用的程度而言，是任何其他计算机无法比拟的。人们经常使用的都是微型计算机，它不单只是作为一种计算工具应用于科学计算领域，还广泛应用于信息加工和数据处理、过程控制、人工智能以及计算机辅助设计等领域，现在已全面渗透到各行各业和社会生活的各个方面，形成了在工业、交通、能源、建筑、探矿、通信、遥感、航空航天、医疗卫生、环保、气象、农业、商业、银行、军事、教学、科研、办公、出版、体育、娱乐、家用电器、家庭教育等无处不用的宏伟气势。

1.5.3 微型计算机的组成

1. 主板

（1）主板架构。系统主板是微型计算机中最大的一块集成电路板，是微型计算机中各种设备的连接载体。主板采用开放式结构，板上有CPU插槽、控制芯片组、BIOS芯片、内存条插槽、AGP总线扩展槽、PCI局部总线扩展槽和其他各种接口，如图1.7所示。微型计算机通过主板将CPU等各种部件和外部设备有机地结合起来，形成一套完整的系统。

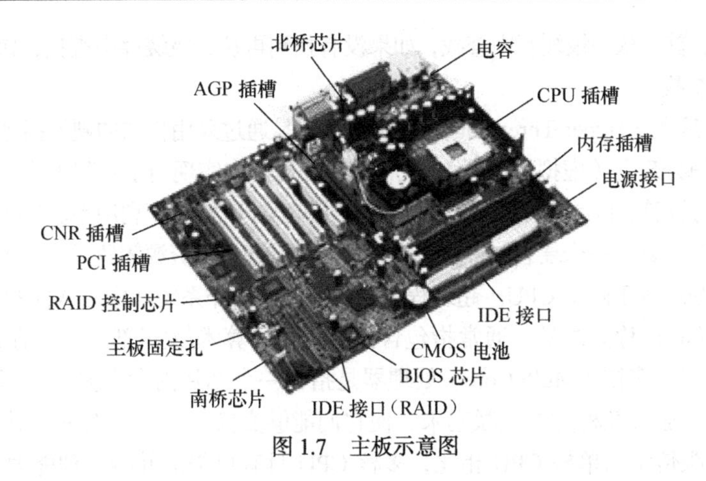

图 1.7 主板示意图

（2）芯片组。芯片组是系统主板的“灵魂”，它决定了主板的结构及 CPU 的使用。芯片组就像人体的中枢神经一样，控制着整个主板的运作。根据芯片的功能，有时把它们称做南桥芯片和北桥芯片。南桥芯片主要负责 I/O 接口控制、IDE 设备（硬盘等）控制等；北桥芯片负责与 CPU 的联系并控制内存、AGP、PCI 数据在北桥内部传输，由于北桥芯片的发热量较高，所以芯片上会装有散热片。

（3）板载功能。传统主板是为 CPU、内存、硬盘和外设等提供平台，但随着主板技术的发展，现在可以附加许多原来由各种类型的板卡所承担的功能，这些功能称为板载功能（集成）。随着主板南、北桥芯片的功能日益丰富和板载芯片越来越多，主板的板载功能也越来越多。可以说只要用户需要，几乎所有能附加的功能都被加上了。目前，常用主板主要的板载功能有声卡、显卡、网卡、1394 卡（视频采集卡）等。

2. CPU

在微型计算机中，CPU 也称为微处理器，是微型计算机的核心。CPU 是由运算器、控制器、高速缓存等组成的，并集成在一个半导体芯片上。

（1）CPU 的主要性能指标。

① 主频：CPU 进行运算时的工作频率，也称为时钟频率，单位是 MHz。一般来说，主频越高，一个时钟周期里完成的指令数也越多，CPU 的运算速度也就越快。但由于内部结构不同，并非所有时钟频率相同的 CPU 性能都一样，还要看其他方面的性能指标。

② 外频：即 CPU 的基准频率，是 CPU 与主板之间同步运行的速度。外频速度越高，CPU 就可以同时接受更多来自外围设备的数据，从而使整个系统的速度进一步提高，单位是 MHz。

③ 倍频系数：指 CPU 主频与外频之间的相对比例关系，简称为倍频。在相同的外频下，倍频越高 CPU 的频率也越高，即，主频=外频×倍频系数。

④ 机器字长：指 CPU 可以同时处理的二进制数据的位数，简称字长，通常等于 CPU 数据总线的宽度。CPU 字长越长，运算精度越高，信息处理速度越快，CPU 性能也就越高。

⑤ 高速缓存：内存存取速度比 CPU 的运算速度要慢得多，为此，在 CPU 内部集成了小容量高速缓冲存储器（Cache Memory），用于存储 CPU 经常使用的数据和指令。当 CPU 要读取数据时，首先在缓存中寻找，如果找到了则直接从缓存中读取，否则从内存中读取数据。这样可以提高数据传输速度。

按照数据读取顺序和与 CPU 结合的紧密程度，CPU 缓存可以分为一级缓存（L1 Cache）、二级缓存（L2 Cache），部分高端 CPU 还具有三级缓存（L3 Cache），每一级缓存中所存储的全部数据都是下一级缓存的一部分，这三种缓存的技术难度和制造成本是相对递减的，其容量是相对递增的。当 CPU

要读取一个数据时，首先从一级缓存中查找，如果没有找到再从二级缓存中查找，如果还是没有就从三级缓存或内存中查找。

⑥ 超线程：超线程（Hyper Threading，HT）技术就是通过采用特殊的硬件指令，把一个物理处理器模拟成两个逻辑处理器（虚拟处理器），使得单个处理器中实现两个线程（线程就是被执行的一个指令序列）的并行计算，以减少CPU的空闲时间，提高CPU资源的利用率。当两个线程同时需要CPU的某一个资源时，其中一个要暂时停止，并让出资源，直到该资源闲置后才能继续，所以超线程技术的性能并不是绝对等于两个CPU。超线程的实现还需要操作系统和应用软件的支持。

⑦ 多核心：核心也称为内核，通常指包含指令部件、算术/逻辑部件、寄存器组和一级或者二级缓存的处理单元。多核（Multi Core）处理器是指在一个芯片内含有多个处理核心的处理器。在芯片上，多个核心通过某种方式互联起来，使它们能够交换数据，从而可以对外表现为一个统一的多核处理器。跟传统的单核CPU相比，多核CPU具有更强的并行处理能力、更高的计算密度和更低的时钟频率，并大大减少了散热和功耗。多核心技术和超线程技术可以同时应用在一个处理器上，如四核心八线程CPU，就是采用超线程技术将四个核心模拟成8个逻辑核心，在Windows任务管理器上可看到8个CPU使用记录图表。一般地说，超过8个内核的设计被称为众核（Many Core）处理器。

（2）CPU的分类。CPU可以分为通用CPU和嵌入式CPU两种类型，二者的区别主要在于应用模式的不同。一般来说，通用CPU追求高性能，功能比较强，能运行复杂的操作系统和大型应用软件。嵌入式CPU则强调处理特定应用问题的性能，主要用于运行面向特定领域的专用程序。

目前，微型计算机的CPU大多采用Intel公司和AMD公司的产品，这两家公司的产品各有千秋。采用超线程和多核心技术的CPU已经成为当前微型计算机的CPU主流。市面上比较流行的有Intel酷睿i3、酷睿i5、酷睿i7和AMD速龙Ⅱ、羿龙Ⅱ、APU A8等。

3. 存储器

在微机中，通常采用三级存储体系，即高速缓冲存储器、内存储器和外存储器，高速缓存前面已介绍，下面介绍后两种存储器。

（1）内存储器（简称内存）。微型计算机的内存多采用半导体存储器，分为随机存储器（Random Access Memory，RAM）和只读存储器（Read Only Memory，ROM）两大类。

① RAM存储单元的内容可以根据需要读出或写入，故又称为读写存储器。用来存放正在运行的程序和数据，并直接与CPU、外存交换信息，但断电或关机时信息会消失。程序必须装入RAM中才能运行。RAM分为静态RAM（Static RAM，SRAM）和动态RAM（Dynamic RAM，DRAM），SRAM读取速度非常快，但价格昂贵，主要用于高速缓冲存储器；DRAM速度较慢，价格低廉，主要用来制造内存条。目前，微机的内存条主要使用双倍数据速率同步DRAM（Double Data Rate Synchronous DRAM，DDR SDRAM），常简称为DDR内存。双倍数据速率是指在时钟脉冲的上升沿和下降沿都能进行一次读写操作，同步是指存储器能与系统总线时钟同步工作。DDR内存已发展了三代，即DDR、DDR2、DDR3。内存条的技术指标主要是容量和频率，相同内存容量下，频率越高，性能就越好。

② ROM是一种“写入信息”之后就只能读出而不能再写入的固定存储器，其中的信息在断电后仍能保存下来。在微型计算机中，常用它来存放固定的程序和数据，如BIOS等。一般ROM中的信息是由生产厂家在制造过程中写入的，用户不能更改。为了使用户能根据自己的需要确定ROM存储的内容，可以选用可编程序的只读存储器（PROM）。PROM可由用户自己写入信息，但是只能写入一次。一旦写入信息后，无法再更改。有一种可擦可编程序的只读存储器（EPROM），使用起来非常

方便，它不仅可由用户自己写入信息，而且写入的信息可通过一定的方法擦去，然后再次重写。

（2）外存储器（简称外存）。常用的外存有硬盘、光盘、U 盘、磁盘阵列等。

① 硬盘：硬盘是微型计算机非常重要的外存储器，记录信息的过程是一种电磁信息转换过程，通过磁记录介质和磁头的相对运动实现信息的读写。硬盘由一个盘片组和硬盘驱动器组成，被固定在一个密封的盒子内，其特点是存取速度比较快，容量比较大，硬盘的内部机构如图 1.8 所示，磁头和盘片是硬盘中主要的部件，其中磁头用来读写盘片上的数据信息，盘片用来存储数据，其余部分是给磁头读写信息和盘片的存取信息提供高效、有利条件而设计的。由于很多程序、软件包很大，只有装在硬盘上才可使用，如 Office 2010、Windows XP 等，故现代微型计算机中均配有大容量硬盘。但由于盘片组和硬盘驱动器是固定在一起的，通常固定在主机箱内，一般不能更换。对需要保存或交流的信息及软件，一般应保存在 U 盘或光盘上。

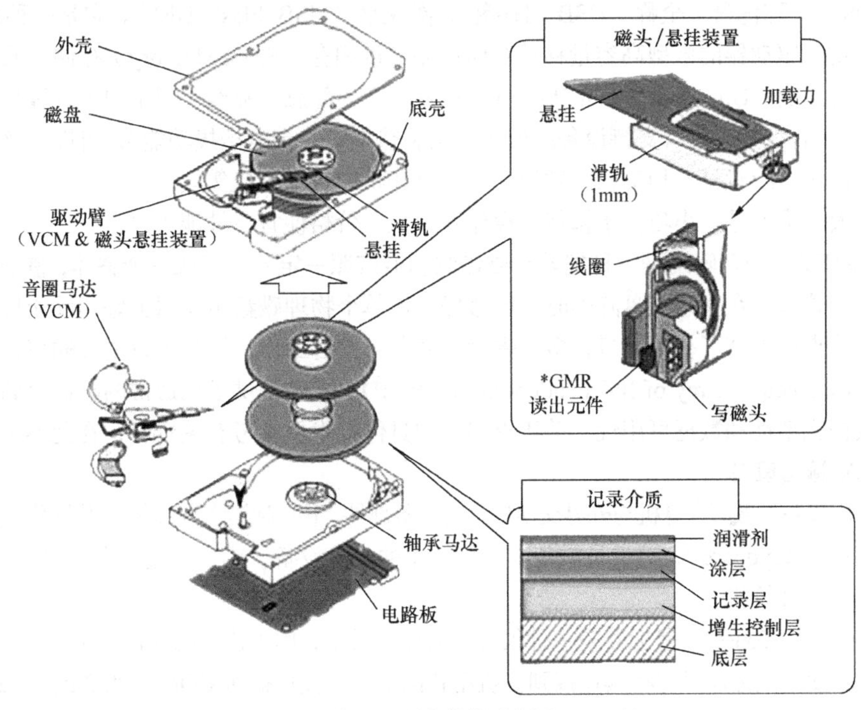

图 1.8　硬盘结构示意图

硬盘有以下几个主要指标。

接口：硬盘接口即硬盘与主板的接口。从整体的角度上，硬盘接口可分为并行 ATA（Parallel Advanced Technology Attachment，PATA）、串行 ATA（Serial Advanced Technology Attachment，SATA）、SCSI（Small Computer System Interface）、光纤通道（Fibre Channel）和 SAS（Serial Attached SCSI）五种。其中并行 ATA 接口也叫 IDE（Integrated Drive Electronics）接口，主要应用于家用市场；SATA 有 SATA、SATA Ⅱ、SATA Ⅲ 等规范，是现在 PC 的主流；后 3 种接口的硬盘主要应用于服务器市场，SAS（串行连接 SCSI）是主流。串行比并行结构简单、数据传输快且可靠，支持热插拔，安装与维护更方便。

容量：硬盘容量是指硬盘能存储信息量的多少，目前常用的硬盘容量有 500GB、750GB 和 1TB 等。

转速：硬盘转速是指硬盘内主轴的转动速度，转速越快，硬盘与内存之间传输数据的速率越高。常见的一般微机用硬盘的转速有 5400r/min、7200r/min，服务器用硬盘的转速有 10000r/min、15000r/min。

操作系统为硬盘驱动器分配的编号是 C、D、E、F 等。

② 光存储器（光盘）：光盘以其超大存储容量和较低价格越来越受到人们的青睐。光盘是利用其表面上的凹坑和平面来记录信息的，使用最多的有 CD 和 DVD 两种，CD 光盘包含 CD-R（一次写入）和 CD-RW（可擦写）两种，容量约为 650MB；DVD 光盘包含有 DVD-R（一次写入）、DVD-RW（可擦写）、DVD-RDL（双层可写）等，单面单层刻录容量一般在 4.7GB 左右。

光盘是通过光盘驱动器（简称光驱）中的激光头发出的光束照到光盘表面，根据反射回来的光的强弱来识别记录的 0 或 1，所以要使用光盘必须配备光驱，并配置相应软件。目前微机通常配备 DVD 刻录机，它不仅可以读取 CD、DVD 光盘中的数据，还能向可写 CD 和 DVD 中存储数据，并且价格已经大众化。最初光驱的数据传输速率是 150kbit/s。现在，光驱的数据传输速率一般都是这一速率的倍数，称为倍速，如 48 倍速、52 倍速等。在多媒体计算机中，光驱已成为基本配置。

③ U 盘：又称优盘，全称"USB 闪存盘"，英文名"USB Flash Disk"。它是一种采用 USB 接口的无需物理驱动器的微型高容量移动存储产品，以闪存（Flash Memory）存储介质。

通用串行总线（Universal Serial Bus，USB）是一个外部总线标准，用于规范计算机与外部设备的连接和通信。USB 接口支持设备的即插即用和热插拔（带电插拔功能），可以连接鼠标、调制解调器、键盘、游戏杆、扫描仪、数码相机、打印机、移动硬盘等。

U 盘最大的优点是：小巧便于携带、存储容量大、价格便宜、性能可靠。

④ 磁盘阵列：磁盘阵列是一种把若干磁盘驱动器按照一定要求组成一个整体，整个磁盘阵列由阵列控制器管理。在利用磁盘阵列时，能够提供比单个物理磁盘驱动器更好的性能提升。磁盘阵列有许多优点：提高了存储容量；多台磁盘驱动器可并行工作，提高了数据传输率；独立冗余磁盘阵列（Redundant Array of Independent Disk，RAID）技术提供了比通常的磁盘存储更高的性能指标、数据完整性和数据可用性。关于 RAID 的具体技术可参考有关资料，在此不再赘述。

4. 输入/输出设备

输入/输出设备是微型计算机与外界交换信息的必备部件。下面对部分输入/输出设备做一简单介绍。

（1）键盘（Keyboard）。键盘是最基本、最常用的输入设备，用户通过键盘可将程序、数据、控制命令等输入计算机。

（2）鼠标器（Mouse）。鼠标器是一种很有用的输入设备，用于快速的光标定位，特别是在绘图时非常方便。使用鼠标器时应将其连接到主机箱背面的串行接口插座 COM、PS-2 或 USB 接口上。鼠标器的驱动程序通常包括在鼠标器的随机软件中，使用时应阅读有关说明书，安装其驱动程序。

（3）光电扫描仪。光电扫描仪可将图像扫描成点的形式存放在磁盘上，还可以通过专用的软件来识别标准的英文和汉字，将其转换成文本文件的形式存于计算机中，并通过文字处理软件进行编辑。当微机用于带图片（如照片）的档案管理时，光电扫描仪是不可缺少的设备。

（4）显示器。微型计算机的显示系统由显示器和显示适配器组成。显示器又称监视器（Monitor），是计算机的基本输出设备。目前显示器多采用液晶显示器。

显示器按色彩可分为单色的和彩色的两种，按分辨率及可显示的颜色数可分为 CGA、EGA、VGA、TVGA、XGA、SXGA、UXGA 等显示模式。不同的显示模式主要取决于不同的适配器，而显示器本身是可以互相兼容的。目前，国内使用的高分辨率显示器基本上都是多频自动跟踪显示器，可以和大多数显示适配器的端口直接相连进行驱动。显示器有以下几个主要指标。

① 尺寸：指显示器的大小，有 15 英寸、17 英寸、19 英寸、21 英寸等规格。尺寸越大，显示效果越好，支持的分辨率往往也越高。

② 分辨率：表示在显示器上所能描绘的点的数量（像素），即显示器的一屏能显示的像素数

目，有 800 像素 × 600 像素、1024 像素 × 768 像素、1152 像素 × 864 像素、1280 像素 × 600 像素、1280 像素 × 1024 像素等规格。分辨率越高，显示的图像越细腻。

③ 点距：指显示器上两个像素之间的距离，常见的有 0.28mm 和 0.26mm 两种。点距越小，显示器的分辨率越高。

④ 扫描方式：分为逐行扫描和隔行扫描两种。逐行扫描是指在显示一屏内容时，逐行扫描屏幕上的每一个像素。采用逐行扫描的显示器，显示的图像稳定，清晰度高，效果好。

⑤ 刷新频率：指一秒钟刷新屏幕的次数，常见的刷新频率有 60Hz、75Hz、100Hz。刷新频率越高，显示的图像越稳定。

（5）显示适配器。显示适配器（又称显示接口卡，简称显卡）是用来连接主机与显示器的接口电路，直接插在主板的总线扩展槽上，它的主要功能是将要显示的字符或图形的内码转换成图形点阵，并与同步信息形成视频信号输出给显示器。有的主板也将视频接口电路直接做在主板上。

显卡有 MDA、CGA、EGA、VGA、SVGA、AGP 等多种型号。目前微型计算机上常用的显卡多为 AGP 卡。显卡的主要性能指标有以下几个。

① 色彩数：即显卡在一定的分辨率下能够显示的最多颜色数。一般以多少二进制位来表示。如 16 位色即 2^{16}=65536 种，24 位色为 2^{24}（约 1670 万）种颜色。24 位以上的颜色非常接近自然色，称为真彩色。在显存不变的条件下，分辨率与颜色数之间为反比关系。

② 图形分辨率：即显卡能支持的最大水平像素数和垂直像素数。AGP 卡的图形分辨率有 640 像素 × 480 像素、800 像素 × 600 像素、1024 像素 × 768 像素、1280 像素 × 1024 像素等多种规格。选用时应大于显示器的最高分辨率。

③ 显示内存容量：即显卡上配置的显示内存的大小，一般有 128MB、256MB、512MB、1GB、2GB 等不同规格。显示内存容量影响显卡的色彩数和图形分辨率。

④ 刷新率：即图像每秒钟在屏幕上出现的帧数，单位是 Hz。此值越高，图像的闪烁感就越小。选用时，显卡的刷新率应大于或等于显示器的刷新率。

（6）打印机。打印机也是计算机上常用的一种输出设备。打印分为通用打印机和专用打印机两种。常用的通用打印机有 3 种类型，分别是激光打印机、喷墨打印机和针式打印机。专用打印机的类型繁多，典型的是票据打印机。

（7）绘图仪。绘图仪是用来绘图的输出设备。它与主机的连接可以用串行口，也可以用并行口（打印机口），在可能的情况下，最好采用并行口。

5. 输入/输出接口

（1）使用接口的目的。接口是沟通 CPU 和外设之间的桥梁，CPU 必须通过接口才能与外设连接，其目的是解决以下技术问题。

① 外设的数据传送速度不尽相同，不可能与 CPU 的工作速度相匹配。

② CPU 输入或输出的数据往往取决于本身的最小处理单位（比如一个字节），而且大都是并行传输的，而外设对数据格式的要求却是各式各样的。

③ 外设的结构各不相同，它们要求的信号也各不相同，而且使用的电路元件也有 MOS 器件与 TTL 器件之分，因此信号也要经过转换才能与 CPU 要求的信号相一致。

（2）接口电路的功能。

① 把外设送往 CPU 的信息转换为与 CPU 相容的格式。

② 把 CPU 送往外设的信息转换为与外设相容的格式。

③ 协调 CPU 与外设在“定时”或数据传送速度上的差异。

④ 进行地址译码和设备选择。

⑤ 把 CPU 和外设的电平转换成匹配电平。

⑥ 有中断及管理能力和时序控制能力。

（3）接口的分类。接口可分为并行接口、串行接口、USB 接口、PCI 接口、AGP 接口等。在并行接口中，数据的各位是同时传送的，所以传送速度比较快。在串行接口中，数据是一位一位顺序传送的，所以传送速度比较慢。现在有些鼠标、U 盘所使用的是 USB 接口，连接声卡、网卡等用微型计算机自带的 PCI 接口，显卡则使用微型计算机自带的 AGP 接口。

6. 系统总线

总线（Bus）是一组公共信息传输线。系统总线是计算机各功能部件（如 CPU、内存和各种 I/O 接口之间）互相连接的总线，是构成微型计算机系统的骨架，是各个功能部件之间交换信息的通道。正是总线使计算机中各功能部件连接起来，构成了一个完整的硬件系统。

微型计算机系统总线通常分为 3 组：地址总线（Address Bus，AB），用于 CPU 与存储器及 I/O 接口交换数据时提供地址；数据总线（Data Bus，DB），用于 CPU 与存储器及 I/O 设备之间进行数据交换；控制总线（Control Bus，CB），用于传送各种控制信号。

采用总线结构可以使部件之间连接规整，结构清晰，不仅减少了信息传输线的数量，而且增加了系统的灵活性，便于扩展和维护。

7. 典型微型计算机的硬件组成

一台典型的台式微型计算机由主机、显示器、键盘、鼠标等组成，按照实际需要还可增加打印机、扫描仪、音响等设备。

主机的外部是机箱，有卧式和立式两种。在机箱的前面，有电源开关、复位按钮、硬盘指示灯、光驱插口等；在机箱的背面，有电源插座、并行口、串行口、PS-2 口、接口卡插口等；在机箱的前后面都有 USB 接口；在机箱的内部，装有系统主板（又叫主机板，简称主板）、CPU、内存、硬盘、光驱、各种接口卡（显卡、网卡、声卡等）、电源等。

在选购品牌微型机时，主要考虑 CPU、内存、显卡、硬盘、显示器的性能指标，口碑比较好的品牌机有联想、惠普、戴尔等；在组装计算机（兼容机）时，除了考虑这些大项外，还得考虑主板、机箱、电源、声卡、网卡、光驱、键盘、鼠标等。一般来说，独立显卡和独立声卡比集成在主板上的要好。

1.6 信息的表示与存储

在计算机内部，无论是数值型数据，还是文字、图形、音频、视频等非数值型数据都是以二进制的形式存储的。之所以使用二进制，主要是因为这种进制状态简单，只有“0”和“1”两种数字，易于用电子器件的物理状态来表示，如逻辑电路电平的“低”和“高”，开关的“断”和“通”，发光二极管的“暗”和“亮”等；再者二进制的运算规则与其他进制相比最简单；另外二进制的“1”和“0”两个状态正好与逻辑运算的两个值“真”和“假”相对应，为计算机中实现逻辑运算和程序中的逻辑判断提供了便利条件。

1.6.1 计算机中的数制

1. 数制的概念

数制也称进位计数制（简称进位制或进制），是指用一组固定的符号和统一的规则来计数的方法。在日常生活中通常使用十进制数，但也使用其他进制数。例如，一年有12个月，为十二进制；一天有24个小时，为二十四进制。

数据无论采用哪一种进位制表示，都要涉及两个基本概念：基数和权。某种进位制的基数就是该进制中允许使用的数码个数。例如，十进制有0，1，2，…，9共10个数码（也称数字符号），其基数为10，进位原则是“逢十进一”；二进制有0，1两个数码，其基数为2，进位原则是“逢二进一”。一般地，在r进制中，有0，1，2，…，$r-1$共r个数码，进位原则是“逢r进一”。在进位制中，一个数可以由有限个数码排列在一起构成，数码所在数位不同，其代表的数值也不同，这个数码所表示的数值等于该数码本身乘以一个固定的数，这个固定的数就是这一位的位权，简称权。例如，十进制数432，其中百位数字4代表400(4×10^2)，其权为10^2，十位数字3代表30(3×10^1)，其位权为10^1，个位数字2代表2(2×10^0)，其位权为10^0。显然权是基数的幂。

任何一种进位制数都可以表示成按位权展开的多项式之和的形式。对于一个r进制数N可写成：

$$N=a_{n-1}\times r^{n-1}+a_{n-2}\times r^{n-2}+\cdots+a_1\times r^1+a_0\times r^0+a_{-1}\times r^{-1}+\cdots+a_{-m}\times r^{-m}=\sum_{i=-m}^{n-1}a_i\times r^i$$

其中，a_i是数码，r是基数，r^i是权；不同的基数，表示不同的进制数。例如：

$$(123.45)_{10}=1\times10^2+2\times10^1+3\times10^0+4\times10^{-1}+5\times10^{-2}$$

$$(1011.101)_2=1\times2^3+0\times2^2+1\times2^1+1\times2^0+1\times2^{-1}+0\times2^{-2}+1\times2^{-3}$$

2. 常用进位计数制

计算机内部采用二进制，但二进制在表达一个数值时，位数太长，书写麻烦，不易识别。在书写计算机程序时，经常用到十进制、八进制、十六进制。几种常用的进位计数制如表1.1所示。

表1.1　几种常用的进位计数制的表示

进位制	二进制	八进制	十进制	十六进制
规则	逢二进一	逢八进一	逢十进一	逢十六进一
基数	r=2	r=8	r=10	r=16
数字符号	0,1	0,1,…，7	0,1，…，9	0,1，…，9，A，B，…，F
位权	2^i	8^i	10^i	16^i
形式表示	B(Binary)	O(Octal)	D(Decimal)	H(Hexadecimal)

对于十六进制的数符，0,1，…，9与十进制中的数符含义一样，A，B，…，F依次表示十进制数10,11，…，15，字母大小写都可以。

一般地，平常接触的数据主要是十进制数，即逢十进一。10在十进制中读作十，而在其他进制中应该读作一零，以示区别；二、八和十六进制数中的10分别与十进制数中的2、8和16等价。同理，100在十进制中读作一百，在其他进制中应该读作一零零。

为了区分不同进制的数，可采用圆括号外面加数字下标的方法，也可采用在数值后面加相应字母的方法。例如：

二进制数1011.101可表示为$(1011.101)_2$或1011.101B；

八进制数345.67可表示为$(345.67)_8$或345.67O（最后一位是字母“O”），由于字母“O”与数字“0”容易混淆，所以在后面叙述中常使用$(\cdots)_8$的形式；

十进制数567.89可表示为$(567.89)_{10}$或567.89D；

十六进制数3A.C8可表示为$(3A.C8)_{16}$或3A.C8H。

在进行加法时，十进制数是逢十进一，二、八和十六进制数分别是逢二进一、逢八进一和逢十六进一。例如，$(1101)_2+(1111)_2=(11100)_2$，2B.9AH+C7.40H=F2.DAH。

在进行减法时，十进制数是借一顶十，二、八和十六进制数分别是借一顶二、借一顶八和借一顶十六。例如，1001B−111B=10B，$(22)_8-(17)_8=(3)_8$。

1.6.2 数制之间的转换

十进制数、二进制数、八进制数和十六进制数之间是可以互相转换的，下面介绍它们的转换方法。

1. 十进制数转换成二、八和十六进制数

转换方法：整数部分“除 r 取余倒排列”，小数部分“乘 r 取整正排列”，这里的 r 表示二、八或十六。

“除 r 取余”的过程为：首先用 r 去除十进制数，得到一整数商和一余数，该余数就是相应 r 进制数的最低位 a_0；再用 r 去除上步得到的商，又得到一整数商和一余数，该余数就是相应的 r 进制数的次低位 a_1；如此反复进行，直到商为零为止。最后一次得到的余数便是相应 r 进制数的最高位 a_{n-1}。

“乘 r 取整”的过程为：首先用 r 去乘十进制数小数部分，得到一乘积，其整数部分就是相应 r 进制数小数的最高位 a_{-1}；再用 r 去乘上次乘积的小数部分，又得到一乘积，其整数部分就是相应 r 进制数小数的次高位 a_{-2}；如此反复进行，直到乘积的小数部分为零或达到精度要求的位数为止。最后一次得到的整数部分便是相应 r 进制数小数部分的最低位 a_{-m}。

例 1.1 将十进制数整数 156 转换成二进制数。

用“除 r 取余”法的转换过程如下(这里的 r 代表的是 2):

```
2 | 156
2 |  78    余数为 0=a0（最低位）   ↑
2 |  39    余数为 0=a1
2 |  19    余数为 1=a2
2 |   9    余数为 1=a3
2 |   4    余数为 1=a4
2 |   2    余数为 0=a5
2 |   1    余数为 0=a6
      0    余数为 1=a7（最高位）
```

故十进制整数 156 转换成二进制数为 10011100B。

在将十进制小数转换为 r 进制数时，有的十进制数的小数不能用 r 进制数精确表示，也就是说“乘 r 取整”的过程永远不能达到小数部分为零而结束。这时可根据精度要求取一定位数的 r 进制数即可。

例 1.2 将十进制数 0.6 转换成二进制数。

用“乘 r 取整”法的转换过程如下（这里的 r 代表的是 2）：

$0.6\times2=1.2$	整数部分为 $1=a_{-1}$
$0.2\times2=0.4$	整数部分为 $0=a_{-2}$
$0.4\times2=0.8$	整数部分为 $0=a_{-3}$
$0.8\times2=1.6$	整数部分为 $1=a_{-4}$
$0.6\times2=1.2$	整数部分为 $1=a_{-5}$
$0.2\times2=0.4$	整数部分为 $0=a_{-6}$
$0.4\times2=0.8$	整数部分为 $0=a_{-7}$

$0.8\times2=1.6$　　　　整数部分为 $1=a_{-8}$

运算到这里可以看出，乘法过程进入了循环状态，永远无法结束。所以，在计算机中处理和存储数据时可能存在误差，这时我们可根据要求取一定位数的二进制数即可，如取小数点后 8 位，结果就是 0.10011001B。

对于既有整数部分又有小数部分的十进制数的转换，可以将两部分的转换分开进行，最后再将结果合并在一起即可。

例 1.3　将十进制数 38.675 转换成八进制数。

转换过程如下：

整数部分除 8 取余

$$
\begin{array}{r|l l}
8 & 38 & \\
\hline
8 & 4 & \text{余数为 } 6=a_0 \\
\hline
 & 0 & \text{余数为 } 4=a_1
\end{array}
$$

故整数部分转换结果为 $(46)_8$。

小数部分乘 8 取整

$0.675\times8=5.4$　　整数部分为 $5=a_{-1}$

$0.4\times8=3.2$　　整数部分为 $3=a_{-2}$

$0.2\times8=1.6$　　整数部分为 $1=a_{-3}$

$0.6\times8=4.8$　　整数部分为 $4=a_{-4}$

$0.8\times8=6.4$　　整数部分为 $6=a_{-5}$

$0.4\times8=3.2$　　整数部分为 $3=a_{-6}$

这是一个无限循环小数，如按精度要求取 5 位小数，则得转换结果为 $(0.53146)_8$。

最后得到十进制数 38.675 转换结果为 $(46.53146)_8$。

例 1.4　将十进制数 156.625 转换成十六进制数。

转换过程如下：

整数部分除 16 取余

$$
\begin{array}{r|l l}
16 & 156 & \\
\hline
16 & 9 & \text{余数为 } C=a_0 \\
\hline
 & 0 & \text{余数为 } 9=a_1
\end{array}
$$

故整数部分转换结果为 9CH。

小数部分乘 16 取整

$0.625\times16=A.0$　　整数部分为 $A=a_{-1}$

故小数部分转换结果为 0.AH。

最后得到十进制数 156.625 的转换结果为 9C.AH。

综上所述，十进制数转换成二、八和十六进制数的方法都是一样的，只是所对应的基数不同。

2. 二、八、十六进制数转换成十进制数

r 进制数转换成十进制数的方法就是按位权展开，然后按照十进制数运算规则计算。

例 1.5　把 11010.011B 转换成十进制数。

按位权展开相加得：$11010.011B=1\times2^4+1\times2^3+1\times2^1+1\times2^{-2}+1\times2^{-3}$

$=16+8+2+0.25+0.125$

$=26.375D$

例 1.6 将八进制数 24.67 转换成十进制数。

按位权展开相加得: $(24.67)_8=2\times 8^1+4\times 8^0+6\times 8^{-1}+7\times 8^{-2}$

$=16+4+0.75+0.11$

$=(20.86)_{10}$

例 1.7 将 1A.6H 转换成十进制数。

按位权展开相加得: $1A.6H=1\times 16^1+10\times 16^0+6\times 16^{-1}$

$=16+10+0.375$

$=(26.375)_{10}$

3. 二进制数和八、十六进制数之间的互相转换

有时在程序中需要使用二进制数，但书写起来比较长。使用八进制或十六进制可以解决这个问题，因为进制越大，数的表达长度也就越短。有些程序设计语言（如 C/C++、Java、Visual Basic）允许在代码中直接书写八进制数和十六进制数。但为什么偏偏使用这两种进制，而不是其他进制呢？因为二进制与八进制、十六进制之间存在特殊关系：$2^3=8$、$2^4=16$，即 3 位二进制数对应 1 位八进制数，4 位二进制数对应 1 位十六进制数。因此，它们之间的转换非常容易，如表 1.2 所示。

表 1.2　二进制数与八进制数、二进制数与十六进制数之间的关系

二 进 制	八 进 制	二 进 制	十 六 进 制	二 进 制	十 六 进 制
000	0	0000	0	1000	8
001	1	0001	1	1001	9
010	2	0010	2	1010	A
011	3	0011	3	1011	B
100	4	0100	4	1100	C
101	5	0101	5	1101	D
110	6	0110	6	1110	E
111	7	0111	7	1111	F

（1）二进制数转换成八、十六进制数。二进制数转换成八进制数的基本方法是“三位合一位”，即以小数点为界向左右两边分组，每 3 位为一组，两头不足三位补 0，然后根据二进制数和八进制数的对应关系把每 3 位二进制数化成 1 位八进制数，便可得到转换结果。同样，二进制数转换成十六进制数基本方法是“四位合一位”，与二进制数转换成八进制数的区别只是 4 位为一组进行分组，两头不足 4 位补 0。

例 1.8 将 1101101110.110101B 转换成八进制数和十六进制数。

```
001 101 101 110. 110 101        0011 0110 1110. 1101 0100
 ↓   ↓   ↓   ↓    ↓   ↓           ↓    ↓    ↓     ↓    ↓
 1   5   5   6.   6   5           3    6    E.    D    4
```

转换结果为 $1101101110.110101B=(1556.65)_8$，$1101101110.110101B=(36E.D4)_{16}$。

（2）八、十六进制数转换成二进制数。八进制数（或十六进制数）转换成二进制数的方法，正好与二进制数转换成八进制数（或十六进制数）的方法相逆，即“一位拉三位”（或“一位拉四位”），按其对应关系将每位八进制数（或十六进制数）化成 3 位（或 4 位）二进制数，便可得到转换结果。

例 1.9 将 $(753.24)_8$ 转换成二进制数。

```
7   5   3  .  2   4
↓   ↓   ↓     ↓   ↓
```

111　101　011．010　100

转换结果为（753.24）$_8$=111101011.0101B。

例 1.10　将 3A6.C5H 转换成二进制数。

```
   3      A      6  .  C      5
   ↓      ↓      ↓     ↓      ↓
0011 1010  0110 1100  0101
```

转换结果为 3A6.C5H=001110100110.11000101B。

4. 十六进制数与八进制数的相互转换

将十六进制数转换成八进制数时，可以先将十六进制数转换成二进制数，再把转换得来的二进制数转换成八进制数，反之亦然。

例 1.11　将十六进制数 4B.5F 转换成八进制数。

先用"一位拉四位"的方法将 4B.5FH 转换成二进制数。

```
 4     B      .  5     F
 ↓     ↓         ↓     ↓
0100 1011   .  0101 1111
```

所得到的二进制数为 1001011.01011111B。

然后再用"三位合一位"的方法将上边得到的二进制数转换成八进制数。

```
001   001   011.  010   111   110
 ↓     ↓     ↓     ↓     ↓     ↓
 1     1     3  .  2     7     6
```

所得到的八进制数为（113.276）$_8$。

故十六进制数 4B.5F 转换成八进制数为（113.276）$_8$。

1.6.3　二进制编码

计算机除了用于数值计算之外，还用于进行大量的非数值数据的处理。为了区分这些不同的信息，采用了不同的二进制编码规则。

1. 数值型数据的编码

计算机中存储的数值包括整数和实数，实数的编码较复杂，下面只对整数的编码做简单介绍。

（1）原码。

原码是一种直观的二进制数表示形式，其中最高位表示符号，用"0"表示正数，用"1"表示负数，其余位表示数值的大小。例如，设机器的字长为 8 位，则（+7）$_{10}$的二进制原码为 00000111B，（-7）$_{10}$的原码为 10000111B。

（2）反码。

反码是一种过渡的编码，采用它的原因主要是为了计算补码。编码规则为：正数的反码与原码相同，负数的反码是符号位为"1"，数值部分按位取反。例如，$[+7]_{反}$=00000111B，$[-7]_{反}$=11111000B。

（3）补码。

正数的补码和原码相同，负数的补码是其反码加"1"。例如，则$[+7]_{补}$=00000111B，$[-7]_{补}$=11111001B。

2. 非数值型数据的编码

（1）ASCII 码。

字符是计算机中处理最多的信息形式之一，包括英文字母、数字符号、运算符号、标点符号、控制符号等。字符也必须按特定规则用二进制编码，才能被计算机识别和处理。目前国际上普遍采用的字符编码是美国信息交换标准代码（American Standard Code for Information Interchange），简称 ASCII 码，如表 1.3 所示。

表 1.3　　ASCII 码字符表（7 位码）

低四位		高三位							
		0	1	2	3	4	5	6	7
		000	001	010	011	100	101	110	111
0	0000	NUL	DLE	SP	0	@	P	`	p
1	0001	SOH	DC1	!	1	A	Q	a	q
2	0010	STX	DC2	"	2	B	R	b	r
3	0011	ETX	DC3	#	3	C	S	c	s
4	0100	EOT	DC4	$	4	D	T	d	t
5	0101	ENQ	NAK	%	5	E	U	e	u
6	0110	ACK	SYN	&	6	F	V	f	v
7	0111	BEL	ETB	'	7	G	W	g	w
8	1000	BS	CAN	(	8	H	X	h	x
9	1001	HT	EM	)	9	I	Y	i	y
A	1010	LF	SUB	*	:	J	Z	j	z
B	1011	VT	ESC	+	;	K	[	k	{
C	1100	FF	FS	,	<	L	\	l	|
D	1101	CR	GS	-	=	M	]	m	}
E	1110	SO	RS	.	>	N	↑	n	～
F	1111	SI	US	/	?	O	←	o	DEL

注：NUL 空　　DC1 设备控制 1　　SOH 标题开始　　DC2 设备控制 2
STX 正文开始　　DC3 设备控制 3　　ETX 本文结束　　DC4 设备控制 4
EOT 传输结果　　NAK 否定　　ENQ 询问　　SYN 空转同步
ACK 响应　　EAB 信息组传送结束　　BEL 报警符　　CAN 作废
BS 退一格　　EM 纸尽　　HT 横向列表　　SUB 减
LF 换行　　ESC 换码　　VT 垂直列表　　FS 字分隔符
FF 走纸控制　　GS 组分隔符　　CR 回车　　RS 记录分隔符
SO 移位输出　　US 单元分隔符　　SI 移位输入　　SP 空格
DLE 数据链换码　　DEL 作废

这种 ASCII 码采用 7 位二进制编码，称为标准 ASCII 码，可表示 128 个字符（0～127）。在计算机中存储字符时，实际上存储的是该字符对应的 ASCII 码，占一个字节，共 8 位，最高位恒为 0。在表 1.3 中，高三位和低四位合在一起构成一个字符的 ASCII 码，如字符#的 ASCII 码为 0100011B。从表 1.3 中可以看出一些规律：数字字符 0～9 的 ASCII 码为 0110000B～0111001B（即 30H～39H）；大写英文字母 A～Z 的 ASCII 码为 1000001B～1011010B（即 41H～5AH）来表示的；小写英文字母 a～z 的 ASCII 码为 1100001B～1111010B（即 61H～7AH）。

标准 ASCII 码只使用了字节的低 7 位，最高位并未使用。后来 IBM 为了扩充 ASCII 码，使用了最高位，即最高位为 1，ASCII 码值从 128 到 255，称为扩展 ASCII。扩展 ASCII 码用来表示西文的表格框线、音标字符、欧洲非英语系的字母及数学方面的一些符号等。

（2）汉字编码。

计算机在我国广泛普及和应用，特别是把计算机用于管理等事务处理领域时，就需要计算机能够输入、处理和输出汉字。显然，汉字在计算机中也只能用若干位的二进制编码来表示，这就是汉字的编码。

① 汉字交换码。1980 年，我国颁布了《信息交换用汉字编码字符集・基本集》（代号 GB 2312—80）。它是汉字交换码的国家标准，所以又称“国标码”。该标准收入了 6 763 个常用简化汉字（其中一级汉字 3 755 个，二级汉字 3 008 个），以及英、俄、日文字母和其他符号 682 个。国标码规定，每个字符由两个字节代码组成，每个字节的最高位恒为“0”，其余 7 位用于组成各种不同的码值。

中国台湾、香港使用 Big5（大五码），这是一种繁体汉字编码，每个汉字由两个字节构成。

GB2312—80 收录的汉字大大少于现有汉字，随着时间推移及汉字文化的不断延伸推广，有些原来很少用的字，现在变成了常用字，如朱镕基的“镕”字，未收入 GB2312—80；繁体字也没有被收录。为了解决这些问题，以及配合 Unicode 的实施，全国信息技术化技术委员会于 1995 年制定了《汉字内码扩展规范》，简称 GBK（“国标”、“扩展”汉语拼音的第一个字母）。GBK 使用了双字节编码，扩展了 GB2312—80，包含 Big5 的繁体字，并收录了 ISO 10646 国际标准中 CJK 汉字（C 指中国，J 指日本，K 指朝鲜）。

2000 年我国颁布了《信息交换用汉字编码字符集・基本集的扩充》（GB18030—2000），它采用单字节、双字节和四字节混合编码，向下兼容 GBK 和 GB2312 标准，在码位空间上与 Unicode 标准一一对应。GB18030—2000 是强制性标准，后来在此基础上又发布了 GB18030—2005，增加了 42711 个汉字和多种我国少数民族文字的编码，增加的这些内容是推荐性的。

② 汉字机内码。计算机既要处理汉字，也要处理西文。为了实现中、西文兼容，通常利用字节的最高位来区分某个码值是代表汉字还是代表 ASCII 字符。具体的做法是，若最高位为“1”视为汉字符，为“0”视为 ASCII 字符。所以，汉字机内码可在上述国标码的基础上，把两个字节的最高位一律由“0”改为“1”而构成。

③ 汉字输入码。西文输入时，想输入什么字符便按什么键，输入码和机内码总是一致的。汉字输入则不同。如要输入“中”字，在键盘上并无标有“中”的按键。如果采用“拼音输入法”，就要在键盘上依次按下“z”、“h”、“o”、“n”、“g” 5 个键，这里的“zhong”便是“中”字的输入编码。如果换一种汉字输入法，输入编码也得换一种样子。也就是说，汉字输入码不仅不同于它的机内码，而且当改变汉字输入法时，同一汉字的输入码也将随之改变。

需要指出，无论采用哪一种汉字输入法，当用户向计算机输入汉字时，存入计算机中的总是它的机内码，与所采用的输入法无关。

④ 汉字字形码。显示、打印文字时，还要用到汉字字形码。通常汉字显示使用 16 × 16 点阵，汉字打印可选用 24 × 24、32 × 32、48 × 48 等点阵。点数愈多，打印的字体愈美观，但汉字库占用的存储空间也愈大。

（3）Unicode 码。

随着互联网的迅速发展，进行数据交换的需求越来越大，不同的编码体系的互不兼容，越来越成为信息交换的障碍，并且多种语言共存的文档在不断增多，于是国际化标准组织（ISO）和多语言软件制造商组成的协会组织（The Unicode Consortium）都致力于制定集世界所有语言于一体的编码标准，前者是 ISO 10646 标准，后者是 Unicode 编码。1991 年前后，它们开始合并双方的工作成果，并为创立一个单一编码表而协同工作。ISO 10646 标准定义了通用字符集（Universal Character Set，UCS），在编码方式上，UCS-2 用两个字节编码，UCS-4 用四个字节编码。UCS 只是规定如何编码，并没有规定如何实现（传输、保存这个编码）。Unicode 的编码方式与 UCS 兼容，在实现上，定义了 UTF(UCS Transformation Format)，包括 UTF-8（以 8 位为编码单元）、UTF-16（以 16 位为编码单元）、UTF-32（以 32 位为编码单元）。UTF 是将 Unicode 编码和计算机的实际编码之间进行转换一个规则。

（4）多媒体信息编码

多媒体信息主要指声音、图像、图形、视频等，在计算机中处理时，必须要先转化为二进制代码存储，这个过程叫数字化，也就是编码，详见第6章。

本章小结

本章是应用计算机，也是后续章节的基础。本章的内容包括计算机的发展历史、特点及分类，信息技术，计算机的应用，计算机的组成与基本工作原理，微型计算机系统，信息的表示与存储。

计算机的发展已经历了四代，目前正朝着巨型化、微型化、网络化、智能化和多媒体化等方向发展。计算机具有运算速度快、计算精度高、有“记忆”和逻辑判断能力、程序控制下自动操作、通用性强等特点。计算机可按工作原理、制造计算机所用元器件和性能方法进行分类。

信息技术是研究信息的获取、传输和处理的技术，由计算机技术、通信技术、微电子技术结合而成，有时也叫做“现代信息技术”。一般来说，信息技术包含3个层次的内容，即信息基础技术、信息系统技术和信息应用技术。

计算机在科学计算、信息处理、过程控制、辅助技术、人工智能、计算机模拟等领域得到了广泛应用，除了这些以外，近几年来计算机在电子商务、电子政务上也得到发展。可以说，计算机无处不在，人们的工作、学习、生活都离不开它。

按照冯·诺依曼提出的体系结构，硬件系统由运算器、控制器、存储器、输入设备和输出设备5大部分部分组成。计算机的工作原理本质上就是指令的执行。没有安装任何软件的计算机是不能运行的，软件包括操作系统、数据库管理系统、语言处理程序、服务性程序和应用软件等。在所有软件中，操作系统是最基本、最重要的软件。

在计算机中，所有信息都要采用二进制代码的形式存储。二进制不适合书写和记忆，在编制程序时往往允许使用十进制、八进制和十六进制。数制之间可以相互转换。常用的二进制编码有原码、补码、ASCII以及汉字编码等。

习　题　1

1. 选择题

（1）计算机的软件系统可分为（　　）。

A. 程序和数据　　B. 操作系统和语言处理系统

C. 程序、数据和文档　　D. 系统软件和应用软件

（2）一个完整的计算机系统包括（　　）。

A. 计算机及其外部设备　　B. 主机、键盘、显示器

C. 系统软件和应用软件　　D. 硬件系统和软件系统

（3）读写存储器的英文缩写是（　　）。

A. RAM　　B. ROM　　C. EPROM　　D. EPRAM

（4）把汇编语言源程序翻译成目标程序的程序是（　　）。

A. 汇编程序　　B. 编辑程序　　C. 解释程序　　D. 编译程序

（5）下列不能用做存储容量单位的是（　　）。

A. Byte　　B. MIPS　　C. KB　　D. GB

（6）ASCII（含扩展）可以用一个字节表示，ASCII 码值的个数为（　　）。

A. 1024　　B. 256　　C. 128　　D. 80

（7）计算机中所有信息的存储都采用（　　）。

A. 二进制编码　　B. ASCII　　C. 十进制数　　D. 十六进制数

（8）在计算机领域中所说的“裸机”是指（　　）。

A. 单片机　　B. 单板机

C. 不安装任何软件的计算机　　D. 只安装操作系统的计算机

（9）微型计算机中的内存储器，通常采用（　　）。

A. 光存储器　　B. 磁表面存储器　C. 半导体存储器　D. 磁芯存储器

（10）显示器显示图像的清晰程度，主要取决于显示器的（　　）。

A. 对比度　　B. 亮度　　C. 尺寸　　D. 分辨率

2. 填空题

（1）世界上第一台电子计算机完成于________。

（2）人们用于记录事物情况的物理符号称为________。

（3）信息具有________、________、可传递性和共享性及信息的传递必须依附于载体。

（4）两位二进制可表示________种状态。

（5）一般来说，现代信息技术包含 3 个层次的内容，即信息基础技术、信息系统技术和________。

（6）按照冯•诺依曼原理，计算机硬件系统由________、________、存储器、输入设备和输出设备 5 个基本部分组成。

（7）计算机一次能同时处理的二进制信息称为________。

（8）________是微型计算机中最大的一块集成电路板，是微型计算机中各种设备的连接载体。

（9）微型计算机系统总线是由数据总线、________和控制总线 3 部分组成的。

（10）计算机中用来表示存储空间大小的最基本容量单位是________。

3. 解释和区别下列名词术语

（1）数据、信息

（2）指令、指令系统和程序

（3）硬件和软件

（4）系统软件和应用软件

（5）汇编程序、解释程序、编译程序、连接程序

（6）字节和字长

（7）高速缓存、内存和外存

（8）RAM 和 ROM

4. 简答题

（1）目前，计算机正在向哪几个方面发展？

（2）计算机的基本特点是什么？

（3）计算机有哪些分类方法？

（4）简述信息的特点。

（5）什么叫信息技术？信息技术包含哪些内容？

（6）举例说明计算机有哪几方面的应用。

（7）简述冯・诺依曼存储程序的主要思想。

（8）简述指令的执行过程。

（9）在微型机中，CPU 的主要性能指标有哪些？

5. 数值转换与编码

（1）将下列十进制数转换成二进制数、八进制数、十六进制数。

A. 369　　B. 1994　　C. 60.25　　D. 168.8

（2）将下列八进制数转换成二进制数、十进制数。

A. 257　　B. 1364　　C. 63.45　　D. 225.62

（3）将下列十六进制数转换成二进制数、十进制数。

A. 3C　　B. FF80　　C. 369.AD　　D. 1024.CAB

（4）将下列二进制转换成十进制。

A. 10110　　B. 11001　　C. 101.011　　D. 1101.01

（5）设机器的字长为 8，写出下列数的二进制补码。

A. $(9)_{10}$　　B. $(-16)_{10}$　　C. $(101011)_2$　　D. $(-101011)_2$

（6）写出下列字符的 ASCII 码值。

For example:2580　$　?　CR（回车）　SP（空格）

第 2 章 操作系统

本章重点：

- 操作系统的基本概念
- 操作系统的功能、分类
- Windows 文件管理
- Windows 应用程序管理
- Windows 系统设置
- 系统维护
- 命令提示符

本章难点：

- 操作系统的功能、分类
- 文件和文件夹的操作及磁盘管理
- 安装、删除硬件
- 注册表
- DOS 命令的执行

操作系统是计算机最重要，也是最基本的系统软件，所有的应用软件都要在操作系统的支持下进行开发和运行，用户在使用计算机之前必须掌握所安装的操作系统。本章主要介绍 Windows 7 的基本使用，并简要介绍操作系统的基本知识和其他典型的操作系统。

2.1 操作系统概述

2.1.1 操作系统的概念

操作系统（Operating System，OS）是管理系统资源的机构，使得这些资源得到有效利用的系统软件。如 Windows 就是一个典型的操作系统。关于操作系统，至今尚无严格、统一的定义，本书这样来定义：操作系统是控制和管理计算机系统的硬件和软件资源，合理地组织计算机工作流程以及方便用户的程序集合。

操作系统是计算机系统中最低层的系统软件，所有的其他软件（包括系统软件与应用软件）

都建立在操作系统基础上，并获得其支持和服务。配置在计算机上的操作系统性能的好坏很大程度上决定了计算机系统工作的优劣。从用户的角度来看，计算机硬件加上操作系统形成一台虚拟机，它为用户提供了一个方便、有效、友好的使用环境。因此可以说，操作系统是计算机硬件与其他软件的接口，也是用户和计算机的接口。

一般来说，引入操作系统有两个目的：一是将裸机改造成一台虚拟机，使用户不必了解硬件和系统软件的细节就可方便地使用计算机；二是最大限度地发挥计算机系统资源的使用效率，使这些资源为多个用户共享。

2.1.2 操作系统的功能及特征

1. 操作系统的功能

通常从两个不同的角度来看操作系统的功能。一是从资源管理的角度，操作系统的功能是协调、管理计算机的软硬件资源，提高它们的利用率；二是从用户的角度，操作系统为用户提供一个良好的使用计算机的环境和服务。下面从资源管理和用户接口的观点出发说明操作系统的功能。

（1）处理机管理。处理机管理的主要任务是对处理机（CPU）的分配和运行实施有效的管理。在多道程序系统中，处理机的分配和运行是以进程为单位的，因此处理机管理又可归结为对进程的管理。进程是指程序及其数据在计算机上的一次执行过程。进程是动态的，具有生命期，它由系统创建并独立地执行，完成任务后被撤销。

（2）存储管理。存储管理的主要任务是对内存进行分配、保护和扩充。内存分配是指为每道程序分配内存；内存保护是指保证各程序在自己的内存区域内运行而互不干扰；内存扩充是指利用虚拟存储技术，将内、外存结合起来管理，为用户提供一个容量比实际内存大得多的虚拟存储器。

（3）设备管理。计算机所连接的外部设备种类繁多、特性各异，设备管理的主要任务是为用户提供统一的与设备无关的接口，对各种外设进行调度、分配、实现设备的中断处理和错误处理等。为提高效率，采用虚拟设备技术和缓冲技术，尽可能发挥设备和主机的并行工作能力。

（4）文件管理。软件资源是以文件形式保存在外存储器上的。文件管理的主要任务是有效地管理文件的存储空间，合理组织和管理文件系统的目录，支持对文件的存储、读写操作，解决文件信息的共享、保护及访问控制等。

（5）用户接口。操作系统作为虚拟机掩盖了硬件的操作细节，它使用户或程序员与系统硬件隔离开。为方便用户使用计算机，操作系统还应该提供友好的用户接口，该接口通常是以下列方式提供给用户的：一是命令接口，提供一组联机命令和作业控制语言，供用户直接或间接地控制自己的作业；二是程序接口，提供一组系统调用，供用户程序调用操作系统的功能；三是图形用户接口，提供图标、窗口和菜单等元素，使用户可方便地通过指点设备（如鼠标）和少量的键盘操作，取得操作系统的服务。

2. 操作系统的特征

由于现代操作系统一般为多道程序系统，给操作系统的设计、实现带来了许多复杂问题，从资源管理和用户服务的观点出发，操作系统具有以下特征。

（1）并发性。并发性是指宏观上在一段时间内有多道程序在同时运行。但在单处理机系统中，每一时刻仅有一道程序在执行，故在微观上这些程序是在交替执行的。

（2）共享性。由于操作系统具有并发性，整个系统的软硬件资源不再为某个程序所独占，而是由许多程序共同使用。

并发性和共享性相辅相成，是操作系统的两个基本的特性。

（3）不确定性。在多道程序设计中，由于运行环境的影响，程序的运行时间、运行顺序及同一程序或数据的多次运行结果等均具有不确定性。

（4）虚拟性。“虚拟”是指把一个物理上的客体变为若干个逻辑上的对应物。它体现在操作系统的多个方面，如若干终端用户使用一台主机，好像每人独占了一台计算机；虚拟存储器使计算机可以运行总容量大于主存的程序。这些都体现了操作系统的虚拟性。

2.1.3 操作系统的分类

操作系统种类繁多，很难用单一标准进行分类。

根据应用领域来划分，可分为桌面操作系统、服务器操作系统、嵌入式操作系统。

根据所支持的用户数目，可分为单用户操作系统（如 MS-DOS、OS/2、Windows）、多用户操作系统（如 UNIX、Linux、MVS）。

根据源码开放程度，可分为开源操作系统（如 Linux、FreeBSD）和闭源操作系统（如 Mac OS X、Windows）。

根据硬件结构，可分为网络操作系统（如 NetWare、Windows Server、OS/2 warp）、多媒体操作系统（如 Amiga）和分布式操作系统等。

根据操作系统的使用环境和对作业处理方式来考虑，可分为批处理操作系统（如 MVX、DOS/VSE）、分时操作系统（如 Linux、UNIX、XENIX、Mac OS X）、实时操作系统（如 iEMX、VRTX、RTOS、RT Windows）。

根据存储器寻址的宽度可以将操作系统分为 8 位、16 位、32 位、64 位、128 位的操作系统。早期的操作系统一般只支持 8 位和 16 位存储器寻址宽度，现代的操作系统如 Linux 和 Windows 7 都支持 32 位和 64 位。

根据操作系统的技术复杂程度，可分为简单操作系统（如 IBM 公司的磁盘操作系统 DOS/360 和微型计算机的操作系统 CP/M 等）和智能操作系统（如 Android、iOS、Symbian）。

2.1.4 几种典型的操作系统

典型的操作系统有 DOS、Windows、UNIX、Linux、iOS、Android 等。

1. DOS 操作系统

DOS（Disk Operation System，磁盘操作系统）是一种单用户、单任务的个人计算机操作系统，采用字符界面，通过输入各种命令来操作计算机。目前，DOS 有很多版本，如 MS-DOS、Free DOS、DR-DOS、ROM-DOS 等。但其中最实用的是 MS-DOS 7.10，最自由开放的则是 Free DOS。 DOS 虽已过时，但有时还必须使用，所以 Windwos 提供了“命令提示符”窗口。

2. Windows 操作系统

Windwos 是微软公司开发的具有图形界面（Graphical User Interface，GUI）的用于个人计算机和服务器的操作系统，有时也被称为“视窗操作系统”。

20 世纪 80 年代微软公司推出基于 DOS 的 Windows 1.0 和 2.0 版本，后进行了几次升级，俗称 Windows 3.x。1993 年推出 Windows NT，主要用于服务器。后推出的 Windwos 95，是一个混合的 16 位/32 位的个人计算机多任务操作系统。1998 年推出 Windows 98，2000 年推出 Windows ME（Windows Millennium Edition）和 Windows 2000，Windows 2000 有多个版本，分别用于个人计算机和服务器。2001 年推出了 Windows XP，彻底抛弃了 DOS，XP 意为“体验”（experience）。2003 年推出 Windows Server 2003，2006 年推出 Windows Vista（视窗操作系统远景版），2008 年

推出 Windows Server 2008，2009 年推出 Windows 7，Windows 7 完全支持 64 位，具有全新的简洁视觉设计、众多创新的功能特性及更加安全稳定的性能，主要分为简易版、家庭版、专业版、企业版和旗舰版等。2012 年推出 Windows Server 2012 和 Windows 8。综合考虑多方面因素，本书主要介绍 Windows 7 旗舰版，后文中提到的 Windows 往往是指近几年 Windows 版本的相同部分。

一台计算机上允许安装多个操作系统，每次启动时选择要使用的操作系统。这通常被称为双启动或多重启动配置，如可将 MS-DOS、Windows 2000、Windows XP 和 Windows 7 安装在一台计算机上。如果使用专门的软件，可将不同厂商的操作系统装在一台计算机上，如 Windows 系列与 Linux。

3. UNIX 操作系统

UNIX 是一个强大的多用户、多任务操作系统，支持多种处理器架构，最早由 Ken Thompson、Dennis Ritchie 和 Douglas Mcllroy 于 1969 年在 AT&T 的贝尔实验室开发。经过长期的发展和完善，目前已成长为一种主流的操作系统技术和基于这种技术的产品大家族。由于 UNIX 具有技术成熟、可靠性高、网络和数据库功能强、伸缩性突出和开放性好等特点，可满足各行各业的实际需要，特别能满足企业重要业务的需要，已经成为主要的工作站平台和重要的企业操作平台。

UNIX 因为其安全可靠、高效强大的特点在服务器领域得到了广泛的应用。直到 GNU/Linux 开始流行前，UNIX 仍是科学计算、大型机、超级计算机等所用操作系统的主流。

4. Linux 操作系统

Linux 是由芬兰人 Linus Torvalds 于 1991 年创始的，Linus 把 Linux 的内核在 GPL 条款下发布，之后在网上广泛流传，许多程序员参与了开发与修改。1992 年 Linux 与其他 GNU 软件结合，完全自由的操作系统正式诞生。该操作系统往往被称为"GNU/Linux"或简称 Linux。

Linux 是目前唯一可免费获得的、为 PC 平台上的多个用户提供多任务、多进程功能并包括所有标准的 UNIX 工具和应用程序的操作系统。1999 年起，多种 Linux 的简体中文版相继发行，国内自主创建的有红旗 Linux、中软 Linux 等，美国有 Red Hat（红帽）Linux、Turbo Linux 等。不少版本具有图形用户界面，如同使用 Windows 一样，允许使用窗口、图标和菜单对系统进行操作。

5. iOS 操作系统

iOS 操作系统是由苹果公司开发的手持设备操作系统。苹果公司最早于 2007 年的 Mac world 大会上公布这个系统，最初是设计给 iPhone 使用的，后来陆续套用到 iPod touch、iPad 以及 Apple TV 等苹果产品上。iOS 与苹果的 Mac OS X 操作系统一样，它也是以 Darwin 为基础的，因此同样属于类 Unix 的商业操作系统。原本这个系统名为 iPhone OS，直到 2010 年 WWDC 大会上宣布改名为 iOS。截止至 2011 年 11 月，iOS 已经占据了全球智能手机系统市场份额的 30%，在美国的市场占有率为 43%。

6. Android 操作系统

Android 是一种以 Linux 为基础的开放源代码操作系统，主要应用于便携设备。尚未有统一的中文名称，中国大陆地区常称为"安卓"或"安致"。Android 操作系统最初由 Andy Rubin 开发，最初主要支持手机。2005 年由 Google 收购注资，并组建开放手机联盟开发改良，逐渐扩展到平板电脑及其他领域上。2011 年第一季度，Android 在全球的市场份额跃居全球第一。2012 年 11 月数据显示，Android 占据全球智能手机操作系统市场 76%的份额，中国市场占有率为 90%。

GNU 是由 Richard Stallman 在 1983 年 9 月公开发起的一项计划，其目标是创建一套完全自由的操作系统。GNU 本意代表“GNU's Not Unix”，但 Gnu 在英文中原意为非洲牛羚，发音与 new 相同，所以 Stallman 宣布 GNU 应当发音为 Guh-NOO 以避免与 new 这个单词混淆。为保证 GNU 软件可以自由地“使用、复制、修改和发布”，所有 GNU 软件都要遵循在禁止其他人添加任何限制的情况下授权所有权利给任何人的协议条款，即 GNU 通用公共许可证（GNU General Public License，GPL）。

2.2 Windows 基本操作

2.2.1 Windows 7 的启动与退出

1. 启动 Windows 7

在启动 Windows 7 系统前，首先应确保在通电情况下将计算机主机和显示器接通电源，然后按下主机箱上的电源开关，启动计算机。如果计算机上只安装了 Windows 7 并有多个用户，则打开电源开关后，等到出现 Windows 7 的欢迎界面时，选择一个用户，如果设置有密码，则需要输入密码。如果只有一个用户，并且没有密码，则计算机会跳过选择用户这一步，自动运行 Windows 7，屏幕将显示 Windows 7 系统的桌面。如果计算机上安装了多个操作系统，则需选择要使用的操作系统启动。

2. 退出 Windows 7

当用户使用完计算机要离开时，应当及时关闭 Windows 7 操作系统，在关闭计算机前，应先关闭所有的应用程序，以免数据丢失。要关闭 Windows 7 系统，用户可以单击系统桌面上的“开始”按钮，在弹出的“开始”菜单中选择“关机”命令，然后 Windows 开始注销系统，如果有更新会自动安装更新文件，安装完成后即会自动关闭系统。

3. 锁定、注销、切换用户、重新启动、睡眠

单击任务栏左下角“开始”按钮，在打开的菜单中单击“关机”按钮右侧的▶按钮，出现如图 2.1 所示菜单。

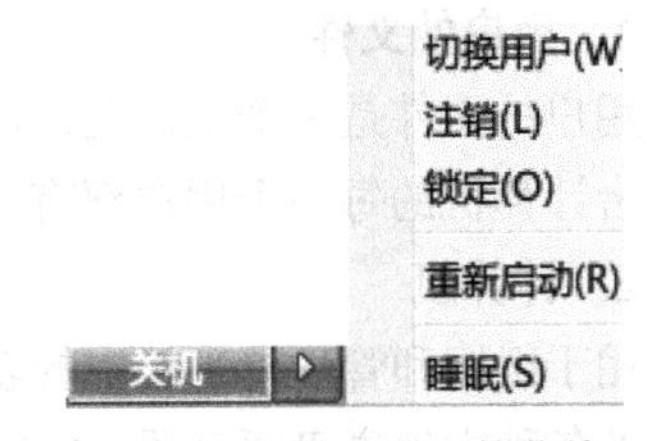

图 2.1 “切换用户”等菜单

如果在弹出的菜单中选择“切换用户”命令，系统在不退出当前账户也不关闭所打开的程序情况下，切换到登录界面，可用其他账户登录。

“注销”是指关闭所有程序并退出已登录的当前账户，切换到登录界面。

“锁定”是指在不关闭当前运行程序的情况下切换至登录界面，当再次进入系统时，必须输入正确的密码。

“重新启动”是指重新启动计算机。“睡眠”是一种节能状态，不关闭已打开的程序，计算机置于低功耗状态，动下鼠标或键盘，则切换至登录界面。

2.2.2 桌面及其基本操作

桌面（Desktop）是 Windows 的屏幕工作区，也是 Windows 启动后用户所看到的整个屏幕画

面，如图2.2所示。Windows的操作都是在桌面上进行的。桌面由桌面背景、任务栏、开始菜单、和图标组成。

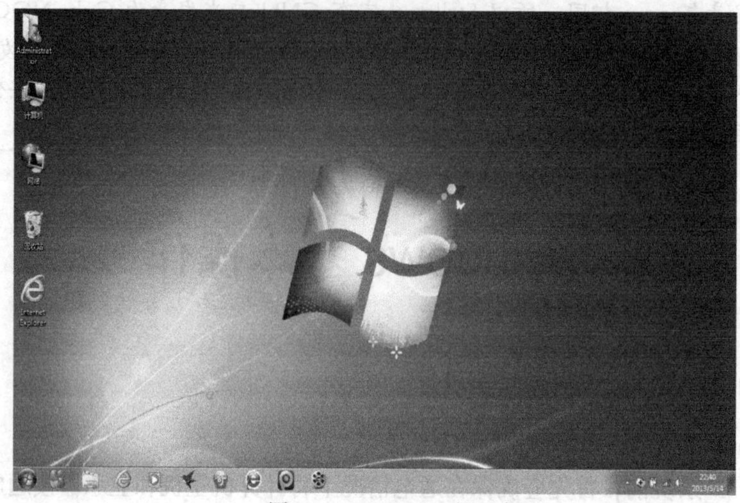

图2.2 Windows 7的“桌面”

桌面背景的作用是美化桌面，用户可将自己喜欢的图片设置为桌面背景。用户要更改背景，可以右击桌面空白处，在弹出的快捷菜单中选择“个性化”命令，在打开的窗口中单击“桌面背景”链接，打开“桌面背景”窗口，然后在该窗口中选择背景图片文件，并单击“保存修改”按钮即可。

图标（Icon）是代表某种事物的象征性图形，它可用于表示应用程序、文件夹、文件、某项功能等。首次启动Windows 7时，只有一个“回收站”图标在桌面上，此时可右击桌面的任意空白处，在弹出的快捷菜单中选择“个性化”命令，在其窗格中单击左侧的“更改桌面图标”链接，出现“桌面图标设置”对话框，单击其中要更改的图标，然后单击“确定”按钮，即可在桌面上根据自己的爱好添加或删除图标。

下面介绍常见的图标、任务栏和开始菜单。

1. 用户的文件

用户的文件是一个文件夹，用做文档、图片和其他文件的默认存储位置。在Windows 7中，同一台计算机的每一个用户都有一个“用户的文件”。该图标以用户名命名，如Administrator。

2. 计算机

用于组织和管理计算机中的软硬件资源，同“资源管理器”。双击“计算机”图标将显示本计算机的各种本地磁盘驱动器、CD-ROM驱动器和网络驱动器等。如果需要使用某种资源，直接双击其图标即可。

3. 网络

通过“网络”可以访问已联网的其他计算机，共享网络资源。想在本机上访问网络中另一台计算机的磁盘，则另一台计算机应设置该磁盘为共享。

4. 回收站

“回收站”文件夹用来存储被用户删除的信息。在删除本地硬盘上的文件或文件夹时，Windows可将其放到“回收站”中，而不是真正从硬盘上删除。“回收站”中的文件或文件夹仍然占用硬盘空间，当清空“回收站”时，这些文件才被从硬盘上真正删除。当“回收站”充满后，Windows会自动清除“回收站”中的空间以存放最近删除的文件或文件夹。用户根据需要可将“回收站”中的文件或文件夹恢复到原来的位置。

5. Internet Explorer

这是微软公司提供的 Internet Explorer（简称 IE）浏览器，用于浏览 Internet 上的信息，如 Web、FTP、BBS 等。

6. 任务栏

任务栏通常处于屏幕的最底端，如图 2.3 所示，它包含如下几个部分。

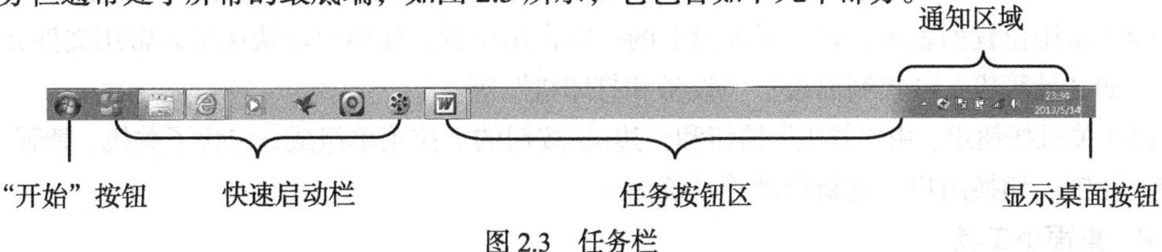

图 2.3　任务栏

（1）“开始”按钮。单击此按钮可弹出“开始”菜单。

（2）快速启动栏。由一些小按钮组成，单击可以快速启动程序，如 IE 浏览器、某应用程序等。有些 Windows 7 的版本没有该项。

（3）任务栏按钮区。该区域显示正在运行的应用程序和打开的窗口所对应的图标，单击此区的某一应用程序图标可以快速切换应用程序。

（4）通知区域。默认情况下这里只会显示最基本的系统图标，分别为操作中心、电源选项（只针对笔记本电脑）、网络连接、输入法指示器、时间和音量图标。其他被隐藏的图标，需要单击向上箭头才可以看到。其他提供活动状态信息的图标也可能暂时在此区出现，如正在打印文档的打印机的快捷方式图标。用鼠标双击、单击或右击可进行一些操作，如停止可热插拔硬件的使用。

（5）“显示桌面”按钮。Windows 7 中，“显示桌面”按钮从以前版本中“开始”菜单旁边移动到任务栏的另一端。单击该按钮，则所有打开的窗口都会被最小化，不会显示窗口边框，再次单击该按钮，原先打开的窗口则会被恢复显示。

7. 开始菜单

“开始”菜单是 Windows 最重要的菜单，它包含了 Windows 所需的全部命令。单击“开始”按钮（或按下 键，也可按下 Ctrl+Esc 组合键）显示“开始”菜单，如图 2.4 所示。Windows 7 的“开始”菜单大体上可分为以下 5 部分。

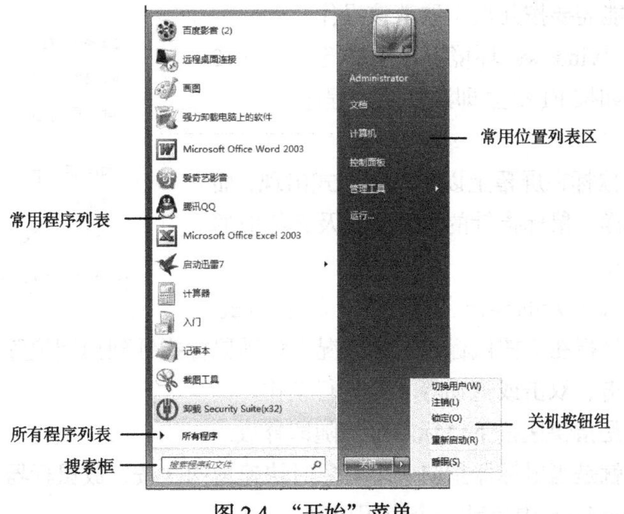

图 2.4　“开始”菜单

（1）常用程序列表。列出了最近频繁使用的程序快捷方式，只要是从“所有程序”列表中运行过的程序，系统会按照使用频率的高低自动将其排列在常用程序列表上，另外，对于某些支持跳转列表功能的程序（右侧带有箭头），也可以在这里显示出跳转列表。

（2）所有程序列表。系统中所有的程序都能在该列表里找到，用户只需将光标指向或单击“所有程序”命令，即可显示“所有程序”菜单。

（3）搜索框。在框内输入关键字，可以直接搜索本机安装的程序或硬盘上的文件。

（4）常用位置列表区。列出了硬盘上的一些常用位置，使用户能快速进入常用文件夹或系统设置。如“计算机”、“控制面板”、“设备和打印机”等。

（5）关机按钮组。由“关机”按钮和旁边按钮的下拉菜单组成，包含了关机、睡眠、休眠、锁定、注销、切换用户、重新启动等系统命令。

8. 桌面小工具

Windows 7提供了多种实用的桌面小工具，如“日历”、“时钟”、“天气”、“源标题”、“幻灯片放映”和“图片拼图板”等。在桌面上单击右键，然后选择“查看”按钮，选择“显示桌面小工具”，让系统处于显示桌面小工具的状态，再次在桌面上单击右键，选择“小工具”命令，打开窗口后，双击小工具的图标就能将该工具显示在桌面上。如果要获得更多的桌面小工具，可以单击小工具窗口右下方的“联机获得更多小工具”标题，按提示操作即可。

2.2.3 键盘和鼠标的基本操作

在Windows环境下，一般的操作主要是使用鼠标来完成的。鼠标的操作在各种操作系统里基本都是一样的。尽管使用鼠标是简化Windows操作的关键，但有时使用快捷键反而能节省时间。

1. 使用快捷键

Windows中包含大量的快捷键，其形式主要有以下3种。

（1）组合键。用得最多的组合键形式是：键名1+键名2，表示先按下“键名1”不释放，再按下“键名2”，然后同时释放。例如，Ctrl+Esc组合键，表示先按下Ctrl键不释放，再按下Esc键，然后同时释放。

（2）Esc键。Esc键是全方位的取消键，如果在Windows中操作有误，大多数情况下可通过快速按下Esc键（可能需要按几次）取消该操作。

（3）功能键。在Windows环境下，功能键F1～F12也被定义成快捷键，如按F1键立即激活帮助程序。

2. 使用鼠标

在Windows中，鼠标在屏幕上以指针的形式出现，而且指针的形状多种多样。鼠标指针的常见形状及其相应的操作说明如图2.5所示。

正常选择　不可用
帮助选择　垂直调整
后台运行　水平调整
忙　沿对角线调整
精确选择　移动
文本选择　候选
手写　链接选择

图2.5　鼠标指针形状及其功能

在Windows中，鼠标器的操作主要有以下几种方法。

（1）指向。指向是指在不按鼠标按键的情况下移动鼠标指针到预期位置，这个动作往往是对鼠标其他动作（如单击、双击或拖动等）的先行动作。

（2）单击。单击是指快速按下鼠标左键，随即释放。

（3）双击。双击就是当鼠标器指向一个对象时快速地两次按、放鼠标器左键。双击可完成许多功能操作，如在Windows中启动一个应用程序。

（4）右单击。右单击也简称为右击，是指快速按下鼠标器右键并随即释放。右单击将弹出鼠标所指向对象的快捷菜单，为用户提供操作该对象的常用命令。

（5）拖放。拖放也称为拖动或拖曳，先将鼠标器指向一个对象，按下鼠标器左键并移动鼠标器指针，将对象移到指定位置，再释放鼠标器左键。

（6）右拖放。右拖放先将鼠标器指向一个对象，按下鼠标器右键并移动鼠标器指针，将对象移到指定位置，再释放鼠标器右键。

（7）选择。选择一个项目导致一个动作。例如，选择一个图标（双击该图标）可以启动一个应用程序或打开一个文档文件；选择菜单中的一个命令（单击该命令）可以执行一个功能。

（8）选定。选定也称选中，是指在一个项目上做标记，使其高亮度显示或用虚线框表示。选定操作只作标记，不产生动作。用鼠标器单击可选定项目。

2.2.4　窗口的组成与操作

之所以用 Windows 来命名该操作系统，就是因为整个操作系统的操作是以窗口为主体进行的，正确了解和熟练操作窗口是必不可少的。窗口是指屏幕上可以打开或关闭的矩形区域，用户可以在窗口中查看程序、文件夹、文件、图标或者在应用程序窗口中建立自己的文件。窗口有应用程序窗口和文档窗口两种类型。前者是指包含已在运行中的一个程序的窗口，而后者一般是应用程序内的处理部件，通常没有菜单栏，如 Word 的文档窗口。

1. 窗口的组成

窗口结构基本上是相同的，主要由标题栏、地址栏、搜索栏、菜单栏、组织栏、导航窗格及工作区等元素组成，如图 2.6 所示。

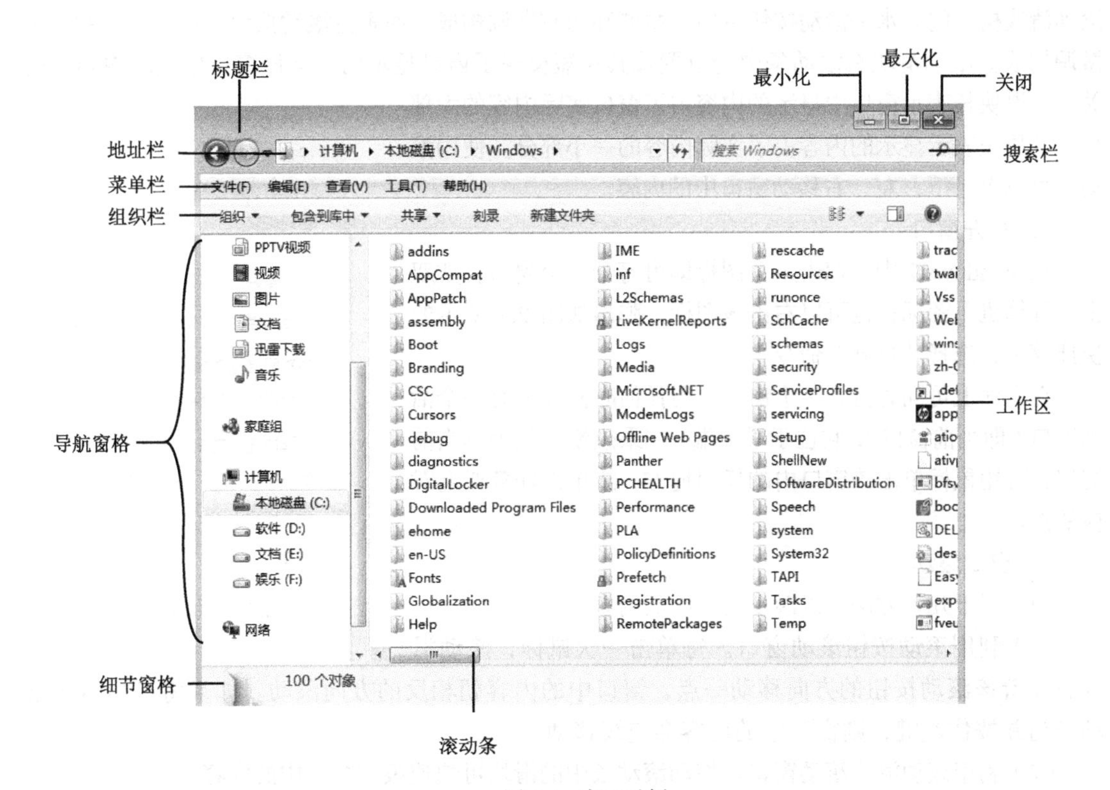

图 2.6　窗口示例

（1）标题栏。标题栏位于窗口上端，通过标题栏可以移动窗口、改变窗口的大小和关闭窗口操作。标题栏右边显示“最小化”按钮、“最大化”按钮（或“还原”按钮）、“关闭”按钮。应用程序窗口标题可以是应用程序名，也可以是当前窗口打开的文件或文件夹名。

（2）地址栏。地址栏将当前的工作位置显示为以箭头分隔的一系列链接，可以通过单击某个链接或键入位置路径（如 C:\Users\Public）来导航到其他位置，

（3）菜单栏。依具体应用程序的不同，菜单栏中包含有哪些菜单也不完全一样。但大多数菜单栏中都有“文件”、“编辑”、“帮助”等菜单项。

（4）组织栏（foreband）。也称为工具栏，默认位于菜单栏下方。使用组织栏可以执行一些常见任务，如刻录文件、新建文件夹等。鼠标指针停留在其中的按钮上，会提示简要说明。组织栏的按钮会因窗口的不同或单击了某一文件/文件夹，而显示的按钮也会不同。利用该栏中的“组织”选项的“布局”命令可以隐藏或显示菜单栏、导航窗格等。

（5）工作区。工作区是窗口内部的文件或文件夹所在的区域。

（6）导航窗格。给用户提供了树状结构文件夹列表，直接单击某一任务选项可完成相应的操作，不必在菜单栏或工具栏中进行，方便用户快速定位所需的目标，其主要分为收藏夹、库、计算机、网络4大部分。

（7）细节窗格。用于显示当前操作的状态及提示信息，或当前用户选定对象的详细信息。

（8）边和角。边指窗口的4个边，角指窗口的4个角。拖动边或角可改变窗口的大小。窗口“最大化”后，窗口的边会消失。

（9）滚动条。当窗口中的文件或文件夹占据的空间超过显示的窗口时，在窗口的底边沿和右边沿会出现滚动条。滚动条分为垂直滚动条和水平滚动条两种，每一种滚动条都是由滚动按钮和滚动滑块构成的。水平滚动按钮由向左微调和向右微调构成，而垂直滚动按钮由向上微调和向下微调构成。滚动滑块在滚动条中的位置及其长短反映了窗口显示内容与该窗口中实际内容间的关系，滑块长表示窗口中显示的内容占了窗口实际内容的大部分，滑块短表示显示的内容占了实际内容的一小部分。使用滚动条可以上、下、左、右移动窗口中的内容。

2. 打开窗口

在 Windows 7 中，双击某一图标即可打开一个窗口，如双击“计算机”图标；也可以右击该图标，弹出如图2.7所示的快捷菜单，选择“打开”命令。

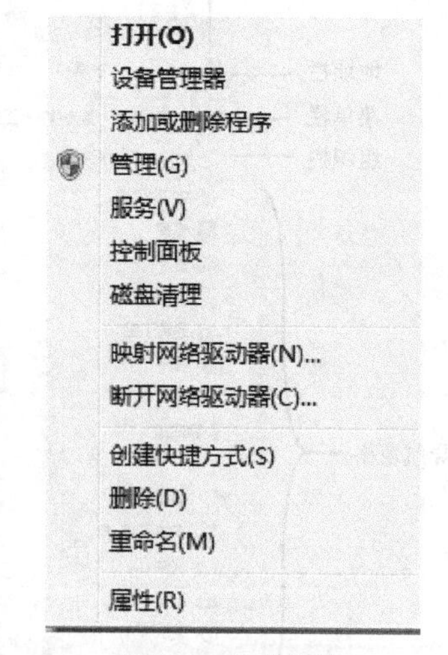

图2.7 快捷菜单

在桌面上可同时打开多个窗口，但任何时候都只有一个活动窗口（即当前窗口），它位于最前端。如果想激活某个非当前窗口，可用鼠标单击该窗口内的任何地方，或单击任务栏上对应的按钮。

3. 窗口滚动

使用以下几种方法可以滚动窗口中的内容。

（1）利用滚动按钮滚动窗口。每单击一次鼠标，滚动滑块就朝着该滚动按钮的方向移动一点，窗口中的内容朝相反的方向滚动。如果将鼠标指向滚动按钮并按住左键，则窗口中的内容会连续移动。

（2）利用滚动滑块滚动窗口。拖动滚动条中的滑块可快速滚动窗口中的内容。

（3）单击滚动条的空白区滚动窗口。在滚动按钮和滚动滑块之间的空白区单击鼠标，滑块就

会向着单击处的位置移动一定的距离，同时窗口中的内容移动一页。如此连续单击就可以使滚动滑块按固定的距离连续移动。

4. 调整窗口大小

（1）使用鼠标。使用鼠标可以做以下窗口调整。

① 最小化窗口：单击标题栏右端的最小化按钮，即可将窗口缩小成任务栏上的按钮。在窗口最小化时，其应用程序仍在运行（称为后台运行）。

② 最大化窗口：单击标题栏右端的最大化按钮，即可将窗口放大到整个桌面。此时，“最大化”按钮变形为“还原”按钮，单击该按钮，可将窗口复原成原来大小。双击标题栏的空白处也可还原窗口。

③ 改变窗口的边框尺寸：当前窗口不是最大化时，将鼠标指针指向该窗口的任意一边或一角，当它变成双向箭头时，拖动鼠标即可改变窗口的大小。

另外，用鼠标单击应用程序图标，或右击任务栏上的窗口按钮，将弹出一个菜单，选择相应的命令，也可实现上述操作。

（2）使用键盘。按 Alt + 空格键打开控制菜单，选择相应的命令，完成窗口的最小化、最大化或还原；当选择“大小”时，光标变成十字交叉线，使用↑、↓、←、→等方向键可以改变窗口大小，待满意时按回车键。

Windows 7 系统特有的 Aero Peek 特效功能也可以改变窗口大小。Aero Peek 是 Windows 7 中一个崭新功能，通过该功能，用户可以透过所有窗口查看桌面，也可以快速切换到任意打开的窗口。当拖曳“计算机”窗口标题栏至屏幕的最上方，鼠标指针触碰到屏幕的上边沿时，指针周围会出现放大的“气泡”，同时将会看到 Aero Peek 效果（窗口像透明的玻璃）填充桌面，此时松开鼠标左键，“计算机”窗口即可全屏显示。

5. 窗口的移动

在窗口移动前，必须使得移动的窗口为当前窗口，而且不是最大化。

（1）使用鼠标。将鼠标指向待移动窗口的标题栏上，拖动窗口到所需的新位置释放即可。

（2）使用键盘。按 Alt + 空格键打开控制菜单，选择“移动”，光标变成十字交叉线，使用↑、↓、←、→等方向键移动窗口，待移到合适的位置处按回车键即可。

6. 排列和预览窗口

当用户打开多个窗口，需要它们同时处于显示状态时，排列好窗口就会让操作变得很方便。Windows 7 提供了层叠、堆叠、并排 3 种窗口排列方式。用户可以右击任务栏，选择“层叠窗口”、“堆叠显示窗口”或“并排显示窗口”，即可按要求的方式排列窗口。

Windows 7 操作系统提供了多种方式让用户快捷方便地切换预览多个窗口。

（1）Alt+Tab 键预览窗口。当用户使用了 Aero 主题时，在按下 Alt+Tab 键后，用户会发现切换面板中会显示当前打开的窗口的缩略图，并且除了当前选定的窗口外，其余的窗口都呈现透明状态。按住 Alt 键不放，再按 Tab 键或滚动鼠标轮就可以在窗口缩略图中进行切换。

（2）3D 切换效果。当用户按下 +Tab 键切换窗口时，可以看到 3D 立体窗口的切换效果，按住 键不放，再按 Tab 键或滚动鼠标轮来切换各个窗口。

（3）通过任务栏图标预览窗口。当用户将鼠标指针移至任务栏中某个程序的按钮上时，在该按钮的上方会显示与该程序相关的所有打开窗口的预览缩略图，单击其中的某一缩略图，即可切换至该窗口。

7. 关闭窗口

一个窗口使用完后就应关闭，这样可节省内存，加速 Windows 的运行，并保持桌面整洁。对于应用程序来说，关闭窗口实际上是关闭应用程序。关闭一个窗口有以下几种方法。

（1）单击标题栏上的“关闭”按钮。

（2）选择“文件”菜单中的“关闭”或“退出”命令。

（3）按 Alt + F4 组合键。

（4）在任务栏的项目上单击右键，选择“关闭窗口”命令。

（5）如果多个窗口以组的形式显示在任务栏，可以在一组项目上单击右键，选择“关闭所有窗口”命令。

（6）将鼠标移到任务栏窗口上，当出现窗口缩略图后单击“关闭”命令。

2.2.5 菜单的操作

菜单是 Windows 窗口的主要组成部分，是应用程序所有命令的分类组合。菜单中的每一项称为菜单项，对应一个执行特定功能的操作命令（即菜单命令）。菜单主要有 4 种，除前面介绍过的“开始”菜单和控制菜单外，还有下拉菜单和快捷菜单。

1. 下拉菜单

下拉菜单是 Windows 中常见的一种菜单，由应用程序窗口的菜单栏引出。其他菜单中的标记所指含义及选取方法同下拉菜单。

（1）菜单项的选择。菜单内的菜单项可通过鼠标或键盘来选取。

① 使用鼠标：用鼠标选取菜单命令既简单又直观，若想激活下拉菜单，只需单击菜单栏上的菜单项即可。例如，单击“查看”菜单项，就会出现如图 2.8 所示的下拉菜单。菜单中的选项分成了几组，用凹线隔开。如果要从下拉菜单中选择某个命令，只需将鼠标指向该菜单命令，然后单击即可。退出菜单时，只需在下拉菜单以外的任何地方单击鼠标。

② 使用键盘：在窗口的菜单栏上，每一个菜单项的后面都跟有一个字母，用 Alt + 该菜单项字母键就可以打开其下拉菜单。例如，按下 Alt + V 键即打开图 2.8 中“查看”的下拉菜单；也可先按 Alt 键或 F10 键，使“文件”菜单项凸起来，再按下菜单项后面的字母键即可。在打开一个下拉菜单后，可移动左右方向键（←、→）来打开其他下拉菜单。选取下拉菜单的命令时，可以直接按下某菜单命令后面的字母键，如在图 2.8 中按 O 键则引出“排序方式”的子菜单；也可以使用上下方向键（↑、↓）移动光条，使所需的菜单项高亮度显示，然后按下回车键。退出菜单时，按 Alt 键或 F10 键。

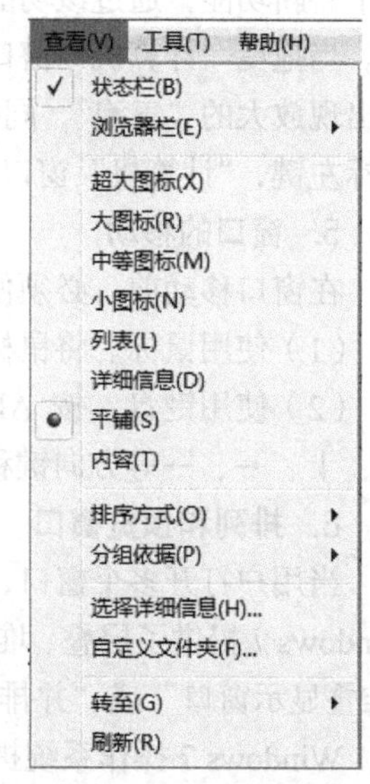

图 2.8 “查看”下拉菜单

如果一条菜单命令的右边有快捷键，如 Ctrl + X、Ctrl + C 等，则用户可通过这些快捷键来执行相应的菜单命令。

（2）菜单项约定。Windows 中的菜单项有一些约定的属性，它们具有特定的含义。

① 变成灰色的菜单项：菜单项若以灰色和虚线字符来显示，则表明此菜单项在当前运行环境下是不能使用的，称为无效菜单项。选择时系统将不作出任何反应。

② 子菜单项：有的菜单项的右边有一个实心黑三角“▸”，表示该菜单项可以引出一个辅助

性菜单，称为子菜单。例如，将鼠标指向图 2.8 中的“排序方式”后，就会自动出现下一级子菜单。

③ 带选中标识的菜单项：若菜单项左边有一个对号“√”标记，则表明此菜单项目前正在起作用。如图 2.8 所示，如果单击“状态栏”，去掉左边的“√”标记，则窗口最下方就不会出现状态栏（状态栏显示当前窗口中有多少对象，或显示选中了几个对象）。这种菜单项的作用就像一个开关，一次选择即打开某特性，再次选择则取消。

④ 单选菜单项：有的菜单项左边有一个实心圆“•”标记，表示此菜单项为一个单选菜单项。单选标识用于一组功能相互抵触的菜单项，即只能选择其中之一作为系统当前的状态。如图 2.8 中的“超大图标”、“大图标”、“中等图标”、“小图标”、“列表”、“详细信息”、“平铺”和“内容”。

⑤ 带对话框的菜单项：有的菜单命令的后面有省略号“...”，则表示执行该菜单命令后会弹出一个对话框。如图 2.8 中的“选择详细信息”。

2. 快捷菜单

快捷菜单也称为弹出菜单。任何情况下右击屏幕上的任意位置，通常都会显示一个快捷菜单。快捷菜单的内容与右击的位置或对象及右击的时机有关。例如，右击屏幕空白处，弹出一个不同于图 2.7 的快捷菜单，可对桌面上的图标进行排列、新建文件夹等。

2.2.6 对话框的组成与操作

对话框是 Windows 和用户进行信息交流的一个界面，与窗口有类似的地方，但没有菜单栏，也不能随意改变其大小。对话框中包含一些按钮和各种选项，通过它们可以完成特定命令。例如，“页面设置”对话框如图 2.9 所示，“任务栏和开始菜单”属性对话框如图 2.10 所示。

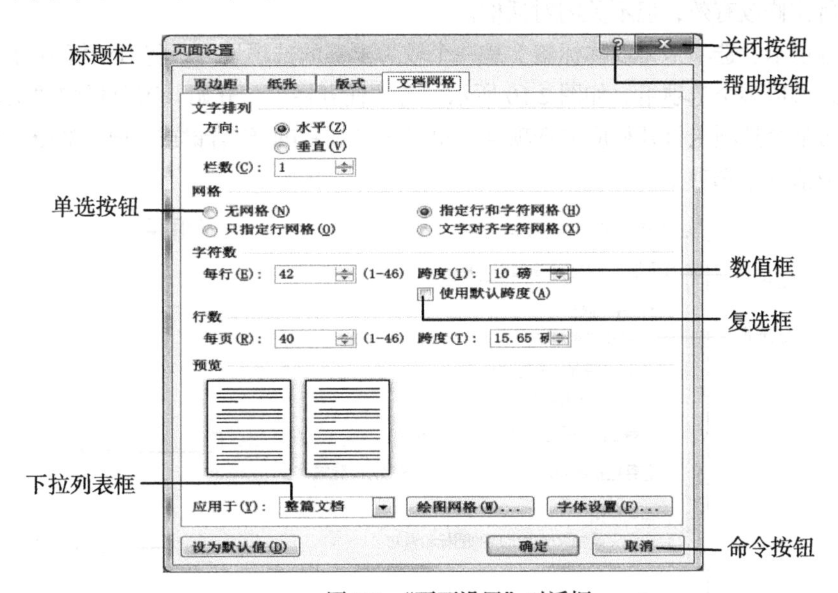

图 2.9 “页面设置”对话框

以下为对话框的主要组成与操作。

（1）标题栏。标题栏在对话框的顶部，其左端是对话框的名称，右端一般有关闭按钮和帮助按钮“?”。单击帮助按钮，然后单击某个项目，即可获得该项目的帮助信息。将鼠标指向标题栏，然后拖动，则可移动对话框。

（2）文本框。文本框用于输入文本信息，当文本框成为当前控件时，会出现一个闪烁竖线表示的插入点，允许输入文本。有的文本框右端有一个向下的黑三角标志“▼”，称为下拉按钮，单击它打开下拉列表，可从中选取已输入过的信息。

（3）列表框。列表框以列表形式显示多种选项，用户只能选择其中一项。当可供选择的项目较多时，则会在右侧出现滚动条。

（4）下拉列表框。下拉列表框是一种单行列表框，显示当前选项，右端有一个下拉按钮。单击下拉按钮，将弹出一个下拉列表，其中列出了供用户选择的所有选项，如图2.9中的“应用于”所示。

（5）单选钮。其标志是选项前面有一个圆按钮，用户只能从多个相互排斥的选项中选择一个。当选中某个选项时，出现一个实心圆点表示选中，如图2.9中页面范围的诸选项。

（6）复选框。复选框列出多项选择，根据需要用户可以从这些项目中选择一项或者多项。当单击某一复选框时，会在该项前的方框中出现一个“√”符号，表示该项已被选中。若再次单击该项目，则取消选中。如果使用键盘，则要使用待选复选框提示文字后面的带下画线的字母，即按Alt+该字母组合键。如在图2.9中按Alt+L组合键选中“打印到文件”。

（7）数值框。单击数值框右边的上下箭头可以改变数值大小，也可以直接输入一个数值。

（8）命令按钮。命令按钮是带有文字的按钮，单击它立即根据对话框的性质产生相应的动作。如果命令按钮呈暗灰色，表示该按钮是不可选择的；如果一个命令按钮跟有省略号“…”，表示该命令还会产生一个对话框。对话框中常见的命令按钮有“确定”、“取消”、“应用”等，单击“确定”按钮，则使在对话框中所作的修改有效，并关闭对话框；单击“取消”按钮，则取消所作的修改，并关闭对话框，等价于单击标题栏右端的“关闭”按钮，也等价于按Esc键；单击“应用”按钮，使所作修改有效，但不关闭对话框。

（9）选项卡。选项卡（或称标签）是一个较为丰富的选项设置，将对话框中的功能作了进一步的分类，形成多个选项组。如图2.10所示，有“任务栏”、“开始”菜单栏和“工具栏”3个选项卡。单击某个选项卡打开相应的选项组，也可按Ctrl+Tab组合键或Ctrl+Shift+Tab组合键打开下一个或前一个选项卡。

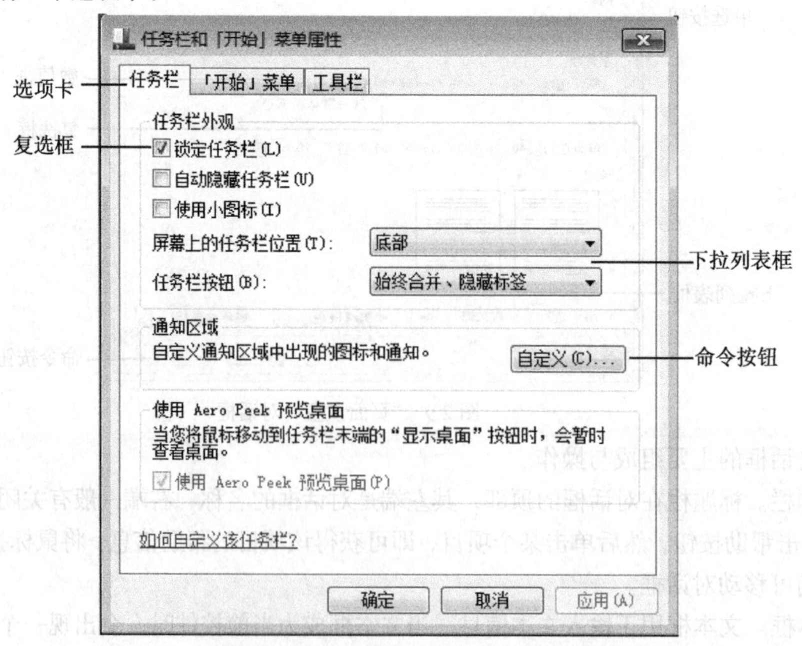

图2.10 “任务栏和开始菜单”属性对话框

2.2.7 中文输入法的使用

在中文 Windows 的环境下，能输入英文的地方一般也能输入汉字。可以使用 Windows 自带的中文输入法输入汉字，如“智能 ABC”、“微软拼音”、“全拼”等，也可以使用用户添加的其他中文输入法，如“搜狗拼音输入法”。

使用 Ctrl + Space 组合键来打开或关闭中文输入法，使用 Ctrl + Shift 组合键在英文及各种中文输入法之间进行切换。如果使用鼠标进行操作，则首先单击“任务栏”右端输入法指示器图标，弹出已装入的输入法菜单，如图 2.11 所示，然后单击要选用的输入法。如果用户需要在开机时启动自己习惯使用的输入法，则在状态栏上右单击输入法，选择“设置”选项，可以打开“文本服务和输入语言”对话框，在“常规”选项卡的“默认输入语言”中选择设置默认的输入法，然后单击“确定”按钮。

在选择了某种输入法后，会出现一个输入法状态工具条。例如，选择“搜狗拼音输入法”时，状态工具条如图 2.12 所示（搜狗输入法状态工具条有标准和 mini 两种，这里以标准为例）。图中各标识图符（功能按钮）的含义如下。

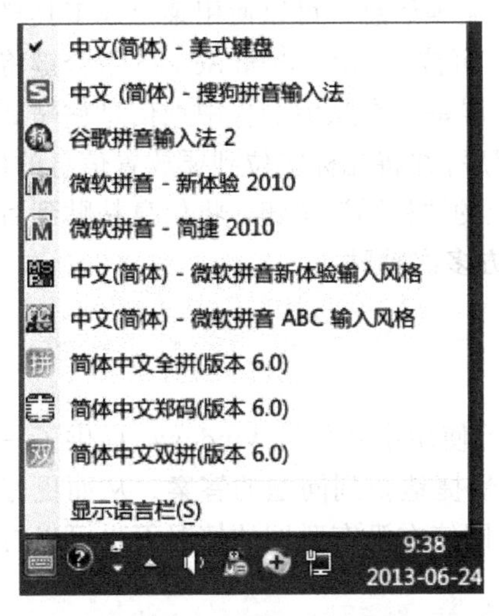

图 2.11 输入法菜单

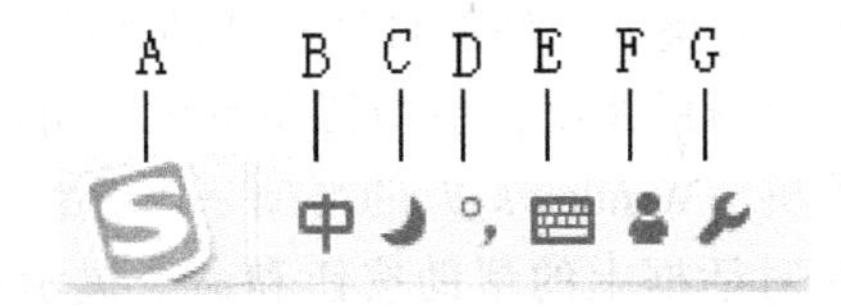

图 2.12 输入法状态工具条

A——输入方式切换按钮。表示当前输入法的图标，如搜狗输入法图标为，微软拼音 ABC 输入法的图标为，可以在 Windows 内置的某些输入法之间进行切换。

B——中英文切换按钮。单击它可在中文和英文之间切换，输入法默认是按下 Shift 键就切换为英文状态，再次按下 Shift 键就切换为中文状态，切换为英文状态时，标识图符为A，此时可输入大小写字母。也可用 Caps Lock 键切换，但只能输入大写字母。

C——全角/半角切换按钮。单击该按钮可在二者之间切换，也可按 Shift + 空格键进行切换。图 2.12 为半角时的标识图符，当切换为全角状态时，图符为●。在中文输入过程中，如果切换为英文状态，则在半角输入状态下输入的字母、数字等均为单字节字符，而在全角输入状态下输入的字母、数字等均为双字节中文字符。

D——中英文标点切换按钮。可使用鼠标单击，也可使用 Ctrl + .（句号）键切换。当切换为中文标点状态时，标识图符如图 2.12 所示，此时输入的标点为全角字符；当切换为英文标点时，标识图符变为，输入的标点字符是半角还是全角由全角/半角切换按钮决定。

E——软键盘按钮。Windows 内置的中文输入法共提供 13 种软键盘。单击该按钮会弹出快捷菜单，选择“软键盘”选项，用户可从中选择需要的符号；再次单击该按钮则关闭软键盘。右击该按钮会出现诸如“PC 键盘”、“标点符号”、“希腊字母”、“拼音”、“特殊符号”等可供选择的符号类型，再单击某一类型，就会选中并打开相应的软键盘。

F——帮助按钮。详细地介绍了该输入法的使用。

G——设置菜单按钮。单击该按钮可以对输入法的“常规”选项卡、“按键设置”选项卡、“词库”选项卡、“外观”选项卡和“高级”选项卡进行设置。

2.2.8 剪贴板

剪贴板是 Windows 程序内部和程序之间用于传递信息的一个临时内存存储区，可以存储剪切或复制的任何内容，如从文档、文件或文件夹中选定的文本或图形。复制或剪切到剪贴板上的信息是公共的，任何具有粘贴功能的应用程序（如 Word、Excel）都可将其粘贴到自己的文档中。剪贴板在 Windows 中无时不在，放在剪贴板上的信息在被其他信息替换或者退出 Windows 之前，一直保存在剪贴板上。

在 Windows 中，对于选定的文本、文件或文件夹等信息，可以使用菜单或工具栏中的复制、剪切操作将其存到剪贴板上；对于活动窗口，可按下 Alt + Print Screen 组合键将其复制到剪贴板上，而直接按 Print Screen 键则复制整个屏幕。在从剪贴板中把信息粘贴到目标位置时，首先切换到要接受信息的文档窗口或应用程序，并将光标定位到要放置信息的位置，然后单击“编辑”菜单中的“粘贴”命令或工具栏上的“粘贴”按钮。将信息粘贴到目标程序后，剪贴板中内容保持不变，并且可在不同的地方多次粘贴。

2.2.9 使用帮助和支持

每个完整的软件都自带有帮助系统，供用户学习使用本软件。Windows 提供了一种综合的联机帮助系统，借助帮助系统，用户可方便、快捷地找到问题的答案，从而更好地使用计算机。Windows 7 的帮助是内置到系统中的，即使在没有联网的情况下也可以打开。除使用对话框上的帮助按钮和命令提示符窗口中的帮助两种方法外，还可使用下面的方法。

1. 入门

“入门”是让用户大概了解 Windows 7，并做一些亲身体验。选择“开始”菜单→“所有程序”→“附件”→“入门”，打开网页，包含“联机查找 Windows 7 新增功能”、“个性化 Windows”、“传输另一台计算机中文件和设置”、“使用家庭组和家庭中的其他计算机共享”、“选择何时通知您有关计算机更改的消息”等选项，供用户选择。

2. Windows 7 的帮助和支持

单击“开始”按钮，选择“帮助和支持”命令，显示“帮助和支持中心”窗口，如图 2.13 所示。也可以在桌面被激活时，按 F1 键来获取帮助。在“帮

图 2.13 “帮助和支持中心”窗口

助和支持中心”窗口有两种获取帮助的方法。

（1）利用“搜索”查找。在“搜索”框中输入要查找的主题，按Enter键。

（2）利用浏览帮助。可以按主题浏览帮助主题，单击“浏览帮助”按钮，然后单击出现的主题标题列表中的项目。主题标题可以包含帮助主题或其他主题标题。单击帮助主题将其打开，或单击其他标题更加细化主题列表。

2.3 文件管理

Windows具有强大的文件管理系统，而且Windows 7较以前版本的文件系统更加安全、稳定、可靠，并且易于学习和掌握。Windows 7利用“计算机”、“资源管理器”和“库”来管理存储系统中的所有文件资源。

2.3.1 文件和文件夹

1. 文件

文件（file）是指赋予名字并存储于外存上的一组相关信息的集合。各种数据和信息都是保存在文件中的，如一个程序、一张照片、一首歌曲都可以存储为一个文件。

（1）文件命名。为了区分和使用文件，必须给每一个文件起一个名字，即文件名。文件的命名是有一定规则要求的，以下为命名规则。

① 文件名由主文件名和可选的扩展名组成，中间以“.”连接。一般情况下，格式为

<主文件名>[.<扩展名>]

主文件名体现文件的内容，一般应做到“见名知义”；扩展名（也称文件名后缀）表明文件的类型，应做到“见名知类”，如.docx表示Word文档。主文件名必不可少，而扩展名则可省略；扩展名省略时，主文件名后面的“.”也必须省略。例如，“myfile.docx”“b123”。

② 文件名最多可使用255个字符，但不推荐使用超过50个字符的超长文件名。

③ 文件名中的字符可以是字母、下画线、数字、空格或汉字等，不区分大小写，但不能使用下面一些字符：

\ / : * ? " < > |

④ 扩展名可以超过3个字符，但由应用程序创建的扩展名一般不超过3个字符。文件名可使用多个句点“.”进行分隔，但最后一个句点后的字符作为扩展名。如abc 1.234.txt的扩展名为.txt。

⑤ Windows把一些常用外部设备看做文件，这些设备名又称保留设备名。用户给文件命名时，不要使用保留设备名，如CON（输入输出设备名）、COM（串行口）、LPT或PRN（并口或打印口）、NUL（空设备）。

说明

有些程序不支持长文件名，要求遵循DOS的“8.3”格式，即主文件名由1～8个字符组成，扩展名由0～3个字符组成。另外，在不引起混淆的情况下，也可以将主文件名直接称为文件名。

（2）文件类型。计算机中的文件根据其内容的不同分为许多类型，称为文件类型。文件类型往往由扩展名来标识，在窗口中可看到不同的图标。常用类型的文件扩展名是有约定的，用户不要随意命名或更改，以免造成混乱。常见的文件扩展名及其含义如表2.1所示。

表 2.1　　常见文件扩展名及其含义

扩　展　名	含　　义	扩　展　名	含　　义
.ASM	汇编语言源程序文件	.AVI	一种电影视频文件
.BAT	批处理文件（ASCII 文件）	.BMP	位图图像文件
.C	C 语言源程序文件	.CPP	C++源程序文件
.COM	系统命令文件（二进制代码）	.DOCX	Word 文档文件
.EXE	可执行文件（二进制代码）	.HLP	帮助文件
.HTML	网页文件	.INI	系统配置文件
.MID	MIDI 音乐	.OBJ	目标代码文件
.PPTX	PowerPoint 演示文稿文件	.PRG、.DBF	Visual FoxPro 文件（ASCII）
.SYS	系统文件	.TXT	文本文件（ASCII 文件）
.TMP	临时文件	.WAV	波形音频文件
.ZIP、.RAR	压缩文件	.XLSX	Excel 工作簿文件

2. 文件夹及路径

（1）文件夹及树形文件夹结构。文件夹（有的系统称为目录）是分类存放相关文件的有组织实体，Windows 采用树形结构来组织和管理文件夹，如图 2.14 所示。

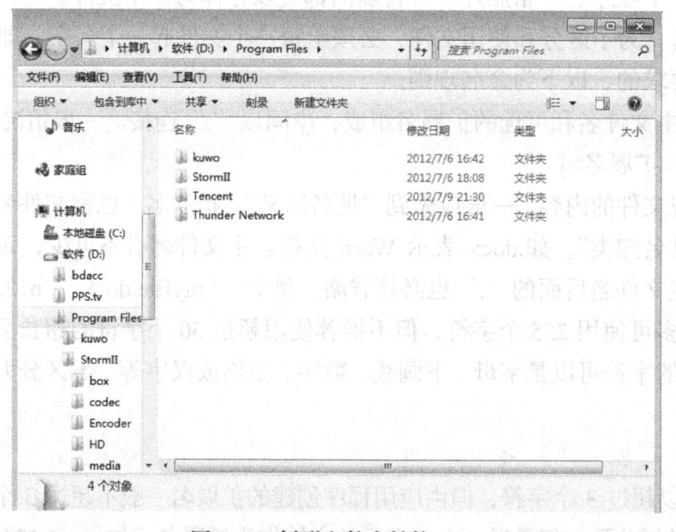

图 2.14　树形文件夹结构

文件夹的最高层称为根文件夹，每个磁盘或逻辑驱动器上都有一个根文件夹，在格式化磁盘时自动创建。在根文件夹中可以再创建文件夹，再创建的文件夹称为子文件夹。子文件夹中还可再包含子文件夹。这样便形成一棵倒置的树，根在上，树枝在下，故称为树形文件夹结构。子文件夹在有的系统（如 DOS）中称为子目录。

磁盘用盘符 A:、B:、C:、D:等表示，磁盘上的根文件夹用反斜杠“\”表示，如 C 盘的根文件夹表示为“C:\”，在“地址栏”中显示为“▸计算机▸C:▸”。所有子文件夹都需命名，规则与文件的命名规则类似，但一般不要扩展名。

一些文件夹是系统专用的，用户不能改名，也可能不允许在其中创建子文件夹，如“用户的文件”、“计算机”、“网络”、“回收站”、“控制面板”等。

（2）路径。文件或文件夹在磁盘上具体存储位置的描述称为路径，在 Windows7 中，用 “\” 隔开的一组文件夹名来表示。路径分为绝对路径和相对路径两种。

① 绝对路径：指从某盘的根文件夹开始到目标文件或文件夹的路径。在图 2.14 中文件夹 Tecent 的绝对路径为 “D:\ Program Files\Tecent”。

② 相对路径：指从当前文件夹开始的路径。当前文件夹是指正处于打开状态的文件夹，如图 2.14 所示中的 “Program Files”。用一个句点 “.” 表示当前文件夹本身，而用两个句点 “..” 表示当前文件夹的父（上一级）文件夹。例如，图 2.14 中文件夹 Tecent 的相对路径可表示为 “.\ Tecent”。

2.3.2 “计算机”、“资源管理器” 和 “库”

Windows 7 中通过 “计算机” 和 “资源管理器” 可以浏览计算机资源，管理文件及文件夹，启动应用程序，查找、复制、删除文件以及直接访问 Internet 等。另外，同以前操作系统相比，增加了 “库” 的概念，帮助用户管理计算机中的各种资源。

1. 使用“计算机”

在 “开始” 菜单中单击 “计算机” 命令，或双击桌面上 “计算机” 图标，出现如图 2.15 所示的 “计算机” 窗口，显示计算机上的硬盘、移动存储设备等图标及导航窗格。

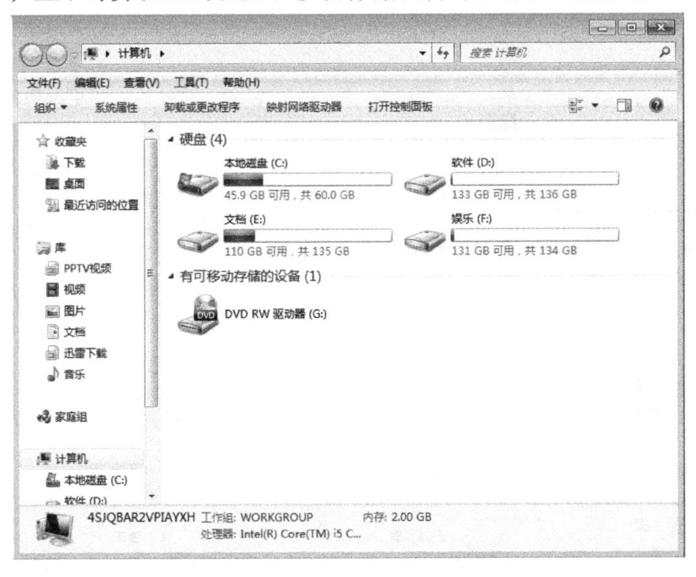

图 2.15 “计算机” 窗口

单击导航窗格的某一选项可完成相应的操作。双击右边工作区中的某一图标即可查看其中保存的文件和文件夹。

当用户想返回上一级文件夹或磁盘时，可单击地址栏左边的 “后退” 按钮，也可以使用地址栏来实现；如果单击的是 “后退” 按钮，则可单击 “前进” 按钮，回到已浏览过的当前文件夹的下一级文件夹窗口。

在 “搜索” 框内输入关键字可在指定的驱动器中查找文件或文件夹。

2. 使用“资源管理器”

“资源管理器”是一个文件管理的实用程序，用来浏览和管理计算机中的各种资源。与 Windows XP 相比，Windows 7 的资源管理器在界面和功能上都有了很大的改进，增加 “预览窗格” 以及内容更加丰富的 “详细信息栏” 等功能。

（1）启动“Windows 资源管理器”。

启动“资源管理器”可用下面几种方法。

① 选择“开始”→“所有程序”→“附件”→“Windows 资源管理器”命令。

② 在桌面上双击“计算机”图标，在打开的界面左侧中单击“库”，即进入资源管理器。

③ 右击“开始”按钮，在弹出的快捷菜单中选择“打开 Windows 资源管理器”。

④ 如果使用的是 Microsoft 标准键盘，则按下 + E 组合键，再单击左侧的“库”。

⑤ 右击“附件”中的“Windows 资源管理器”命令，再选择“锁定到任务栏”，以后就可单击任务栏上的“资源管理器”图标来直接打开。

在“资源管理器”窗口中（见图 2.16），可以看出它的功能类似于“计算机”窗口，包含了地址栏、后退和前进按钮、搜索框、工具栏、导航窗格等。可以通过地址栏查看当前文件夹所在计算机或网络上的位置；在搜索框中输入字符可以找到当前文件夹中存储的文件或子文件夹；使用工具栏可以执行常见任务，如更改文件和文件夹外观；导航窗格以树状结构显示系统中的所有文件，单击驱动器或文件夹前面的透明小三角符号，可以展开其所包含的子文件夹；对象列表用于显示当前文件夹中的内容；使用标题可以更改文件列表中文件的整理方式，还可以排序、分组或堆叠当前视图中的文件；详细信息面板用于显示与所选文件关联的最常见属性。

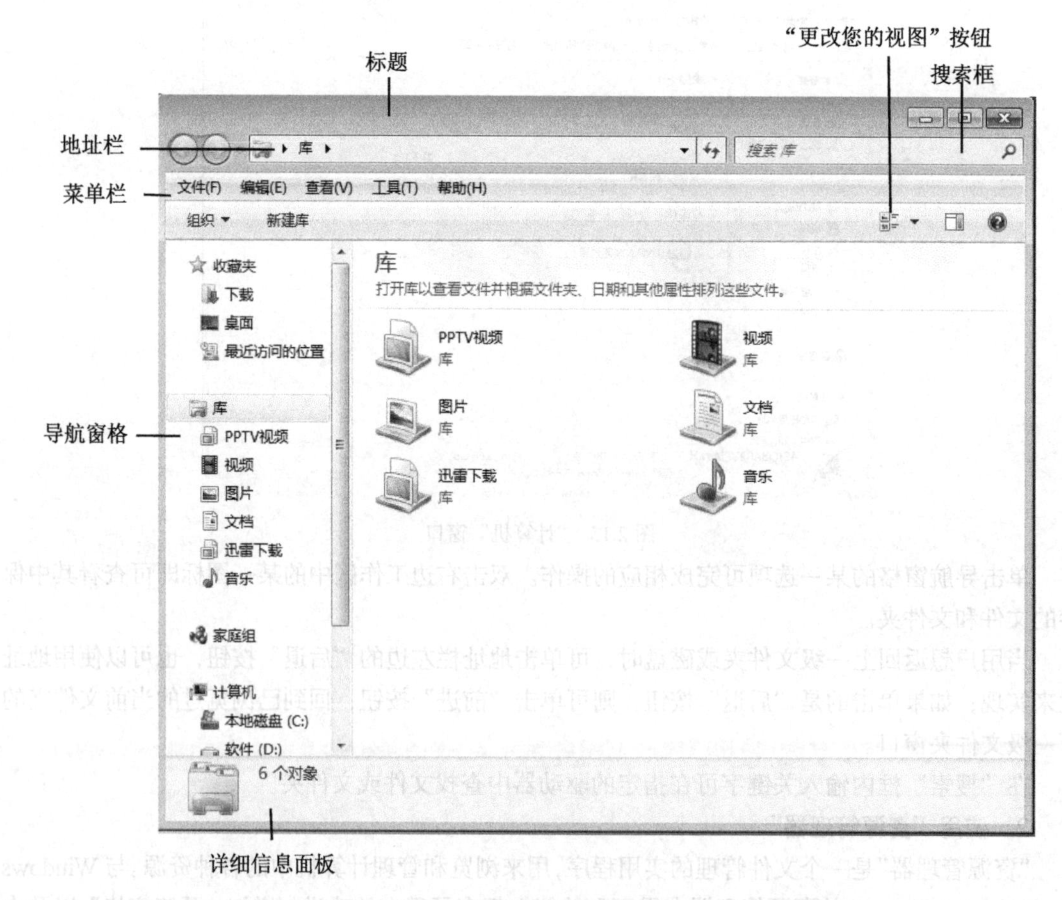

图 2.16 “资源管理器”窗口

（2）浏览文件夹中的内容。在左侧导航窗格中，有的文件夹或驱动器图标前面有一个“▷”或“◢”。单击“▷”号方框可以展开此文件夹或驱动器，在左窗格中显示其中所包含的文件夹，并且“▷”号变成“◢”号。单击“◢”号方框时，折叠该文件夹或驱动器，并且“◢”号变成“▷”号。通过双击文件夹图标的方法也可以展开或折叠文件夹。

单击左窗格中的驱动器或文件夹图标，右窗格中就显示其中包含的文件和文件夹。双击右窗格内的文件夹图标，则将这个文件夹打开，可进一步浏览其中的内容。也可以使用前面介绍的其他打开窗口的方法来浏览文件夹中的内容。

3. 使用 Windows 7 的库

在 Windows 7 中新引入了一个库的概念，运用库可以大大提高用户使用计算机的方便程度。简单地讲，Windows 7 文件库可以将用户需要的文件和文件夹全部集中到一起，就像是网页收藏夹一样，只要单击库中的链接，就能快速打开添加到库中的文件夹。另外，库中的链接会随着原始文件夹的变化而自动更新，并且可以以同名的形式存在于文件库中。前面介绍的资源管理器窗口中默认显示的就是“库”窗口。如果用户觉得系统默认提供的库目录还不够使用，可以新建库目录。单击导航窗格中的“库”按钮打开“库”窗口，在空白处右击，在弹出的快捷菜单中选择“新建”→“库”命令，此时，在“库”窗口中即可自动出现一个名为“新建库”的库图标，并且其名称处于可编辑状态，直接输入新库的名称，按下 Enter 键，即可新建一个库。

4. 改变文件和文件夹的显示方式

通过“查看”菜单可以改变文件或文件夹的显示方式，主要有“超大图标”、“大图标”、“中等图标”、“小图标”、“列表”、“详细信息”、“平铺”、“内容”等几种显示方式。其中，“列表”是以多列方式排列小图标；“详细信息”将显示文件和文件夹的名称、大小、类型、最后修改日期和时间，并且用鼠标左右拖动这些项目右侧的边界可显示出更多的信息。也可以单击窗口右上方的“更改您的视图”按钮，在右侧的下拉列表中进行显示方式的选择。

5. 文件和文件夹的排序

对于驱动器或文件夹，随着新文件或文件夹的增多（如拷贝、移动、新建），往往会打乱其中的文件或文件夹顺序，这时可以重新排序。在“查看”菜单中选择“排列方式”子菜单中相应的命令即可，该子菜单提供了 5 种排序方式：按作者、名称、修改日期、类型、大小。排序命令只对当前活动驱动器或文件夹内的内容有效。

当选择“详细资料”显示方式时，如果使用鼠标单击某一列的标题（名称、类型、大小和修改时间），则按该标题进行排序。

6. 其他显示方式的设置

利用“工具”→“文件夹选项”可以设置文件、文件夹和桌面内容的其他显示方式，如图 2.17 所示。这个对话框中有以下 3 个选项卡。

（1）“常规”选项卡。可以设置是否使用 Windows 传统风格的桌面，是否在同一个窗口打开每个文件夹，是否通过双击打开项目等。

（2）“查看”选项卡。可以设置是否显示隐藏的文件和文件夹，是否隐藏已知文件类型的扩展名等。

（3）“搜索”选项卡。可以设置文件搜索的相关选项，

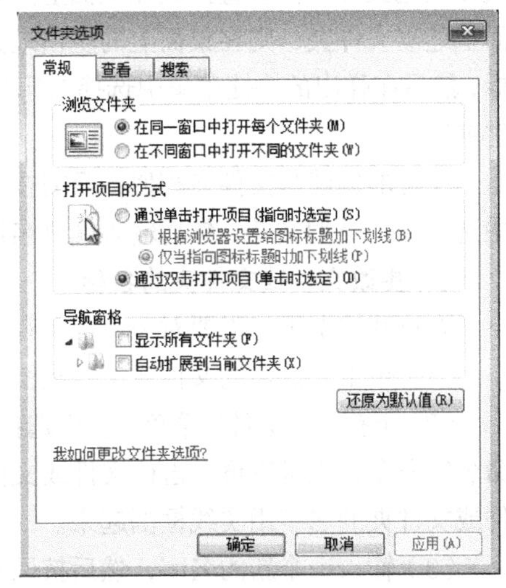

图 2.17 “文件夹选项”对话框

包括搜索内容、搜索方式、搜索位置等选项的设置。

2.3.3 管理文件和文件夹

1. 选定文件或文件夹

在对文件或文件夹进行任何操作之前，首先选定要操作的文件或文件夹对象。在“资源管理器”或“计算机”中，选定对象有以下几种方法。

（1）选定单个对象。单击要选定的对象图标或名称，可看到对象名以高亮度（浅蓝色底纹）显示出来，表明已被选中。也可以直接键入某个对象名称的第一个字母，如字母 W，则选定名称以 W 开头的第一个对象。

（2）选定多个连续对象。单击要选定的第一个对象，然后按住 Shift 键不放，单击要选定的最后一个对象。被选中的对象区域将以高亮度显示。

（3）选定多个不连续对象。单击要选定的第一个对象，然后按住 Ctrl 键不放，单击剩余的每一个对象。

（4）选定全部对象。选择“编辑”菜单下的“全部选定”命令，或者直接按 Ctrl + A 组合键。

（5）取消选定的对象。在屏幕上的任意空白区域单击鼠标即可取消已选中的对象。

2. 创建新的文件或文件夹

刚创建的文件或文件夹都是空白的。创建新文件夹的一般操作步骤如下。

（1）打开一个驱动器或文件夹窗口。

（2）下拉出“文件”菜单，选择其中的“新建”。也可以右击鼠标，在弹出的快捷菜单中选择“新建”，如图 2.18 所示。

（3）在“新建”子菜单内选择“文件夹”，此时会出现一个名称为“新建文件夹”（这是临时名称）的文件夹。

（4）在新文件夹名称的文本框内键入具体名称，按回车键。

新文件夹不仅可放在驱动器的顶层，也可以放在其他文件夹内或直接放在桌面上。若想在桌面上建立文件夹，则在桌面上的空白地方右击鼠标，然后在弹出的快捷菜单中选择“新建”→“文件夹”。

文件的创建与文件夹相似，只需在如图 2.18 中选择某一类型文件，然后输入文件名即可。

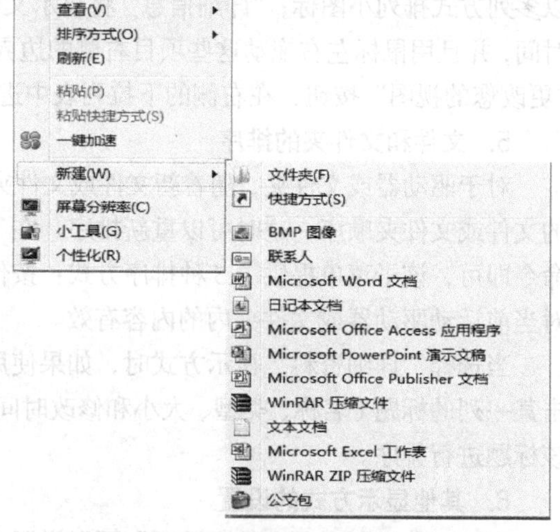

图 2.18 “新建文件/文件夹”菜单

3. 更改文件或文件夹的名称

在有些情况下，需要对一些已经存在的文件或文件夹进行改名，操作步骤如下。

（1）单击要改名的文件或文件夹图标。

（2）下拉出“文件”菜单，从中选择“重命名”命令；或者右击鼠标并在快捷菜单中选择“重命名”命令；也可以再单击该文件或文件夹的名字；还可以按 F2 键。之后可以看到被选中的文件或文件夹的名字用实线框围起来。

（3）输入一个新的名字，然后按回车键。

4. 复制及移动文件或文件夹

使用“资源管理器”或通过“计算机”打开多个窗口，可以复制或移动文件及文件夹对象到另一个文件夹或驱动器。主要有以下两种方法。

（1）拖动。

① 右拖动：将选定的文件或文件夹对象右拖动到目的文件夹图标上，当目的文件夹图标反白显示时，释放鼠标则弹出快捷菜单，如图 2.19 所示。此时，用户可选择“复制”或“移动”等。

复制到当前位置(C)
移动到当前位置(M)
在当前位置创建快捷方式(S)
取消

图 2.19　右拖动快捷菜单

② 拖动：如果把一个驱动器上的文件或文件夹图标往另一个驱动器的文件夹图标上拖动，Windows 默认为是复制，可看到鼠标指针下方有一个带“+”的小方框，当目的文件夹图标反白显示时，释放鼠标即可。但若同时按住 Shift 键进行拖动，则是移动。

如果把文件或文件夹对象往同一个驱动器的另一个文件夹图标上拖动，Windows 默认为是移动，鼠标指针下方没有带“+”的小方框，当目的文件夹图标反白显示时，释放鼠标即可。但如果同时按住 Ctrl 键进行拖动，则是复制。

（2）剪切、复制和粘贴。“剪切”之后“粘贴”是一种移动操作，而“复制”之后“粘贴”是一种拷贝操作。用鼠标操作按如下步骤进行。

① 选定源文件或文件夹。

② 在“编辑”菜单中选择“剪切”或“复制”命令，也可单击工具栏上相应的按钮，此时系统将源文件或文件夹的名称及路径剪切或复制到剪贴板上。

③ 打开目的驱动器或文件夹。

④ 选择“编辑”菜单中的“粘贴”命令或单击工具栏上的“粘贴”按钮。

也可右击弹出快捷菜单，使用其中的“剪切”、“复制”和“粘贴”命令完成操作。

若用键盘操作，则可通过按 Ctrl + X 组合键（剪切）、Ctrl + C 组合键（复制）、Ctrl + V 组合键（粘贴）等进行。

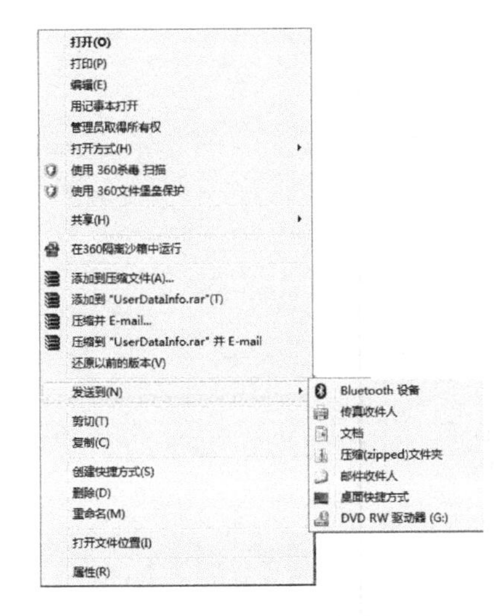

图 2.20　“发送到”子菜单

5. 发送文件或文件夹

在窗口中右击要发送的文件或文件夹，弹出快捷菜单，将鼠标指向“发送到”命令，出现“发送到”子菜单，如图 2.20 所示。以下为其常用的命令。

（1）桌面快捷方式。将指定的文件或文件夹在桌面上建立快捷方式。

（2）邮件收件人。将指定的文件或文件夹作为电子邮件的附件发送。

（3）文档。将指定的文件或文件夹发送到“文档”中。

（4）可移动磁盘。将指定的文件或文件夹发送到 U 盘或移动磁盘中。

6. 删除及恢复文件或文件夹

对于不再使用的文件或文件夹，可以将其删除，操作步骤如下。

（1）单击要删除的文件或文件夹图标。

（2）从“文件”菜单中选择“删除”命令或者直接按一下 Delete 键，屏幕上会出现“确认文件删除”对话框。

（3）如果要删除可以单击“是”按钮；否则单击“否”按钮，取消该操作。

对于本地硬盘，这种删除操作是将选中的文件或文件夹放入“回收站”中，因此还可以将它们恢复到原来的位置，操作步骤如下。

（1）双击桌面上的“回收站”图标，打开“回收站”窗口。

（2）选定要恢复的文件或文件夹。

（3）单击“文件”菜单中的“还原”命令。

如果在按住Shift键的同时执行删除操作，则将真正删除，也称为物理删除，以后不能恢复。如果要清除“回收站”中的全部信息，则可打开“回收站”，单击“文件”下拉菜单中的“清空回收站”即可；也可右击“回收站”图标，弹出快捷菜单，单击其中“清空回收站”命令。打开“回收站”窗口，选定其中的某些文件或文件夹，右击鼠标，通过快捷菜单可将其真正删除，也可进行恢复操作。

其他磁盘（如U盘）和网络上的文件在被删除时并没有送到“回收站”，所以不能恢复；同理，在命令提示符下删除的文件也不能恢复。

7. 改变文件或文件夹的属性

常用的文件或文件夹属性有“只读”、“隐藏”和“存档”，具有只读属性的文件或文件夹只允许读，不允许修改；具有隐藏属性的文件或文件夹在一般情况下不被显示出来；存档属性与备份程序有关，备份程序只备份具有存档属性的文件或文件夹，且在备份后此属性消失，一般新建或修改后的文件都具有此属性。

改变文件或文件夹属性的操作步骤如下。

（1）选定要改变属性的文件或文件夹。

（2）从“文件”菜单中选择“属性”。也可右击鼠标，在弹出的快捷菜单中选择“属性”，显示“属性”对话框，如图2.21所示。

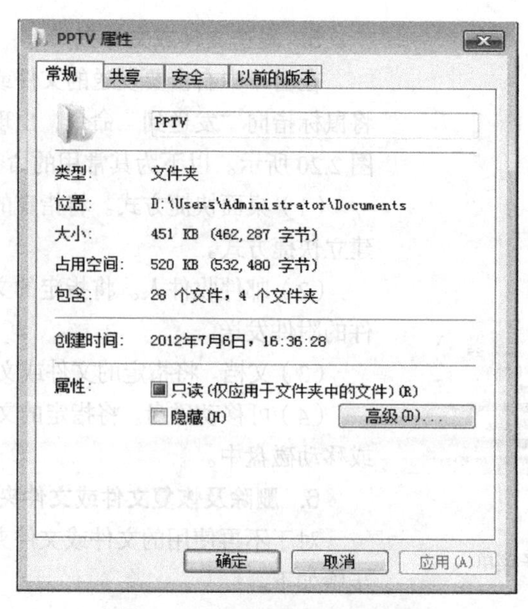

图2.21 “文件夹属性”对话框

（3）在“常规”选项卡中可改变文件或文件夹的属性。例如，可设定为“隐藏”。如果想更改“存档”，则单击“高级”按钮。

（4）单击“确定”按钮完成本次操作。

属性对话框中，文件夹“属性”比文件“属性”多了“共享”选项，单击如图 2.21 所示的“高级”按钮，或单击“共享”选项卡，可进行共享设置。被设置为共享的文件夹可被本机或局域网上其他用户访问该文件夹。对于 NTFS，还可以设置“压缩”和“加密”属性。文件“属性”还包括了“详细信息”选项，可以查看该文件的详细信息，包括说明、来源、内容及文件的详细信息。

8. 搜索文件或文件夹

（1）简单搜索。在 Windows 7 中，单击“开始”菜单或“资源管理器”窗口中的“搜索”文本框，输入要搜索字词或短语，一开始键入内容，搜索就开始了。例如输入“file”，则会搜索到当前目录下所有包含“file”的文件或文件夹，搜索结果如图 2.22 所示。

图 2.22　“搜索结果”窗口

（2）设置搜索选项。例如，在“搜索”文本框输入“file”后，如果同时希望搜索文件内容中包含有“file”的文件，则可以通过设置搜索选项来实现，即单击“组织”→“文件夹选项和搜索选项”选项，弹出“文件夹选项”对话框，单击“搜索”选项卡，选中“搜索内容”选项下的“始终搜索文件名和内容”。

（3）使用搜索筛选器。如果知道搜索对象的一些基本信息，例如文件类型、修改日期或文件的种类，则可以通过“添加搜索筛选器”的方式进行搜索，即单击搜索文本框，打开列表框，在“添加搜索筛选器”选项下面，选择“种类”、“修改日期”、“类型”、“大小”、“名称”等中的一种，例如选择“类型”筛选器，如图 2.22 所示，选择一种类型，系统会自动执行搜索。

2.3.4　磁盘管理

在“资源管理器”或“计算机”窗口中，可以对磁盘进行属性设置、格式化、碎片整理、清理无用的文件等管理操作。

1. **文件系统简介**

文件系统是信息存储在硬盘上的方式。操作系统必须清楚每个文件存储在磁盘上什么地方，也得清楚磁盘上未分配的空间和已分配给文件的空间。Windows 2000/XP 及以后的版本支持 FAT（File Allocation Table）、FAT32 和 NTFS（New Technology File System）文件系统。

FAT 的表项长度为 16 位，也称为 FAT16。FAT 以簇为单位来分配磁盘空间，簇由磁盘上若干个连续的扇区组成。簇也被称为分配单位。随着磁盘或分区容量的增大，每个簇所占的空间将越来越大。如 1.44MB 软盘的一个簇是 2 个扇区，硬盘上 1GB 分区的一个簇是 64 个扇区。在为文件分配磁盘空间时，即使一个字节的文件也要占用一簇，所以对较大的分区会造成很大的磁盘空间浪费。FAT 最多可表示 64K 个簇，而每簇最大为 32KB，所以最多管理 2GB 的分区。大容量的硬盘一般不使用 FAT 管理磁盘空间。MS-DOS 及所有的 Windows 版本都支持 FAT。

FAT32 是 FAT 的增强版本，其表项长度为 32 位，可用在容量为 512MB 到 2TB 的驱动器上。FAT32 使用的簇比 FAT 小，从而有效地节约了硬盘空间。Windows 98/ME/2000/XP 及以后版本都支持 FAT32。

NTFS 是一种专为网络、磁盘配额和文件加密等管理安全特性设计的磁盘格式，具有 FAT 和 FAT32 的所有基本功能，较 FAT32 具有更大的磁盘压缩性。NTFS 也是以簇为单位来分配磁盘空间，但簇的尺寸不仅小，而且也不依赖于磁盘或分区的大小。Windows NT/2000/XP 及以后版本都支持 NTFS。只有使用 NTFS，Windows 才具有安全、可靠等特点。使用 convert 命令或其他硬盘管理工具可将 FAT、FAT32 转换为 NTFS。

2. **查看和更改磁盘属性**

在“计算机”窗口中，右击某个磁盘图标，在弹出的快捷菜单中单击“属性”选项，显示“属性”对话框，如图 2.23 所示。其中，“常规”选项卡列出了磁盘的卷标、类型、文件系统、容量、已用空间和可用空间等，用户可以修改卷标；“工具”选项卡提供了“查错”、“备份”和“碎片整理”等磁盘工具；“硬件”选项卡列出了各磁盘驱动器的状态、属性等信息，并可卸载驱动器及更改驱动程序；“共享”选项卡用来将该磁盘设置为共享，以便网络上其他用户访问；“配额”选项卡用来监视和控制单个用户使用的磁盘空间量，FAT 文件系统没有该选项卡。

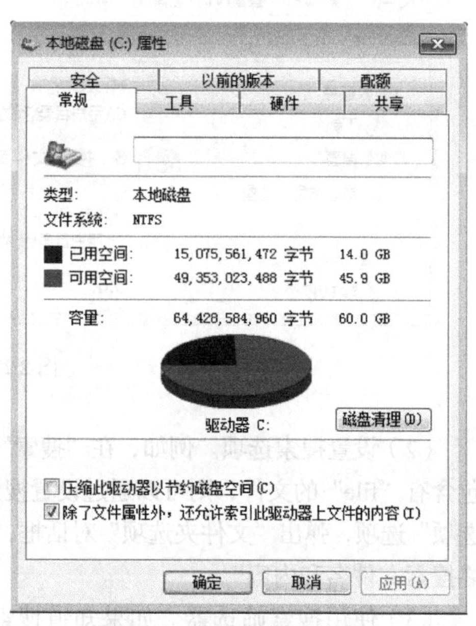

图 2.23 “磁盘属性”对话框

3. **格式化磁盘**

右击某个磁盘图标，在弹出的快捷菜单中选择“格式化”，显示该磁盘的“格式化”对话框，如图 2.24 所示。该对话框包含“容量”、“文件系统”、“分配单元大小”、“卷标”和“格式化选项”等信息。

（1）容量。这是一个下拉列表框，用于选择欲将磁盘格式化成的容量。对于软盘可以是 1.44MB 或 720KB 等；对于硬盘，其格式化容量会自动出现在该列表框中，而且不能修改。

（2）文件系统。Windows 2000/XP/7 支持 FAT、FAT32 和 NTFS，但软盘只能选择 FAT。FAT32

支持的硬盘最多达 32 GB，单个文件不能大于 4G。

（3）分配单元大小。指磁盘分配单元（簇）的大小，只有使用 NTFS 时才可以选择。

（4）卷标。在此处键入格式化后磁盘的名称。

（5）格式化选项。用户选择“快速格式化”时，仅仅删除磁盘上的文件和文件夹，而不检查磁盘的损坏情况，所以这种选择只适用于已格式化且没有损坏的磁盘。“压缩”指将磁盘中的文件和文件夹以压缩的格式进行格式化，只适用于 NTFS 格式的磁盘。

4. 磁盘清理

在磁盘空间不够用时，可将某些无用的文件删除。例如，用户查看特定的网页时，从因特网上自动下载的程序文件；Internet 的临时文件；“回收站”中的文件；在运行程序时，存储在 TEMP 文件夹中的临时信息文件等。其操作步骤如下。

（1）单击“开始”→“所有程序”→“附件”→“系统工具”→“磁盘清理”命令，在出现的对话框中选择要清理的驱动器。

（2）在磁盘清理程序计算所选择的驱动器上可释放的空间后，出现“磁盘清理”对话框，如图 2.25 所示。

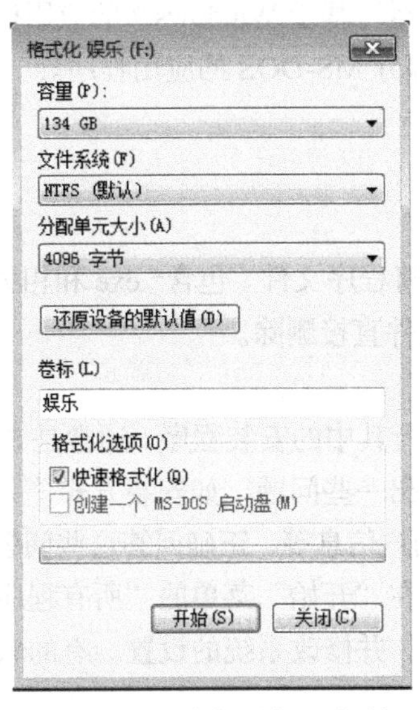

图 2.24 “格式化磁盘”对话框

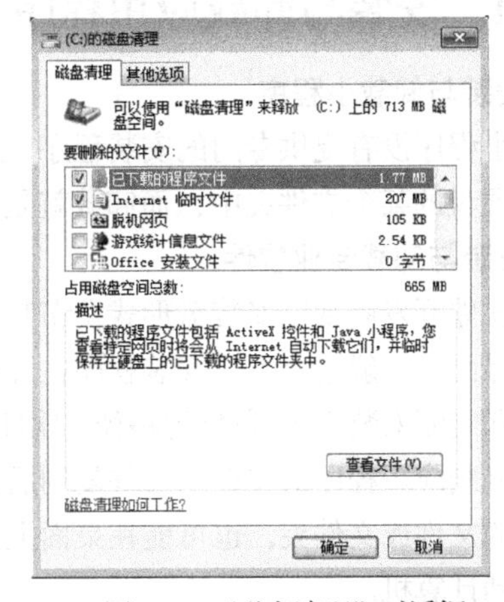

图 2.25 “磁盘清理”对话框

（3）用户选定要删除的文件类型，然后单击“确定”按钮，即可将这些文件删除。

在“磁盘清理”对话框中，还有一个“其他选项”选项卡，用来删除不用的 Windows 组件及已安装的但目前不用的各种应用程序。

在某“磁盘属性”对话框上单击“磁盘清理”可对该磁盘进行清理。

5. 磁盘碎片整理程序

磁盘碎片整理程序是优化系统性能，提高系统运行效率的一个实用工具。可以将分布于磁盘上的同一文件的碎片重新整理，并合理分配其存储空间，使得某些应用程序及其附属文件能够存储在磁盘上的物理相邻位置。最终所有的文件都以一种无碎片的连续状态存放，这样可减少磁头的移动，从而达到提高运行速度的目的。

磁盘碎片整理需要花费不少的时间，应在碎片整理之前进行分析，以确定是否进行碎片整理。单击“系统工具”中的“磁盘碎片整理程序”，或单击“磁盘属性”对话框中的“工具”选项卡的

"开始整理"按钮，都可启动磁盘碎片整理程序。

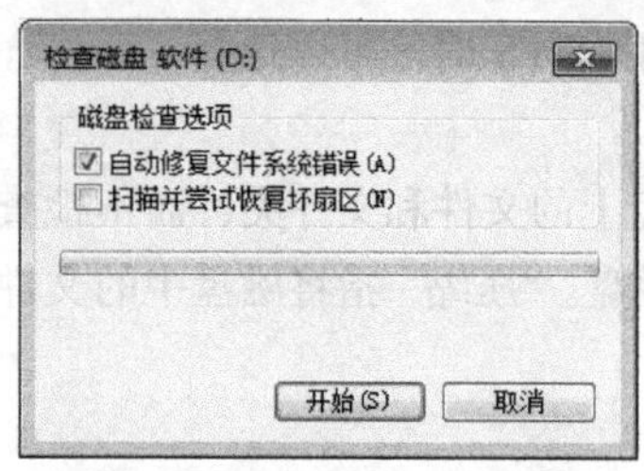

图2.26 "检查磁盘"对话框

6. **磁盘查错**

磁盘查错不但能检测磁盘是否有问题，而且还可以修复有问题的磁盘。其操作步骤如下。

（1）打开"计算机"，选择要检查的本地磁盘。

（2）单击"文件"菜单上的"属性"命令。

（3）在"工具"选项卡的"查错"中，单击"开始检查"，出现如图2.26所示的对话框。

（4）按需要设置"自动修复文件系统错误"和"扫描并企图恢复坏扇区"复选框，单击"开始"按钮。

2.4 应用程序管理

在Windows 7中，用户自己可以安装、卸载或开发、运行基于Windows 7的应用程序，还可运行大部分在Windows 95/98下开发的32位应用程序及部分MS-DOS的应用程序。

2.4.1 安装与卸载应用程序

1. 安装与卸载小程序

有些小程序没有提供专门的安装程序，此时安装就是将程序文件（包含*.exe和相关文件）拷贝到本地硬盘的某个文件夹中，而卸载就是将这些程序文件直接删除。

2. 安装与卸载专业软件

专业软件开发商常以安装盘形式发布其软件产品，运行其中的安装程序（通常是Setup.exe），进入安装界面。一般情况下，安装程序在开始时总是要提出一些问题，如安装方式（完全安装、最小安装和定制安装等）、安装的路径、软件的序列号及用户信息等，正确回答这些问题后，安装程序开始复制应用程序的文件。文件复制后，安装程序将在"开始"菜单的"所有程序"子菜单中添加新的文件或文件夹，也可能在桌面上建立快捷方式，并修改系统的设置。有的软件可能要求重新启动计算机。

这类软件一般在"开始"菜单的"所有程序"子菜单中添加有"卸载程序"项，单击它，然后按照提示即可完成软件的卸载。有的软件在安装程序中集成了卸载功能，用户可运行安装程序来完成删除工作。用户简单地通过手工的方法将这类软件所在的文件夹删除是不够的，因为应用程序的文件可能没有全部放在该文件夹中，注册表中也可能存储有应用程序的信息。手工删除应用程序有时是相当困难的。

3. Windows提供的安装/卸载应用程序的功能

单击"开始"→"控制面板"→"程序"图标，弹出如图2.27所示的对话框，用户可方便地更新、删除和安装应用程序。

（1）更改或删除程序

① 单击"程序和功能"或"卸载程序"图标，弹出"卸载或更改程序"对话框，如图2.28所示。

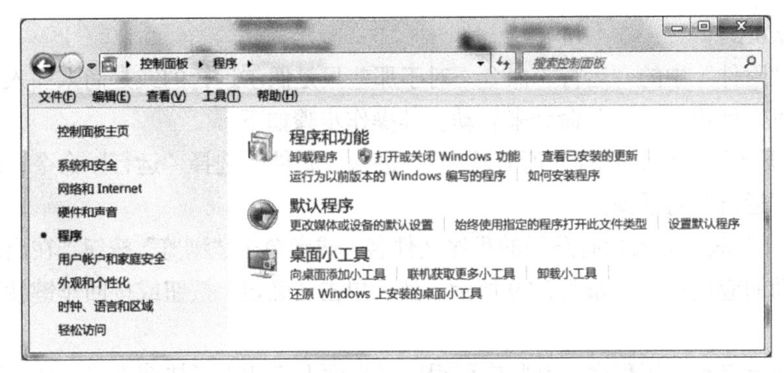

图 2.27　“程序”窗口

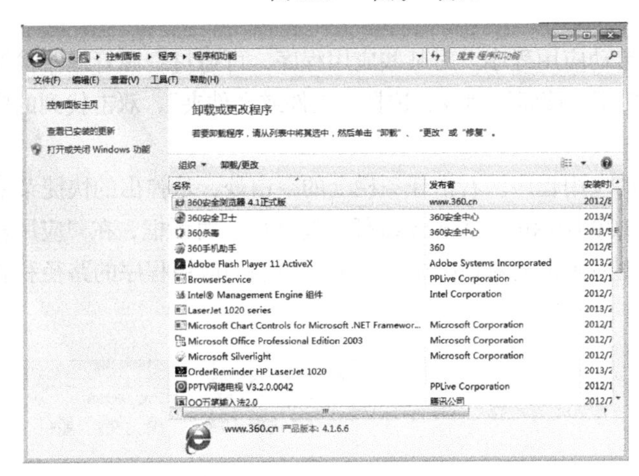

图 2.28　“卸载或更改程序”窗口

② 选中要卸载或更改的程序，然后单击“卸载”、“更改”或“修复”。

③ 按照提示，用户即可完成应用程序的删除。

在单击“卸载”、“更改”或“修复”时，可能不提示而删除某些应用程序。

（2）卸载已安装的更新

① 在图 2.28“卸载或更改程序”窗口中，单击“查看已安装的更新”按钮。

② 在右侧显示的对话框中，选择要卸载的更新，单击“卸载或更改”。

③ 此时系统会自动进行更新的卸载或更改，用户按照提示即可完成。

（3）打开或关闭 Windows 功能

① 在“程序”对话框中，单击“打开或关闭 Windows 功能”按钮，进入“Windows 功能”窗口。

② 在组件列表框中，选定要打开的功能复选框，或者清除要关闭的功能复选框。

③ 选择“下一步”按钮，根据向导完成 Windows 功能的打开或关闭。

2.4.2　应用程序的启动、切换和关闭

1. 启动应用程序

启动 Windwos 应用程序的方法有很多，按照启动的主要路径可分为以下几种。

（1）使用“开始”菜单中的“程序”命令。选择“开始”→“所有程序”→“应用程序组”→“应用程序名”。例如，在“所有程序”中选择“Microsoft Office”的“Microsoft Word

2010”，启动 Word。

（2）使用“附件”中的“运行”命令。对于那些只是偶尔运行的或是尚未加入到“程序”菜单中的程序，可以使用“运行”命令来启动。其操作步骤如下。

① 单击“开始”按钮，选择“所有程序”，进入“附件”选择“运行”命令，或按“⊞+R”组合键，出现“运行”对话框。

② 在“打开”框中输入含有路径的程序文件名，或者单击“浏览”按钮，在出现的文件对话框中选择要启动的应用程序，如图 2.29 所示。然后单击“确定”按钮或按回车键就可以启动程序运行了。

（3）在桌面上启动应用程序。有些应用程序在桌面上已建立了快捷方式，此时双击其图标即可启动。

（4）通过资源管理器启动应用程序。对某些应用程序，可通过资源管理器找到其图标，然后双击启动。当然，也可以使用“搜索”命令，选择“文件或文件夹”，双击找到的应用程序，运行该程序。

（5）用任务管理器启动应用程序。右击任务栏上的空白处，从弹出的快捷菜单中选择“任务管理器”命令，弹出如图 2.30 所示的“Windows 任务管理器”对话框，在“应用程序”选项卡下单击“新任务”按钮，在随后出现的对话框中输入需要启动的应用程序的路径和名称，确定后即可启动新的应用程序任务。

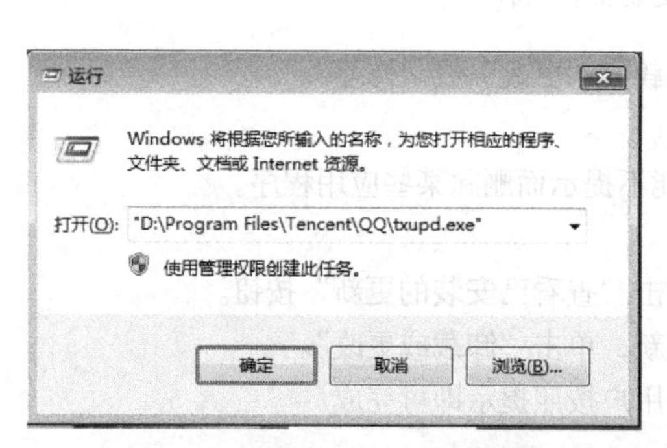

图 2.29 用“运行”命令启动程序

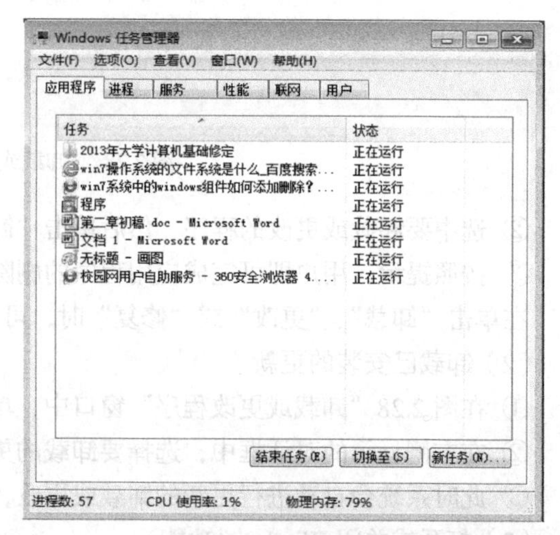

图 2.30 “任务管理器”对话框

2. 切换应用程序

Windows 是一个基于多任务的操作系统，在同一时刻可以运行多个应用程序。要完成在不同任务（窗口）间的切换可以用下述方法。

（1）在任务栏中切换。当启动多个应用程序之后，在任务栏上就会显示这些任务的名称。如果要在不同的应用程序之间切换运行，只需在相应的名称上单击即可。

（2）用任务管理器切换。打开如图 2.30 所示“任务管理器”窗口，从中选择需要切换到的应用程序，再单击“切换至”按钮即可。

（3）用键盘操作。当按下 Alt + Tab 组合键后，就会出现任务切换列表框，如图 2.31 所示。在有多个任务时，按住 Alt 键不放，反复按 Tab 键可在各程序图标之间移动，待到达要使用的应用程序后，放开组合键即切换到该程序窗口。也可使用 Alt + Esc 组合键来切换程序窗口。

3. 关闭 Windows 应用程序

当在应用程序中完成所需的工作后，应退出应用程序，释放其占用的系统资源。关闭方法与窗口的关闭方法相同，如单击“应用程序”窗口上的关闭按钮。

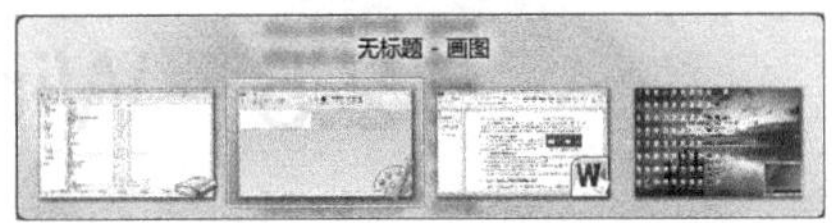

图 2.31 “任务切换”列表框

4. 特殊情况下的结束任务

特殊情况下的结束任务是指由于某种原因，必须将系统中的某些工作任务强行结束，或者将一个已停止响应的应用程序终止。结束任务应进行下述操作。

（1）同时按下 Ctrl + Alt + Del 组合键或 Ctrl + Shift + Esc 组合键之后，在屏幕上会显示“Windows 任务管理器”对话框，如图 2.30 所示。

（2）在任务列表中选择需要结束的应用程序，然后单击“结束任务”按钮。

2.4.3 创建应用程序的快捷方式

快捷方式是 Windows 提供的一种快速启动应用程序的方法，其图标左下角一般有一个非常小的箭头。一个快捷方式其实就是一个扩展名为“.LNK”的小文件，可与任何一个能够访问的对象相链接，如应用程序、文件、文件夹、Web 页、控制面板、打印机、磁盘等。快捷方式可以放置于任何位置，如桌面、文件夹、“开始”菜单。打开快捷方式意味着打开相应的对象，删除快捷方式不会影响相应的对象。下面介绍几种创建快捷方式的方法。

（1）将鼠标指向某文件或文件夹，单击鼠标右键，在弹出的快捷菜单中选择“发送到”，然后单击“桌面快捷方式”。

（2）右击桌面的空白区，在弹出的快捷菜单中将鼠标指向“新建”菜单项，从其子菜单中选择“快捷方式”。此时，屏幕上出现一个对话框，用户可以输入程序文件的名称及其路径，也可以通过单击“浏览”按钮来查找文件，然后按照屏幕上的提示操作即可。

（3）右击用户希望创建快捷方式的文件或文件夹，在弹出的快捷菜单中选择“创建快捷方式”，或下拉出“文件”菜单，然后选择“创建快捷方式”。最后，将创建的快捷方式拖到所需的地方。

（4）按住 Ctrl + Shift 组合键，用鼠标将文件或文件夹拖到需要创建快捷方式的地方即可。

2.4.4 使文件和应用程序相关联

关联是指将某种类型的文件与某个相应的应用程序通过文件扩展名联系起来，以便在打开任何具有此类扩展名的文件时，自动启动该应用程序。例如，将具有扩展名为“.inf”的文件同写字板关联后，每当打开任意一个扩展名为“.inf”的文件时，都会自动启动写字板。通常在安装新的应用程序时，应用程序会自动建立与文档之间的关联。

如果要打开的文件没有和特定的程序关联（通过图标可看出来），可以用鼠标右键单击该文件，单击“打开”，或者直接双击该文件，在出现的对话框中通过选择程序名称来使该文件和应用程序关联。如果选中了“始终使用选择的程序打开这种文件”复选框，则在以后的操作中始终使用选定的应用程序打开该类文件。

2.5 Windows 系统设置

通过“控制面板”可以调整系统的配置和Windows的操作环境，如设置日期时间、改变屏幕颜色、增加中文输入法、创建帐户、配置网络环境等。下面以Windows 7为例，介绍使用控制面板进行的一些系统设置。

2.5.1 控制面板

单击“开始”菜单中的“控制面板”命令或在“计算机”窗口的上面单击“打开控制面板”，打开分类视图的“控制面板”窗口，如图2.32所示。控制面板有3种显示方式：按类别、按大图标、按小图标，单击窗口上方的“查看方式”列表可选择不同的显示方式。分类视图将类似项组合在一起，如在外观和个性化项里包括“更改主题”、“更改桌面背景”、“调整屏幕分辨率”，每个类别下会显示该类的具体功能选项。

图2.32 “控制面板”窗口

2.5.2 设置桌面外观

在Windows 7操作系统中，用户可以根据自已的喜好和需要来更改桌面图标和桌面外观的显示效果，从而使系统桌面的效果更加美观实用。单击“控制面板”→“外观和个性化”→“个性化”图标，或者右击桌面空白处，在弹出的快捷菜单中选择“个性化”命令，打开“个性化”窗口。

（1）更改主题。主题将影响桌面的整体外观，包括桌面背景、窗口颜色、声音和屏幕保护程序。单击“更改主题”，可选择Windows 7提供的几个常用的主题，也可以通过联机或自定义来使用其他喜欢的主题。

（2）更改桌面背景。单击“更改桌面背景”链接，打开“桌面图标设置”对话框，用户可以在“图片”列表框中选择作为背景的图片，也可以通过浏览的方式选择本地机上的图片做为桌面背景。可以设置背景图片的位置。位置有“填充”、“适应”、“居中”、“平铺”、“拉伸”5种方式。

"居中"是把墙纸放在桌面的中央；"平铺"是把墙纸铺满整个桌面；"拉伸"是指将单个墙纸横向和纵向拉伸，以覆盖整个桌面。还可以通过选择多个图片创建一个幻灯片，并对更改图片时间间隔进行设定。如果选定单个图片的话，"更改图片时间间隔"下拉列表不可用。

背景图片扩展名可以是".bmp"、".gif"、".jpg"、".dib"和".htm"等。如果选择".htm"文档作为背景图片，则"位置"选项不可用。

（3）更改屏幕保护程序。一个高亮度的图像长时间停留在屏幕的某一位置对显像管是有害的，因此长时间不操作计算机时应让计算机显示较暗的画面或活动的画面。屏幕保护程序正是为自动显示这种画面而设计的。单击"更改屏幕保护程序"链接，在"屏幕保护程序"列表中选择一个屏幕保护程序，然后单击"确定"按钮。以后用户停止操作计算机的时间如果满足所设置的等待时间，则系统自动运行屏幕保护程序。只要用户按任意键或移动鼠标，就会清除屏幕保护程序的画面。在选择屏保程序时，可单击"设置"按钮，对屏保程序做进一步的设置。

单击"电源"按钮后，弹出"电源选项属性"窗口，在这个窗口中可以选择最适合个人的电源使用方案。

（4）窗口颜色和外观。用户可以自定义窗口、"开始"菜单以及任务栏的颜色和外观。Windows 7系统提供了丰富的颜色类型，甚至可以采用半透明的效果。在"个性化"的窗口里，用户可以单击窗口下方的"窗口颜色"链接，打开"窗口颜色和外观"窗口，在对话框中"更改窗口边框、开始菜单和任务栏颜色"选项下面提供了多种颜色可供选择。还可以单击窗口下方的"高级外观设置"链接，打开"窗口颜色和外观"对话框，在"项目"下拉菜单里为活动窗口、按钮、图标和消息框等项目设置外观，调整其颜色、大小、字体或字号等。

（5）更改屏幕分辨率和刷新频率。选择"调整屏幕分辨率"链接，也可以右击桌面，在弹出的快捷菜单中选择"屏幕分辨率"命令，打开"屏幕分辨率"窗口。在"分辨率"下拉列表中拖动滑块可以改变显示器的分辨率。单击"高级设置"按钮，打开"通用即插即用显示器"对话框，单击"监视器"选项卡，在"屏幕刷新频率"下拉列表中可以设置显示器的刷新频率。

2.5.3 任务栏和「开始」菜单属性设置

右击任务栏空白处或"开始"按钮，在弹出的快捷菜单中选择"属性"命令，或者单击"控制面板"→"外观和个性化"→"任务栏和「开始」菜单"图标，出现如图 2.33 所示的对话框。

在打开的对话框中，可对是否锁定任务栏、是否自动隐藏任务栏、是否使用小图标、是否进行合并等进行设置；同时，可以通过选择"屏幕上的任务栏位置"调整任务栏的位置；也可通过"自定义"链接，打开"通知区域图标"窗口，自定义对通知区图标的显示方式进行设置。

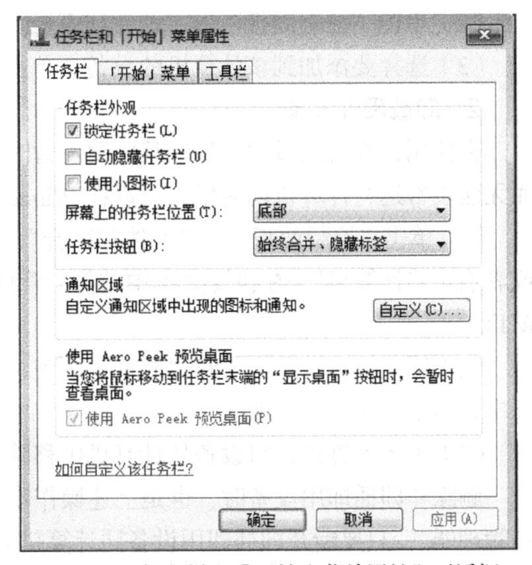

图 2.33 "任务栏和「开始」菜单属性"对话框

在"「开始」菜单"选项卡下，可单击"自定义"按钮，可以设置个性化菜单，可以对"开始"菜单的外观和显示内容进行详细设置，也可以通过"隐私"选项卡决定是否在"开始"菜单里显示有关程序和文件打开的历史记录，可以通过"电源按钮操作"下拉列表，选择和电源对应的所有操作，包括关机、切换用户、注销、锁定等命令。

2.5.4 添加/删除硬件

硬件包括制造和生产时连接到计算机上的设备及用户添加的外围设备。调制解调器、磁盘驱动器、CD-ROM 驱动器、打印机、网卡、键盘和显示适配卡等都是典型的硬件设备。硬件设备可分为即插即用和非即插即用两种。即插即用（Plug And Play，PnP）是指 Intel 开发的一组规范，它允许计算机自动检测和配置设备并安装适当的设备驱动程序。从 1995 年以后生产的设备绝大部分为即插即用型，非即插即用现已基本淘汰。

1. 添加设备

为了使添加的设备能在 Windows 上正常工作，必须安装设备驱动程序。Windows 7 的驱动程序和以前操作系统版本相比有很大改变。以往的操作系统将驱动程序安置在系统的内核模式下，在安装新的驱动时，会对整个系统产生影响，如果安装的驱动程序发生错误，可能会导致操作系统产生严重的故障。而 Windows 7 系统的驱动程序是安置在用户模式下，驱动程序只是被当作一个普通的程序，一个错误的驱动程序仅仅不能发挥自身的作用，而无法对操作系统本身带来影响。每个设备都有自己的设备驱动程序，它一般由设备制造商提供。另外，Windows 7 本身也为许多硬件提供了非常全面的设备驱动程序，普通用户安装系统后，不安装驱动程序也可以正常使用计算机。但对于一些特殊的设备，如果未发现合适的预设驱动程序，系统则提示用户手动进行安装。另外，Windows 7 预设的硬件驱动程序虽然可以正常使用，但一般预设的硬件驱动程序版本较旧，不能较大程度地发挥硬件的性能，因此，熟悉安装硬件驱动程序的用户，一般会手动安装硬件的最新驱动程序。

安装即插即用设备时，有些设备需要先关闭计算机，并根据生产商的说明将设备连接到计算机上，然后开机启动 Windows，系统将自动检查新的即插即用设备，并按照提示安装所需的驱动程序即可。如果 Windows 未能成功找到新硬件，可能是未插好，也可能是非即插即用设备。

安装非即插即用设备时，按以下操作步骤进行。

（1）关机，按要求将设备连接到计算机上，然后开机。

（2）单击“控制面板”→“硬件和声音”→“添加设备”。

（3）选择要添加到该计算机的设备，单击“下一步”，按屏幕提示操作即可。

2. 卸载硬件设备

在使用计算机的过程，如果某些硬件暂时不需要运行，或者该硬件同其他硬件设备产生冲突而无法正常运行计算机的时候，可以在 Windows 7 系统中卸载该硬件。其操作步骤如下。

（1）单击“控制面板”→“硬件和声音”，在“设备和打印机”选项卡上单击“设备管理器”。或者右击“计算机”，在快捷菜单中选择“管理”，然后单击“设备管理器”，打开“设备管理器”窗口。

（2）用鼠标右键单击要卸载的特定设备，然后选择“卸载”命令，在“确认设备卸载”对话框中，单击“确定”按钮。

（3）关闭计算机，将设备从计算机中移除。

删除非即插即用设备时，也是上述操作步骤。但删除即插即用设备时，通常不需要使用“设备管理器”，只要断开即插即用设备同计算机的连接即可，但可能需要重新启动计算机。

有些设备连接到计算机上时，在任务栏的通知区域中出现“安全删除硬件”图标，如 U 盘、移动硬盘等。对这样的设备，删除时应首先双击或单击“安全删除硬件”图标，停止使用，然后拔掉该设备。

3. 安装打印机

打印机是计算机的一种常用外设。安装即插即用打印机时，首先按照打印机制造商的说明书，将打印机连接到计算机的正确端口上（如串口、并口、USB 口等），然后打开打印机，Windows 将检测到即插即用打印机，并且在多数情况下直接进行安装而不需要进行任何选择，如果出现“找到新的硬件向导”，那么按照提示即可完成安装。对于非即插即用打印机或网络打印机，按照如下步骤进行操作。

（1）单击“开始”菜单→“控制面板”→“硬件和声音”。

（2）单击右侧“设备和打印机”下的“添加打印机”，出现“添加打印机向导”，单击“下一步”按钮。

（3）选择安装“本地打印机”或“网络打印机”，单击“下一步”按钮。

（4）按照屏幕提示进行操作。

即便没有将非即插即用打印机连接到计算机上，也可以安装。只有安装了打印机，才可以使用诸如 Word、Excel 等软件的打印预览功能。

2.5.5 “用户帐户”设置

为了安全起见，可对每个使用计算机的用户建立一个用户帐户，由唯一的用户名和密码识别。在 Windows 7 中，有 3 种类型的用户帐户：“管理员帐户”、“标准用户帐户”和“来宾帐户”。计算机管理员帐户拥有对全系统的控制权，能改变系统设置，可以安装和删除程序，能访问计算机上的所有文件，同时，还拥有控制其他用户的权限；标准用户帐户是受到一定限制的帐户，可以访问已经安装在计算机上的程序，可以设置自己帐户的照片或密码等，无权更改大多数计算机的设置。在计算机上没有帐户的用户可以使用来宾帐户，只是一个临时帐户，仅有最低的权限，没有密码，无法对系统做任何修改，只能查看计算机中的资料。

创建帐户的操作步骤为：单击 “控制面板”中的“用户帐户家庭安全”，出现如图 2.34 所示的“用户帐户”窗口，然后选择一个任务按照提示进行即可。

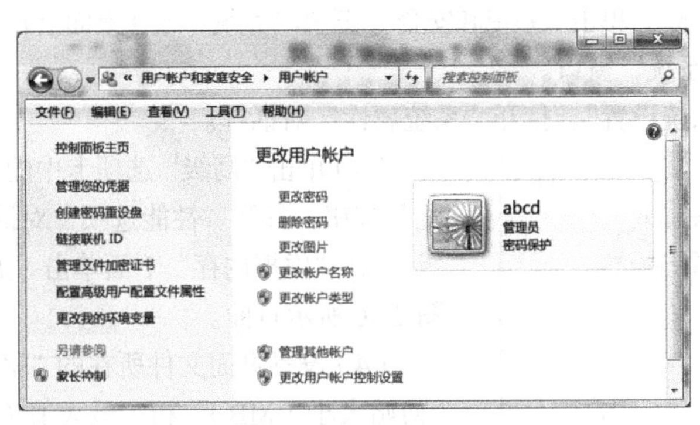

图 2.34 “用户帐户”窗口

2.5.6 设置中文输入法

用户可以根据个人的习惯对中文输入法的设置、默认值、热键等进行改变，也可以添加/删除输入法。在 Windows 7 中，单击“控制面板”→“时钟、语言和区域设置”→“区域和语言”选项，然后选择“键盘和语言”选项卡中的“更改键盘”，或右击语言栏图标⌨，然后选择“设置”，出现如图 2.35 所示的对话框。此时，单击相关的按钮可添加或删除输入法；单击“语言栏”，可设置是否显示语言栏；单击“高级键设置”，再单击“更改按键顺序”按钮，可为所选中的输入法设置热键，如“智能 ABC 输入法”热键设置为 Alt+Shift+0，即以后按下此快捷键即切换到“智能 ABC 输入法”。

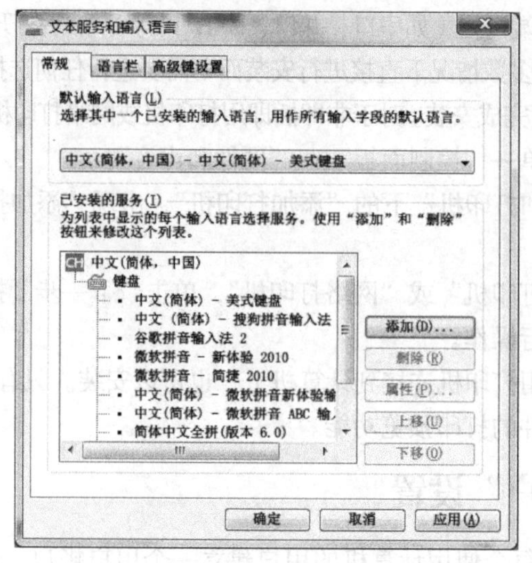

图 2.35 “文本服务和输入语言”对话框

2.5.7 虚拟内存的设置

虚拟内存是由硬盘上的一块区域和物理内存构成的。对于 32 位计算机，虚拟内存最多可达 4GB。当应用程序大于物理内存时，由硬盘上的一块区域来存储不能装入物理内存的程序和数据文件部分，这一块区域是个隐藏文件，称为页面文件。需要时，Windows 将程序或数据从页面文件移至内存，并且将数据从内存移至页面文件以便为新数据腾出空间。因此，页面文件也称为交换文件。用户可设置页面文件的大小，操作步骤如下。

（1）打开“控制面板”，单击“系统和安全”，选择“系统”或在桌面上右击“计算机”图标，选择“属性”，即进入“系统”窗口。

（2）选择“高级系统设置”，打开“系统属性”对话框。

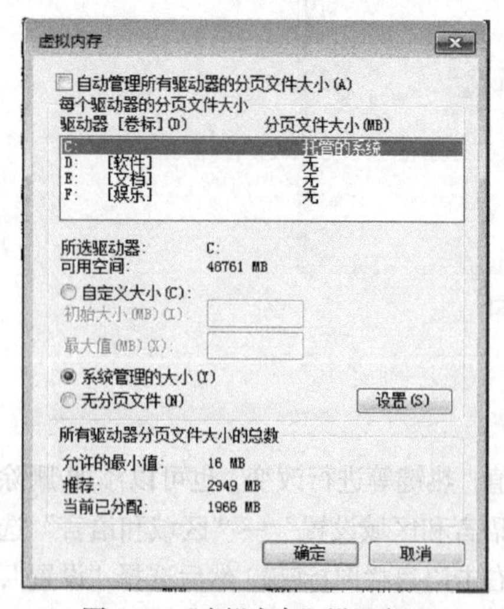

图 2.36 “虚拟内存”设置窗口

（3）单击“高级”选项卡中的“性能”选项的“设置”按钮，打开“性能选项”对话框。然后单击“高级”，在“虚拟内存”下面单击“更改”按钮，打开如图 2.36 所示页面。

（4）设置页面文件所在的“驱动器”，页面文件的“初始大小（MB）”和“最大值（MB）”等参数，然后单击“设置”按钮。

如果减少页面文件设置的最小值或最大值，则必须重新启动计算机来查看改动效果。增大通常不要求重新启动计算机。

为获得最佳性能，请将初始大小设成等于或大于“所有驱动器总页面文件大小”下的推荐值。推荐值等于系统随机存取存储器（RAM）数量的 1.5 倍。

2.6 系 统 维 护

计算机需要很好地维护才能保证其正常的运行，维护包括硬件和软件两个方面。此处的“系统维护”指的是软件方面，如修复 Windows 出现的问题。系统维护可通过注册表进行，也可使用其他方法，如专门的软件。

2.6.1 注册表

1. 注册表的概念

Windows 注册表是存储计算机配置信息的数据库，对操作系统、硬件及驱动程序起连接作用，并向操作系统提供应用程序相关的设置（如文件位置）。注册表包含 Windows 在操作过程中持续引用的信息，主要有每个用户的配置文件，如个人显示器设置、网络和打印机连接设置、资源管理的设置等；计算机上安装的应用程序及其可以创建的文档类型，包括文件扩展名与应用程序的关联、文件安装的位置等；文件夹和应用程序图标的属性设置，如隐藏、只读等；系统上存在的硬件，包括硬件配置、状态、属性、驱动程序及其存放位置、版本号等；正在使用的端口等。每次启动时，会根据计算机关机时创建的一系列文件创建注册表，注册表一旦载入内存，就会被一直维护着。

2. 注册表的层次结构

Windows 7 注册表与 Windows 95/98/NT/2003/XP 注册表的基本结构相同，也是树形多层次式的。可使用自带的编辑器（Regedit.exe）来打开注册表。方法是：在“开始”菜单中进入“所有程序”中的“附件”，选择“运行”命令或按⊞+R 组合键，打开“运行”对话框，在“打开”框中输入“regedit”，然后单击“确定”按钮，出现如图 2.37 所示的“注册表编辑器”窗口。

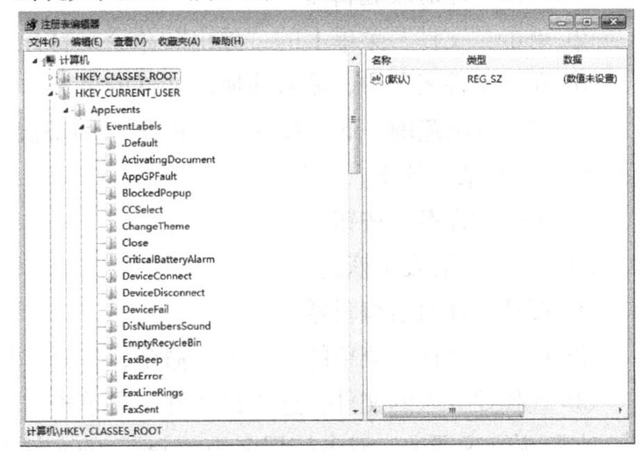

图 2.37　“注册表编辑器”窗口

在图 2.37 中，左窗格中显示的是注册表的根键和子键，一个根键可以嵌套包含多个子键。左窗格有 5 个以 HKEY 开头的项（文件夹），是系统预定义的，称为根键。其中，HKEY_CLASS_ROOT 根键的子键用以指明文件扩展名与文件或应用程序的关联；HKEY_CURRENT_USER 包含了当前登录用户的用户配置文件信息；HKEY_LOCAL_MACHINE 是针对计算机硬件以及安装的软件所设定的预定义项；HKEY_USERS 包含了与具体用户有关的桌面（desktop）配置、网络连接、开始（start）菜单等；HKEY_CURRENT_CONFIG 管理当前用户的系统配置，包含本地计算机在系统启动时所用的硬件配置文件信息、该用户使用过的文档列表等。注册表窗口右窗格中的数据字符串定义了当前所选项的值，称为键值。值项包括名称、数据类型和值本身 3 个部分。

3. 注册表的编辑

通过编辑注册表可以完成很多系统维护的工作，提高计算机运行速度，增强系统安全。对注册表的编辑有下述 3 种方法。

（1）直接修改。使用注册表编辑器可以查看和修改注册表，但要求有一定的注册表知识，熟悉注册表内部结构，而且一定要小心谨慎。这种方法最不安全，但最直接有效。切记，注册表的不正确修改可能会损坏系统，使计算机无法正常运行。

（2）软件修改。通过一些专门的工具软件修改注册表，相比之下这种方法最安全，如 MagicSet（超级兔子魔法设置软件）、TweakUI（微软系统增强工具）、WinHacker（Windows“黑客”软件）、RegCleaner（注册表清理）等。实际上，控制面板就是一个这样的工具，只不过功能简单一些。

（3）编写程序。当注册表编辑器和一些注册表修改工具无法满足需求时，就可以通过编程的方式将信息写入注册表。这个方法不推荐一般用户使用，除非用户的编程能力非常强。

2.6.2 注册表的维护

1. 安全使用注册表

在 Windows 中，系统配置信息集中位于注册表中。以下介绍一些安全使用注册表和注册表编辑器的措施。

（1）在更改注册表之前，建立备份副本，以便出现问题时恢复注册表。可以使用注册表编辑器的导出和导入功能，也可以使用专门的程序。

（2）不要使用其他版本 Windows 的注册表来替换 Windows 7 注册表。

（3）最好使用工具程序而不是注册表编辑器来编辑注册表。

（4）请不要让注册表编辑器在无人值守的状态下运行。

2. 注册表的备份与恢复

（1）导出注册表（备份）。

① 打开“注册表编辑器”。

② 单击“文件”菜单上的“导出”命令，打开“导出注册表文件”对话框。

③ 在“文件名”中，输入注册表文件的名称（扩展名为.reg）。

④ 在“导出范围”下，若单击“全部”，则备份整个注册表；若单击“选定的分支”，则只备份注册表树的某一分支。

⑤ 单击“保存”按钮。

（2）导入注册表（恢复）

① 打开“注册表编辑器”。

② 单击“文件”菜单的“导入”命令，打开“导入注册表文件”对话框。

③ 查找要导入的文件，选中该文件，再单击“打开”即进行导入工作。

在资源管理器中，双击扩展名为“.reg”的文件也可将该文件导入到计算机的注册表中。

3. 注册表的修复

注册表被某些程序恶意修改时，可能会严重损坏系统，但很多情况没必要重新安装系统软件，可以用以前的备份进行恢复注册表，也可以使用一些修复工具软件。注册表修复工具很多，如注册表医生（RegDoctor）、瑞星注册表修复工具、注册表维护大师等。

注册表修复工具使用起来不复杂，如瑞星注册表修复工具，启动它后，程序就会自动扫描注册表，这时如果注册表项中有被恶意代码篡改的情况，则程序会建议你修复，只要单击窗口菜单中的“修复”即可。

2.7 Windows 的附件

Windows 提供了功能强大的“附件”程序，如记事本、画图、计算器、写字板、造字、命令提示符等。下面简要介绍几个附件程序，具体操作可参看程序自带的帮助。

2.7.1 系统工具

单击“开始”菜单，选择“所有程序”→“附件”→“系统工具”，在显示的子菜单中，只介绍经常使用的“系统信息”，其他选项不再赘述。

在用户解决配置问题时，通过“系统信息”来显示系统配置的细节信息，可以快速查找解决系统问题所需的数据。“系统信息”窗口如图 2.38 所示，左窗格有如下几个类别。

图 2.38 “系统信息”窗口

（1）系统摘要。显示关于计算机和安装的 Windows 操作系统版本的常规信息。该摘要包含系统的名称和类型、Windows 系统目录名、地区选项及有关物理和虚拟内存的统计。

（2）硬件资源。显示硬件的冲突/共享、DMA、IRQ、I/O 地址、内存地址等，这有助于识别有问题的设备。

（3）组件。可显示 Windows 配置的相关信息，并用于确定设备驱动程序、联网和多媒体软件的状态。

（4）软件环境。显示计算机内存中加载的软件的概述。该信息可用于查看进程是否仍在运行，也可用于检查版本信息。

2.7.2 记事本

记事本是一个编写和编辑小型 ASCII 文本文件的编辑器，常用于书写一些便条，或者处理一些格式要求不高的文本（如源程序），但不能插入图形。记事本也是创建网页的简单工具。

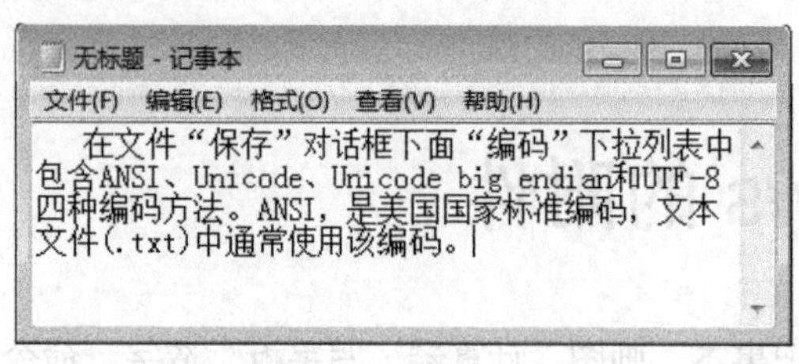

图2.39 “记事本”窗口

单击“开始”菜单，选择“所有程序”→“附件”→“记事本”，即可打开“记事本”窗口，如图2.39所示。窗口工作区用于编辑文本，其中闪烁的光标是插入点的位置。

1. 文件管理

使用“文件”菜单可以新建一个文本文件，打开一个已有的文件。“记事本”启动时将创建名为“无标题”的新文档，使用“文件”菜单的“保存”或“另存为”命令可将编辑的文本保存在新文档（扩展名为“.txt”）；“另存为”还可以另外保存一个文件，即备份。

2. 基本编辑操作

（1）移动插入点。键入文本总是自插入点位置起进行，在文档内任意位置单击鼠标，插入点即移至该位置。也可使用↑、↓、←、→键移动插入点。

（2）选定文本。从某一位置开始拖动鼠标指针至欲选内容的结束位置，释放鼠标，即选定这一区域的文本。按住Shift键的同时按↑、↓、←、→键也可选定文本。单击文档中任意位置即可取消选定。执行“编辑”菜单中的“全选”命令（或按Ctrl + A组合键），则选中全部文档。

（3）移动文本。选定欲移动的文本，单击“编辑”菜单中的“剪切”命令（或按Ctrl+X组合键），将插入点移动到指定的位置，再单击“编辑”菜单中的“粘贴”（或按Ctrl+V组合键）命令。

（4）复制文本。选定文本，单击“编辑”菜单中的“复制”命令（或按Ctrl+C组合键），将插入点移到待粘贴文本处，再单击“编辑”菜单中“粘贴”。

（5）删除文本。选定欲删除的文本，单击“编辑”菜单中的“删除”命令，或按Delete键即可。另外，按退格键删除插入点之前的字符，按Delete键删除插入点之后的字符。

（6）查找或替换文本。单击“编辑”菜单中的“查找”或“替换”命令，在弹出的对话框中按要求输入文本，然后进行查找或替换。

3. 格式设置

（1）自动换行。单击“格式”菜单中的“自动换行”命令，则使文本在窗口边界处自动换行。

（2）设置字体。单击“格式”菜单中的“字体”命令，则出现“字体”对话框，用户可按需要改变全部文本的字体。

2.7.3 画图

Windows的“画图”程序提供了多种绘制工具和范围比较宽的颜色，可以用来创建简单或者精美的图画，如各种有个性的标志、图标、贺卡等。绘制的图画可以存为位图文件，可以打印图画，可将它作为桌面背景，或者粘贴到诸如“写字板”、Word和Excel之类的Windows应用程序的文档中。还可以使用“画图”查看和编辑扫描的相片。Windows 7中的画图工具的操作界面采用了Office的Ribbon风格界面，而且加入了不少新功能，如刷子功能可以更好地进行“涂鸦”；通过图形工具，可以为任意图片加入设定好的图形框，如五角星图案、箭头图案以及用于表示说话内容的气泡框图案；画笔功能支持毛笔效果、蜡笔效果、水彩笔效果等。这些新的功能，使得画图功能更加实用，不仅仅只是用于涂鸦，而且还有更加实际的应用。

1. 启动“画图”

单击“开始”→“所有程序”→“附件”→“画图”命令，即可启动“画图”程序，如图2.40所示。

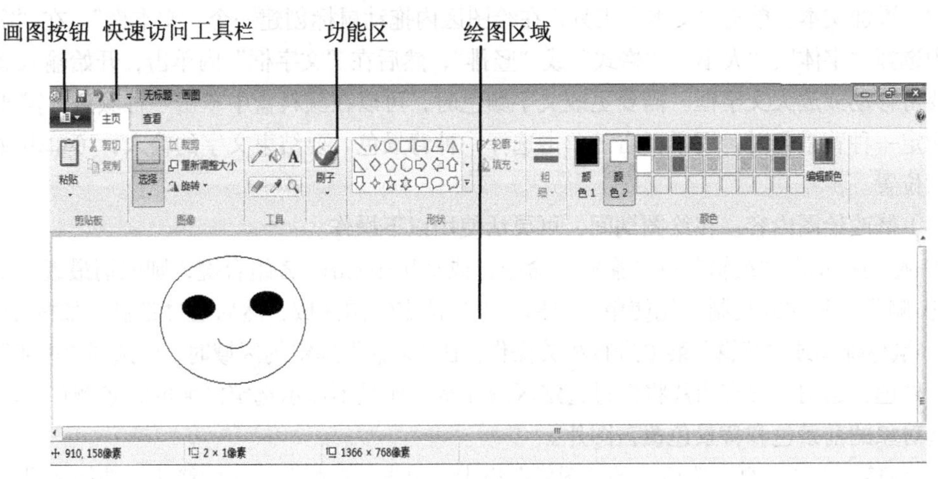

图 2.40　“画图”程序窗口

2. “画图”程序窗口

（1）“画图”按钮。单击该按钮，在展开的列表中选择相应的选项，可以执行“新建”、“打开”、“保存”、“另存为”和打印图像文件，以及设置画布属性等操作。

（2）快速访问工具栏。单击其中的“保存”按钮可保存文件，单击“撤销”按钮可撤销上一步操作，单击“重做”按钮可重做撤销的操作。

（3）功能区。包含“主页”和“查看”2 个选项卡。

“主页”选项卡包含“剪贴板”、“图像”、“工具”、“颜色”、“刷子”、“形状”等几个组。剪贴板可以执行复制、剪切和粘贴操作；图像可以进行“选择”、“调整大小”和“旋转”操作；工具包括“橡皮”、“用颜色填充”、“铅笔”、“文字”、“颜色选取器”、“放大镜”等 7 种工具，当鼠标指向某个工具时，将显示工具名；当单击某个工具时，该工具按钮将向下凹陷，表示已选用该工具；刷子包括了 9 种不同风格的笔迹；可以使用形状框在图片中添加其他形状，已有的形状除了传统的矩形、椭圆、三角形和箭头之外，还包括一些有趣的特殊形状，如心形、闪电或标注等，如果希望自定义形状，还可以使用“多边形”工具；颜色也称为调色板，提供绘图用的前景色和背景色及图案选用。前景色是当前画图用的颜色，单击颜料盒中的某颜色框选择该颜色为前景色；背景色是使用橡皮擦时的颜色，右击颜料盒中的某颜色框选择该颜色为背景色。

“查看”选项卡包括“缩放”、“显示或隐藏”和“显示”3 个组，可以根据需要放大和缩小图片的特定部分或整个图片，可以在画图中显示标尺和网格线，还可以以全屏或缩略图的方式查看图片。

（4）绘图区域。绘图区相当于一般窗口的工作区，用于绘制图形和输入文字。用户可以拖动画布的边角来调整画布的大小。

3. 绘图基本技术

（1）绘制图形。单击某个绘图工具，如铅笔、刷子、喷枪、直线、矩形、椭圆等，在绘图区内按下鼠标左键拖动是以前景色绘图，而按下鼠标右键拖动则是以背景色绘图。如果同时按住 Shift 键，则绘制一些精确的图形，如使用“铅笔”工具则绘制直线，使用“直线”工具绘制水平线、垂直线或 45° 斜线，使用“椭圆”工具绘制圆等。

（2）用填充颜色。单击“用填充颜色”工具，再单击要填充区域或对象即用前景色填充；若用背景色填充，则单击鼠标右键。

（3）添加文本。单击“文本”工具，在绘图区内拖动鼠标创建一个“文本框”。在“字体”工具栏中选择“字体”、“大小”、“格式”或“竖排”，然后在“文字框”内单击，开始输入文字。根据需要可移动或放大文字框。需要更改文字颜色时，可以在颜料盒中单击一种颜色；需要给插入文字指定一种背景色时，用鼠标右键单击选择一种背景色。要结束文字的输入，可单击文字框外的任意位置。

（4）修改绘图内容。在绘图期间，可灵活使用以下操作。

① 撤销：单击“编辑”→“撤销”命令，或直接按 Ctrl + Z 组合键，则取消最近一次操作。

② 删除、移动或复制：先使用“选择”工具选定绘图区域，然后通过键盘（如按 Delete 键删除）、鼠标拖动或“编辑”菜单进行相关操作。在“复制”选定的区域时，可选择“透明”或“不透明”处理，透明指现有图片将透过选定区域显示，而且不显示选定区域的背景颜色；不透明指用所选对象的前景色和背景色覆盖图片。

③ 裁剪：在“主页”选项卡的“图像”组中，单击“选择”下面的箭头，选择要进行选择的类型，拖动指针选择图片中要显示的部分，在“图像”组中单击“剪切”，将剪切后的文件存为新的文件即可。

④ 旋转：在“主页”选项卡的“图像”组中，单击“旋转”，选择旋转方向即可，如果要旋转图片的某一部分，则应先选择要旋转的区域或对象，再执行“旋转”操作。

⑤ 擦除：使用“橡皮”工具擦除部分画面内容。

4. 调整整个图片或图片中某部分的大小

在“主页”选项卡中“图像”组中，单击“调整大小”，可调整整个图像、图片中某个对象或某部分的大小。还可以扭曲图片中的某个对象，使之看起来呈倾斜状态。

5. 文件管理

单击“画图”按钮下拉列表可以新建一个画图文件，也可以打开一个已经存在的图像文件。使用 “保存”或“另存为”命令可将新创建的图画按用户指定的文件类型和文件名存盘。文件类型有位图（BMP）、图形交换格式（GIF）、JPEG 文件交换格式（JPG）等，默认扩展名为“.BMP”。

保存图片后，在“画图”下拉列表中选择“设置为桌面背景”命令，则可把当前编辑的图形以填充、平铺或居中的方式置于桌面上。

2.7.4 截图工具

截图工具是 Windows 7 系统新增的附件工具，不仅可以截取矩形窗口，还可以截取任意形状的区域，甚至可以对视频画面截图，操作更灵活。其次，它还支持全屏截图和窗口截图等多种截图方式。打开“截图工具”，如图 2.41 所示，单击“新建”旁边的按钮，在弹出的下拉菜单中选择“任意格式截图”，此时屏幕画面变成蒙上一层白色的样式，鼠标指针变为剪刀形状，然后在屏幕上按住鼠标左键拖动，鼠标轨迹为红线状态，当释放鼠标时，即可将红线内部分截取到截图工具中。可以选择“选项”按钮，对截图工具进行个性化的设置。

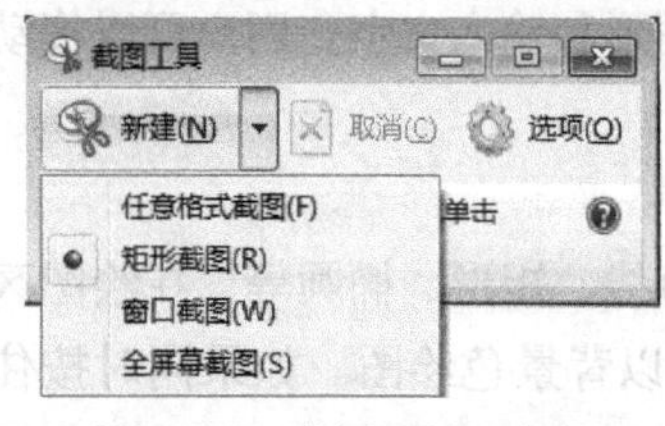

图 2.41 “截图工具”窗口

2.7.5 轻松访问中心

在 Windows 7 系统的附件里提供了一些具有辅助功能的工具，可以给一些具有特殊情况的用户提供帮助，这些工具统称为“轻松访问”，如图 2.42 所示。其中，放大镜工具主要适用于视力不好的用户，它可以将屏幕上需要查看的内容局部放大，选择“放大镜”选项对话框，还可以对放大镜的各项参数进行设置；使用“讲述人”工具可以开启语音操作提示，将屏幕上的文本转换为语音，可以实现让用户不用键盘来打字等功能，要使用该功能，计算机需要配置耳机或音箱；当用户由于自身原因无法使用键盘或键盘发生故障时，可以启用 Windows 7 附件“轻松访问”中的“屏幕键盘”，它是一种模拟键盘程序，能通过鼠标单击来模拟键盘操作，和使用键盘输入相似。

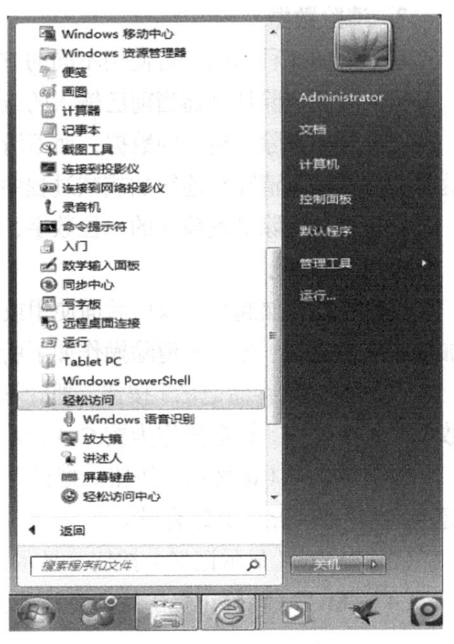

图 2.42　“轻松访问”窗口

2.7.6　计算器

Windows 提供的计算器有标准型、科学型、程序员和统计信息 4 种视图，可以完成简单的算术运算，还可执行专业的数据进制转换、统计分析、三角函数、单位转换、日期、油耗及房贷等计算。如在“程序员”模式计算器中，在“十进制”输入状态下，输入一个十进制数“1234”，点击“十六进制”按钮，即可转换成十六进制数“4D2”。打开“计算器”窗口后，单击“查看”菜单中的“科学型”或“标准型”等命令来确定要使用哪种计算器，如图 2.43 和图 2.44 所示。

图 2.43　“标准型”计算器窗口

图 2.44　“科学型”计算器窗口

无论是哪种视图的计算器，都有下述通用操作功能。

1. 使用键盘输入数据

在 Num Lock（数字锁定）指示灯置亮时，用户可以使用数字小键盘输入数字。

2. 计算操作

将数学算式输入到“计算器”窗口内，输入完毕后单击“=”键来显示结果。

计算器的“编辑”菜单提供了复制和粘贴数据的功能，可以从另一个应用程序内把数字粘贴到计算器的显示区内，或者把显示区内的数据粘贴到其他应用程序中。

3. 清除数据

对下列的 3 种情况，可使用不同的方法清除数据。

（1）若要清除计算器当前已输入的或存储的几个数据，单击 C 按钮或按 Esc 键即可。

（2）若要清除刚输入的数据，而不清除前面已输入的数据，则单击 CE 按钮或按 Delete 键，这种方法常用于清除在连续加或减过程中输入的错误数据。

（3）若要清除最近输入的一位数字，则单击计算器上 Backspace 按钮或按 Backspace 键。

4. 记录功能

可将数据存储起来，以便后面使用或积累总数用。新的值可以替换旧的值，或者与旧的值相加或相减。记忆、显示和清除操作如下所述。

（1）"MS"（存储记忆）按钮。把计算器显示的数据存储到记忆单元中，如果记忆单元中已有数据，将被替换。键盘操作为按 Ctrl + M 组合键。

（2）"M + "（记忆加）按钮。把计算器显示的数据加上记忆单元中的数据，并保存计算和。键盘操作为按 Ctrl + P 组合键。

（3）"MR"（显示记忆）按钮。显示记忆单元中的内容。键盘操作为按 Ctrl + R 组合键。

（4）"MC"（清除记忆）按钮。清除记忆单元中的内容。键盘操作为按 Ctrl + C 组合键。

2.7.7 "命令提示符"窗口

1. "命令提示符"窗口简介

"命令提示符"窗口是 Windows 仿真 MS-DOS 环境的一种外壳，主要用于运行 DOS 命令或程序，也可启动 Windows 程序。

单击"开始"→"所有程序"→"附件"→"命令提示符"，或者单击"开始"→"所有程序"→"附件"→"运行"，在对话框中输入"cmd"并单击"确定"按钮，将出现"命令提示符"窗口，如图 2.45 所示。命令提示符由当前文件夹（目录）的绝对路径和大于号组成，其后闪烁的是输入光标，表示可在此输入命令。

图 2.45　命令提示符窗口

打开命令提示符窗口的控制菜单，或右击标题栏，选择"属性"命令，可对字体、颜色、窗口模式等属性进行设置。

单击关闭按钮，或者输入"exit"后按回车键，均可退出"命令提示符"窗口。

2. DOS 命令简介

在"命令提示符"窗口中，输入 MS-DOS 命令并按 Enter 键，即运行该命令。这种从键盘上逐行输入字符命令的操作方式，就是早期 DOS 的命令行操作方式。DOS 命令不区分大小写，如 DIR 和 Dir 表示相同的命令。Windows 提供的 DOS 命令有很多，下面只介绍几条常用命令的简单用法，其他命令及其详细用法可参看 Windows 的帮助和支持。

（1）HELP 命令。在命令提示符下输入 HELP 命令，并按 Enter 键，将列出当前系统可用的所有 DOS 命令。若想了解某条命令的详细用法，可在 HELP 后跟上该条命令的名称，它们之间用空格分开，或者在命令名称后跟/?。例如（假定提示符为 C:\>）：

```
C:\>HELP HELP
C:\>HELP MORE
C:\>DIR /?
```

如果显示信息分几屏显示，则可在键入的命令后再加上| MORE。例如，键入 HELP|MORE、DIR/?|MORE，按空格键分屏显示，按 Enter 键分行显示。

（2）改变当前盘命令。输入盘符并按 Enter 键，可改变当前盘。例如：

```
C:\>D:
```

将当前盘由 C 盘转换为 D 盘，命令提示符变成“D:\>”。

（3）目录相关命令。目录也就是 Windows 的文件夹，包括改变当前目录、创建子目录、删除子目录等命令。

① 更改当前目录：例如，将当前目录改为\WINDOWS\SYSTEM，命令为

```
C:\>CD WINDOWS\SYSTEM
或 C:\>CD\WINDOWS\SYSTEM
```

命令提示符将变为“C:\WINDOWS\SYSTEM>”。

② 创建目录命令：例如，首先将当前盘改为 E 盘，然后在 E 盘根目录下创建子目录 WANG，命令为

```
C:\>E:
E:\>MD WANG
```

③ 删除子目录命令：例如，删除“C:\PLAY\DIG”子目录及其包含的所有子目录和文件，命令为

```
C:\>RD\PLAY\DIG /S
```

（4）DIR 命令。DIR 命令用于列出指定目录中的子目录和文件清单，可使用通配符。例如，显示桌面上的所有快捷方式，命令为

```
DIR 桌面\*.LNK
```

在 DOS 命令中，文件名中可使用通配符“*”和“?”，“*”代表任意多个字符，“?”代表任意一个字符。比如，“w?m.*”代表文件名由三个字符组成，第一个字符是 w，第二个字符任意，最后一个字符是 m，扩展名任意。

在命令提示窗口如果不能输入汉字，则请打开注册表，定位到 HKEY_CURRENT_USER\Console 子键，然后将 LoadConIme 键值修改为“1”就可以了。

（5）文件拷贝命令。文件拷贝指将一个或多个文件拷贝到指定的磁盘或其他外围设备（如打印机、显示器）上。例如，将 C 盘根目录下的所有“.BAT”文件拷贝到 E 盘的“\WANG”下，命令为：

```
COPY C:\*.BAT E:\WANG
```

（6）DEL 命令。DEL 命令用于删除指定文件，可使用通配符。例如，删除 C 盘根目录上的所有“.TMP”文件，命令为

```
DEL C:\*.TMP
```

本章小结

操作系统是一种非常庞大复杂的系统软件，是所有软件的基础，对用户来说就是一台虚拟机。

没有配置操作系统的现代计算机，用户一般是没办法使用的。本章首先简介了操作系统的概念、功能、分类及常见的操作系统，然后重点介绍了 Windows 7 操作系统。

Windows 7 是一种多任务、多线程的操作系统，是目前用得最多的操作系统，按照需要可选用 32 位版本或 64 位版本。Windows 7 的操作一般也适用其他版本的 Windows，主要包括基本操作、文件及文件夹管理、磁盘管理、程序管理、系统设置、附件程序及系统维护等。从 Windows 的名称可以看出，窗口是非常重要的。窗口分应用程序窗口和文档窗口两种，有关应用程序和文档的操作都必须在窗口内进行。

在启动 Windows 后，一切工作都是从桌面开始的，如“计算机”、“用户的文件”、“开始”菜单等。通过“资源管理器”或“计算机”打开各种文件夹窗口，在窗口中可对文件或文件夹及磁盘进行各种各样的操作。利用桌面或“开始”菜单可以同时打开多个应用程序。通过“控制面板”可对系统进行有关的设置，包括设置显示属性、添加/删除程序与硬件、设置任务栏和开始菜单属性、设置中文输入法、增加用户名和密码、改变文件夹选项、设置虚拟内存等。“附件”给用户提供了一套功能强大的实用工具程序。

在 Windows 中，注册表非常重要。注册表一旦损坏，有可能使系统不能正常运行，所以要重视注册表的安全使用和维护。Windows 比较脆弱，通过注册表可对系统进行维护，如修复恶意软件造成的 IE 问题。

本章是后续章节的基础，学好本章将对其他章节的学习起到事半功倍的效果。Windows 的实践性很强，学习时必须多上机练习，多总结操作流程。

习　题　2

1. 选择题

（1）Windows 7 是一种（　　）操作系统。

A. 单任务　　B. 嵌入式　　C. 网络　　D. 多任务

（2）按照操作系统发布的时间先后，正确的排列顺序是（　　）。

A. Windows 95、Windows 98、DOS、Windows 7、Windows XP

B. Windows 95、DOS、Windows 98、Windows 7、Windows XP

C. DOS、Windows 95、Windows 98、Windows XP、Windows 7

D. DOS、Windows XP、Windows 95、Windows 98、Windows 7

（3）Windows 的“桌面”是指（　　）。

A. 整个屏幕　　B. 全部窗口　　C. 某个窗口　　D. 活动窗口

（4）若鼠标出现故障，不能使用鼠标，则可以打开“开始”菜单的组合键是（　　）。

A. Ctrl + O　　B. Ctrl + Esc

C. Ctrl + F4　　D. Ctrl + Tab

（5）使用窗口右上角的按钮不能将窗口（　　）。

A. 最大化　　B. 最小化　　C. 移动　　D. 关闭

（6）当一个应用程序窗口被最小化后，该应用程序（　　）。

A. 被终止运行　　B. 被删除　　C. 被暂停运行　　D. 仍在运行

（7）下面关于窗口的叙述中，不正确的是（　　）。

A. 当窗口不是最大化时，将鼠标指针指向标题栏并拖动，可移动窗口

B. 双击标题栏可以最大化窗口

C. 每个窗口都有工具栏，位于菜单栏下面

D. 双击控制菜单图标，可以关闭窗口

（8）在 Windows 系统中，下列叙述中错误的是（　　）。

A. 可同时运行多个应用程序　　B. 桌面上可同时容纳多个窗口

C. 可支持鼠标和键盘同时操作　　D. 窗口大小不能调整

（9）剪贴板的作用是（　　）。

A. 临时存放应用程序剪切或复制的信息

B. 作为“资源管理器”管理的工作区

C. 作为并发程序的信息区

D. 在使用 DOS 时划分的临时存储区

（10）复制活动窗口时，可以按组合键（　　）。

A. Ctrl + Fn　　B. Alt + PrintScreen

C. Shift + PrintScreen　　D. PrintScreen

（11）在使用“资源管理器”时，如果要显示文件和文件夹的详细信息（包括名称、大小、类型和修改时间），则（　　）。

A. 单击“工具”菜单，然后选择“详细信息”

B. 单击“查看”菜单，然后选择“详细信息”

C. 单击工具栏上的“详细信息”按钮

D. B 和 C 都正确

（12）在“资源管理器”中，选定多个不连续文件时，单击第一个文件，然后按住（　　）键的同时，单击其他文件。

A. Ctrl　　B. Alt　　C. Shift　　D. Ctrl+Alt

（13）在文件夹窗口进行多次剪切操作，剪贴板中的内容是（　　）。

A. 第一次剪切的内容　　B. 最后一次剪切的内容

C. 最近 12 次剪切的内容　　D. 空白

（14）可以用“回收站”恢复被误删除的文件应保存在（　　）。

A. 软盘　　B. 硬盘　　C. 网络驱动器　　D. 光盘

（15）按住 Shift 键的同时删除硬盘上的文件是（　　）。

A. 将文件存入“剪切板”中　　B. 将文件送入“回收站”

C. 将文件物理删除　　D. 错误的操作

（16）关于“磁盘清理”，正确的说法是（　　）。

A. 删除磁盘上的所有文件和文件夹　　B. 卸载应用程序

C. 删除无用的文件　　D. 一种格式化磁盘的方法

（17）以下启动应用程序的方法中，不正确的操作是（　　）。

A. 从“开始”菜单的“所有程序”子菜单中选择相应的应用程序

B. 按⊞+R 组合键，在“运行”对话框中输入应用程序名

C. 在文件夹窗口用鼠标左键双击相应的应用程序图标

D. 在文件夹窗口用鼠标右键双击相应的应用程序图标

（18）删除桌面上某个程序的快捷方式图标，意味着（　　）。

A. 该程序连同其图标一起被删除

B. 只删除了该程序，快捷方式图标被隐藏

C. 只删除了快捷方式图标，程序未被删除

D. 程序和快捷方式图标都被隐藏

（19）通过“控制面板”的“外观和个性化”设置不能进行的是（　　）。

A. 更改主题　　B. 更改屏幕分辨率和刷新频率

C. 更改文件夹的属性　　D. 设置窗口的颜色和外观

（20）下列用户帐户中，Windows 7 中不存在（　　）。

A. 管理员帐户　　B. 家庭帐户

C. 标准用户帐户　　D. 来宾帐户

2. 填空题

（1）从资源管理和用户接口的观点来看，操作系统的功能包括________、________、________、________和________。

（2）任务栏通常处于屏幕的最底端，包含________、________、________、________和________5部分。

（3）在Windows中，菜单主要有4种，它们是________、________、________和________。

（4）使用组合键________可打开窗口的控制菜单，组合键________可关闭窗口。

（5）菜单命令项后有________符号，表示选中后会出现下一级子菜单；菜单命令项后有________符号，表示选中后会出现对话框；命令项变成灰色表示当前________使用。

（6）在中文输入法中，组合键________可进行全角/半角切换；组合键________可进行中英文标点切换。

（7）热键________的功能与“编辑”菜单中的“复制”命令相同；热键________的功能与“粘贴”命令相同。

（8）在Windows中复制文件或文件夹时，可以先选定图标，再选择“编辑”菜单中的________命令。

（9）删除“回收站”中的内容，可将鼠标指向该图标，单击________键，然后在弹出菜单中选择________命令。

（10）当选定文件或文件夹后，欲改变其属性，可以单击鼠标________键，然后在弹出的菜单中选择“属性”命令操作。

（11）在应用程序间切换的快捷键是________。

（12）注册表的5个预定义项（根键）分别是________、________、________、________和________。

（13）运行________，可以直接编辑注册表。

（14）如需查看OS名称、处理器等信息，则可单击“开始”菜单，选择“所有程序”→“附件”→“系统工具”中的________。

（15）单击“开始”→“所有程序”→“附件”→“运行”，在对话框中输入________，并单击“确定”按钮，将出现“命令提示符”窗口。

3. 简答题

（1）“切换用户”和“注销”有什么区别？

（2）简述鼠标操作中的单击、双击、选择、选定、拖放的特点。
（3）简述窗口与对话框的区别。
（4）如何激活和切换中文输入法？
（5）什么叫绝对路径？什么叫相对路径？分别举例说明。
（6）简述“Windows 资源管理器”窗口的组成。
（7）如何更改文件名或文件夹名？
（8）简述移动和复制文件或文件夹操作的异同点。
（9）如何查看、改变文件或文件夹的属性？
（10）比较 FAT16、FAT32 和 NTFS 的优缺点，分别用于哪种操作系统。
（11）叙述磁盘碎片整理程序的基本功能和操作过程。
（12）如何使用 Windows 的“控制面板”来添加/删除一个应用程序？
（13）怎样在桌面上创建快捷方式？快捷方式和文件有什么差别？
（14）如何使“任务栏”自动隐藏？
（15）如何安装打印机？
（16）如何安装、删除一种中文输入法？
（17）什么叫虚拟内存？如何设置？
（18）写出注册表的备份和恢复的操作步骤。
（19）在使用记事本程序时，如何移动、复制文本？
（20）简述画图窗口的组成。“画图”程序默认的扩展名是什么？
（21）科学计算器提供了哪几种进制？如何将一个数从一种进制转换为另一种进制？
（22）写出打开“命令提示符”窗口、执行 DOS 命令、关闭“命令提示符”窗口的过程。

第3章 计算机网络基础

本章重点：

- 计算机网络的概念
- 计算机网络协议及其作用
- 网络拓扑结构
- MAC 地址、IP 地址、域名及域名解析过程
- Internet 的应用（电子邮件、WWW、FTP 等）

本章难点：

- 网络体系结构
- IP 地址的分类

计算机网络的诞生把计算机应用推向了更高的阶段，可以说网络将计算机的功能进行了延伸。信息化社会的基础就是计算机互连组成的信息网络，计算机网络在工作、生活、学习等各方面得到了广泛应用。20 世纪 90 年代，Sun 公司首席执行官 Scott McNealy 曾提出了“网络就是计算机”的理念。目前，无论是家庭 PC 用户，还是企业商务人员，都可以通过网络随时、随地获取所需资源。因此，了解计算机网络的基础知识，掌握网络的基本使用和组建技术将有助于人们对信息的应用和处理。

3.1 计算机网络的基本概念

3.1.1 计算机网络的形成和发展

计算机网络是通信技术和计算机技术相结合的产物，通信技术为计算机之间的数据传输和交换提供了必要的手段，而计算机的数字技术又提高了通信技术的性能。计算机网络经历了从低级到高级，从简单到复杂的发展过程。概括起来可分为以下 4 个发展阶段。

1. 面向终端的远程联机系统

20 世纪 60 年代中期以前，计算机主机昂贵，而通信线路和通信设备的价格相对便宜。为了共享主机的资源，进行信息的采集和综合处理，将地理位置分散的多个终端通过线路连到一台中心计算机上，用户通过终端键入操作请求，通过通信线路传送到中心计算机，分时访问和使用资源进行信息处理，处理结果再通过通信线路回送到终端显示或打印，这种以单个计算机为中心的

联机系统称为面向终端的远程联机系统。这里的终端是指由 CRT 显示器、控制器及键盘合为一体的设备，无 CPU，也无内存；通信线路和通信设备是公用电话网和调制解调器；中心计算机一般是大型机或功能强的小型机。

面向终端的远程联机系统并不是真正的计算机网络系统，但远程终端用户似乎已经感觉到使用“计算机网络”的味道了。典型代表有：美国的半自动防空系统（SAGE）、美国联机飞机订票系统（SABRE-1）、美国通用电器公司信息服务系统（GE Information Service）等。

远程联机系统的缺点是：主机不仅要完成数据处理工作，还要承担通信，所以负荷较重；每个终端独占一条通信线路，且又是单用户操作，所以通信线路大部分时间处于空闲状态（线路利用率低）。

2. 以通信子网为中心

20 世纪 60 年代中期到 70 年代初期，将分布在不同地点的主机通过通信线路连接成为以共享资源为目的的计算机网络，即计算机 - 计算机网络。所有的主机面向全体用户服务，为了减轻主机的负担，设置了专门的通信控制处理机（Communication Control Processor，CCP）来承担主机之间的通信任务，如图 3.1 所示。

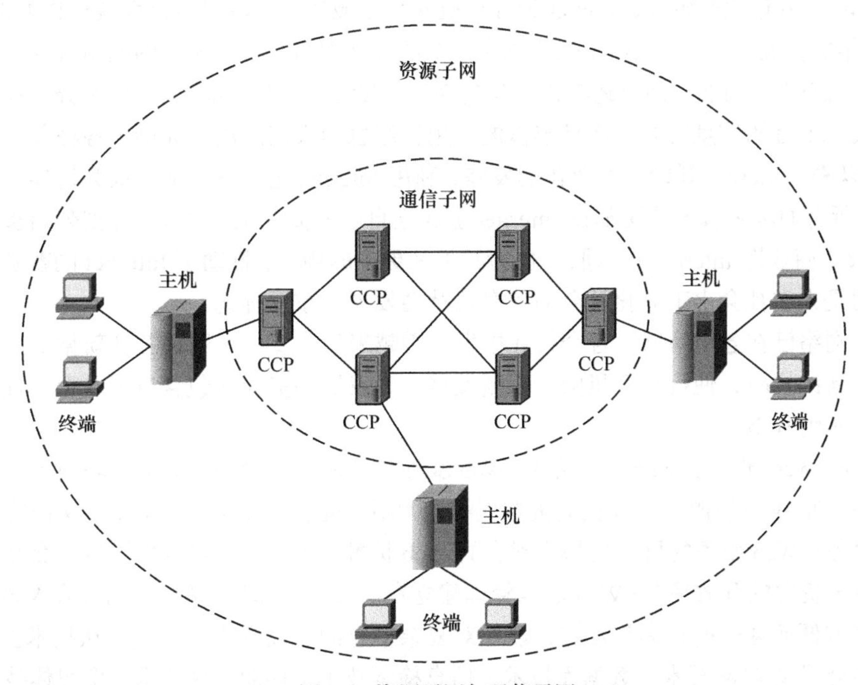

图 3.1　资源子网与通信子网

CCP 负责网上各主机间的通信控制和通信处理，组成了通信子网，是网络的内层。网上各主机组成资源子网，负责数据处理，提供各种网络资源，是网络的外层。资源子网和通信子网相辅相成，协调工作。没有通信子网，网络不能工作，而没有资源子网，通信子网的信息传输也失去了意义，两者合起来组成了统一的资源共享的两层网络。

20 世纪 60 年代后期，由美国国防部高级研究计划局研制的阿帕网 ARPANET－NET（Advanced Research Projects Agency Network）标志着计算机网络的兴起，具有现代网络的许多特征。例如，分组交换、分层次的网络协议等。分组交换也称包交换，它是将用户传送的数据划分成一定的长度，每个部分叫做一个分组。在每个分组的前面加上一个分组头，用以指明该分组发往何地址，然后由交换机根据每个分组的地址标志，将它们转发至目的地。

以通信子网为中心的缺点是：网络普及程度低，标准不统一，网络体系结构的研究不成熟。

3. 网络体系结构标准化阶段

随着人们对组网技术、方法和理论的研究日趋成熟，计算机网络产品的开发和生产形成了一个产业，不同的厂商都按照自己的思路和技术研制网络设备，这使得不同厂家的网络产品不能互连互通，网络技术的相互不兼容制约着网络的发展。1977年国际标准化组织（International Organization for Standardization，ISO）专门成立机构，提出了构造网络体系结构的“开放系统互连参考模型”（Open System Interconnection Reference Model，OSI/RM）及各种网络协议的建议，经过不断扩展和完善，从而使网络的软、硬件产品有了共同的标准，计算机网络也得到空前的普及和发展。作为国际标准，OSI（Open System Interconnection）规定了互连的计算机系统之间的通信协议，遵从OSI协议的网络通信产品都是所谓的开放系统。至今，几乎所有的网络产品厂商都称自己的产品是开放系统，不遵从国际标准的产品逐渐退出了市场。这种统一的、标准化的产品间的互相竞争给网络技术的发展带来了更大的繁荣。

4. 网络互连阶段

从20世纪90年代开始，Internet成为计算机网络领域最引人注目也是发展最快的网络技术。经过20多年的发展，如今Internet已经成为一个国际性网络，与之相连的网络近百万个，在网上运行的主机有上千万台，而且还在以飞快的速度不断增加。Internet上不仅有分布在世界各地计算机上成千上万的信息资源，而且丰富的应用程序也为入网的用户提供了各种各样的服务。自1994年以来，Internet开始了商业化的发展，利用Internet进行商业活动成为世界经济的一大热点，几乎所有的国际著名公司都在Internet上建立自己的商业服务系统，并把公司管理系统与Internet连接。商业性Internet接入服务也为其带来更多的用户，推动了Internet的普及。Internet的普及应用是人类社会由工业化社会向信息化社会发展的重要标志。

计算机网络已在各个领域、各个行业中发挥着越来越重要的作用，各种新型应用向计算机网络提出了新的挑战，使得计算机网络不断发展，其发展趋势应该包含以下几个方面。

（1）下一代Web

下一代的Web研究涉及语义互联网、Web服务和Web数据管理。语义互联网是对当前Web的一种扩展，使Web资源的内容能被机器理解，为用户提供智能索引、基于语义内容检索和知识管理等服务；Web服务的目标是基于现有的Web标准，为用户提供开发配置、交互和管理全球分布的电子资源的开放平台；Web数据管理建立在广义数据库理解的基础上，在Web环境下，实现对信息方便而准确的查询与发布，以及对复杂信息的有效组织与集成。从技术上讲，Web数据管理融合了WWW技术、数据库技术、信息检索技术、移动计算技术、多媒体技术以及数据挖掘技术，是一门综合性很强的新兴研究领域。

（2）网络计算

Internet上汇集了大量的数据资源、软件资源和计算资源，各种数字化设备和控制系统共同构成了生产、传播和使用知识的重要载体。信息处理也已步入网络计算（Network Computing）的时代。目前，网络计算还处于发展阶段。网络计算有4种典型的形式：企业计算、网格计算（Grid Computing）、对等计算（Peer-to-Peer Computing，P2P）和普适计算（Ubiquitous Computing）。其中P2P与分布式已成为当今计算机网络发展的两大主流，通过分布式，将分布在世界各地的计算机联系起来；通过P2P又使通过分布式联系起来的计算机可以方便地相互访问，这样就充分利用了所有的计算资源。

（3）移动通信

便携式智能终端（Personal Communication System，PCS）可以使用无线技术，在任何地方以各种速率与网络保持联络。用户利用 PCS 进行个人通信，可以在任何地方接收到发给自己的呼叫。PCS 系统可以支持语音、数据、报文等各种业务。PCS 网络和无线技术将大大改进人们的移动通信水平，成为未来信息高速公路的重要组成部分。

（4）三网融合与物联网

早在 1998 年就有人提出三网融合的概念。三网融合是指电信网、广播电视网和计算机通信网的相互渗透、互相兼容并逐步整合成为全世界统一的信息通信网络。三网融合，在概念上从不同角度和层次上分析，可以涉及技术融合、业务融合、行业融合、终端融合及网络融合。在民众眼中，三网融合就是只要拉一条线或无线接入即可完成通信、上网等。比如，手机可以看电视，电视机可以上网，电视摇控器可以打电话，家电可用手机远程控制等。

物联网的概念是在 1999 年提出来的。物联网（The Internet of things）可定义为：通过射频识别（RFID）、红外感应器、全球定位系统、激光扫描器等信息传感设备，按约定的协议，把任何物品与因特网连接起来，进行信息交换和通信，以实现智能化识别、定位、跟踪、监控和管理的一种网络。简单地说，物联网就是“物物相连的因特网”。这有两层意思：第一，物联网的核心和基础仍然是互联网，是在因特网基础上延伸和扩展的网络；第二，其用户端延伸和扩展到了任何物品与物品之间，进行信息交换和通信。从这个角度理解，物联网跟三网融合关系紧密。物联网是一个融入因特网的局域网，而因特网很可能就是三网融合的归宿，因此，我国工业和信息化部已开始统筹部署宽带普及、三网融合、物联网及下一代互联网发展，将物联网发展列为我国信息产业三大发展目标之一。

物联网代表了未来网络的发展趋势，但实际上已经应用于某些领域。比如，人们最常用的公交“一卡通”就是物联网的应用；在 2010 年召开的上海世博会也使用了物联网应用系统，在世博会展馆和浦东机场布置防入侵系统，中国移动的 SIM 卡还可以当门票用等。目前，物联网相关技术已成为各国竞争的焦点。

我国对三网融合和物联网非常重视，在 2010 年全国“两会”上，三网融合和物联网的热度相当高，温家宝总理在《政府工作报告》中提出，“积极推进新能源汽车、三网融合取得实质性进展，加快物联网的研发应用。”

3.1.2　计算机网络的定义和功能

1. 计算机网络的定义

计算机网络是利用通信线路和通信设备，把分布在不同地理位置的具有独立处理功能的若干台计算机按一定的控制机制和连接方式互相连接在一起，在网络软件的支持下实现数据通信和资源共享的系统。

从应用目的来说，计算机网络是以相互共享资源（硬件、软件、数据等）方式连接起来的各自具有独立功能的计算机系统的集合。从物理结构看，计算机网络是在协议控制下，由计算机、终端设备、数据传输设备等组成的系统的集合。

从网络的定义上可以看出：计算机网络的主体是计算机，要组成网络至少要有两台计算机进行互连；网络中的计算机称为主机（Host），也称为网络结点；网络中的结点可以是计算机的外部设备，还可以是其他通信设备（交换机、路由器等）；网络中各结点之间的连接需要有一条由传输介质实现物理互连的通道，这条通道可以是有线介质，也可以是无线介质。网络中各结点之间互相通信或交换信息，需要某些约定和规则，这些约定和规则的集合就是网络协议，其功能是实现各结点的逻辑互连。另外，计算机网络是以实现数据通信和网络资源（包括硬件资源、软件资源与数据资源）共享为目的的，要实现这一目的，网络中需配备功能完善的网络软件，网络软件包括网络通信协议和网络操作系统等。

2. 计算机网络的功能

由于不同的计算机网络是为不同的目的需求而设计和组建的，因此它们所提供的功能也有所不同。网络提供的功能常被称为服务。一般来讲，计算机网络提供以下一些功能和服务。

（1）数据通信。通过计算机网络，终端与计算机、计算机与计算机之间能够互相传递数据，进行通信，从而方便地进行信息收集、处理和交换。

（2）资源共享。计算机网络的主要目的就是共享资源。计算机联网后，资源子网中各主机资源可突破地域范围的限制实现共享。可共享的资源包括硬件、软件和数据。硬件资源包括超大型存储器，特殊的外部设备及大型、巨型机的 CPU 处理能力等；软件资源包括各种语言处理程序、服务程序和各种应用程序等；数据资源有各种数据文件、各种数据库等。

（3）网络计算，均衡负载。提供分布处理的均衡计算机负荷的功能，将网络中的工作负荷均匀地分配给网络中的计算机系统，降低软件设计复杂程度，提高系统效率。

（4）集中控制。通过计算机网络可以对地理上分散的系统进行集中控制，对网络资源进行集中分配和管理。

（5）提高计算机的可靠性。将多台计算机连接成网络，网络中的计算机就可以互为后备机，当某台机器发生故障时，该机的工作可由网络中的其他机器完成，避免了因单机故障而导致系统瘫痪，提高了系统的可靠性。

此外，计算机网络还具有文件访问与传送、远程数据库访问、虚拟终端、作业传送、远程进程间的数据通信及管理等功能。

3.1.3 计算机网络的分类

由于计算机网络的广泛使用，世界上已出现多种形式的计算机网络。对于计算机网络，可以从不同的角度来进行分类。

1. 按网络覆盖的地理范围分类

（1）局域网（Local Area Network，LAN）。局域网是指用高速通信线路将某建筑区域或单位内的计算机连在一起的专用网络，作用范围一般只有数千米。

（2）城域网（Metropolitan Area Network，MAN）。城域网可以认为是一种大型的 LAN，其作用范围在 100km 左右，能覆盖一个城市。

（3）广域网（Wide Area Network，WAN）。广域网又称远程网，作用范围通常为几十到几千千米，覆盖多个城市甚至全球。

2. 按传输介质分类

（1）有线网。有线网是通过电缆、双绞线或光纤等物理介质将计算机连接在一起的网络。

（2）无线网。无线网是采用卫星、微波等无线形式来传输数据的网络。

3. 按网络环境分类

（1）部门网络。部门网络是局限于一个部门的局域网，该网络通常由几十个工作站、若干个服务器、可共享的打印机等设备组成。网络中的信息主要局限于部门内部流动，只有很少的信息可以与其他网络进行远程资源访问。

（2）企业网络。企业网络是在一个企业中配置的，能覆盖整个企业的计算机网络。

（3）校园网络。校园网络是指在学校中配置的，利用一个高速主干网络，将分散在各个大楼中的局域网连接起来覆盖整个学校的计算机网络。

4. 按网络的使用范围分类

（1）家庭网络。家庭网络是指通过局域网技术把家用计算机、打印机及一些智能家电设备连接而成的网络。

（2）专用网。专用网是由一个政府部门或一个公司等组建经营面向某一领域的计算机网络，为一个或几个部门所拥有，只为拥有者提供服务，未经许可，其他单位和部门不得使用。

（3）公用网。公用网又称公众网，是由国家电信部门组建、经营管理、面向公众的、商业运营的计算机网络，任何单位部门甚至个人计算机和终端都可以接入公用网，利用公用网提供的数据通信服务设施来实现本行业的业务。

网络的分类方式还有很多，如按通信速率可分为低速网、中速网和高速网；按通信传播方式分为点对点传播方式网和广播式传播方式网；按网络控制方式可分为集中式计算机网络和分布式计算机网络；根据网络所采用的协议有 TCP/IP 网、ATM 网等。

3.1.4　计算机网络的拓扑结构

拓扑（Topology）是从图论演变而来的，是一种研究与大小形状无关的点、线、面特点的方法。在计算机网络中抛开网络中的具体设备，把工作站、服务器等网络单元抽象为“点”，把网络中的电缆等通信介质抽象为“线”，就形成了点和线组成的几何图形，从而抽象出了网络系统的结构。这种采用拓扑学抽象的网络结构即为计算机网络的拓扑结构。计算机网络拓扑结构主要有以下几种类型。

1. 星形拓扑结构

星形拓扑结构是局域网中最常用的拓扑结构，它是一种集中控制式的结构，如图 3.2（a）所示，以一台设备为中央结点，其他外围结点都通过一条点到点的链路单独与中心结点相连，各外围结点之间的通信必须通过中央结点进行。中央结点可以是服务器或专门的集线设备，负责信息的接收和转发。

这种拓扑结构的优点是：结构简单，容易实现，在网络中增加新的结点也很方便；易于维护、管理及实现网络监控，某个结点与中央结点的链路故障不影响其他结点间的正常工作。其缺点是：对中央结点的要求较高，如果中央结点发生故障，就会造成整个网络的瘫痪。

2. 总线拓扑结构

在总线拓扑网络中，所有的结点和工作站都连在一条公共的同轴电缆上，如图 3.2（b）所示。各个结点和工作站地位平等，无中央结点控制。任何一个结点发送的信息都沿着总线传输，可被其他结点接收。这种拓扑结构的优点是：连接形式简单，易于实现；组网灵活方便，所用的线缆最短，增加和撤销结点也比较灵活。其缺点是：传输能力低，易发生“瓶颈”现象；安全性低，链路故障对网络的影响大，总线的故障会导致网络瘫痪；此外，结点数量的增多也会影响网络的性能。

3. 环形拓扑结构

环形结构如图 3.2（c）所示，各结点通过链路相连，在网络中形成一个首尾相接的闭合环路，信息在环中单向流动，通信线路共享。这种拓扑结构的优点是：结构简单、容易实现、信息的传输延迟时间固定，且每个结点的通信机会相同。其缺点是：网络建成后增加新的结点比较困难；链路故障对网络的影响较大，有一个结点或一处链路发生故障，就会造成整个网络的瘫痪。

4. 树形拓扑结构

树形拓扑结构是由总线拓扑结构演变而来的，形状像一棵倒置的树，顶端有一个带分支的根，每个分支可以延伸出子分支，如图 3.2（d）所示。在树形结构的网络中，当某结点发送信息时，由根结点接收后再重新广播发送到全网各结点。在树形结构的网络中扩充新结点容易，故障隔离也方便。但树形网络对根结点的依赖性大，如果根结点出故障就会影响全网的工作。树形拓扑结构是目前多数校园网和企业网使用的结构。

5. 网状拓扑结构

这类网络没有固定的连接方式，是最一般化的网络结构，网络中任何一个结点一般都至少有两条链路与其他结点相连。它既没有一个自然的中心，也没有固定的信息流向，所以这种网络的控制往往是分布的，因此又可称之为分布式网络，其拓扑结构如图 3.2（e）所示。网状拓扑广泛用于广域网中，在局域网中很少使用。

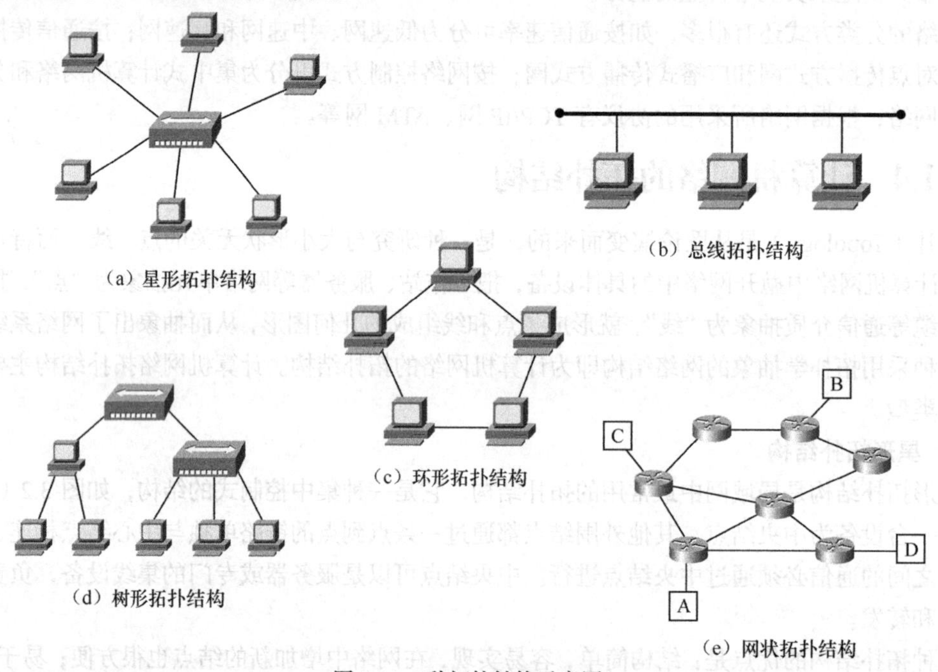

图 3.2　5 种拓扑结构示意图

3.2　网络协议和网络体系结构

3.2.1　网络协议

在网络系统中，为保证通信设备之间能正确地进行通信，必须使用一种双方都能理解的语言，这种语言被称为“协议”。这就好比人与人之间交流所使用的各种语言一样，只有使用相同语言才能正常、顺利地进行交流。不论什么语言，其实就是一些规则或约定。从专业角度定义，网络协议是指通信设备之间相互通信时必须共同遵守的一套规则或约定。任何一个网络协议至少包括 3 部分，即协议的三要素。

（1）语法。规定数据及控制信息的格式、编码等，即解决通信双方“如何讲”的问题。

（2）语义。解释用于协调、差错处理等控制信息每部分的含义，规定了需要发出何种控制信息、完成何种动作及做出何种响应，即解决“讲什么”的问题。

（3）时序（同步）。详细说明事件发生的先后顺序，指出何时进行通信、通信内容的先后顺序及数据收发速度匹配等，即解决“讲话次序”的问题。

计算机网络通信过程非常复杂，通信双方必须严格遵守事先确定的网络协议，才能顺利地进行通信。可以说，存在通信的地方就有协议。在计算机网络中存在着多种协议，每一种协议都有其设计目标和需要解决的问题。同时，每一种协议也都有其优点和使用限制。协议的优劣将直接影响网络的性能，因此，协议的制定和实现是计算机网络的重要组成部分。

目前，常用网络协议有 NetBEUI/NetBIOS、IPX/SPX 和 TCP/IP 3 种。

（1）NetBEUI/NetBIOS。该协议是网络基本输入/输出系统扩展用户接口，它是专门为几台到几百台 PC 所组成的单网段小型局域网而设计的，是一种小而效率高的通信协议。该协议没有路由功能。

（2）IPX/SPX。该协议是 Novell 公司在它的 NetWare 局域网上实现的通信协议，IPX（Internet Packet Exchange Protocol）是在网络层运行的包交换协议，该协议提供用户网络层数据报接口。IPX 使工作站上的应用程序通过计算机访问 NetWare 网络驱动程序，网络驱动程序直接驱动网卡，与互联网内的其他工作站、服务器或设备相连接，使得应用程序能够在互连网络上发送包和接收包。SPX（Sequenced Packed Protocol）是运行在传输层上的顺序包交换协议，提供了面向连接的传输服务，在通信用户之间建立并使用应答进行差错检测与恢复。

（3）TCP/IP。此处不是单指 TCP 和 IP 两个具体的协议，而是表示 TCP/IP 集，包括了 100 多个不同功能的协议，是互联网上的公用协议。

网络协议通常分为多个层次，每层都有一个或多个协议。按功能划分，每层完成一定的功能，并且只与相邻的上下两层直接通信，每一层向上一层提供服务，同时每一层利用下一层的服务传输信息，而且相邻层间有明显的接口。

计算机网络层次结构模型和各层协议的集合称为网络体系结构。最著名的网络体系结构是 OSI 参考模型和 TCP/IP 参考模型。有时，也把网络的体系结构称为协议集或协议栈。

3.2.2 基于 OSI 参考模型的体系结构

国际标准化组织（ISO）提出了开放系统互连（OSI）参考模型，其主要目的是实现各厂商设备的兼容操作。OSI 参考模型从下至上分为 7 层，如图 3.3 所示。

应用层	应用层协议	应用层
表示层	表示层协议	表示层
会话层	会话层协议	会话层
传输层	传输层协议	传输层
网络层	网络层协议	网络层
数据链路层	数据链路层协议	数据链路层
物理层	物理层协议	物理层

图 3.3 OSI 参考模型

（1）物理层。物理层是网络物理设备之间的接口，确保二进制位流在物理传输介质上的正确传输。

（2）数据链路层。数据链路层提供链路层地址（如 MAC 地址）寻址，负责将从网络层接收到的数据分割成特定的可被物理层传输的帧，并且使用检错或纠错技术来确保帧在相邻结点之间的正确传输。

（3）网络层。网络层提供 IP 地址选址，为传输层提供建立端到端通信的功能，完成网络中主机间的报文传输服务，负责一个站点到另一个站点的路径选择。

（4）传输层。传输层提供端口地址寻址，负责完成网络中不同主机上用户进程间可靠通信，为不同系统内的用户进程建立端到端的连接，执行端到端的差错、顺序和流量控制。

（5）会话层。会话层主要用于对不同开放系统中的两个进程间互相通信的过程进行管理和协调，完成解释用户和机器名。

（6）表示层。表示层的任务是完成语法格式转换，即在计算机所处理的数据格式与网络传输所需要的数据格式之间进行转换。

（7）应用层。应用层是OSI的最高层，也是用户访问网络的接口层，直接面向用户，为用户提供各种网络服务。这一层包含了若干个独立的、用户通用的服务协议模块，其主要目的是为用户提供一个窗口，用户通过这个窗口互相交换信息。

计算机在网络上传送数据之前，需要把原数据分割成一个个的小数据段，这样的数据段具有多种格式，对应OSI的不同协议层，有数据帧、数据包、数据报等格式。数据段的首、尾带有作为标记的信息，称为报头和报尾。

当发送方主机发送数据时，待发送的数据首先被应用层的某个程序按照自己的协议整理数据格式，然后发给下一层的某个程序。每个层的程序（除物理层外）都会对数据格式做一些加工，并在报头增加一些信息，如传送层在报头中增加目标端口地址、网络层增加IP地址、链路层增加目标 MAC 地址等。链路层将数据以帧的形式交给物理层，物理层的电路再以二进制位流的形式将数据发送到网络中。

接收方主机的工作过程相反，物理层接收到数据后，逐层向上传递，在发送方主机诸层加的报头信息将在接收方主机的对等层进行剥去处理，用户数据最后到达接收方主机的应用进程。

OSI 参考模型的缺点是：定义复杂、难以理解、实现困难，有些同样的功能（如流量控制与差错控制等）在多层重复出现，效率低下，并且迟迟没有成熟的网络产品。因此，OSI 参考模型与协议并没有像专家们所预想的那样成为主流。而另外一种体系结构——传输控制协议/互联网协议（Transmission Control Protocol/Internet Protocol，TCP/IP）得到了IBM、Microsoft、Novell、Oracle等大型网络公司的支持，获得了更为广泛的应用，实际上成为行业的标准。

3.2.3 TCP/IP体系结构

1. TCP/IP 分层模式

TCP/IP 协议集是一个工业标准协议套件，是为大型互联网络而设计的。TCP/IP 协议集是1969年由美国国防部高级研究计划局（DARPA）开发的，也是很多大学及研究所多年的研究及商业化的结果，目前已成为计算机网络中使用最广泛的体系结构之一。TCP/IP 体系结构忽略了OSI参考模型中的某些特征，只综合了部分相邻OSI层的特征并分离其他各层。与OSI参考模型不同，TCP/IP体系结构将网络划分为4层，分别是应用层、传输层、网络层和网络接口层。当发送数据时，每层将其从上层接收到的信息作为本层数据，并在数据前添加控制信息头，然后一起传送到下一层。每层的接收过程与以上发送过程刚好相反，其中数据被传送到上一层之前要将其控制信息头移去。OSI 参考模型和TCP/IP参考模型的对比如图3.4所示。

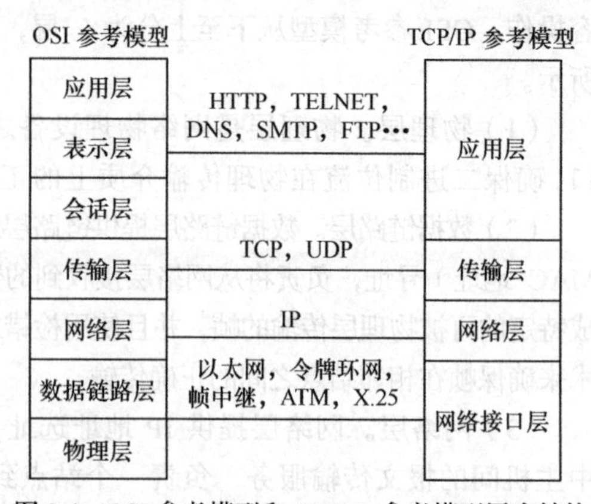

图3.4 OSI参考模型和TCP/IP参考模型层次结构

（1）TCP/IP 的网络接口层。该层与 OSI 的数据链路层和物理层相对应，TCP/IP 并没有为该层定义任何协议，它允许主机连入网络时使用多种现成的和流行的协议，它仅定义了如何与不同的网络进行接口。网络接口层负责接收 IP 数据包，然后将数据包发送到指定的网络上。数据包是 TCP/IP 中数据通信传输的基本数据单位，主要由“目的 IP 地址”、“源 IP 地址”、“净载数据”等部分构成。

（2）TCP/IP 的网络层。该层主要功能是寻址、打包、路由选择等，相当于 OSI 参考模型中网络层的无连接网络服务。网络层的核心协议是互联网协议（IP，也称网络之间互连协议），另外还有三个与 IP 配套使用的协议：地址解析协议（Address Resolution Protocol，ARP）、网际控制报文协议（Internet Control Message Protocol，ICMP）、网际组管理协议（Internet Group Management Protocol，IGMP）。IP 是一个无连接协议，负责将数据分组从源地转发到目的地，包括数据包的组成格式、数据包的传送、路由选择和拥塞控制等功能。ARP 负责将 IP 地址解析为主机的物理地址，以便某个物理设备接收数据。ICMP 用于在主机（或路由器）之间传递控制消息，如网络通不通、主机是否可到达等。IGMP 主要用于建立和管理多播组，对 IP 分组广播进行控制。

（3）TCP/IP 的传输层。该层的作用与 OSI 参考模型中传输层的作用是一样的，即在源结点和目的结点的两个进程实体间提供可靠的端到端的数据传输。该层有两个协议：传输控制协议（Transmission Control Protocol，TCP）和用户数据报协议（Use Datagram Protocol，UDP）。TCP 是一个可靠的、面向连接的传输层协议，它将源主机的数据以字节流形式无差错地传送到目的主机。UDP 是一个不可靠的、无连接的传输层协议，它将可靠性问题交给应用程序解决。

（4）TCP/IP 的应用层。该层给应用程序提供访问其他层服务的能力及定义应用程序用于交换数据的协议。根据用户对网络使用需要不同，制定了非常丰富的应用层协议，而且不断有新的应用协议加入。常用的应用层协议有：超文本传输协议（Hyper Text Transfer Protocol，HTTP），用于传输组成万维网（World Wide Web，WWW）网页的文件；文件传输协议（File Transfer Protocol，FTP），用于交互式文件传输；简单邮件传输协议（Simple Mail Transfer Protocol，SMTP），用于邮件服务器之间的邮件传递；邮局协议（Post Office Protocol，POP），用于从邮件服务器上取回邮件；终端仿真协议（Telnet），用于远程登录到网络主机；简单网络管理协议（Simple Network Management Protocol，SNMP），用于在网络管理控制台和网络设备之间选择和交换网络管理信息；域名系统（Domain Name System，DNS），用于将域名解析成 IP 地址等。

2. IP 地址

IP 地址是 TCP/IP 体系中的一个最基本的概念，就是给因特网上的每一个结点（如主机、路由器）分配一个在全世界范围内的唯一标识符，就像公用电话网中的电话号码一样。

一个 IP 地址由 32 位二进制数值组成，每 8 位（1 个字节）为 1 个段，共 4 个段，段与段之间用句点“.”隔开，例如：

字节 1.　　字节 2.　　字节 3.　　字节 4

11001010. 01011101.01111010. 00101111

这种表示方式称为“点分二进制”。为了表达和识别，IP 地址常以十进制形式表示（称为“点分十进制”），因为一个字节能标识的最大十进制数是 255，因而每段整数的范围是 0～255。上例中，二进制标识的 IP 地址用十进制表示则为 202.93.122.47。

IP 地址包括网络地址和主机地址两部分。网络地址是指这个结点所属的网络；主机地址则指这个结点在该网络中的位置。网络地址类似于长途电话号码中的区号，主机地址类似于市话中的电话号码。寻址时，先按网络地址找到某一网络，然后在该网络中按主机地址找到结点。

IP地址分为A、B、C、D、E共5类，如表3.1所示。其中A类、B类和C类地址都是单播地址（一对一通信），是最常用的，网络地址分别为1、2和3个字节，最前面的1～3位为类别位，分别固定为0、10和110。通常A类IP地址用于超大规模网络，这类地址可使得每个网络拥有非常多的主机，A类地址的第1字节范围为1～127。B类地址用于大、中规模的网络，第1字节范围为128～191。C类地址用于小型网络，第1字节范围为192～223。D类地址用于组播，也称多播（一对一组通信），一个组播地址（前4位为1110）标识了一个多播组，组播时只将数据传输给组内的所有主机，第1字节范围为224～239。E类地址是IETF（Internet Engineering Task Force）组织保留的，用于该组织自己的研究，第1字节范围为240～255。

表3.1　IP地址的类别及特征

类别	IP地址							
	第1字节					第2字节	第3字节	第4字节
A	0	网络地址（7位）				主机地址（24位）		
B	1	0	网络地址（14位）				主机地址（16位）	
C	1	1	0	网络地址（21位）				主机地址（8位）
D	1	1	1	0	组播地址（28位）			
E	1	1	1	1	保留			

A、B、C类地址就是经常为结点分配的IP地址，从使用方面看，可分为公有地址（Public address）和私有地址（Private address）两种。公有地址由Inter NIC（Internet Network Information Center，Internet网络信息中心）负责统一管理和分配，以保证在因特网上运行的设备（如主机、路由器等）不会产生地址冲突，这些IP地址分配给注册并向Inter NIC提出申请的组织机构。公有IP地址不能任意使用，用户须向管理本地区的网络中心申请。私有地址属于非注册地址，专门为组织机构内部使用，如企业、办公室、网吧等。以下是保留的内部私有地址：

A类 10.0.0.0～10.255.255.255

B类 172.16.0.0～172.31.255.255

C类 192.168.0.0～192.168.255.255

此外，还有以下几种特殊的IP地址。

（1）0.x.x.x。网络号全为0代表本网络，这类地址指本网络上的某个主机（主机号为0代表本主机），只能用于源地址，不可用于目的地址。

（2）127.x.x.x（x不能为全0或全1，习惯上使用127.0.0.1）。称为本机的环回地址或回送地址，用于本机的网络软件测试以及本机进程间通信。若使用回送地址发送数据，则本机的协议软件就处理所发送的数据（立即返回），不进行任何网络传输。

（3）224.0.0.x。这类地址不能随意使用，有的已被指派为永久组地址了。如，224.0.0.1特指本子网上的所有参加组播的主机和路由器。。

（4）255.255.255.255。该IP地址是有限广播地址。对本机来说，这个地址指本网段内的所有主机。这个地址不能被路由器转发。

（5）169.254.x.x。它是主机使用动态主机配置协议（Dynamic Host Configuration Protocol，DHCP）功能自动获得一个IP地址，当DHCP服务器发生故障或响应时间太长（超出了系统规定的时间）时，Windows系统就会分配这样一个地址。

在实际的应用中，仅靠网络地址来划分网络会有很多问题，比如A类地址和B类地址都允许一个网络中包含大量的机器，但实际上不可能将这么多机器都连接到一个单一的网络中，这会给网络寻址和管理带来很大的困难。解决这个问题就需要在网络中引入子网，就是将主机地址进一步划分成子网地址和主机地址，通过灵活定义子网地址的位数来控制每个子网的规模。将一个大网络划分成若干个子网后，对外仍是一个单一的网络，网络外部并不需要知道网络内部子网划分的细节，但网络内部各个子网实行独立寻址和管理。子网间通过跨子网的路由器相互连接，以便解决网络寻址、网络安全等问题。

判断两台机器是否在同一个子网中，要用到子网掩码。子网掩码同 IP 地址一样，是一个 32 位的二进制数。子网掩码的一些位为 1，另一些位为 0。当网络还没有划分为子网时，可以使用默认的子网掩码；当网络被划分为若干个子网时，就要使用自定义的子网掩码了。在默认的子网掩码中，所对应网络号的各位都被置为 1，主机号的各位都被置为 0，即 A、B、C 类地址对应的默认子网掩码分别是 255.0.0.0、255.255.0.0 和 255.255.255.0。自定义掩码是将一个网络划分为几个子网，即把主机号分为子网号和子网主机号。将子网掩码和 IP 地址作二进制逻辑与运算后，结果为网络地址。因而，将两台计算机各自的 IP 地址与子网掩码进行逻辑与运算后，如果得出的结果是相同的，则说明这两台计算机处于同一个子网络上。

目前，IP 的版本是 IPv4，随着因特网的指数式增长，32 位 IP 地址空间越来越紧张，迫切需要新版本的 IP，于是产生了 IPv6 协议，其支持的地址数是 IPv4 协议的 2^{96} 倍，这个地址空间是足够的。IPv6 也是分层地址模式，支持多级子网划分，其基本表达方式是 X:X:X:X:X:X:X:X，其中 X 是一个 4 位十六进制整数（16 位二进制数），共计 128 位。例如，CD79:BA98:7654:4210:FEDC:BA98:7654:3210。IPv6 协议在设计时，保留了 IPv4 协议的一些基本特征，这使采用新老技术的各种网络系统在因特网上能够互连。

3.3 局　域　网

局域网是指分布有限、传输速度较高的计算机网络系统。从硬件角度看，一个局域网是由计算机、网络适配器、传输介质及其他连接设备组成的集合体；从软件的角度看，局域网在网络操作系统的统一调度下给网络用户提供文件、打印、通信等软硬件资源的共享服务功能；从体系结构来看，一个局域网是由一系列层次结构的网络协议来定义的。

3.3.1　局域网概述

1. 局域网的特点

局域网是把小范围内的计算机采用高速网络线路连接起来的信息共享系统。局域网的应用范围极广，常应用于办公自动化、生产自动化、企事业单位的管理、军事指挥控制、计算机实验室等方面。局域网主要具有以下特点。

（1）覆盖的地理范围有限。局域网工作的地理范围在数千米之内，一般分布在一座大楼或集中的建筑群内，仅限于办公室、机关、企业、学校等单位内部连网。

（2）一般为单一组织占有和管理。使用较为廉价的工作站来共享较为昂贵的资源，如大容量磁盘、网络打印机、绘图仪以及各种软件等。

（3）具有比广域网高得多的数据传输速率，一般为每秒几兆比特到每秒几百兆比特。

（4）传输误码率很低。局域网的误码率一般为 10^{-8}～10^{-11}，几乎可以忽略不计。

（5）通信介质选用灵活，一般是双绞线，也可以是光纤。

（6）支持点到点或多点通信方式。

2. 拓扑结构

局域网可以采用星形、环形、树形及总线等几种典型的拓扑结构。目前，大多数局域网采用星形拓扑结构。在实际组网中，网络的拓扑结构不一定是单一的形式，可能是几种结构的组合，如总线结构与星形结构的混合连接、树形结构与其他拓扑结构的混合连接等。

3. 局域网分类

根据计算机在局域网中所扮演的角色的不同，可将局域网分为以下两类。

（1）客户机—服务器（Client/Server，C/S）网络。服务器通常采用高性能、高配置的计算机，是网络控制的核心。服务器在网络操作系统的控制下，为客户机提供软件、硬件、数据资源等共享服务，如各种应用软件、数据库、大容量硬盘、外部设备及其他信息资源等。服务器按提供的服务不同可分为文件服务器、数据库服务器、邮件服务器、打印服务器、Web服务器、代理服务器等。一台服务器如果同时装有多种服务器软件，则可具备多种服务器的功能。客户机也称为网络工作站，是用户工作的计算机，在计算机网络中享受服务器提供的服务。客户机需要安装专用的客户端软件。

（2）对等（peer-to-peer）网络。所谓对等是指在计算机网络中的每台计算机地位平等，没有主次之分。对等网络中任何一台计算机所拥有的资源都可作为网络资源被其他计算机上的网络用户共享，也可以平等地使用其他计算机内部的资源。对等网络成本低、网络配置和维护简单。缺点是网络性能较低、数据保密性差、文件管理分散等。因此，对等网络非常适合小型的、任务轻的局域网，如在普通办公室、家庭、游戏厅、学生宿舍内常建立对等局域网。

4. 局域网标准

为了促进局域网产品的标准化，1980 年 2 月美国电气和电子工程师学会（IEEE）成立了IEEE802课题组，研究并制定了由一系列协议组成的IEEE802标准体系。随着局域网技术的发展，不断有新的标准协议加入该体系。在IEEE802标准体系中，最著名的是IEEE802.3协议。通常，将采用IEEE802.3协议的局域网称为以太网（Ethernet），以太网是目前应用最普遍的局域网技术。

以太网是由美国Xerox公司于1975年研制成功的，它以共用总线作为共享的传输信道来传输数据，最初实现的传输速率为2.94Mbit/s。以太网支持的传输介质从最初的同轴电缆发展到双绞线和光缆，星形拓扑结构的出现使以太网技术上了一个新台阶，并获得更迅速的发展。从共享型以太网发展到交换型以太网，且出现了全双工以太网技术，致使整个以太网系统的带宽成十倍、百倍地增长。以太网一般采用共享介质，即所有网络设备依次使用同一通信介质；使用广播传输的通信方式，需要传输的帧被发送到所有结点，但只有目标结点才会接收该帧；同时利用载波监听多路访问/冲突检测方法（Carrier Sense Multiple Access/Collision Detection，CSMA/CD）来解决多个站点的信道争用问题。根据所采用的传输媒体及接口的不同可分为标准以太网、细缆以太网、双绞线以太网、光纤以太网以及混合结构的以太网等几种类型。

3.3.2 网络连接设备

1. 网卡

网卡是网络接口卡（Network Interface Card，NIC）的简称，也叫网络适配器，如图3.5所示。网卡插在计算机总线插槽内，或者集成在主板上，是主机和网线之间的物理接口，工作在数据链路层。网卡与驱动程序相配合，完成主机向网络发送和接收数据的工作。网卡驱动程序在数据帧报头加上目标主机的 MAC 地址和源主机的 MAC 地址，在报尾加上校验结果。网卡中有硬件比较电路，将数据帧中的目标 MAC 地址与自己的 MAC 地址进行比较，只有两者相等的时候，网卡才接收数据帧。

图 3.5　网卡

网卡中固化了介质访问控制（Media Access Control，MAC）地址，是由网卡厂家在生产时写入网卡的 ROM 芯片中的。MAC 地址又称网络设备物理地址或硬件地址，它是网络上用于唯一识别一个网络硬件设备的标识符，由 12 位的十六进制数字组成。当一块网卡插入到某台计算机后，网卡的 MAC 地址就成了这台计算机的 MAC 地址。如果一台计算机插入了两块网卡，这台计算机就具有两个 MAC 地址，路由器就具有多个 MAC 地址。

查看本机的 MAC 地址有以下两种常用的方法。

（1）在 Windows 7 中，单击“开始”→“控制面板”→“网络和 Internet”→“网络和共享中心”→“查看活动网络”中的“本地连接”，弹出“本地连接状态”对话框，单击“详细信息”按钮，其中显示的物理地址即要查询的 MAC 地址。

（2）在“命令提示符”窗口中，输入“ipconfig/all”后按 Enter 键，在显示的结果中“以太网适配器本地连接”，就可看到物理地址。

网卡有多种类型，根据传输速率，网卡分为 10Mbit/s、100Mbit/s、10/100Mbit/s 自适应、1000Mbit/s 等几种类型；根据网络接口类型，网卡可分为用于粗同轴电缆的 AUI 接口网卡、用于细同轴电缆的 BNC 接口网卡、用于非屏蔽双绞线的 RJ-45 接口网卡以及用于光纤接口的网卡；根据总线类型，网卡可分为 ISA、EISA、MCA、PCI、PCMCIA、并行接口的网卡以及 USB 接口的网卡，目前市场上很难找到 ISA、EISA 和 MCA 总线的网卡，主流网卡是 PCI 总线网卡，PCMCIA 网卡主要用于笔记本电脑；根据需不需要网线，网卡可分为有线网卡和无线网卡，有线网卡就是平时所使用的普通网卡，无线网卡不需要网线，主要应用在无线局域网内。选择网卡时应从计算机总线的类型、传输介质的类型、组网的拓扑结构、结点之间的距离及网络段的最大长度等几个方面来综合考虑。

2. 中继器和集线器

中继器（Repeater）是最简单的网络延伸设备，用于延伸同型局域网，工作在 OSI 参考模型的物理层，它的功能就是放大整形传输的信号。图 3.6 所示为中继器连接示意图。

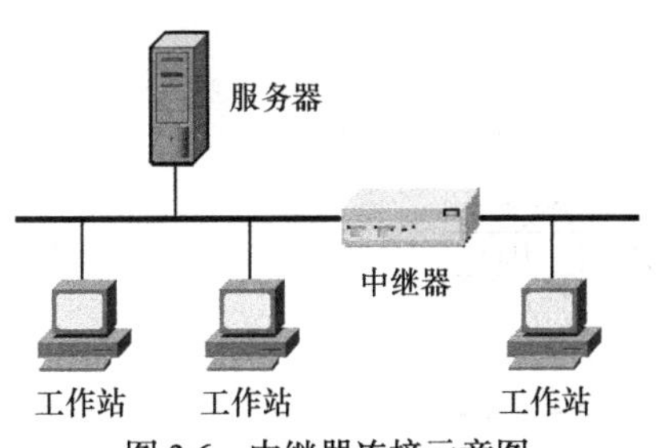

图 3.6　中继器连接示意图

集线器（Hub）本质上是一个多端口的中继器，其工作原理与中继器几乎一样。由集线器组建的网络如图 3.7 所示。集线器是一种“共享”设备，本身不能识别目的地址。当同一局域网内的 A 主机给 B 主机传输数据时，集线器是以广播方式传输的，由每台终端通过验证数据报头的 MAC 地址来确定是否接收，所以集线器在某一时刻只能传送一台计算机的信息。

3. 网桥

网桥（Bridge）在数据链路层连接两个局域网络段，网间通信从网桥发送，网内通信被网桥隔离。当网络负载重而导致性能下降时，用网桥将其分为两个网络段，可最大限度地缓解网络通信繁忙的程度，提高通信效率。图 3.8 所示为网桥或交换机连接示意图。

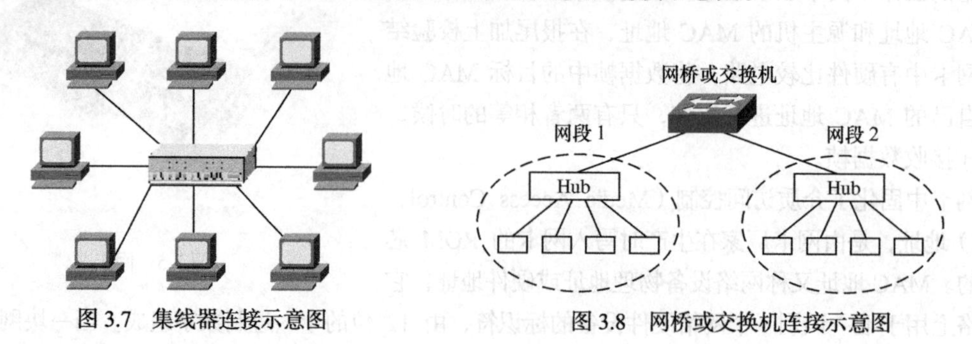

图 3.7　集线器连接示意图　　图 3.8　网桥或交换机连接示意图

4. 交换机

交换机（Switch）也称交换式集线器或智能型集线器，交换机的核心是交换表，即交换机端口与 MAC 地址的映射表。交换机不同于集线器，它为所连接的设备同时建立多条专用线路，当两个终端互相通信时并不影响其他终端的工作，使网络的性能得到大幅提高。随着交换机价格的不断降低，它已逐渐取代 Hub。

在具体的组网过程中，通常使用第二层（数据链路层）交换机和具有路由功能的第三层（网络层）交换机。第二层交换机同时具备集线器和网桥的功能，主要用在小型局域网中，具有快速交换、多个接入端口和价格低廉的特点，如以太网交换机。第三层交换机也叫路由交换机，除了具有第二层交换机的功能外，还具有路由选择功能。

5. 路由器

路由技术是网络中最精彩的技术，路由器（Router）（俗称为“路径选择器”）是非常重要的网络设备。路由器广泛用于网络互连，既可以用于局域网内部的各个子网之间的互连，也可以用做广域网的互连。路由器由硬件和软件共同实现，主要工作于 OSI 的网络层，具有判断网络地址和选择路径的功能，能够为数据包选择一条最佳传送路径。路由器可以说是交换机加路由功能，因而路由器能替代交换机，而交换机却不能替代路由器。路由器的速度比交换机要慢，价格也昂贵，但多台计算机在路由器下能同时上网互不影响，而在交换机下却可能不能同时上网，因而是用路由器还是交换机，应视具体情况而定。路由器连接示意图如图 3.9 所示。

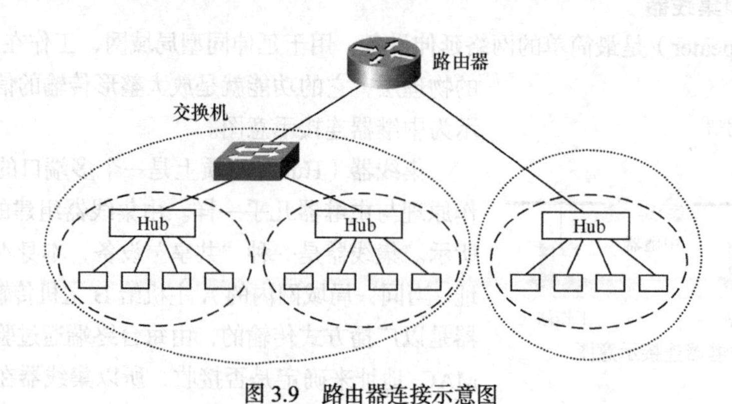

图 3.9　路由器连接示意图

6. 网关

网关（Gateway）又称协议转换器、网间连接器，它是一个网络连接到另一个网络的“关口”，主要用于连接差别非常大的异种网络，如以太网、IBM 令牌环网、因特网等。与路由器相比，网关主要工作在 OSI 的传输层和应用层。按功能不同，网关大致分为以下 3 类。

（1）协议网关。通常用于实现不同体系结构网络之间的互连，或在两个使用不同协议的网络之间做协议转换，因而又被称为协议转换器。

（2）应用网关。应用网关是为特定应用而设置的网关，如代理服务器。

（3）安全网关。通常又被称为防火墙，主要用于网络的安全防护。

网关是硬件和软件的结合产品，既可以是带网关的路由器，也可以是运行在服务器、微机或大型机上的网关软件，也可以是专业网关设备。

在某些高校的网站上设有 IP 网关登录，用户访问校园网时，无须登录，如果访问校外网络，必须登录网关。IP 控制网关的最大优点是可以取代代理服务器。一般的代理服务器不支持诸如 Real、IP Phone、Telnet 等服务，而且用户对国外站点的访问完全依赖于服务器本身，访问速度要受服务器的性能、用户数量的影响。使用 IP 控制网关就可以不受任何限制直接访问国外站点。除此之外，IP 控制网关还可以加强对网络安全的有效管理，维护人们正常使用网络，杜绝端口扫描、恶意攻击、占用动态地址归为己有等类似事件发生。另外，采用 IP 网关登录可以保护校园网的资源和安全。同时，还可以监测用户的使用流量，实行计费功能。

3.3.3 网络传输介质

1. 同轴电缆

同轴电缆由两个导体组成，一个空心圆柱形外导体围裹着一个位于中心轴线的内导体，并且内外导体之间、外导体与外界之间都用绝缘材料隔开，如图 3.10 所示。内部导体是实心电缆，用来传输信号，可以是单股或多股铜芯；外部导体是金属箔或金属线编制的网状线，用做地线。内外导体长度相同，故被称为同轴电缆。同轴电缆的这种结构可防止中心导体向外辐射电磁场，也可用来防止外界电磁场干扰中心导体的信号。

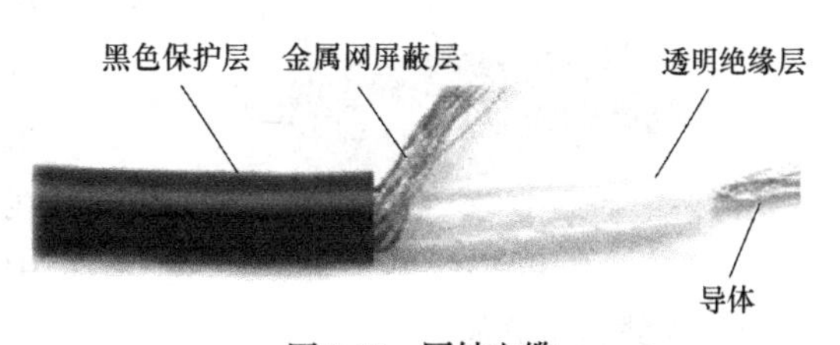

图 3.10 同轴电缆

按直径的不同，同轴电缆可分为粗缆和细缆两种。用粗缆组网时，如果直接与网卡相连，网卡必须带有 AUI 接口（15 针 D 型接口）。粗缆的传输距离约为 500m，但安装较难，费用也较高。细缆一般用于总线网络布线连接，网卡上需有 BNC 接口，同轴电缆的两端需安装 50Ω终端电阻器。细缆的传输距离最大为 185m，如要拓宽网络范围，则需要使用中继器。细缆安装较容易，而且造价较低，但日常维护不是很方便，一旦一个用户出故障，便会影响其他用户的正常工作。

2. 双绞线电缆

双绞线是综合布线工程中最常用的一种传输介质。采用一对互相绝缘的金属导线互相绞合的方式来抵御一部分外界电磁波干扰，每一根导线在传输中辐射的电波会被另一根线上发出的电波抵消，可以降低自身信号的对外干扰。一根双绞线电缆中包含多对双绞线，常见的是四对。为了便于安装使用，双绞线电缆中的每一对双绞线都按一定的色彩标记，四对双绞线电缆的色彩标记方法如图 3.11 所示。双绞线电缆可分为屏蔽双绞线电缆（Shielded Twisted Pair，STP）和非屏蔽双绞线电缆（Unshilded Twisted Pair，UTP）两种类型。STP 和 UTP 之间的唯一区别是，STP 的外层具有金属线编织的屏蔽层，具有更强的信号抗干扰能力，但价格较高，安装也比较复杂，适用于某些特殊场合（如受电磁辐射严重、对传输介质要求较高等），一般情况下都采用 UTP。UTP 按传输质量又可分为 1 类、2 类、3 类、4 类、5 类，以及超 5 类、6 类几种类型。其中 1 类到 5 类线都应用得比较少，现在主流的双绞线是超 5 类线和 6 类双绞线。一般双绞线的传输距离最大为 100m，再远就需加中继器。

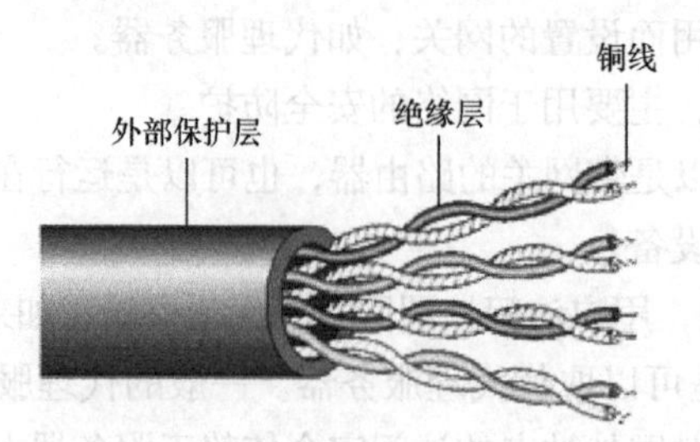

线对	色彩码
1	白蓝，蓝
2	白橙，橙
3	白绿，绿
4	白棕，棕

图 3.11　双绞线及线对的色彩标记

3. 光纤

相对于其他的传输介质，光纤低损耗、高带宽和高抗干扰性是最主要的优点。在网络传输介质中，光纤的发展是最为迅速的，也是最有前途的网络传输介质。光纤的结构如图 3.12 所示。其横截面为圆形，由纤芯、包层两部分构成，二者由两种光学性能不同的介质构成。其中，纤芯为光通路，包层由多层反射玻璃纤维构成，用来将光线反射到纤芯上。

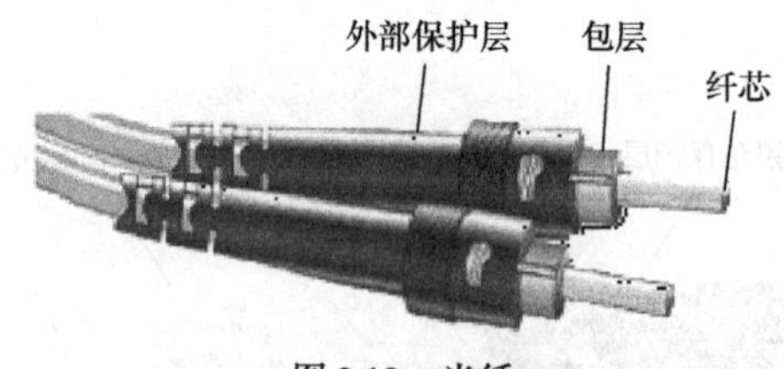

图 3.12　光纤

光纤可分为单模光纤和多模光纤。多模光纤允许多条不同角度入射的光线在一条光纤中传输，即有多条光路。在无中继条件下，传播距离可达几千米。单模光纤直径与光波波长相等，只允许一条光线在一条光纤中直线传输，即只有一条光路。在无中继条件下，传播距离可达几十千米。

4. 无线传输介质

无线传输介质主要是指通过微波、卫星、红外线等进行通信。微波系统一般工作在较低的兆赫兹频段，沿直线传播，可以集中于一点，但不能很好地穿过建筑物。通信卫星是一个微波转播台，被用来连接两个以上的微波收发系统。卫星用一个频率接收传输来的信号，将其放大或再生，再用另一个频率发送。红外传输是以红外线作为传输载体的一种通信方式，它以红外二级管或红外激光管作为发射源，以光电二级管作为接收设备，类似于在光纤中传输红外线的方式。红外线传输主要用于短距离通信。

3.3.4　网络软件系统

组建局域网的基础是网络硬件，网络的使用和维护要依赖于网络软件。在局域网中使用的网络软件主要有网络操作系统、网络数据库管理系统和网络应用软件。

1. 网络操作系统

网络操作系统（Network Operating System，NOS）是使连网计算机能够方便而有效地共享网络资源，为网络用户提供所需各种服务的软件与协议的集合。目前，我国较流行的局域网操作系统有 Microsoft Windows 2003/2008 Server、UNIX、Linux、Novell NetWare 等。它们支持多种网络协议，在技术、性能、功能方面各有所长，支持多种工作环境，能够满足不同用户的需要，为局域网的广泛应用奠定了良好的基础。

2. 网络数据库管理系统

网络数据库管理系统是一种可以将网上各种形式的数据组织起来，科学、高效地进行存储、处理、传输和使用的系统软件。常见的网络数据库管理系统有 Oracle、Microsoft SQL Server、IBM DB/2、Sybase、MySQL 等。

3. 网络应用软件

网络应用软件是指软件开发者根据网络用户的需要，利用开发工具开发出来的各种应用软件。在局域网环境中使用的有 Office 办公套件、Lotus Office 网络办公套件、商品进销存软件、收银台收款软件等。

3.3.5　对等网的组建

在对等网中不需要安装网络操作系统，Windows 不是网络操作系统，但具备比较完善的网络功能，故计算机可以直接互相通信。该网络中不需要服务器来管理网络资源，所有计算机可以相互共享其他计算机上的文件，也可以共享打印机、玩多人游戏等。

下面就以建立一个家庭对等网的实例，来介绍对等网的组建步骤。

假设某家庭有 4 台安装 Windows 操作系统的计算机，并且分布在 4 个房间，其中有一台计算机连接了打印机，要求每个房间都能上网，即所有计算机共享一个 Internet 连接。

1. 硬件构建

组网的每台计算机要配置 PCI 总线结构的 10/100Mbit/s 自适应网卡；选用有较好抗干扰能力超 5 类双绞线；为了使所有计算机都能上网，可选用 D-LINK 或者 TP-LINK 的 4 口或者 5 口路由器。

双绞线两头连接 RJ-45 接头（俗称水晶头），然后与网络连接设备相连。RJ-45 水晶头有 8 个铜片接脚，如图 3.13 所示。识别水晶头接脚顺序的方法是：铜接点朝自已，从左往右数，分别是 1、2、3、4、5、6、7、8。

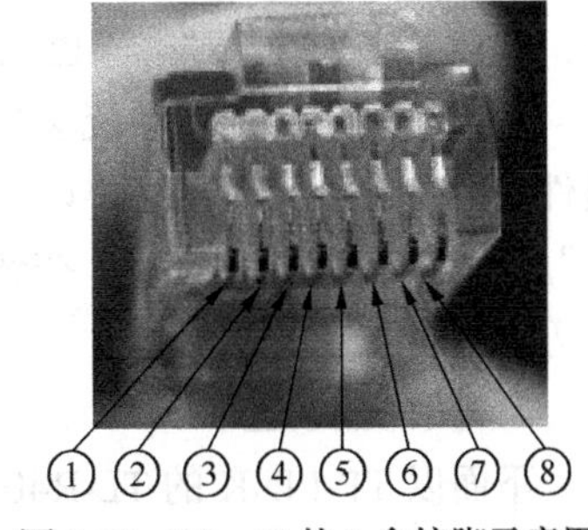

图 3.13　RJ－45 的 8 个接脚示意图

双绞线的常用线序有 T568A 和 T568B 两种标准，是美国电子工业协会（EIA）和美国电信工业协会（TIA）规定的。

（1）标准 T568A。绿白-1，绿-2，橙白-3，蓝-4，蓝白-5，橙-6，棕白-7，棕-8。

（2）标准 T568B。橙白-1，橙-2，绿白-3，蓝-4，蓝白-5，绿-6，棕白-7，棕-8。

双绞线与 RJ-45 接头的连接有以下两种方式。

（1）直通线。网线两头水晶头都使用相同的标准压线，即两头要么都做成 568A 标准，要么都做成 568B 标准。通常用于计算机与集线器、交换机或墙上信息模块的连接。

（2）交叉线。这种做法也叫反线，一头按照 568B 标准连接，另一头按照 568A 标准进行连接。一般用在集线器或交换机的级联，两台或两台以上计算机组成的对等网的直接连接等情况。

网线的制作过程：左手水平握住水晶头（塑料扣的一面斜向下，开口向右），右手将剪齐的 8 条芯线按线序标准的颜色顺序紧密排列，捏住这 8 条芯线对准水晶头开口插入水晶头，插入后再使劲往里推，使各条芯线都插到水晶头的底部，不能弯曲，然后用压线钳（见图 3.14）夹住，用力一压就行了，注意压线一定要压到底。

最后用测线仪（见图 3.15）测试网线和水晶头是否连接正常，如果两组 1、2、3、4、5、6、

7、8对应的指示灯同时亮表明网线制作成功。

图3.14　压线钳

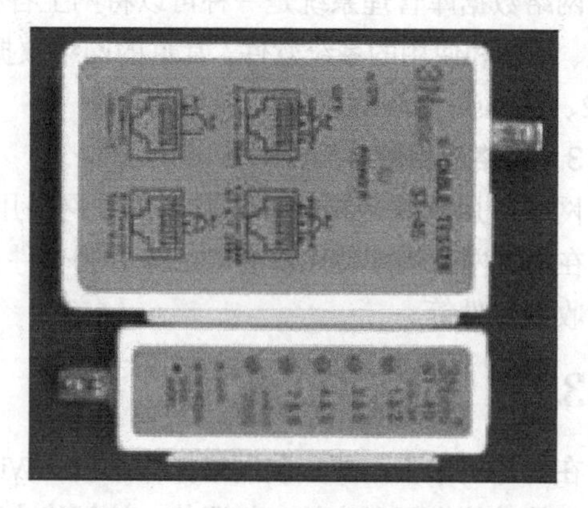

图3.15　测线仪

实际应用中，大多数都使用568B标准，通常认为该标准对电磁干扰的屏蔽更好。另外，计算机通信只使用1、3、2、6这4根线，因此可以用其他4根线作为电话线，以节约布线成本。

网线做好后，将各台计算机与路由器的LAN口连接，而路由器的WLAN与宽带猫或校园网连接。

2. 网卡安装与协议配置

插好网卡后，启动计算机。Windows内置了许多网卡的驱动程序，通常Windows能自动识别网卡，在安装向导的引导下进行网卡驱动程序的安装（有时需要厂家提供的网卡驱动程序）。安装设置完成后，打开“设备管理器”，若网卡工作正常，则在“网络适配器”中能看到网卡的图标（注意：图标上必须既无“×”也无“!”，否则可能是被禁用或工作不正常）。

网卡安装后，通常系统会自动安装网络客户、网络的文件和打印机共享、TCP/IP 3个网络组件。如需安装其他网络协议，可双击“本地连接”图标，再单击“属性”，出现“本地连接属性”对话框，单击“安装”按钮，可选择安装其他组件，如NetBEUI协议、IPX/SPX兼容协议等。

3. 路由器设置

下面以TP-LINK的TL-R402 SOHO宽带路由器为例，简介其设置方法。

该路由器提供ADSL虚拟拨号（PPoE）、以太宽带网（自动获取IP地址）、以太宽带网（固定IP地址）3种上网方式。假定使用固定IP方式上网，则设置基本过程如下（按照路由器说明书）。

（1）将外网网线插到宽带路由器的WAN端口上，用直通双绞网线把路由器LAN端口同计算机网卡相连，启动宽带猫和路由器的电源。

（2）在IE地址栏中输入该路由器的默认IP（即192.168.1.1）后按Enter键，输入用户名和密码（该路由器默认均为“admin”），单击“确定”按钮，打开路由器的配置界面。

（3）选择菜单“网络参数”→“WAN口设置”，选择“WAN口连接类型”（上网方式）为“静态IP”，输入ISP（Internet Service Provider）提供的公共IP地址、子网掩码、网关、DNS等，然后单击“保存”按钮。

4. 计算机设置

将连接到路由器上的各台计算机的IP地址设置为192.168.1.x（x≥2）（每台机器的IP地址不能相同），子网掩码为255.255.255.0，默认网关为192.168.1.1，DNS服务器地址由ISP提供。手工设置静态 IP 地址的方法为：在“网络和共享中心”左侧选择“更改适配器设置”，打开“网络连接”窗口，右击“本地连接”图标，在弹出的快捷菜单中选择“属性”，弹出“本地连接属性”对话框，在“此连接使用下列项目”列表中，双击“Internet 协议版本 4（TCP/IPv4）”，弹出如图 3.16 所示的对话框。单击该对话框的“使用下面的 IP 地址”单选钮进行 IP 设置。

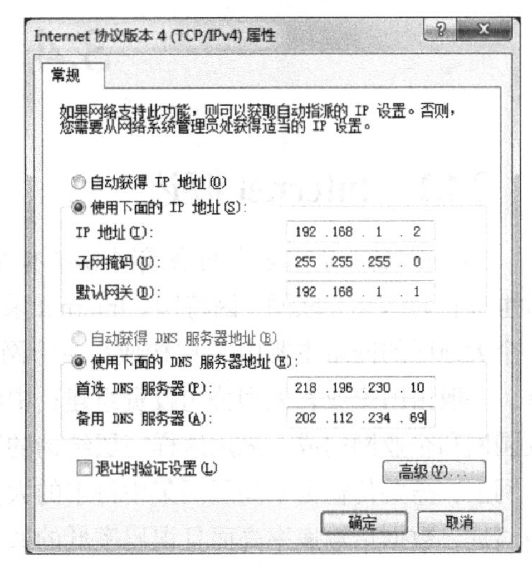

图 3.16　TCP/IPv4 属性对话框

也可以通过 DHCP 服务自动获取 IP 地址，只需在如图 3.16 所示的对话框中选择“自动获得 IP 地址”即可。

5. 连通性测试

Ping 是测试网络连接状况及信息包发送和接收状况非常有用的工具，是网络测试最常用的命令。Ping 向目标主机发送一个回送请求数据包，要求目标主机收到请求后给予答复，从而判断网络的响应时间和本机是否与目标主机连通。如果执行 Ping 不成功，则可以预测故障为网络故障、网卡配置不正确、IP 地址不正确。如果执行 Ping 成功而网络仍无法使用，那么问题很可能出在网络系统的软件配置方面。Ping 成功只能保证本机与目标主机之间存在一条连通的物理路径。Ping 命令格式：

```
Ping  IP 地址或主机名
```

测试本机的网卡是否正确安装，常用命令为

```
Ping  127.0.0.1
```

6. 设置与使用共享资源

完成对等网的硬件安装与协议配置后，就可以实现对等网中共享资源的访问。

（1）共享磁盘、文件夹、打印机等。完成网络向导配置后，计算机中的任何一个文件夹、驱动器和打印机都可以设置为共享，方便网络上的其他用户访问或使用。

设置共享驱动器的方式和设置共享文件夹的方式类似，用鼠标右单击要共享的文件夹或驱动器，在弹出的快捷菜单中选择“属性”，在弹出的“属性”对话框中选择“共享”选项卡，单击“高级共享”按钮，设置“共享名”、“访问的组或用户”及权限。

在安装打印机的计算机上，设置好打印机的端口、打印机的名称、安装打印驱动程序等，然后与设置文件和文件夹共享一样，通过快捷菜单的“打印机属性”将打印机设置成共享。其他计算机要使用该共享打印机，只需在添加打印机时选择网络打印机，根据提示找到那台网络上的打印机就可以完成配置。

（2）直接使用网络资源。双击“网络”，打开网络窗口，在打开的窗口中列出了网络中所有的计算机及设备，双击计算机图标，输入正确的用户名和密码，就可以访问该计算机了。

（3）映射网络驱动器。这种方式将网络上的共享资源模拟成为本地计算机的一个磁盘分区来使用，这样使浏览网络共享资源的操作如同浏览本地磁盘的文件信息一样方便快捷。右击“计算机”，选择“映射网络驱动器”命令，在弹出窗口的“驱动器”下拉列表中选择具体映射到哪个驱动器，在“文件夹”下拉列表中输入共享文件夹所在的位置，选中“登录时重新连接”复选框，指定每次启动时自动连接该网络资源，如果不经常使用该网络资源应取消对该复选框的选中，以减少系统启动时间，最后单击“完成”按钮。

3.4 Internet

3.4.1 Internet 概述

Internet 是一个由多个网络或网络群体通过网络互连设备连接而成的世界范围的大型网络，有时也称它为国际互联网、因特网。Internet 采用 TCP/IP 体系结构，具有分层网络互连的群体结构。一个大地区的网络主要由 3 层构成：主干网、中间层网和底层网。主干网是 Internet 的基础和支柱，一般由国家或者大型公司投资组建；中间层网由地区网络和商用网络构成；底层网则主要由校园网和企业网构成。采用这样三层结构的原因是各层中通信所需要的数据传输速率不同。在主干网上，需要传输由中间层网集中得来的大量数据，因而数据传输速率要求最高，需要使用传输距离远，数据传输速率高而且误码率低的通信线路和通信设备，当然这需要较高的投资。中间层网和底层网所需要的通信条件相应要低一些，根据不同的条件要求选用不同的设备和线路不仅可使得投资合理，而且有利于系统的安全性。

Internet 的雏形就是美国出于军事目的建立起来的 ARPANET。真正带动 Internet 发展起来的，是在 ARPANET 的技术基础上产生并逐渐分离出来的美国国家科学基金会建立的网络 NSFNET。随着发展，NSFNET 中接入的不再只是学术团体、研究机构，更多的企业与个人用户也不断加入，Internet 的使用不再局限于纯计算机专业人员，逐渐渗透到社会生活的方方面面。20 世纪 90 年代初期，Internet 成为一个“网际网”，随着计算机网络在全球的拓展和扩散，美洲以外的网络也逐渐接入 NSFNET 主干及其子网，使 Internet 逐渐分布到全球各地。

我国 Internet 起步较晚，但发展比较迅速。最早在电子邮件的使用阶段，通过拨号实现与 Internet 电子邮件转发系统的转接，在小范围内为国内某些大学、研究所提供电子邮件服务。1994 年，我国正式加入 Internet，通过 TCP/IP 连接实现了 Internet 的全部功能。继此之后，建成了由教育部主持的中国教育和科研网（CERNet）。1995 年开通了由中国电信经营管理的中国公用计算机互联网（ChinaNet），向公众提供了 Internet 服务。接着出现了由中国科学院负责的中国科技网（CSTNet）和原电子工业部主持的中国金桥信息网（ChinaGBN）。这 4 个网络形成了中国的四大骨干网。

据第 37 次《中国互联网络发展状况统计报告》介绍，截至 2015 年 12 月，中国网民规模达到 6.88 亿，其中 6.20 亿的网民也使用手机上网，只使用手机上网的网民达到 1.27 亿人，农村网民占 28.4%（达 1.95 亿）。手机、平板电脑、智能电视带动家庭无线网络使用，网民通过 WiFi 无线网络接入互联网的比例高达 91.8%。基础应用、商务交易、网络金融、网络娱乐、公共服务等个人应用发展日益丰富。其中，手机网上支付增长尤为迅速，用户规模达到 3.58 亿。中国网站总数为 423 万个，中国企业使用计算机办公的比例为 95.2%，使用互联网的比例为 89.0%，网页数量首次突破 2000 亿。中国企业越来越广泛地使用互联网工具开展交流沟通、信息获取与发布、内部管理等方面的工作，为企业“互联网+”应用奠定了良好基础。

3.4.2 Internet 的域名解析

虽然用 IP 地址能够有效地标识互联网上的结点，但用户访问 Internet 上的计算机时并不愿意使用很难记忆的长达 32 位二进制 IP 地址，总希望用易于记忆的有意义的符号名字来标识互联网上的每个主机。为了达到这一目的，引入了一些有意义的名字来指明互联网上的主机，并提供一个组织名字的命名系统来管理名字到 IP 地址的映射。这些易于记忆的文字式主机名字叫做“域名”，命名系统则称为域名系统（Domain Name System，DNS）。DNS 把互联网上的一台或几台主机选作域名服务器，由域名服务器将域名转换成对应的 IP 地址，这个转换过程称为域名解析。域名解析包括正向解析（域名到 IP 地址）和反向解析（IP 地址到域名）。域名只是个逻辑概念，并不反映计算机所在的物理地点。

域名采用层次结构，由若干个分量组成，各分量之间用英文小数点隔开，形如：

….三级域名.二级域名.顶级域名

各分量分别代表不同级别的域名。每一级的域名都由不超过 63 个英文字母和数字组成，且不区分大小写，最左边是级别最低的域名，而级别最高的域名在最右边。域名系统既不规定一个域名需要包含多少个下级域名，也不规定每一级的域名代表什么意思。各级域名由其上一级的域名管理机构管理，而最高的顶级域名则由 Internet 的有关机构管理。

顶级域名采用通用的标准代码，包括组织机构和地理模式两类。例如，部分机构顶级域名有 com（商业机构），net（网络服务机构），org（非营利性组织），gov（政府机构），edu（教育机构），mil（军事机构），info（信息服务），int（国际机构）。其中，edu、gov、mil 一般只被美国专用；部分国家或地区顶级域名（用两个字母表示）有：aa（南极洲），at（奥地利），ca（加拿大），cn（中国），fr（法国），jp（日本），hk（中国香港），ie（爱尔兰共和国），mo（中国澳门），tw（中国台湾），美国的国家域名在域名中省略。

二级域名仍分为组织域名和地理域名。我国的二级域名有 40 个，其中类别域名有 6 个，即 ac（科研院及科技管理部门），gov（国家政府部门），org（社会团体及民间非营利组织），net（因特网络、接入网络的信息和运行中心），com（工商和金融等企业），edu（教育单位）；地区域名有 34 个“行政区域名”，如 bj（北京市）、sh（上海市）等。三级域名通常是单位名，四级域名是服务器名。例如，www.hpu.edu.cn，其中 cn 代表中国的顶级域名，edu 为 cn 下的二级域名表示教育类，hpu 为三级域名，表示“河南理工大学”，www 是主机名，表示 Web 服务器。再如，mail.hpu.edu.cn 代表河南理工大学的电子邮件服务器。在不引起误解的情况下，有时也把主机名称为域名，域名也可以不包含服务器名（如 hpu.edu.cn）。

国际域名是用户可注册的通用顶级域名的俗称，其后缀为“.com”、“.net”或“.org”，如 www.sohu.com。国内域名不同于中文域名，国内域名也称 CN 域名，是后缀为“.cn”的域名，它比国际域名低一个层次。二者注册机构不同，在使用中基本没有区别。

IP 地址到域名的解析由若干个域名服务器程序协同工作完成，具体解析过程为：当用户需要查询某域名的 IP 地址时，就调用一个称为解析器的系统。解析器将用户指定的域名字符串作为参数放在一个 DNS 客户请求报文中，并使用 UDP 发送给已知的域名服务器，然后等待域名服务器的回答。域名服务器接收到请求报文后，首先查找本地的数据库。如果找到就向客户主机发送回查找结果；如果待查域名不属于该域名服务器的管辖范围，也就是说域名服务器不能完全解析域名，这时有两种处理方式，即递归和迭代。递归方式是指服务器作为客户与能够解析待查域名的服务器联系，这个过程可能延续下去，直到查到需要的 IP 地址，最后沿原路返回给客户主机。迭代方式是指服务器将能够解析待查域名的服务器地址通知客户主机，客户再与另一域名服务器联系。在这种方式下，客户可能需要进行多次与不同域名服务器的联系才会找到需要的 IP 地址。

3.4.3　Internet 的接入方法

Internet 接入是指用户的计算机（或局域网）采用什么设备、什么通信网络或线路接入 Internet。

接入之前，用户要选择一个ISP。ISP既是用户接入Internet的入口点，也是为用户提供各种相关信息服务的机构。用户首先要把自己的计算机通过通信线路连接到ISP的主机上，再通过ISP的主机和Internet相连。下面介绍几种常用的接入方式。

1. 电话拨号接入

电话拨号接入是个人用户接入Internet最早使用的方式。目前主要采用串行线路网际协议（Serial Line Internet Protocol，SLIP）或点对点协议（Point to Point Protocol，PPP），并多使用PPP。这种方式通过使用调制解调器（Moderm）经过电话线与ISP相连接。Moderm将计算机输出的数字信息转换为模拟信号，然后通过电话线发送给ISP。ISP的Moderm将接收的模拟信号又还原为数字信号，发送给路由器传输到Internet上。IP地址通过ISP的主机被动态分配给每个PPP终端用户，因而用户每次上网得到的IP地址是不固定的，只有分配到IP地址的计算机用户才能享受到ISP所提供的各种Internet服务。这种接入方式费用较低，速度慢，理论上最大传输速率为56kbit/s，比较适合个人和业务量小的单位使用。

2. ISDN接入

在20世纪70年代出现了ISDN（Integrated Services Digital Network），即综合业务数据网。它将电话、传真、数据、图像等业务综合在一个统一的数字网络中进行传输和处理，所以又称为“一线通”。ISDN接入方式需要使用标准数字终端的适配器（TA）将计算机连接到普通的电话线上。ISDN将原有的模拟用户线改造成为数字信号的传输线路，即ISDN上传送的是数字信号，因此速度较快，最大传输速率为128kbit/s，而且上网的同时可以打电话、收发传真。

3. xDSL接入

xDSL是各种类型DSL（Digital Subscriber Line，数字用户线路）的总称，包括ADSL、RADSL、HDSL、VDSL、SDSL、IDSL等。xDSL是一种新的传输技术，在现有的铜质电话线路上采用较高的频率及相应调制解调技术，即利用在模拟线路中加入或获取更多的数字数据的信号处理技术来获得高传输速率（理论值可达到52Mbit/s）。允许上网的同时拨打电话，互不影响，并且上网时不需另交电话费。根据采取不同的调制方式，各种DSL技术最大的区别体现在信号传输速率和距离的不同，以及上行（从用户到ISP）速率和下行（从ISP到用户）速率对称性的不同两个方面。xDSL是宽带上网技术，宽带是相对传统拨号上网而言，目前没有统一标准规定宽带的带宽应达到多少，但依据大众习惯和网络多媒体数据流量考虑，网络的数据传输速率至少应达到256kbit/s才能称之为宽带，其最大优势是带宽远远超过56kbit/s拨号上网方式。

（1）ADSL（Asymmetric Digital Subscriber Line，非对称数字用户线路）。ADSL利用频分复用的技术把普通电话线路所传输的低频信号和高频信号分离（由分离器或称滤波器实现），低频部分供电话使用，高频部分供上网使用，即在同一铜线上分别传送数字和语音信号，数字信号并不通过电话交换机设备。ADSL素有“网络快车”之美誉，目前已得到广泛应用。ADSL上行的最大速率为1Mbit/s，下行的速率最高可达8Mbit/s，最大传输距离为5.5km。因为大部分网民下载的数据量远大于上载量，所以ADSL特别适合网上冲浪（Net Surfing）、视频点播（VOD）、多媒体信息检索等。安装ADSL时，先将电话线接入分离器的Line接口，然后将电话机接在分离器的Phone位置上，ADSL Modem接在分离器的Modem接口，最后用一根交叉网线将ADSL Modem连接到计算机的网卡。这种安装方式采用的是虚拟拨号方式，用户获得动态IP地址。ADSL也可以使用专线接入，即另铺一条电话线，用户拥有固定的静态IP地址，但费用较高。

新一代ADSL（即ADSL2和ADSL2+）传输距离更长，可达7km，传输速率更快，ADSL2

最大下行速率可达 12Mbit/s，ADSL2+最大下行速率可达 25Mbit/s。ADSL2 是一个过渡性方案，ADSL2+将主宰市场。

（2）HDSL（High-data-rate Digital Subscriber Line，高速率数字用户线路）。HDSL 在技术上已经比较成熟，提供的传输速率是对称的，即为上行和下行通信提供相等的带宽，通过两对或三对双绞线提供全双工 1.544Mbit/s 或 2.048Mbit/s（T1/E1）的数据传输能力。线路编码方式通常采用 2B1Q 或 CAP 两种，依线径而定，其无中继传输距离为 4～7km。HDSL 技术比较适用于商业应用中需要对称数据通信的场合。HDSL 的缺点是用户需要第二条电话线，并且目前产品可选厂商比较少。

（3）VDSL（Very-high-data-rate Digital Subscriber Line，极高速率数字用户线路）。VDSL 和 ADSL 一样也是使用频分复用技术在一条电话线上将语音与数据分开，理论上下行传输速率可达到 55Mbit/s，上行最大速率为 19.2Mbit/s，最大传输距离为 1.5km。VDSL 传送速率可以是对称的也可以是不对称，其主要用于视频点播、家庭办公、远程教学、远程医疗等场合。安装也很简单，在现有电话线上加装 VDSL Modem，在计算机上装上网卡即可。

xDSL 的其他类别，RADSL（Rate-Adaptive Digital Subscriber Line，速率自适应数字用户线路）、SDSL（Single-pair/Symmetric Digital Subscriber Line，单对线路/对称数字用户线路）、IDSL（ISDN-based Digital Subscriber Line，基于 ISDN 数字用户线路）等不再赘述。

4. Cable Modem 接入

Cable Modem 又称电缆（线缆）调制解调器，它利用有线电视线路（目前使用较多的是同轴电缆）接入 Internet，下行速率最高可达 36Mbit/s，上行速率最高可达 10Mbit/s，可以实现视频点播、互动游戏等大容量的数据传输。传输信号时，将整个电缆划分为 3 个频带，分别用于 Cable Modem 数字信号上传、数字信号下传及电视节目模拟信号下传。这样，数字数据和模拟数据就不会互相冲突，在上网的同时可以收看电视节目。而且，上网时无须拨号。一般 Cable Modem 有两个接口，一个接有线电视插座，另一个接计算机内的网卡。

5. 专线接入

专线接入是指企业用户使用 ISP 服务商提供的、接入到服务商网内的独享专用线路。不同于平常在 ADSL、Cable Modem 接入方式中所说的“专线接入”，这里所说的“专线接入”是指专门为用户建立线路，由用户专用，而不是指仅有固定公用网 IP 地址的静态专有链路。实际上也就是“线路”与“链路”之间的区别。主要有 DDN 专线接入、PCM 专线接入、SDH 专线接入、光纤接入等几种。

（1）DDN（Digital Data Network，数字数据网络）。这种方式采用的图形化网络管理系统可以实时地收集网络内发生的故障并进行故障分析和定位。DDN 专线通信保密性强，特别适合金融、保险客户的需求。DDN 的通信速率可根据用户需要在 $N\times$64kbit/s（N=1～32）之间进行选择，当然速度越快租用费用也越高。

（2）PCM（Pulse Code Modulation，脉冲编码调制）/SDH（Synchronous Digital Hierarchy，同步数字系列）。PCM 和 SDH 都可以向用户提供多种业务，既可以提供从 2Mbit/s 到 155Mbit/s 速率的数字数据专线业务，也可以提供语音、图像传送、远程教学等其他业务；线路使用费用相对便宜；接口丰富便于用户连接内部网络；特别适用于对数据传输速率要求较高，需要更高带宽的用户使用。

（3）光纤专线

光纤接入网是目前电信网中发展最快的接入技术。光纤传输距离远、传输速度快、损耗低；

在通信线中可以减少中继站的数量，提高了通信质量，同时抗干扰能力极强；光纤接入能够提供10Mbit/s、100Mbit/s、1000Mbit/s 的高速宽带，主要适用于集团用户和智能化小区、宾馆、商务楼、校园网等的高速接入Internet。光纤接入有下面3种方式。

① 光纤到路边（Fiber To The Curb，FTTC）：从路边到各用户使用星形结构，以双绞线作为传输介质。

② 光纤到大楼（Fiber To The Building，FTTB）：光纤进入大楼后转换为电信号，然后用电缆或双绞线分配到各用户。

③ 光纤到户（Fiber To The Home，FTTH）：光纤一直铺设到用户家庭。这是理想的宽带接入方式，也是公认的接入网的发展目标，但投资过高。

6. 无线接入技术

无线接入是指在交换节点到用户终端之间的传输线路上，部分或全部采用无线传输方式，即利用卫星、微波等传输手段。无线接入包括固定无线接入和移动无线接入两大类，固定无线接入的用户终端（如台式计算机）固定或只有极少的移动性；移动无线接入的用户终端能在较大范围内移动，如手机、笔记本、平板电脑等。无线接入技术主要包括固定宽带无线接入（MMDS/LMDS）技术、DBS卫星接入技术、蓝牙技术、GSM、GPRS、CDMA、3G、无线局域网（WLAN）等。

在工作、学习、生活中，最常见的无线上网是手机。手机上网的方式主要有两种，一种是直接上网，需要手机支持无线应用协议（Wireless Application Protocol，WAP），随时随地只要有信号就可以上网，但要按流量收费；另一种是通过无线局域网或无线路由器上网，在酒店、机场、大学校园往往建有WLAN，带WiFi功能的智能手机，检测到WLAN信号时就可上网（可能需要输入账号），家庭自己安装一台无线路由器，也可利用WiFi上网。

7. 通过局域网接入

局域网与Internet的连接可以按照实际情况选择上述接入方式。现在，广泛使用的是FTTx+LAN的接入方案。局域网内的计算机可以通过路由器或者代理服务器上网。在使用路由器时，局域网内所有的计算机、服务器都与交换机连接。路由器的一个接口连接在内部交换机上，另一个接口连接外网。在使用代理服务器时，代理服务器需要两块网卡，一块网卡连接内部交换机，另一块网卡连接外网。在局域网中的计算机需要访问外部网络时，该计算机的访问请求被代理服务器截获，代理服务器通过查找本地的缓存，如果请求的数据（如WWW页面）可以查找到，则把该数据直接传给局域网络中发出请求的计算机；否则代理服务器访问外部网络，获得相应的数据，并把这些数据缓存，同时把该数据发送给发出请求的计算机。代理服务器缓存中的数据需要不断更新。也可以在代理服务器和外网之间使用路由器，即用户访问外网时，在代理服务软件的控制之下经过路由器访问Internet。常用的代理服务器软件有sysgate、wingate、ccproxy等。

3.4.4 Internet的应用

1. WWW服务

WWW是环球信息网（World Wide Web）的缩写，也叫万维网，是人们应用最多、最熟悉的网络服务。万维网提供的信息服务以网页的形式存储在WWW服务器中，网页上包含文本、音频、视频及图像等信息，它们通过超文本标记语言（Hyper Text Markup Language，HTML）来描述，网页之间通过超级链接方式进行组织。在用户客户机上安装浏览器，就可以方便地获取WWW服务器上的信息，二者通信采用超文本传输协议（Hyper Text Transfer Protocol，HTTP）。

WWW服务的工作流程为：用户在浏览器的地址栏里输入网址，通过域名解析系统，进行地址解析，通过用于定位 WWW 网络服务资源的统一资源定位符（Uniform Resource Locators，URL），向 WWW 服务器发出页面请求，服务器根据客户端的请求内容将包含超文本标识或程序代码的超文本文件返回给客户端，客户端浏览器收到后对标识或代码进行解释，并且将最终的结果在屏幕上展示给用户。

浏览器的主要功能是浏览网页、播放媒体信息，另外可收藏 Web 页、查看历史记录、保存和打印 Web 页信息、查看网页源代码、改变语言编码、在网页上查找等。常见的浏览器有微软 Internet Explorer（IE）、360 安全浏览器、搜狗浏览器、QQ 浏览器等。

Internet 中有数以万计的 WWW 服务器，提供的信息种类繁多、范围广泛、内容丰富。用户必须靠搜索引擎才能在无数的网站中快速、有效地查找想要的信息。搜索引擎其实也是一个 WWW 网站，它的功能是在 Internet 中周期性地搜索其他 WWW 服务器中的信息并对其进行自动索引，将索引内容存储在可以查询而且不断更新的大型数据库中，然后用户利用搜索引擎所提供的分类目录和查询功能迅速查找和定位所需要的信息。全球著名的搜索引擎主要有百度（www.baidu.com）、Google（www.google.com）、雅虎（www.yahoo.com）、微软（www.bing.com）、韩国（www.naver.com）、eBay（www.ebay.com）、俄罗斯（www.yandex.com）。

2. 文件传输服务

文件传输协议（File Transfer Protocol，FTP）是互联网上使用最为广泛的协议之一。它的作用是使用户连接远程计算机，查看远程计算机上的文件，然后把需要的文件从远程计算机上拷贝（即下载）到本地计算机上，或把本地计算机上的文件传送到（即上传）远程计算机。它是一种实时的联机服务，工作时首先要登录到对方的计算机上，用户在登录后仅可进行与文件搜索和文件传输相关的操作，如改变当前工作目录和列文件目录、设置参数、传送文件等。

FTP 的工作原理如图 3.17 所示。Internet 上提供 FTP 服务的计算机称做 FTP 服务器，通常 FTP 服务器只允许在该系统上拥有合法账户的用户对其进行文件传输操作。当启动 FTP 服务从远程计算机拷贝文件时，事实上是启动了本地机上的 FTP 客户程序及运行在远程计算机上的 FTP 服务程序，前者提出拷贝文件的请求，而后者响应请求并把指定的文件传送到本地计算机中。

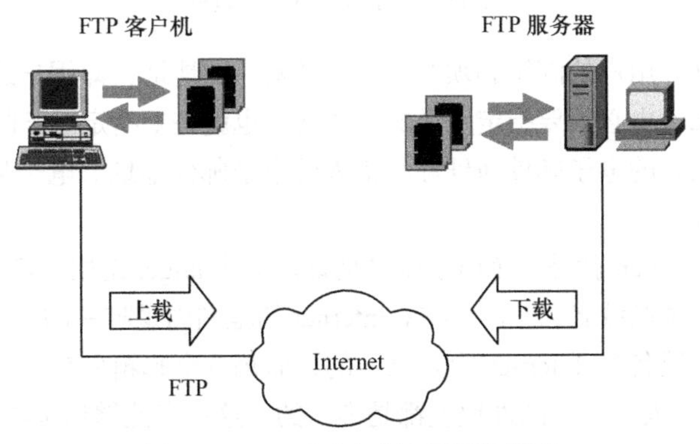

图 3.17　FTP 客户与服务器通信模型

Internet 上的服务器有一部分被称为“匿名”（Anonymous）FTP 服务器。应用这类服务器的目的是向公众提供免费文件下载服务，因此不要求用户事先在该服务器进行登记。与这类服务器建立连接时，一般在用户名栏填上“anonymous”，而在密码栏填上“用户的 E-mail 地址”或“guest”。Internet 上还有“非匿名”FTP 服务器，与这类服务器建立连接时，必须先向该服务器的系统管理员申请用户名及密码。非匿名 FTP 服务器通常提供内部使用或提供收费服务。

通常，在 Windows 及 UNIX 系统环境下都可以进行 FTP 操作。在 Windows 的 IE 地址栏里输入。

```
ftp://IP 地址(或主机名)
```

然后输入正确的用户名和密码就可以使用文件传输服务了。

3. 电子邮件服务

电子邮件（Electronic Mai，E-mail）是 Internet 上最早的服务之一，它类似普通邮件的传递方式，邮件从源信箱出发，经过路径上成百上千个结点的存储与转发，最终到达目的信箱。电子邮件使用起来非常方便、快捷，不受地域限制，而且费用低廉，因此受到广大用户的欢迎。

（1）电子邮件工作原理。电子邮件采用“存储转发”方式进行工作，具体过程如图 3.18 所示。发送邮件服务器收到用户发来的邮件后，根据邮件地址，寻找目标邮件服务器，采用 SMTP 将邮件转发给接收邮件服务器。接收邮件服务器接收到其他邮件服务器发来的邮件后，将邮件以一定规则存储到自己的邮件存储磁盘空间中，等待用户下载邮件。用户通过 POP 与邮件服务器建立连接来读取邮件。由于电子邮件采取存储转发方式，用户可以不受时间、地点的限制来发电子邮件，并且都会自动准确地将 E-mail 信息存入对方用户的电子邮件信箱。使用电子邮件的条件很简单，只要用户的 PC 接入 Internet 并在 Internet 服务器上建立了账号，该用户就拥有了一个电子邮件信箱。不论收件人位于地球的什么地方，只要知道其电子邮件的地址，就可以通过主机或联网的 PC 用 E-mail 相互通信。

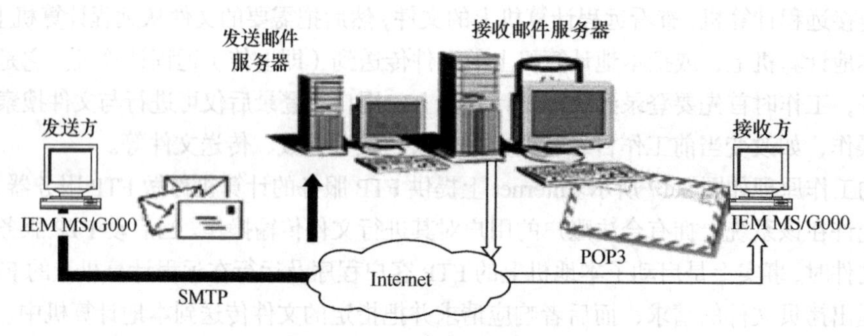

图 3.18　电子邮件的工作过程

（2）电子邮件地址。用户的邮箱必须有一个全球唯一的地址，即用户的电子邮件地址。正如写信一样，发送电子邮件也必须要指定发送的目的地，也就是要指定电子邮件地址。在使用电子邮件时，必须写明发信人的电子邮件地址和收信人的电子邮件地址。电子邮件地址的格式为

```
用户名@邮件服务器域名
```

例如，angel@hpu.edu.cn 就是一个电子邮件地址。其中 angel 是用户名，hpu.edu.cn 是河南理工大学的邮件服务器的主机域名，这个域名在 Internet 的范围内是唯一的。中间用“@”（读作“at”）连接。由于一个主机的域名在 Internet 上是唯一的，而每一个邮箱名在该主机中也是唯一的，因此在 Internet 上的每一个人的电子邮件地址都是唯一的。这一点能够保证电子邮件在整个 Internet 范围内的准确交付。

用户在使用邮件服务器时，必须拥有合法的用户名与密码。在电子邮件系统中，每个邮箱都有密码保护，这是一种基本的安全措施。但是，对于电子商务或电子政务系统中传输的机密邮件，还必须使用一些更安全的保证措施，如使用数字证书。数字证书可以在电子事务中证明用户的身份，同时也可以用来加密电子邮件以保护个人隐私。

在 Internet 中，许多网站都提供免费的 E-mail 服务，表 3.2 所示为其中的一部分。

表 3.2　　　提供免费 E-mail 服务的网站

名　　称	网　　址	E-mail 地址格式
Hotmail	http://www.hotmail.com	username@hotmail.com
网易 126	http://www.126.com	username@126.com
网易 163	http://www.163.com	username@163.com
雅虎	http://www.yahoo.com	username@yahoo.com
新浪	http://www.sina.com	username@sina.com
tom	http://www.tom.com	username@tom.com

除了使用网站进行邮件的发送外，还可以使用一些电子邮件的收发软件，如 Outlook Express、FoxMail、Mailbox、Eudora Pro 等。

4. 网络交流

（1）即时通信。即时通信是一种基于互联网的即时交流消息的业务，现已经发展成集交流、资讯、娱乐、搜索、电子商务、办公协作和企业客户服务等为一体的综合化信息平台。常见的有微信、QQ、ChatON、飞信、易信等。

（2）论坛。论坛全称为 Bulletin Board System（电子公告板系统），用户在 BBS 站点上可以获得各种信息服务、发布信息、进行讨论、聊天等。论坛的种类比较多，如综合类、社会类、军事类、汽车类、手机类、教育类等。论坛的数量庞大，较著名的有天涯社区、搜狐论坛、凤凰论坛、百度贴吧等。

（3）博客和微博。博客又译为网络日志，是一种通常由个人管理、不定期张贴新的文章，能与他人交流的网络平台。一个典型的博客结合了文字、图像、其他博客或网站的链接以及其他与主题相关的媒体，能够让读者以互动的方式留下意见。常见的博客有百度空间、新浪博客、搜狐博客、中国博客网、腾讯博客等。

微博是微型博客的简称，与博客的主要区别为：微博允许用户以手机发短信的方式更新，字数限制在 140 个左右，在自己的首页就能看到别人的微博，通过粉丝转发来增加阅读数；而博客使用手机更新很麻烦，但可发表 2 万多字的文章，看博客必须去对方的首页看，通过网站推荐来增加阅读数。很多网站（如新浪、搜狐、网易、腾讯等）都提供了微博平台。

3.5　网站建设与网页制作

在网络空间里，网站是发布和获得知识与信息的基地，是个人、企业和政府机关在网络空间的形象和存在。 网站由许多相关网页构成，网页制作不仅需要专门的程序开发技术，而且还需要美工知识。网站建设大体上分为网站规划、网页制作、网站发布与维护等步骤。

3.5.1　网站规划

网站规划主要包括需求分析、风格设计、网站栏目规划和目录结构设计。

1. 需求分析

在网站建设工作开始时，首先要和客户沟通，全面收集和整理客户的各种相关资料，分析和理解客户的需求，明确网站的主要题材是什么（即网站主题），主要读者是哪些人，建站的目的，以怎样的标准衡量网站的成功与否。还要确定网站的类型，网站的种类很多，有专门的搜索引擎网站，有商品销售网站，有游戏网站以及娱乐性网站等。若客户能提供他所喜欢的网站的类型及实例，对于网站建设的顺利进行将有很大的帮助。

2. 网站风格

风格是抽象的，是指站点的整体形象给浏览者的综合感受。“整体形象”是由标志、色彩、字体、标语、版面布局、浏览方式、交互性、文字、语气、内容价值、存在意义、站点荣誉等元素体现出来的。不同行业的网站，风格也截然不同，比如艺术类网站就需要有艺术气息，文化类网站需要有底蕴，电子类网站需要大气、简约、有质感。设计网站风格时，要注意色彩的搭配、网站徽标的放置、字体的选择、图片的处理效果以及一些创意等。

风格的形成不是一次到位的，要在实践中不断强化、调整、修饰，不断感觉、体会、提高。

3. 网站栏目规划

建立一个网站好比写一篇文章，首先要拟好提纲，文章才能主题明确、层次清晰。栏目的实质就是一个网站的大纲索引，它应该把网站的主题明确表达出来。网站具体有哪些栏目应该与客户具体探讨。栏目的安排要注意：紧扣主题，在首页的栏目应该充分反映该网站的主题内容；设计一个可以双方交流的栏目，如留言板、论坛等；设立下载或常见问题回答栏目，下载栏目供访问者下载所需资料，常见问题回答栏目既方便网友，又可节约答疑时间。

4. 目录结构设计

目录是网站中的各种文件存放的文件夹。目录结构的好坏，对浏览者来说并没有什么太大的感觉，但对站点本身的上传维护、以后内容信息的扩充和移植以及下载的速度都有着重要的影响。设计目录结构时，文件要分类存放，例如在根目录中原则上应该按照首页的栏目结构，给每一个栏目开设一个目录，根据需要在每一个栏目的目录下开设一个 images 和 media 的子目录用以放置此栏目专用的图片和多媒体文件

为了便于维护和管理，目录的层次建议不要超过 3 层。此外，建立目录名称时，最好不要使用中文名称，以免造成访问不正确。

3.5.2 网页制作和开发工具

1. 网页布局

在制作网页前，可以先布局出网页的草图。网页布局的方法有两种：第一种为纸上布局，即在纸上画出页面的布局草图；第二种为软件布局，即利用 Fireworks 等软件来完成布局。这可以根据个人的需要及喜好而定。

网页分为主页（首页）和子页。浏览网站时，首先看到的是主页，其栏目布局、风格设计等将直接影响浏览者的情绪。主页的内容一般都是比较概括性的，主要起一个引导性的作用，所以文字不应太多。子页的设计和制作与主页一样，要和首页保持相同的风格，而且要有返回首页的链接。

2. 静态网页和动态网页

静态网页有时也称为平面页，内容相对稳定，没有交互性，没有后台数据库，更新时需改动网页代码，适用于一般更新较少的展示型网站。静态网页是标准的 HTML 文件，扩展名为.htm、.html、shtml、.xml（可扩展标记语言）等。在静态网页上可以出现各种动态的效果，如.GIF 格式的动画、Flash、滚动字幕等，这些“动态效果”只是视觉上的。

动态网页是指用户将请求发送到一个可执行应用程序而不是一个静态的 HTML 文件，服务器运行该程序对用户响应，并将处理结果返回客户端。动态页面通过网站后台管理系统对网站的内

容进行更新管理，对不同的客户、不同的时间会返回不同的网页，具有用户与服务器的交互功能。如发布新闻、登录界面、网上调查、论坛、博客、购物、信用卡查询、在线答疑等。动态页面常见的扩展名有.asp、.php、.jsp、.cgi、.aspx 等。

3. 网站开发工具

网页开发涉及前台网页制作（通过浏览器看到的）、后台管理程序设计和数据库设计等方面，相应的也有三大类开发工具。

常用的网页制作工具有微软的 SharePoint Designer、Dreamweaver、Flash 和 Fireworks，后三个称为网页三剑客。SharePoint Designer 可以使用功能丰富的 Office 编辑功能以及给网站添加丰富的多媒体和互动性体验；Dreamwerver 是一款专业的 HTML 编辑器，用于网站、网页和 Web 应用程序进行设计、编码和开发，不仅可以方便快捷地进行 Web 页面设计，而且很容易创建数据库连接，支持 PHP、ASP.NET、JSP 等，使用的人很多；Flash 是网页交互动画制作工具，可以将声音和动画交融在一起，现在比较流行；Fireworks 是一个强大的网页图形设计工具，可以用来创建和编辑位图、矢量图形，轻松做出各种网页中常见的效果。

在进行后台程序开发时，常用的技术有 ASP.NET、JSP 和 PHP。ASP.NET（Active Server Pages）是微软推出的 ASP 的升级版，新增了企业级 Web 应用程序所需的各种服务；JSP（Java Server Pages）是 Sun Microsystem 公司推出的基于 Java Servlet 以及整个 Java 体系的 Web 开发技术，被许多人认为是未来最有发展前途的动态网站技术；PHP（Hypertext Preprocessor）提供了标准的数据库接口，数据库连接方便，兼容性强，扩展性强。

开发网站时，常用的数据库一般有 Access、SQL Server 和 MySQL，也可以使用其他数据库，如 Oracle。

在实际开发网站时，可按需要选择这三类开发工具，搭配使用。如 ASP.NET+Dreamweaver+Access，JSP+Dreamweaver+SQL Server，JSP+Dreamweaver+MySQL，当然也可能要用 Flash、Photoshop 等。

3.5.3　网站发布与维护

网页制作完成后，需要在浏览器中进行网页测试。如有问题，要及时修改，并反复测试，直到测试一切正常后，才能发布网站。

发布一个网站，首先要选择好适合自身条件的网站空间，初学者可以申请免费的主页空间，如果用户想建立很专业的网站，最好租用服务器或购买服务器。有了网站空间后，就可以上传网站了，可以采用 Dreamweaver 自带的站点管理上传文件，也可以采用专门的 FTP 软件上传，如 CuteFTP 软件。

网站维护主要指网站的信息内容应该适时更新，浏览者向网站提交的各种表单、电子邮件、在留言簿上的留言等，要及时处理，网站的功能应该不断完善以满足浏览者的需要。

本章小结

现代社会各种信息技术的发展都离不开计算机网络技术，计算机网络是现代计算机处理和现代通信技术相结合发展而成的，是社会信息化的基础技术。本章介绍了计算机网络的一些基础知识，主要内容如下。

计算机网络的发展经历了4个发展阶段及发展趋势，计算机网络具有数据通信、资源共享、网络计算、集中控制、提高计算机的可靠性等功能，具有星形拓扑结构、总线拓扑结构、环形拓扑结构、树形拓扑结构、网状拓扑结构等，计算机网络可以按网络覆盖的地理范围分类、按传输介质分类、按网络的使用范围分类。

网络协议必须在解决好语法（如何讲）、语义（讲什么）和时序（讲话次序）这3部分问题，才算比较完整地完成了数据通信的功能，常用的网络协议有 NetBEUI/NetBIOS、IPX/SPX 和 TCP/IP 等；计算机网络层次结构模型和各层协议的集合称为网络体系结构，最著名的网络体系结构是 OSI 参考模型和 TCP/IP 参考模型。

局域网是指分布有限、传输速度较高的计算机网络系统，有两大类：客户机—服务器和对等网络，网络连接设备有网卡、中继器、集线器、网桥、交换机、路由器、网关等，有线传输介质有同轴电缆、双绞线、光纤等，局域网中使用的软件主要有网络操作系统、网络数据库管理系统和网络应用软件，以家庭对等网为例介绍了局域网的组建。

Internet 的各种接入方法及其应用，包括域名解析、WWW 服务、文件传输服务、电子邮件、网络交流等；网站建设与网页制作。

习 题 3

1. 选择题

（1）在计算机网络的发展过程中，（　　）对计算机网络的形成与发展影响最大。

A. ARPANET　　B. OCTOPUS　　C. DATAPAC　　D. Newhall

（2）在计算机网络中，可以共享的资源是指（　　）。

A. 硬件和软件　　B. 硬件、软件和数据

C. 外设和数据　　D. 软件和数据

（3）在计算机网络中，位于开放式系统互连参考模型（OSI）最底层的是（　　）。

A. 物理层　　B. 数据链路层

C. 传输层　　D. 网络层

（4）TCP 的主要功能是（　　）。

A. 进行数据分组　　B. 保证信息可靠传输

C. 确定数据传输路径　　D. 提高传输速度

（5）B 类 IP 地址主机号占有的位数为（　　）。

A. 8　　B. 16

C. 24　　D. 32

（6）以下不属于局域网特点的是（　　）。

A. 高数据速率　　B. 低出错率

C. 短距离　　D. 高误码率

（7）以太网的访问方法和物理技术规范由（　　）描述。

A. IEEE802.2　　B. IEEE802.3　　C. IEEE802.4　　D. IEEE802.5

（8）中继器的作用是（　　）。

A. 放大和整形物理信号　　B. 过滤与转发帧

C. 路由选择　　D. 协议转换

（9）下列传输介质中，（　　）传输介质的抗干扰性最好。

A. 光纤　　B. 双绞线
C. 同轴电缆　　D. 无线介质

（10）网络操作系统种类很多，下列各项中，不属于网络操作系统的是（　　）。

A. DOS　　B. Windows NT　　C. NetWare　　D. UNIX

（11）（　　）是把百米范围内几台或者十几台计算机连接在一起的小型局域网，不需要专用的服务器，各个计算机之间地位平等，可以相互通信。

A. 对等网　　B. 以太网　　C. 星型网　　D. 高速网

（12）测试网络连接状况以及信息包发送和接收状况非常有用的工具是（　　）。

A. regedit　　B. cmd　　C. ping　　D. telnet

（13）Internet是全球互连网络，通过（　　）将不同类型网络的计算机连接起来。

A. CSMA/CD　　B. ISO　　C. HTTP　　D. TCP/IP

（14）域名系统（DNS）的作用是（　　）。

A. 实现用户主机与ISP服务器的连接　　B. 检测是否有新邮件的到来
C. 将域名转换成IP地址　　D. 接受域名的申请注册

（15）主机的域名采用（　　）结构。

A. 树状　　B. 层次　　C. 网状　　D. 页面

（16）在地理域名中，（　　）表示北京。

A. bj　　B. beijing　　C. beij　　D. bjing

（17）一台计算机要连入Internet必须安装的硬件是（　　）。

A. 调制解调器或网卡　　B. 网络操作系统
C. 网络查询工具　　D. WWW浏览器

（18）在WWW服务中，客户机和服务器通信采用（　　）。

A. HTML 协议　　B. HTTP协议　　C. FTP协议　　D. POP协议

（19）使用FTP服务下载文件时，不需要知道的是（　　）。

A. 文件存放的服务器名和目录路径　　B. 文件名称和内容
C. 文件格式　　D. 文件所在服务器的距离

（20）用于电子邮件的协议是（　　）。

A. IP　　B. TCP　　C. SNMP　　D. SMTP

2. 填空题

（1）计算机网络是利用________和________，把分布在不同地理位置的具有独立处理功能的若干台计算机按一定的________和________互相连接在一起，并在网络软件的支持下实现________和________的计算机系统。

（2）计算机网络按功能可以划分成________子网和________子网。

（3）计算机网络的拓扑结构主要有________、________、________、________、________等几种。

（4）计算机网络按覆盖范围可分为3类，分别是________、________和________。

（5）常用的网络协议有3种，分别是________、________和________。

（6）在TCP/IP体系结构中，传输层有两个重要的传输协议__________和__________。

（7）在IPv4中，IP地址由________位二进制数组成，通常采用________方法进行表示。

（8）常用的传输介质分为有线传输介质和无线传输介质两大类。有线传输介质主要有________、________和________3种，其中带宽最宽、抗干扰能力最强的是________。

（9）中国的四大骨干网是指________、________、________和________。

（10）Internet采用的网络协议是TCP/IP，其中TCP的含义是________，工作在________层；而IP的含义是________，工作在________层。

（11）ADSL表示________。

（12）在各级域名中，________表示科研院所及科技管理部门，________表示国家政府部门，________表示各社会团体及民间非营利组织，________表示因特网络、接入网络的信息和运行中心，________表示工、商和金融等企业，________表示教育单位。

（13）一个完整的域名，其最________边是最高层次的顶级域名，最________边是主机名，自右向左是各级子域名。各级域名之间用点"."隔开。

（14）万维网的英文全称是________，采用的工作模式是________。

（15）angel@hpu.edu.cn 是一个合法的________地址，其中 angel 是指________，hpu.edu.cn是指________。

（16）电子邮件采用________方式为用户传递邮件。

（17）按照有没有交互性，网页可分为________和________。

（18）网页三剑客有包括________、________和________等网页制作工具。

3．简答题

（1）什么是计算机网络？计算机网络的发展可以划分为几个阶段？每个阶段有什么特点？

（2）什么是三网融合？什么是物联网？

（3）比较计算机网络的几种主要拓扑结构的特点和适用场合。

（4）什么是网络协议？网络协议的组成要素是什么？

（5）什么是网络的体系结构？简述OSI参考模型和TCP/IP两种体系结构的差别。

（6）如何判断两台计算机是不是属于同一个子网？从IP地址的分类角度来看，你使用的计算机的IP地址属于哪一类？

（7）网络适配器的功能是什么？常见的有几种分类方法？

（8）什么是MAC地址？它与IP地址有什么关系？

（9）在某些高校设置网关登录的作用是什么？

（10）用户接入Internet的方式有哪几种？各有什么特点？

（11）简述IP地址与域名的关系和区别，解释域名解析过程。

（12）简述WWW的工作流程。

（13）简述网站建设的步骤。

第4章 办公软件

本章重点：

- Word文档的编辑、排版及格式重用
- 图文混排
- 表格制作
- Excel工作表的建立与编辑
- 图表的制作
- 数据管理功能
- PowerPoint演示文稿的创建及外观设计
- 幻灯片的基本操作及放映

本章难点：

- Word中的分栏排版及图文混排
- Excel中的公式与函数
- 数据清单的排序、筛选、分类汇总等
- 幻灯片的制作及放映时的特殊效果

办公软件由办公自动化技术引出，主要用于办公信息处理。一般而言，在日常工作中所使用的应用软件都可以称为办公软件，如文字处理、电子表格、演示文稿制作等。

4.1 办公软件及其启动与退出操作

4.1.1 办公软件简介

目前，在我国最常用的办公软件有微软公司的 Microsoft Office 和金山公司的 WPS（Word Processing System）。

1. 微软 Office

微软公司1993年推出Word 5.0，1997年推出办公自动化软件包Microsoft Office 97，1999年推出Office 2000，2001年推出 Office XP，2003年推出Office 2003，后来又推出Office 2007、2010等版本。随着新版本的不断推出，Office的功能越来越强大。

Office 2010 主要由 Word 2010 文字处理、Excel 2010 表格处理、PowerPoint 2010 演示文稿、Outlook 2010 邮件收发、Access 2010 数据库等组件组成。Microsoft Office 是世界领先的桌面效率产品，可以帮助用户更好地通信、创建和共享文档、使用信息和改进业务过程。

2. 金山 WPS

金山文字处理软件 WPS 是由珠海金山公司研制开发的文字处理软件。金山公司在 1989 年推出的 WPS 是完全针对汉字处理重新开发设计的，在 DOS 操作系统下运行，称雄 DOS 时代，成为中国第一代计算机使用者的启蒙软件。1997 推出在 Windows 下运行的 WPS 97。1999 年推出中文智能办公软件 WPS 2000，集文字处理、电子表格、多媒体演示制作、图文排版、图像处理五大功能于一身，从此，WPS 走出了单一字处理软件的定位。2001 年推出 WPS Office 金山办公组合软件，在同一界面上集成了文字处理、图文混排、电子表格、图像处理、多媒体演示制作等多项功能。2005 年研发出了拥有完全自主知识产权的 WPS Office 2005，分为个人版、专业版和开发版。以个人版为例，WPS Office 2005 由 WPS 文字、WPS 表格和 WPS 演示 3 个模块构成，是根据中国国情开发的办公处理软件，功能强大，并与 Microsoft Office 完全兼容。2007 年 8 月，WPS Office 2007 正式发布，并同时推出中、日、英多语言版本。后来又推出 WPS Office 2009、2010、2011、2012 等版本。

本章主要介绍 Microsoft Office 2010 的 Word、Excel 和 PowerPoint，这些套件的界面以及启动、退出、帮助等基本操作。

4.1.2 Office 2010 的启动和退出

1. Office 2010 的启动

在 Windows 下有多种启动 Office 2010 的方法，现以启动 Word 2010 为例说明常用的两种方法。

（1）通过开始菜单启动。单击 Windows 的“开始”按钮，选择“所有程序”→“Microsoft Office”→“Microsoft Word 2010”即可。

（2）通过 Word 文档启动。双击某个欲打开的 Word 文档图标，即可启动 Word 并打开此文档。

2. Office 2010 的退出

退出 Office 2010 应用程序的方法也有多种，现以 Word 为例说明最常用的退出操作。单击 Word 窗口右上角的“关闭”按钮，或者执行“文件”选项卡中的“退出”命令，也可双击 Word 窗口左上角的控制菜单按钮，或按 Alt+F4 组合键，都可以退出 Word。

在退出 Word 时，若编辑过的文档未保存，则弹出提示对话框，询问是否保存当前的文档或取消本次退出操作。

4.1.3 使用帮助系统

为了解决使用 Office 时遇到的问题，可以使用帮助系统，帮助菜单能为使用者提供关于 Office 2010 的在线帮助信息。选择“文件”中的“帮助”选项中的“Microsoft Office Word 帮助”子命令，弹出“Word 帮助”窗口，在空白文本框内输入相应的内容，单击 搜索 按钮即可得到相关信息。或者在“浏览 Word 帮助”中查找相关信息。或者通过单击“搜索”按钮旁边的下三角按钮选择相应的内容进行查询。

4.2　文字处理软件 Word 2010

4.2.1　文字处理软件 Word 2010 窗口

Microsoft Office Word 2010（以下简称 Word）具有强大、完善的文字处理及图文混排功能，其主要特点有：所见即所得，支持多种显示方式，具有丰富的表格处理功能，支持图文混排功能，不同文档格式自动转换等。

启动 Word 后的窗口如图 4.1 所示。下面介绍其组成部分。

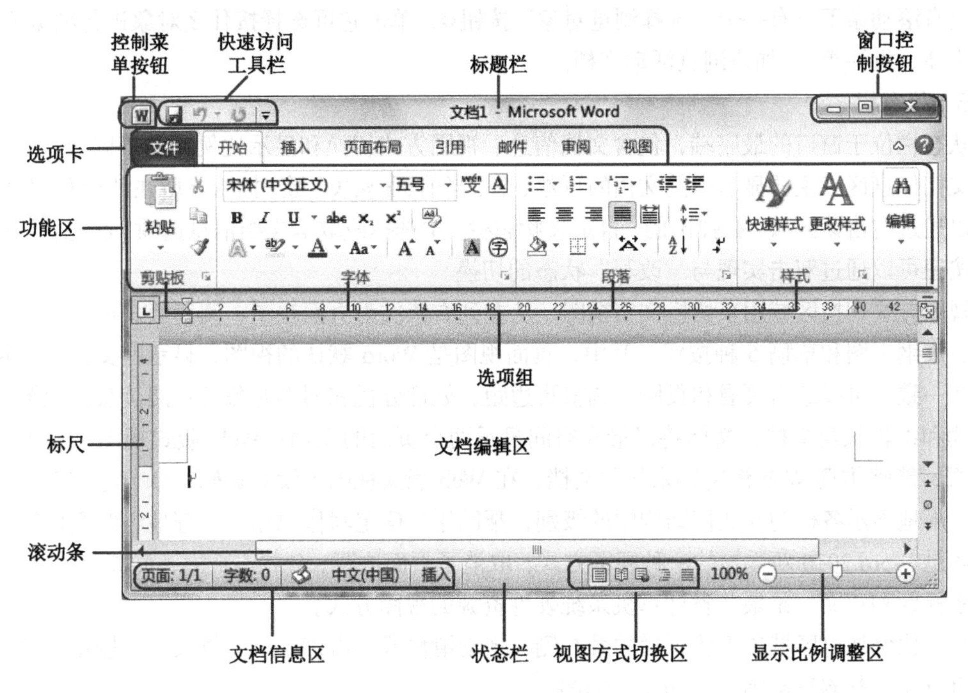

图 4.1　Word 2010 窗口

1. 标题栏

标题栏位于窗口的顶端，显示当前编辑的文档名及应用程序名“Microsoft Word”。标题栏左边是控制菜单按钮和快速访问工具栏，右边是“最小化”、“还原”和“关闭”按钮等。

2. 选项卡与功能区

选项卡包含“文件”、“开始”、“插入”、“页面布局”、“引用”、“邮件”、“审阅”、“视图”等。单击“文件”选项卡，即进入 Backstage（后台）视图，其中提供了“新建”、“保存”、“打开”、“打印”、“帮助”、“信息”和“关闭”等命令，再单击该选项卡或按 Esc 键返回到原来的界面；单击其他选项卡，就会在功能区显示其相应不同功能的选项组，单击选项组中的命令按钮可以实现对文档的编辑操作。用户可以通过双击选项卡的方法展开或隐藏选项组。

3. 标尺

Word 标尺有水平标尺和垂直标尺，分别位于文档编辑区的上方和左侧。用户可以利用水平标尺来设置段落的缩进、页边距、制表位，以及改变栏宽等。垂直标尺用于显示和调整上下页边距、表格的行高以及图形高度等。

标尺上的数字代表实际的尺寸，为表格的制作、分栏控制和宽度调整提供了方便。

4. 文档编辑区

Word 的文档编辑区是文档内容显示的地方，用户可以在此查看和处理文档。在文本区有一个闪烁的垂直条，称为插入点。插入点表明输入文档和嵌入对象将出现的位置。文档窗口的左边空白处为选定栏，当把鼠标指针移到选定栏中时，鼠标指针会变成向右的箭头。选定栏用于选定文档内容。

5. 滚动条

Word 包括垂直和水平两种滚动条，用于控制屏幕滚动。单击滚动条的上下、左右箭头，可查看在当前窗口中看不到的文档内容。

垂直滚动条下方有一个“选择浏览对象”按钮，单击它可选择按什么对象进行浏览（如页、节、脚注、批注等），加快浏览活动文档。

6. 状态栏

状态栏位于窗口的最底端，包含文档信息、视图方式切换和显示比例调整等区域。

文档信息区域主要显示当前文档的页数、节、当前页码/总页数、插入点所在的行和列等信息。也可以通过右击该区域，在弹出的“自定义状态栏”中选择或取消文档信息选项。状态栏上的“插入”按钮可以通过双击实现与“改写”状态的切换。

视图方式切换区域用来切换文档视图，从左到右依次为页面视图、阅读版式视图、Web 版式视图、大纲视图和草稿 5 种按钮。其中，页面视图是 Word 默认的视图，显示的文档与实际打印效果相一致，可以编辑页眉和页脚、调整页边距、处理分栏和图形对象等；阅读版式视图一般用于阅读和编辑长篇文档，文档将以最大空间显示两个页面的文档；Web 版式视图主要用于创作 Web 页，能够仿真 Web 浏览器来显示文档，在 Web 版式视图中没有页码、章节等信息；大纲视图能清晰地显示各标题在文档结构中的级别，帮助用户确定写作思路，合理地组织文档结构；草稿视图是 Word 2010 新添加的一种视图方式，取消了页面边距、分栏、页眉、页脚和图片等元素，仅显示标题和正文，是最节省计算机系统硬件资源的视图方式。

显示比例调整区域位于状态栏的最右侧，拖动滑块或单击缩小（放大）按钮调整视图显示的百分比，其调整范围为：10%～500%。

4.2.2 Word 文档的基本操作

在使用 Word 时，所有的操作都是围绕文档进行的，下面介绍 Word 文档的新建、打开、保存、打印、关闭等基本操作。

1. 创建新文档

（1）创建空白文档。Word 启动时，如果没有指定 Word 文档，则会自动创建名为“文档 1”的空白文档，空白文档是指使用“空白文档”模板创建的文档；也可以直接单击快速访问工具栏中添加的“新建”按钮来创建空白文档；还可以在某个文件夹下单击鼠标右键，选择“新建”中的“Microsoft Word 文档”。Word 允许创建多个空白文档，按创建次序 Word 暂时将其命名为“文档 1”、“文档 2”等。

（2）利用模板创建特定格式的文档。模板是定义文档基本结构的格式文件，其中预定义的文本和格式等信息将自动添加进文档。当使用模板新建文档时，用户只需输入文档的内容即可。在 Word 2010 中，单击“文件”选项卡的“新建”命令，可以使用系统提供的“可用模板”和“Office.com

模板”来创建新文档，如图 4.2 所示。

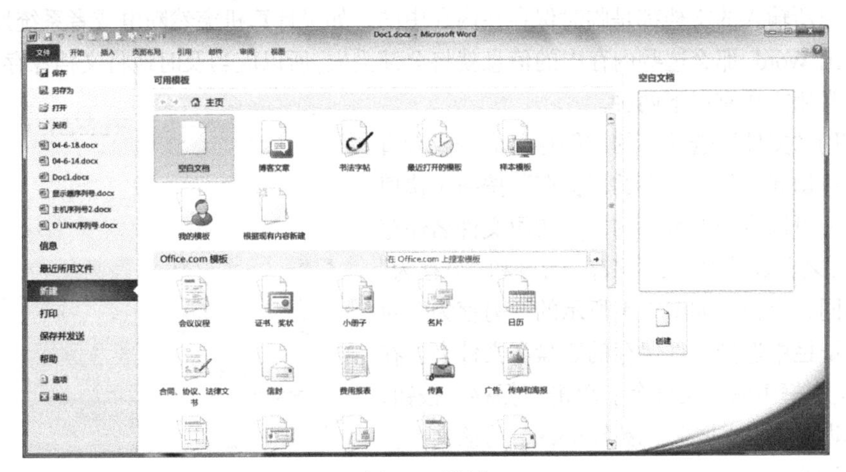

图 4.2　模板

在“可用模板”列表中，“空白文档”用于创建空白文档，“最近打开的模板”利用最近使用的文档模板创建新文档，“样本模板”利用 Word 2010 自带的模板来创建新文档，在此模板中有 50 多个模板供用户选择，“我的模板”利用用户创建的模板来创建新文档，“根据现有内容新建”是利用本地计算机磁盘中的文档来创建新文档。

在“Office.com 模板”中，Word 2010 为用户提供了“费用报表”、“会议议程”、“名片”、“日历”、“信封”等 30 多种模板，以及“其他类别”中 40 多种类型的模板。

2. 打开文档

只有当文档处于打开状态时，才能对其进行编辑。打开文档是指将指定的文档从外存读到内存工作区，并显示在文档窗口。

打开文档的方法如下。

（1）双击 Word 文档图标，先启动 Word，并自动打开该文档。

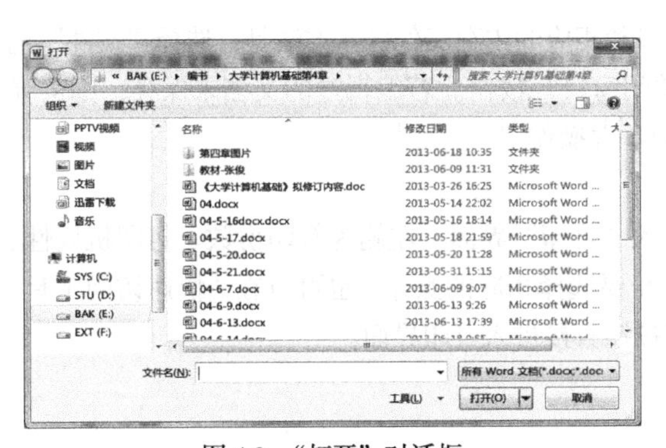

图 4.3　“打开”对话框

（2）选择“文件”选项卡中的“打开”命令，或者单击“快速访问工具栏”中添加的“打开”按钮，弹出如图 4.3 所示的“打开”对话框。用户可以单击左侧窗格中的文件夹以进入相应的位置；或者在地址栏中单击每一个文件夹右侧的小三角选择文件打开的位置。在“所有 Word 文档”下拉列表中选择文件类型，然后再选择要打开的文档，单击“确定”按钮即可打开该文档。另外，使用 Ctrl 键或 Shift 键可以同时打开多个文档。

（3）Word 会记下用户最近使用过的文件。可从“文件”选项卡的“最近所用文件”选项中选择某个文件打开。Word 记忆最近使用过的文件数量可以通过“文件”→“选项”→“高级”→“显示”选项组下的“显示此数目的‘最近使用的文档’”来改变要显示的文件数。

在 Word 中允许打开多个文档，但只有一个文档是活动的（当前文档），使用“视图”选项卡既可以切换窗口，也可以拆分活动文档窗口。

3. 文档的保存

因为用户所输入的文档都是临时保存在内存中的，如果计算机突然断电或者系统发生意外而无法正常退出 Word,那么这些内存中的信息就将全部丢失,所以应当及时地将文档保存到外存中。保存文档的常用方法有以下两种。

（1）使用“文件”选项卡的“保存”命令或者直接单击“快速访问工具栏”中的“保存”按钮（快捷键为 Ctrl+S）,可以将当前编辑的文档按原文件名保存到原文件夹。若是新建文档，“保存”命令和“另存为”命令作用相同，会弹出如图 4.4 所示的“另存为”对话框。在地址栏中选择文件保存的磁盘和文件夹。在“文件名”文本框中输入文件名。单击“保存”按钮，则 Word 自动为文档添加上扩展名.docx，将该文档保存为 Word 文档。

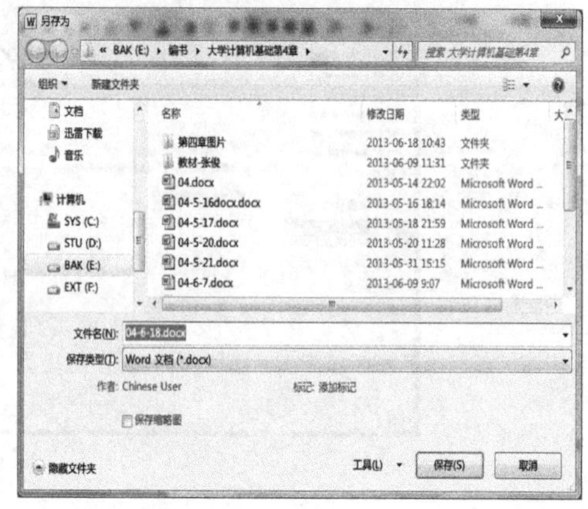

图 4.4 “另存为”对话框

Word 允许将文档保存为 Word 97-2003 文档（.doc）类型，或者其他类型，如 Word 模板（.dotx）、PDF（.pdf）、网页（.htm、.html）、RTF 格式（.rtf）、纯文本（.txt）等。用户只需在“保存类型”下拉列表中选择相应的类型即可。

（2）使用“文件”选项卡的“另存为”命令，弹出如图 4.4 所示的“另存为”对话框。对于已有文档往往是为了备份，用户可以另起文件名，也可改变文件的保存路径和类型。对于一些具有保密性的文档，需要添加密码以防止内容外泄的，在“另存为”对话框中单击“工具”下三角按钮，在下拉列表中选择“常规选项”，可以设置文档的打开密码和修改密码等；也可以通过“信息”→“保护文档”→“用密码进行加密”来设置密码。

另外，选择“文件”选项卡中的“选项”命令，弹出“Word 选项”对话框，单击“保存”选项，可更改 Word 文档自动保存恢复信息时间间隔和自动恢复文件位置等信息。

4. 关闭文档

关闭文档是指关闭用于编辑该文档的文档窗口和相应的内存工作区。方法是：选择“文件”选项卡中的“关闭”命令或单击标题栏右边的“关闭窗口”按钮。若编辑过的文档未保存，则会弹出提示对话框，询问是否保存当前的文档或取消本次操作。

5. 打印文档

选择“文件”选项卡中的“打印”命令，进入“打印”界面，左侧为打印份数、打印机属性、打印设置等信息，右侧为打印预览效果区，按照需要选择相应的操作。也可以在“快速访问工具”栏中添加“打印预览和打印”按钮，通过单击该按钮直接进入打印界面。

4.2.3 文档编辑

1. 插入点的移动

编辑文档时，经常需要移动插入点。在文档中移动插入点的方法很多，可以利用鼠标，也可以利用键盘来操作。

（1）利用鼠标移动插入点。把 I 形光标移到新的位置，然后单击鼠标，就可以在文本区重新设置插入点。

（2）利用键盘移动插入点。如表 4.1 所示，利用快捷键可以快速移动插入点。

表 4.1　　移动插入点的常用快捷键

按　键	将光标定位到
↑	向上移动一行
↓	向下移动一行
←	向左移动一个字符或一个汉字
→	向右移动一个字符或一个汉字
Home	移到该行开头
End	移到该行末尾
PgUp	向上滚动一屏幕
PgDn	向下滚动一屏幕
Ctrl+Home	移到文档开头
Ctrl+End	移到文档末尾
Shift+F5	移到上一次修改处
F5 或 Ctrl+G	打开“查找和替换”对话框，可进行定位或查找、替换等操作

2. 输入文本

在 Word 中输入文本，需要注意以下输入技巧。

（1）Word 有两种文本输入状态，即“插入”和“改写”。在状态栏中，使用一个按钮表示“插入”或“改写”状态，单击该按钮可以在两种状态间进行切换。“插入”状态时，输入的文字插入到插入点位置，并且插入点后面的文字将自动后移。“改写”状态时，输入的文字将覆盖光标后的文字。两种状态的切换也可以通过键盘上的 Insert 键实现。

（2）记忆式键入功能。如果启用这一功能，则当键入自动图文集（即一些经常重复使用的文字、符号或图形，如落款、问候语等）词条的前几个字符时，Word 会显示建议提示，用户可以根据需要输入建议的词条。通过选择“文件”→“选项”→“高级”，在“编辑选项”区域选中“显示‘记忆式键入’建议”复选框，并单击“确定”按钮，可以启用或者关闭记忆式键入功能。

（3）自动图文集。添加自动图文集后可以重复使用。选定所要添加的文本或图片，单击“插入”→“文本”选项组的“文档部件”→“自动图文集”→“将所选内容保存到自动图文集库”命令，在弹出的“新建构建基块”对话框中，输入相应的名称，单击“确定”按钮即可保存。以后应用过程中，需要快速插入该内容时，只要输入这个构建基块的名称，按下 F3 键即可快速插入该自动图文集。如果需要删除这个自动图文集，可以重新切换到“插入”选项卡，选择“文本”选项组的“文档部件”→“自动图文集”选项，右击选择该图文集，选择“整理和删除”选项，弹出“构建基块管理器”窗口，此时会自动选中需要删除的自动图文集，确认之后单击“删除”按钮。

（4）特殊符号的插入。若要输入键盘上没有的特殊符号（如§、△、せ、①、Ⅷ），则可以使用“插入”选项卡中的“符号”命令，也可使用输入法提供的软键盘。

（5）自动更正功能。Word 通常会自动更正用户输入时的一些常见错误，如将句首的 he 改为 He，将 seh 改为 she 等。可通过“文件”→“选项”→“校对”→“自动更正选项”来设置 Word 自动更正功能的特性。

（6）段落生成与合并。输入文本时，按 Enter 键将生成一个段落。Word 文档的每个段落以一个段落标记（又称硬回车）符“↵”结束，每个段落可以包含多行文本。若删除此标记，则将把相邻两段合并为一段。但如果在输入文本时按 Shift+Enter 组合键，则将输入换行符（又称软回车）

"↓"，使后续文本另起一行，并不分段，仍与上一行属于同一段落。

（7）插入文件。在"插入"选项卡的"文本"选项组中，单击"对象"右边的下三角按钮，选择"文件中的文字"命令，可将其他兼容文件（如.doc、.txt、.htm）的内容插入到当前文档的插入点位置。

3. 文本的选定、复制、移动和删除

（1）选定文本。在Word中，许多操作要先选定文本，然后再操作，如删除、移动、复制等。选定的文本加上浅蓝色底纹显示。选定文本可以使用鼠标或者键盘。

① 用鼠标选定文本。下述为用鼠标选定文本的基本操作。

选定一个单词或汉字时，双击该单词或汉字。

选定一个句子（相邻两个句号之间的部分）时，按住Ctrl键，再单击句子中的任意位置。

选定一行文本时，单击相应位置的选定栏，而在选定栏中单击并拖动可选定多行文本。

选定一段文本时，可以用鼠标双击选定栏，也可以在该段内任意位置三击鼠标。

选定某一连续区域的文本时，从插入点开始拖动鼠标。如果要选定的文本范围比较大，可先在要选定文本块的开始处单击，然后按住Shift键，再单击要选定块的末尾。

选定整个文档时，可以用鼠标在选定栏中三击，或按住Ctrl键的同时单击选定栏。

选定某一矩形区域文本时，按住Alt键的同时拖动鼠标。

选定不连续区域文本时，先选定第一个文本区，然后在按下Ctrl键的同时用鼠标再选定其他文本区。

选定一个大范围的连续区域文本时，为避免失误，可采用"扩展"选区方式，即先确定插入点（起点），按F8键，然后单击终点处（此时状态栏上显示"扩展式选定"按钮），则起点到终点处的文本被选定。按F9键，则切换到正常状态。

② 用键盘选定文本。要用键盘选定文本，先将插入点移到要选定的文本块处，再利用表4.2中的按键进行选定，其中按住Shift键并按方向键则可将选定范围从插入点扩展至某一处。

表4.2 使用键盘选定文本

按　键	功　能
Shift+←	选定插入点左边的一个字符
Shift+→	选定插入点右边的一个字符
Shift+↑	选定上一行
Shift+↓	选定下一行
Shift+Home	由插入点位置选定至该行的开头
Shift+End	由插入点位置选定至该行的末尾
Ctrl+Shift+↑	到段首
Ctrl+Shift+↓	到段尾
Ctrl+Shift+Home	到文档开头
Ctrl+Shift+End	到文档结束
Ctrl+A	选定整个文档

单击选定区域外的任何区域或按键盘上的任意方向键可取消选定。

（2）复制和移动文本。复制和移动文本的常用方法有拖曳法和粘贴法。

① 拖曳法：首先要选定文本，然后将鼠标指针移到选定的文本上，按住鼠标左键拖曳可实现选定文本的移动。若拖曳的同时按住Ctrl键，即可实现文本的复制。也可以使用鼠标右键拖曳。

拖曳法适合在短距离内的复制或移动文本。

② 粘贴法：Word 的“开始”选项卡的“剪贴板”选项组中有“剪切”、“复制”和“粘贴”命令，对应的快捷键依次为 Ctrl+X、Ctrl+C 和 Ctrl+V，其用法与 Windows 相似。首先，通过“剪切”（或“复制”）命令将选定的文本删除并放入剪贴板（或复制到剪贴板），然后单击“粘贴”命令完成选定文本的移动（或复制）。也可以在“快速访问工具栏”中添加“剪切”、“复制”和“粘贴”按钮，方便使用。剪贴板既是指 Windows 的剪贴板，也是指 Office 的剪贴板，所以可以在 Office 文档内或者文档之间，以及不同应用程序的文档之间进行文本的复制与移动。

（3）删除文本。若要删除几个文字，可将插入点定位后，用 Delete 键删除插入点后面的字符或用 Backspace 键删除插入点前面的字符。

若删除大段文字，则先选中这些文字，然后用 Delete 键删除即可。

（4）重复、撤销和恢复文本，具体操作步骤如下。

① 重复：在输入文本或者对文档进行编辑的过程中，如果要重复刚进行的操作（如文字输入、删除等），则按 Ctrl+Y 组合键，或单击“快速访问工具栏”中添加的“重复键入”按钮。

② 撤销：在用户编辑文档时，Word 自动记下了用户的每步编辑操作。当用户想撤销操作时，按 Ctrl+Z 组合键，或单击“快速访问工具栏”中添加的“撤销”按钮，撤销最后一步操作。

若想撤销最近进行的多次操作，则单击“快速访问工具栏”中“撤销”按钮右边的下三角按钮，从弹出的下拉列表中选择要撤销的操作。

③ 恢复：即恢复被撤销的操作。只有当用户执行了“撤销”命令后，才可使用“快速访问工具栏”中的“恢复”命令或（快捷键为 Ctrl+Y）。

4. 查找和替换

在文字处理软件中，查找和替换是经常使用、效率很高的编辑功能。根据输入的要查找或替换的内容，系统可自动地在规定的范围或全文内查找或替换。查找或替换不但可以作用于文字，也可作用于格式、特殊字符、通配符等。

（1）查找。将插入点定位于文档的开始处，选择“开始”选项卡，单击“编辑”选项组的“查找”命令，或按 Ctrl+F 组合键，出现“导航”窗格，在“搜索文档”文本框输入要查找的内容，单击 按钮，开始查找，查找结果如图 4.5 所示。

（2） 替换。将插入点定位于文档的开始处，单击“编辑”选项组中的“替换”命令，弹出“查找和替换”对话框，如图 4.6 所示，在“查找内容”框中输入要查找的内容，在“替换为”框中输入新文本，单击“查找下一处”按钮则开始查找，找到指定内容后，可选择要不要替换成新文本。若单击“全部替换”按钮，Word 将不再显示每一处查找到的位置，而是自动将所有找到的文本替换为新文本。

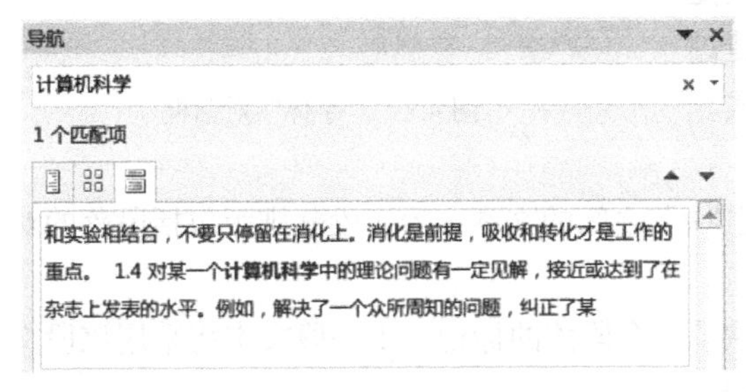

图 4.5 “导航”窗格

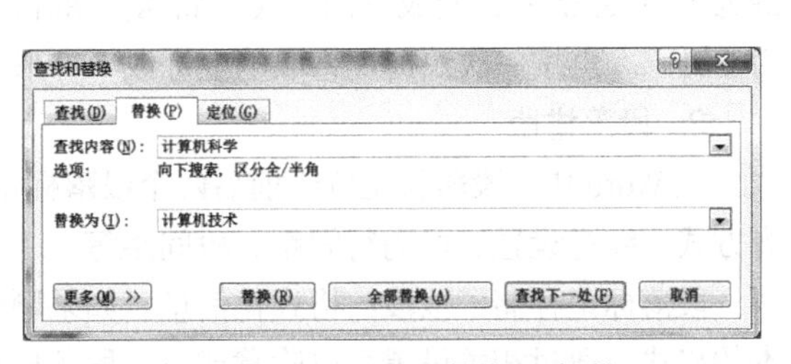

图 4.6 “查找和替换”对话框

4.2.4 文档排版

文档排版是对文档中的文字、表格、图形等对象的格式进行设置，分为3个层次，依次是字符排版（或称字符格式化）、段落排版（或称段落格式化）和页面排版（或称页面格式化）。

1. 字符排版

字符是用户输入的文字信息，包括汉字、各文种字母、阿拉伯数字以及其他一些特殊符号。字符排版就是设置字符的格式属性，包括字体（指文字的书写形式，如宋体、黑体、楷体等）、字形（常规、倾斜、加粗、加粗倾斜等）、字号（指文字的大小）、字符间距（相邻两个字符的间隔距离）、修饰效果等。

在进行字符格式化时，首先选定欲设置格式的文本，然后使用下列方法之一操作。

（1）使用“字体”选项组。选择“开始”选项卡，在“字体”选项组中进行字体、字形、字号与效果等的格式设置，如图4.7所示。例如，将一段英文设置为Times New Roman字体，方法是：选定这一段英文，然后单击“字体”列表框右边的向下箭头，选择Times New Roman。再如，单击“加粗”按钮，则选中的文本的字形被改变，同时“加粗”按钮呈按住状态，如果要取消，再单击“加粗”按钮。其他按钮操作类似。

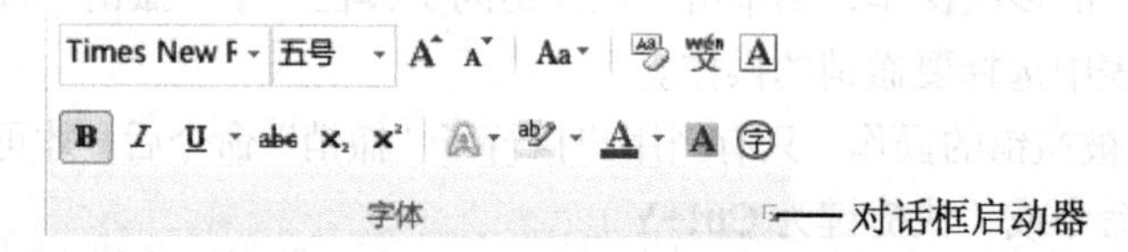

图4.7 “字体”选项组

（2）使用“字体”对话框。单击“字体“选项组的对话框启动器，弹出如图4.8所示的“字体”对话框。通过该对话框可完成一些特殊修饰效果以及字符的间距、位置等。

说明：

① 字号有两套表示法，其中中文表示的字号越小，字越大；阿拉伯数字表示的字号（以磅为单位）越大，字越大。默认为五号字（即10.5磅）。由于大多数字库使用了TrueType技术，因此还可以为文字指定相当大的字号值，如560。

② 将选定的文本变成上标形式（如 X^2）的快捷键为Ctrl+Shift+=，变成下标形式（如 X_2）的快捷键为Ctrl+=。再按一次快捷键将取消上标或下标形式。

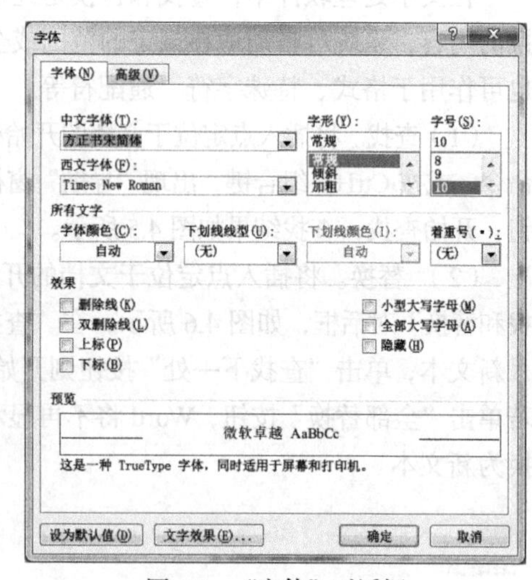

图4.8 “字体”对话框

2. 段落排版

在Word中，段落就是位于前后两个段落标记“↵”之间的文本内容，段落排版包括段落的对齐方式、缩进设置、段内行间距、段间距等。

段落标记存储了该段的格式化信息。如果删除了一个段落的标记，下一段文本将采用该段文本的格式，通过相关设置可以隐藏或显示段落标记。

在进行段落格式化操作时，将插入点置于所需格式化的段落中即可。如果对多段或全文一次性地进行段落格式化（对各段的格式化要求相同），则选定这些段落或全文。

（1）段落对齐方式。段落对齐方式是指段落中的文字相对于页面左、右页边距的对齐方式。Word 提供了下面 5 种对齐方式。

① 两端对齐：指段落中各行首尾靠页面的左右边距对齐，可能自动调整字间距。但每个段落的最后一行是左对齐。

② 居中对齐：指段落中的各行首尾距页面的左、右边距的距离相同。

③ 右对齐：指段落中的各行首尾靠页面的右边距对齐。在写书信或通知时，落款和日期需要右对齐。

④ 左对齐：指段落中的各行首尾靠页面的左边距对齐。不自动调整字间距，可能造成各行右侧不对齐，其设置需要使用“段落”对话框。

⑤ 分散对齐：与两端对齐相似，只是未输满的行也与其他各行首尾对齐。

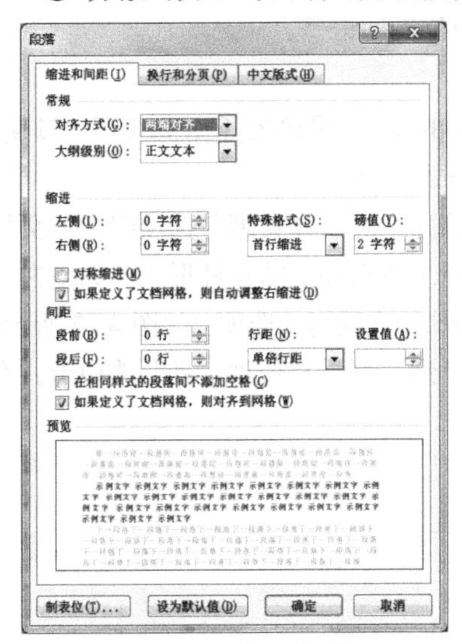

图 4.9　“段落”对话框

也可以单击“段落”选项组右下角的对话框启动器，弹出如图 4.9 所示的“段落”对话框，使用其中的对齐方式下拉列表也可完成上述的对齐方式。

（2）段落缩进设置。段落缩进是指整个段落或段落的某部分相对于页面左、右边距缩进一定距离。Word 默认段落缩进都为零。对于普通的文档段落，首行通常向内缩进两个字（不要使用增加空格的方法缩进）；为了强调某些段落，有时候适当地进行缩进，可以使整体编排效果更佳。如图 4.10 所示，Word 提供了如下 4 种缩进方式。

① 首行缩进：指段落第一行的缩进。

② 悬挂缩进：指段落除第一行以外的其他各行的缩进。

③ 左缩进：指整个段落向右缩进。

④ 右缩进：指整个段落向左缩进。

使用“段落”对话框可以精确设置段落的各种缩进效果。另外，也可以使用水平标尺快速、简单地设置缩排，即在水平标尺上用鼠标把相应的标记拖动到适当的位置即可，如图 4.10 所示。若要所选段落整体向右增加或减少一个字符的缩进量，也可使用“段落”选项组中的增加缩进量按钮、减少缩进量按钮。

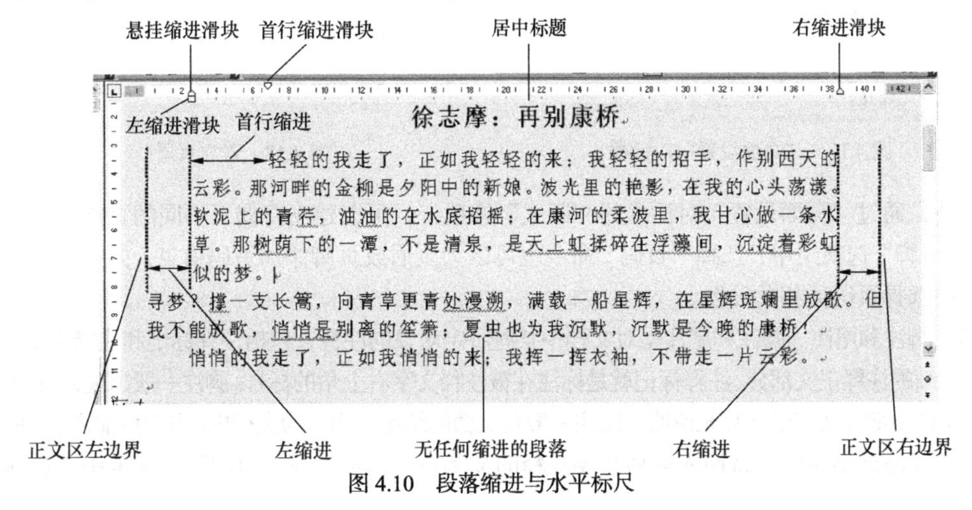

图 4.10　段落缩进与水平标尺

（3）调整行间距与段间距。行间距指段落内各行之间的距离，Word 默认为 1.0 倍行距。段间距指段落之间的距离，分为段前距和段后距，分别表示所选定段落与上一段和下一段之间的距离，段间距以行为默认单位。在“段落”选项组中，单击“行和段落间距”按钮 右侧的下三角箭头，可选择所需的行距大小及增加段前段后间距等选项；或者通过图 4.9 所示的“段落”对话框设置行间距和段间距。

3. 页面排版

页面排版是设计文档的整体外观，包括页面设置、页眉和页脚、脚注和尾注、分节等。

（1）页面设置。在“页面布局”选项卡中，单击“页面设置”右下角的对话框启动器，弹出“页面设置”对话框，如图 4.11 所示，可设置如下 4 个选项卡中的相关属性。

① 页边距。设置正文区与纸张边缘的上、下、左、右 4 个边距。

② 纸张。设置或改变纸张的大小和方向，Word 默认使用 A4 纸。

③ 版式。设置页眉、页脚与纸张边缘的距离，也可以为每行加行号。

④ 文档网格。设置是否使用网格控制每页的行数及字数。

（2）页眉和页脚。页眉和页脚是在文档正文区顶部和底部的文字或图像信息，如页码、日期、标题、徽标等。只有在页面视图方式或打印预览中才能看到页眉和页脚。

建立或编辑页眉（或页脚）时，在“插入”选项卡中，选择“页眉和页脚”选项组中的页眉（或页脚），在显示的下拉列表框中，有 Word 提供的内置页眉（或页脚）的多种形式（如空白、奥斯丁、传统型等）以及“编辑页眉”（或页脚）和“删除页眉”（或页脚）选项，如图 4.12 所示，选择其中的一种形式，出现页眉（或页脚）编辑区，同时切换到“页眉和页脚工具”选项卡，在编辑区中输入相关内容。

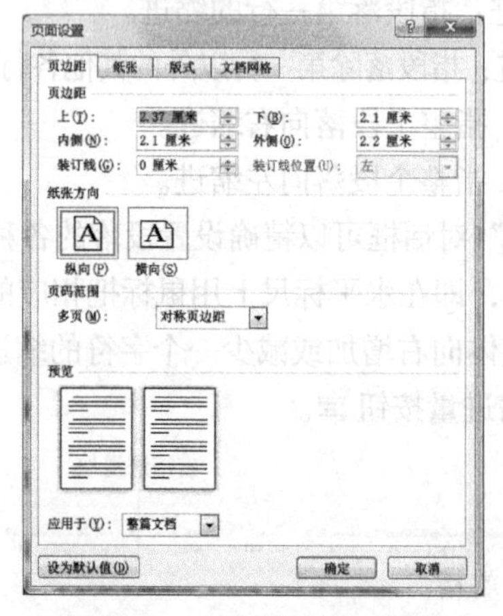

图 4.11　“页面设置”对话框

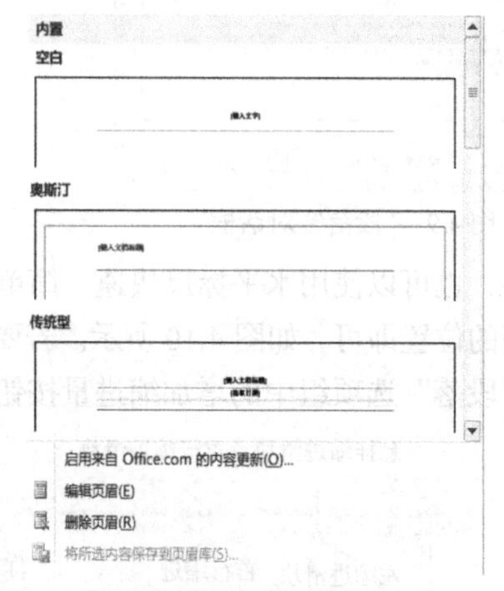

图 4.12　建立页眉

另外，通过“页面设置”对话框的“版式”选项卡，可以建立奇偶页不同的页眉或页脚。在“页眉和页脚”选项组中，选择“页码”命令也可以为页眉或页脚添加页码信息，并可在页码的下拉列表中选择页码的相关设置。

（3）脚注和尾注。脚注和尾注是对文档中某些特定对象的注释，包括注释标记和注释文本。注释文本是详细的注释正文部分，注释标记就是标注在被注释文字右上角的标号。脚注一般出现在页面底端，用于为文档中部分文字给出补充说明。尾注一般在文档的结尾，用于为文档中的引用文献添加注释。

添加脚注或尾注时，将插入点移至要注释的文字右侧，然后在“引用”选项卡中，选择“脚注”选项组中的“插入脚注”和“插入尾注”命令，或者单击“脚注”选项组右下角的对话框启动器，在弹出的对话框中进行相应的设置，然后单击“插入”按钮，就可对注释文本进行编辑。

（4）分节排版。分节排版是指将一个文档分为几个不同的“节”，以便在不同的“节”中使用不同的页面设置。分节排版特别适用于排版长文档。Word 实现分节的方法是插入分节符。将插入点定位到要插入分节符的位置，在“页面布局”选项中，选择“页面设置”选项组中的“分隔符”命令，出现“分隔符”的下拉列表。从“分节符类型”中的 “下一页”、“连续”、“偶数页”或“奇数页”选择其中之一。

Word 文档的分页是系统根据页面大小自动进行的，如果文档中的某处之前、之后的文本内容必须分属到两页上，用户也可使用“分隔符类型”区中的“分页符”强制分页。

4.2.5　格式重用

文档排版中采用格式重用技术可以提高排版效率，保证文档格式一致性。Word 提供了多种与格式重用相关的功能，如格式刷、样式、模板等。

1. 格式复制

（1）分解式复制。前面所介绍的粘贴均是带格式的粘贴，也可以选择其他形式的粘贴。单击“开始”选项卡→“剪贴板”选项组的“粘贴”→“选择性粘贴”命令，在弹出的对话框中，提供了“Microsoft Word 97-2003 文档对象”、“带格式文本”、“无格式文本”、“图片”、“HTML 格式”等粘贴形式。

（2）格式刷。“格式刷”用来复制文本格式、一些基本图形格式和段落格式，如边框和填充等。操作步骤如下。

① 选定文本或图形源对象或段落标记“↵”。

② 单击“剪贴板”选项组中的“格式刷”按钮，使鼠标指针变成刷子形状。

③ 在欲复制格式的文本上拖曳鼠标；或单击图形，使之与源对象具有相同的格式；或在目标段落标记上拖曳鼠标，使之与源段落具有相同的格式。

若将第②步改为双击“格式刷”按钮，则可多次刷制目标对象，完成后再单击“格式刷”按钮使其复原。

“格式刷”无法复制艺术字文本上的字体和字号，也不能复制环绕样式设置为“嵌入型”图形的格式。

2. 样式

样式是用样式名表示的一组预先设置好的一系列排版格式的组合，包括字符样式和段落样式。Word 提供了多种标准的内置样式，如标题 1 至标题 6、正文、无间隔、副标题、强调等。用户也可根据需要创建新样式。使用样式进行排版的步骤如下。

（1）若对段落排版，则将插入点移到该段落中；若对文本排版，则选定该文本。

（2）选择“开始”选项卡，单击“样式”选项组的列表中所需的样式，或单击其对话框启动器命令，在弹出的“样式”窗格中，单击其中内置样式，出现如图 4.13 所示的对话框。另外，在“样式”窗格中，右击某个样式名，可进行修改或删除指定的样式，或单击“新建样

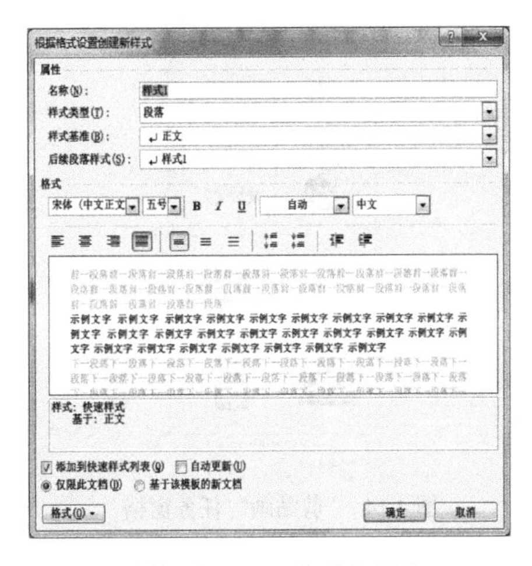

图 4.13　设置创建新样式

式”A按钮，可自定义样式。

4.2.6 图文混排

Word 提供了强大的图文混排功能，在文档中可插入图片、剪贴画、形状、艺术字、文本框、数学公式等图形对象，使文档更加生动形象。

1. 插入图片

在 Word 中可以使用以下 4 种方法插入图片。

（1）在“插入”选项卡中，选择“插图”选项组的“剪贴画”命令，出现“剪贴画”任务窗格，如图 4.14 所示，双击某个图片，即在插入点插入该图片。为了快速查找 Office 2010 自带的剪贴画，可在“搜索文字”文本框中输入剪贴画类别（如人物）。为了获得更多的剪贴画，可单击“在 Office.com 中查找详细信息”，从“微软中国官网”中搜索。如果选中“包括 Office.com 内容”复选框，则官网中的剪贴画直接添加到“剪贴画”任务窗格中。另外，右击选中的“剪贴画”，可以对其进行“插入”、“复制”、“从剪辑管理器中删除”等操作。

（2）在“插入”选项卡中，选择“插图”选项组的“图片”命令，弹出“插入图片”对话框，可按需要插入一个图片文件。

（3）在“插入”选项卡中，选择“插图”选项组的“屏幕截图”命令，可以快速地将整个屏幕截图插入到 Office 的当前文档中。Office 的其他组件也都提供了此功能。若要添加整个当前窗口，单击“可用窗口”库中的缩略图；若要添加当前窗口的一部分，单击“屏幕剪辑”，当指针变成十字时，按住鼠标左键以选择要捕获的区域。

（4）通过 Windows 剪贴板直接将其他程序中的图片复制到当前文档中。

2. 编辑和设置图片格式

编辑某图片时应先单击选定该图片，当被选定的图片四周出现 8 个控制点时，可进行复制和粘贴（方法与文本一样），若按 Delete 键，则删除该图片。在设置图片格式时，通过“图片工具”的“格式”选项卡可以直接对图片进行格式设置，也可以右击图片，在弹出的快捷菜单中选择“设置图片格式”选项，在如图 4.15 所示的“设置图片格式”对话框中对图片格式进行精确设置。

图 4.14 “剪贴画”任务窗格

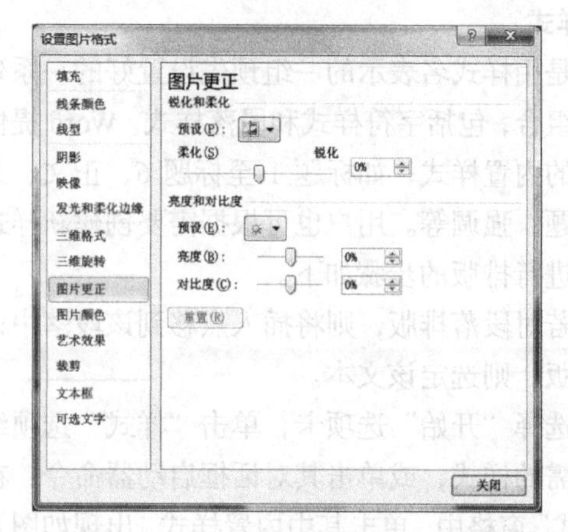

图 4.15 “设置图片格式”对话框

（1）缩放图片。单击图片，用鼠标左键拖动图片四周的 8 个控制点可放大或缩小图片；或者选择“图片工具”的“格式“选项卡，单击“大小”选项组的对话框启动器按钮，在弹出的“布局”对话框中设置图片的尺寸或按比例缩放；或者右击图片，在快捷菜单中选择“大小和位置”，也会弹出“布局”对话框。

（2）设置图片的环绕方式。环绕方式指文档中插入的图片与文字之间的叠放层次关系。Word 中新插入图片默认为嵌入式。在“图片工具”的“格式”选项卡中，单击“排列”选项组中的“自动换行”按钮，可以设置图片的环绕方式，在其下拉列表中有“嵌入型”、“四周型环绕”、“紧密型环绕”、“衬于文字下方”、“浮于文字上方”、“上下型环绕”、“穿越型环绕”等 7 种方式可供选择；也可利用右击图片，在弹出的快捷菜单中选择“自动换行”选项，在其子菜单中单击相应的环绕方式。

（3）移动和旋转图片。将鼠标移至图片上方，当鼠标指针变成可移动形状✥时，就可将图片拖放到任何位置（或使用←、→、↑、↓键）。旋转图片的方法是单击选定图片，然后拖动图片上方的“自由旋转控制点”就可以旋转图片。也可使用“图片工具格式”选项卡中的“排列”选项组，通过“旋转”命令来旋转图片。

3. 绘制图形

Word 提供了强大的图形绘制功能，可对图形进行绘制、加工以及制作出特殊的效果。

（1）使用形状绘制图形。

单击文档中要创建绘图的位置。在“插入”选项卡的“插图”选项组中，单击“形状”，弹出下拉列表，如图 4.16 所示。

① 绘制简单的形状图形。用鼠标单击一个绘图按钮（如直线、箭头、矩形等），鼠标指针将变成十字形，按下鼠标左键并拖动，松开后即可绘制出图形。

如果在选定“直线”或“箭头”按钮拖动鼠标的同时按住 Shift 键，则可以水平、垂直以及与水平成 45° 递增或递减的方式绘制出线段或箭头。若在选定“矩形”或“椭圆”按钮拖动鼠标绘制的同时按住 Shift 键，则可以绘制出正方形或圆形。

② 在画布中绘制形状图形。选择图 4.16 中的“新建绘图画布”选项，在当前插入点位置会自动插入一个绘图画布。在画布中绘制其他形状图形，可以将绘制的各个图形整合在一起，作为一个整体来移动和调整大小。

③ 在形状中添加文字。右击所绘制的封闭图形（如矩形、圆），可以添加文字。

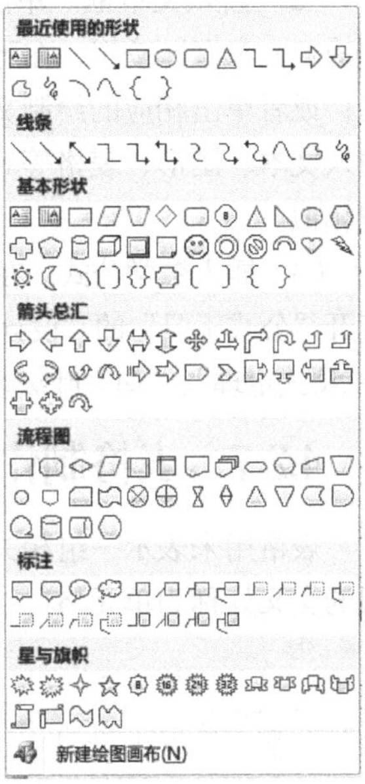

图 4.16　形状

④ 修饰形状图形。指形状图形的大小调整、旋转、翻转、颜色填充、三维效果等。使用“图片工具”的“格式”选项卡或者右击图片，选择快捷菜单中“设置形状格式”选项，在弹出的“设置形状格式”对话框中，进行修饰。

⑤ 形状的组合与取消。Word 中的各个图形可以组合在一起形成一个整体，以确保每个图形的位置、大小、版式相对不变。组合时，首先按住 Ctrl 或 Shift 键并用鼠标分别单击各个图形（即选定要组合的所有形状图形），然后右击选定对象，从弹出的快捷菜单中选择“组合”子菜单的“组合”命令；取消时，选择“组合”子菜单的“取消组合”命令。另外，也可通过单击“图片工具”的“格式”选项卡，选择“排列”选项组的“组合”命令来实现组合或取消组合。

（2）使用 SmartArt 绘制图形。

SmartArt 图形是信息的可视表示形式，可以让用户快速轻松地创建所需形式。这里简单介绍一下创建 SmartArt 图形、更改图形布局和类型的基本方法。

① 创建 SmartArt 图形。单击“插入”→“插图”→“SmartArt”命令，弹出“选择 SmartArt 图形”对话框，选择所需的类型和布局，单击“确定”按钮，即可创建 SmartArt 图形。

② 更改图形的布局。单击“SmartArt 工具”→“设计”→“布局”→“更改布局”下拉按钮，在弹出的下拉列表中选择更改的 SmartArt 图形。

③ 更改图形的类型。选中要更改样式的 SmartArt 图形，单击“SmartArt 工具”→“设计”→“SmartArt”→“快速样式”下拉按钮，在弹出的下拉列表中选择要使用的 SmartArt 图形样式。

4. 插入其他图形对象

通过“插入”选项卡的相关选项组可插入其他图形对象，如艺术字、文本框、公式等，并能进行文字环绕、定位及修饰等格式的设置。

（1）插入艺术字。单击“文本”选项组中的“艺术字” 按钮，弹出“艺术字库”窗口，选择需要的样式，然后在如图 4.17 所示的窗口中输入相应的文字。

图 4.17 编辑“艺术字”文字

（2）插入文本框。单击“文本”选项组中的“文本框”按钮，在弹出的窗格中，单击任一种内置文本框，即可在当前位置插入一个文本框；或者单击相应的绘制文本框选项，按住鼠标左键绘制一个文本框。在文本框的编辑区内可以输入文本、图形、表格等对象，有关文本框的缩放、移动、复制、删除、环绕等操作与图片的操作相似。

（3）插入数学公式。在“插入”选项卡中，单击“符号”选项组中的“公式”按钮或者π按钮，打开“公式工具”的“设计”选项卡，插入点处出现输入公式框，前者可以直接插入“二次公式”、“二项式定理”、“傅立叶级数”、“勾股定理”等常用公式，后者则要在公式框中输入新公式。

4.2.7 表格制作与使用

表格用来表示一组相关的数据，使信息表达简明、直观。表格由行和列的单元格组成，行和列的交叉处称为单元格。

3x6 表格

插入表格(I)...
绘制表格(D)
文本转换成表格(V)...
Excel 电子表格(X)
快速表格(T)

图 4.18 利用网格插入表格

1. 建立表格

表格可以建立在文档的任何位置，将插入点定位在准备插入表格的位置，然后单击“插入”选项卡中“表格”按钮，弹出如图 4.18 所示的界面，插入表格的方法有以下几种。

（1）拉选网格，选取合适的行、列个数，单击插入表格。

（2）单击“插入表格…”选项，弹出“插入表格”对话框，设置表格的列数和行数及相关特性，可插入一个表格。

（3）单击“绘制表格”，鼠标指针变成笔形，即可自由绘制表格。

（4）单击“Excel 电子表格”选项，可以插入 Excel 表格。

（5）单击“快速表格”选项，弹出子菜单，提供了表格式列表、带副标题 1、日历 1、双表等 9 种表格模板供用户选择，并且每个表格模板中都自带了表格数据。

表格建立好后，就可以在单元格内输入文本、图片，甚至还可以插入另一个表格。在输入前要将插入点移至相应的单元格内，方法是单击相应单元格内部或者使用 Tab、Shift+Tab 和→、←、↑、↓等键。当插入点到达表格最后一个单元格时，再按 Tab 键，Word 将为此表自动添加一行。

2. 编辑表格

表格的编辑包括单元格、行、列的插入和删除，行高、列宽的调整，单元格的拆分与合并以及表格的删除等。

（1）选定单元格、行或列。要选定一个单元格，可以将鼠标指针移到该单元格左边界使其变成向右箭头，然后单击。要选定一整行，可以将鼠标指针移到该行最左边的选定栏中使其变成向右箭头，然后单击。要选定一整列，可以将鼠标指针移到该列顶端的选定栏中，使其变成黑色的向下箭头，然后单击。要选定整个表格，可以将插入点放在表格的任一单元格中，表格左上角会出现一个位置句柄，单击就可以选定整个表格。在选定的同时进行拖动或按下 Ctrl 键、Shift 键可选定多个单元格、行或列。此外，还可用键盘或菜单方式进行选定，具体方法不再赘述。

在表格中选定文本或图形与在文档中选定文本或图形的方法一样。

（2）插入和删除行、列或单元格。先将插入点移至表格中的指定位置，然后执行“表格工具”的“布局”选项卡，在“行和列”选项组中执行相关的插入或删除操作。若想选择性插入行、列或单元格，则先选中一定数目的行、列或单元格，再执行插入操作，即可插入选定数目的新行、列或单元格。

（3）单元格的合并与拆分。选定要合并的单元格，选择“表格工具”→“布局”→“合并”→“合并单元格”命令，即删除选定单元格之间的分隔线，使其成为一个单元格。

选定要拆分的单元格，选择“合并”→“拆分单元格”命令，弹出“拆分单元格”对话框，在对话框中选择拆分后的行数和列数，然后单击“确定”按钮。

（4）调整表格的行高和列宽。默认情况下，Word 根据单元格中的内容自动调整行高，但也可以修改，其方法是：将鼠标定位到要改变行高的边框上，这时鼠标指针将变成⇳形状，上下拖动边框以改变行高，拖动时出现一条水平的虚线表明行高的位置。调整列宽的方法与调整行高类似。也可以使用“表格工具”的“布局”选项卡，在“单元格大小”选项组中单击“自动调整”命令来对单元格进行调整；单击“分布行或分布列”命令，可以平均分布各行或各列；单击“高度或宽度”命令来调整单元格的大小。

3. 表格的计算和排序

在表格中可以快速执行一些简单的运算（如求和、求平均值等）和排序。

（1）表格的计算。若对表格中的数据进行计算，先定位插入点于存放计算结果的单元格，然后单击“表格工具”→“布局”→“数据”→“公式”命令，出现“公式”对话框，如图 4.19 所示。其中，“公式”框中用来输入公式；“粘贴函数”框用来选择函数，被选中的函数会自动出现在“公式”框中。参数可以是 Above、Left、Right 等。

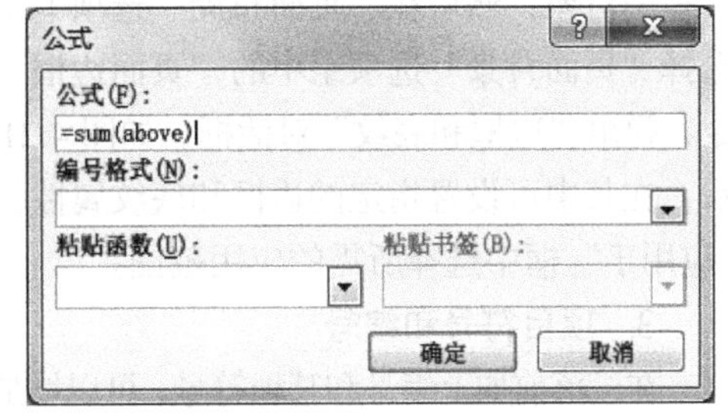

图 4.19　“公式”对话框

（2）表格的排序。单击“表格工具”→“布局”→“数据”→“排序”命令，可以对某一列按照笔画、数字、日期或拼音的升序或降序来排序。

4. 设置表格属性

在“表格工具”的“布局”选项卡中，选择“表”选项组中的“属性”命令，也可以右击表格，在弹出的快捷菜单中，选择“表格属性...”命令，弹出如图 4.20 所示的对话框，在“表格”选项卡中，可设置表格在页面中的对齐和文字环绕方式。单击“边框和底纹”按钮，可设置表格和单元格的边框和底纹；单击“选项”按钮，可设置单元格的边距和间距。在“行”和“列”选项卡中，可以精确指定行高和列宽。

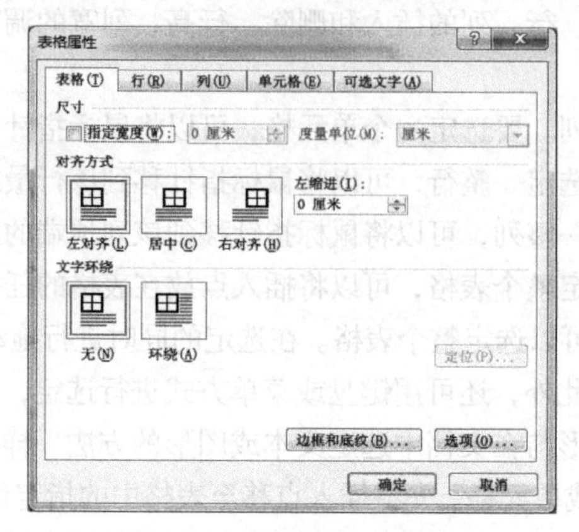

图 4.20 “表格属性”对话框

4.2.8 其他常用功能

1. 分栏排版

在报刊上我们经常看到多栏排版方式，以避免文本行过宽或过窄，从而提高宽页文档的可读性。可以对整篇文档进行分栏排版，也可只对某一段落进行分栏。Word 默认文档为一栏。

在页面视图下，选定要分栏排版的文本（若不做选定，默认对整个文档分栏），然后在“页面布局”选项卡中，单击“页面设置”选项组中的“分栏”命令，出现“分栏”下拉列表，在列表中选择“一栏”，“两栏”、“三栏”、“偏左”、“偏右”5 种选项中的一种即可；选择“更多分栏...”，弹出“分栏”对话框，可以设置分栏的“栏数”、“栏宽”、“分隔线”等属性，并在“应用于”框中选择所需的应用范围。

2. 边框和底纹

边框和底纹是两种修饰效果，可以对选定的文字、段落或表格等对象设置。首先选定欲设置的对象，然后在“页面布局”选项卡中，选择“页面背景”选项组中的“页面边框”命令，弹出“边框和底纹”对话框，如图 4.21 所示，在其中可设置指定的边框和底纹属性，在“应用于”框中选择所需的应用范围。

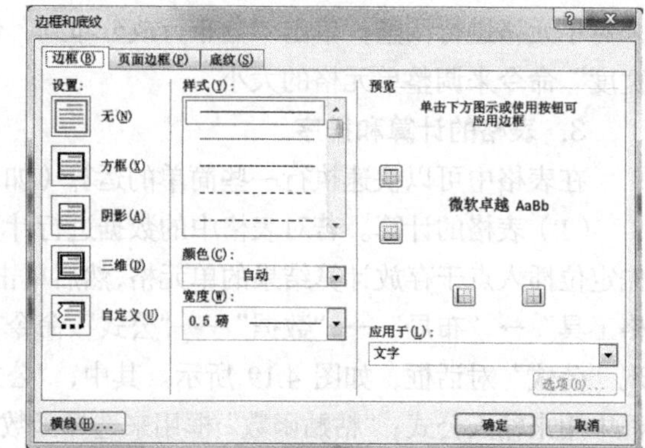

图 4.21 “边框和底纹”对话框

3. 项目符号和编号

在段落前加上编号和某种符号，可以增加文档的层次性和可读性。Word 提供了为段落设置项目符号和编号的功能。在段落增删后还可自动调整。

将插入点定位在欲设置段落中或选定欲设置段落后，在“开始”选项卡中，单击“段落”选项组中的“项目符号”按钮 或“编号”按钮 ，即可完成项目符号和编号的设置。要设置更为多样的项目符号和编号，可以单击右边下三角按钮，在下拉列表中选择更多的格式。

4. 自动生成目录

（1）生成手动和自动目录。

首先将插入点定位在文档的开始处，然后在“引用”选项卡的“目录”选项组中，单击“目录”按钮，在其下拉列表中可以选择“手动目录”或“自动目录”选项，“手动目录”表示插入的目录可以手动填写标题，不受内容的影响，“自动目录”表示插入的目录由文档中的标题 1~标题 3 按照默认目录格式生成。

（2）生成自定义目录。

在“引用”选项卡的“目录”选项组中，单击“目录”命令，然后单击“插入目录”。在“目录”对话框中，通过“常规”选项修改在目录中显示的标题级别数目；通过“修改”命令按钮修改在目录中显示标题级别的方式。

5. 宏

宏是隐藏在 Word 文档内部的程序代码。Word 提供宏机制的主要目的是便于高级用户编写宏程序，以自动编排 Word 文档。恶意编写的宏程序被称为“宏病毒”。在打开包含宏的文件时，会出现黄色的警示“消息栏”，如果确信宏的来源可靠，可以在“消息栏”中单击“启用内容”按钮。此时会打开该文件，并且该文件是受信任的文档。

Word 2010 提供了宏录制，能帮助用户迅速有效地解决文档编辑和排版过程中的重复操作问题。下面以打印当前页为例，介绍录制宏的步骤。

（1）切换到“视图”选项卡，在“宏”组中，单击“宏”，再单击“录制宏”，弹出“录制宏”对话框，如图 4.22 所示。

（2）在“宏名”下的框中，键入宏的名称，比如键入“打印当前页”；在“将宏保存在”框中，确认选择的是“所有文档(Normal.dotm)”；在“说明”框中，可以键入对宏的说明，然后单击“确定”按钮开始宏录制过程。

（3）切换到“文件”选项卡，再单击“打印”，然后在“设置”下，单击“打印所有页”右侧的三角箭头，并单击“打印当前页”，最后单击“打印”。

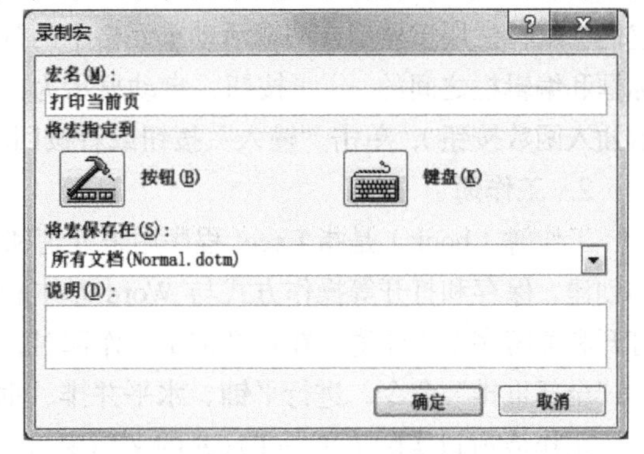

图 4.22　“录制宏”对话框

（4）切换到“视图”选项卡，在“宏”组中，单击“宏”，再单击“停止录制”，结束录制宏。

4.3　电子表格处理软件 Excel 2010

电子表格数据处理软件 Excel 2010 是 Office 系列软件中的一个组件，主要用于处理办公事务的各种表格，可完成许多复杂的数据计算，进行统计分析和预测，如会计报表、工资表、成绩单等。本节主要介绍 Excel 2010（以下简称 Excel）的基本使用方法。

4.3.1　Excel 的窗口及工作簿组成

1. Excel 的窗口组成

启动 Excel 后，屏幕出现 Microsoft Excel 应用程序主窗口，如图 4.23 所示。同时，将自动建立一个名为“工作簿1”的空工作簿。与Word类似，Excel主窗口包含标题栏、快速访问工具栏、功能区、帮助按钮、编辑区、滚动条、状态栏等，同时还有编辑栏、工作表标签、行号、列号等Excel特有的窗口元素。

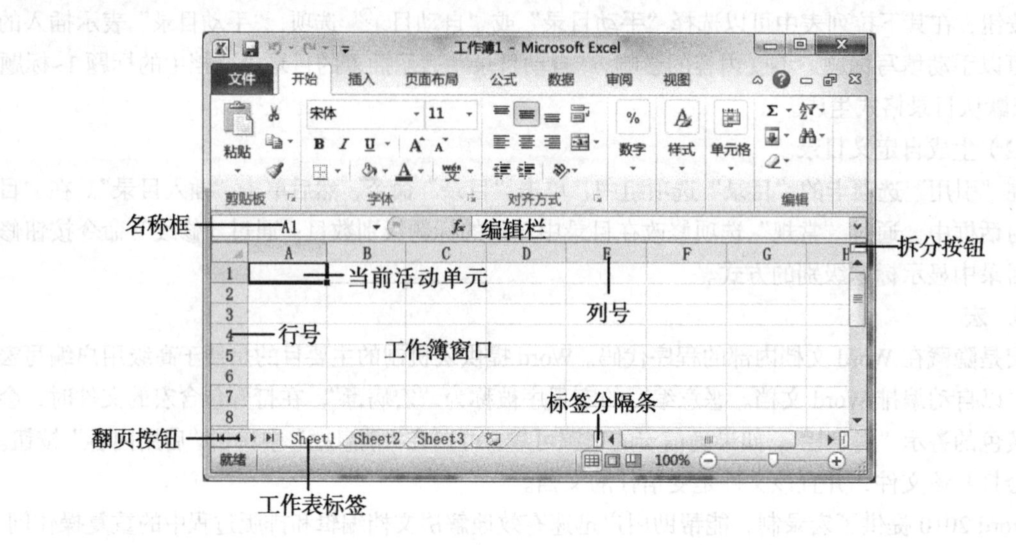

图 4.23 Excel 2010 工作窗

名称框可通过输入特定的单元格或区域的名称或单元格引用（如，B2:C4）快速定位和选择它们。编辑栏用于显示或编辑活动单元格中的数据或公式。在当前活动单元格中输入数据时，名称框和编辑栏之间的 fx 按钮，自动显示为 × ✓ fx（×表示取消按钮，✓表示输入按钮，fx表示插入函数按钮），单击“输入”按钮或者按回车键，即可在单元格内输入数据。

2. 工作簿

工作簿（book）是指Excel程序用来处理和存储数据的文件，以.xlsx为扩展名。工作簿文件的创建、保存和打开等操作方式与Word基本相同，既可以使用模板来建立新的工作簿，也可以打开和关闭多个工作簿。在打开多个工作簿时，可以在“视图”选项卡中，选择“窗口”选项组的“全部重排”命令，进行平铺、水平并排、垂直并排、层叠等方式排列。

工作簿窗口实际上就是Excel的文档窗口，每一个工作簿包含若干工作表（Sheet），默认是3张，以Sheet1、Sheet2和Sheet3来命名。右单击工作表名，在弹出的菜单中选择“重命名”或直接双击都可改名；单击Sheet3右边的可添加工作表。

在工作簿中，其数据实际存放在它所包含的工作表中。每个工作表都是由若干行（行号1～1048576）和若干列（列号A、B、…、Y、Z、AA、AB、…、XFD，共16384列）组成的一张表格。

在工作簿窗口的下端是工作表标签区，用于显示各个工作表名（或称为标签），其中一个工作表名以白底显示，表示该工作表是当前工作表（或称活动工作表），如Sheet1。单击某个工作表，或单击该标签区左侧的翻页按钮，可以选择或切换当前工作表。

单元格（cell）是指工作表中的一个格子，是Excel用于保存数据的最小单位。单元格地址（也叫单元格引用）用其所在列号和行号表示，如B3是指第B列与第3行交点处的单元格。有时，为了区分不同工作表中的单元格，单元格地址也可以包括工作表名，如Sheet2!B3表示工作表Sheet2中地址为B3的单元格。

4.3.2　工作表的基本编辑操作

1. 选定单元格

Excel 也是“先选定、后操作”。选定单元格的简单方法就是单击（激活）它，使之成为当前单元格（也称活动单元格），从而可以接收数据输入或其他操作。

被选定单元格的边框变成黑线，如图 4.23 所示，其行号和列号会突出显示，并在名称框中显示其地址。可通过名称框来选定单元格或单元格区域，也可通过表 4.3 的方法来进行。若取消选定，只需单击任意一个单元格或按键盘上任意一个方向键。

表 4.3　　选定单元格或单元格区域的操作方法及引用

选定对象	操作方法	引用
单个单元格	激活单元格，或用方向键移至相应的单元格	单元格地址，如 A2、B5
整行（或整列）	单击行（或列）的标头。按 Shift 键或 Ctrl 键的同时单击可选定多行（列）	行号:行号或列号:列号，如 3:5、D:F
连续单元格区域	先单击单元格区域的左上角，然后按住鼠标左键拖动到区域右下角，松开鼠标左键即可（其中左上角单元格为活动的）。或者单击单元格区域的左上角，按下 Shift 键的同时再单击右下角	区域左上角单元格地址:区域右下角单元格地址，如 B2:C4
不连续单元格区域	按住 Ctrl 键的同时单击各单元格	

2. 输入常量数据

单元格中输入的数据可以是常量，也可以是公式或函数。其中，常量通常分为文本型、数值型、日期时间型 3 种类型。Excel 会自动判断所键入数据的类型，并进行适当的处理，如左右对齐方式等。输入数据的方式一般有以下 3 种。

（1）直接输入。首先单击相应的单元格，然后再输入数据。如果该单元格原来有数据，则新输入的数据会覆盖原有的数据。输入完后，可按方向键、Enter 键或 Tab 键将相邻的单元格变成当前单元格。也可单击相应的单元格，然后在编辑栏的编辑区为当前单元格输入数据。如果同时在多个单元格中输入相同数据，则选定多个单元格，键入相应数据，然后按 Ctrl+Enter 组合键。 默认情况下，文本沿单元格左边对齐，数值沿单元格右边对齐。

① 文本的输入。文本是指键盘能键入的任何符号，包括字母、数字、标点符号、汉字等。当输入的文本超过单元格宽度时，若右邻的单元格中无数据，则超出的文本会延伸到右侧单元格；若右邻的单元格已有数据，则超出的文本被隐藏起来，这时可以用增大列宽或以折行的方式（按 Alt+Enter 组合键）处理该单元格，以便能使全部文本内容显现出来。

另外，对于数字形式的文本型数据，如邮政编码、电话号码等，输入时应在数字前加一个英文单引号，如'454000。

② 数字的输入。若要输入负数，需在数字前加一个负号“−”，或将数字用括号括住，如“−5”或“(5)”；若要输入分数，需在分数前加一个“0”和空格，如“0 5/8”；若输入的数值太长，则自动会显示为科学记数法（如把 0.0000000524 记为 5.24E-08）。

③ 日期或时间的输入。输入用“−”或“/”分隔日期的年、月、日，如“2008-5-1”、“2008/5/1”，“1-May-08”。可输入不带年份的日期。按 Ctrl+; 组合键输入当前日期。

输入时间时应按“小时：分种：秒”的顺序，数字之间用“:”分隔，如“18：01：00”，但可省略秒值。按 Ctrl+Shift+; 组合键输入当前时间。日期和时间在单元格中是右对齐。可以在单元格中同时输入日期和时间，中间用空格隔开。图 4.24 所示为输入示例。

图 4.24 输入示例

（2）自动填充。Excel 提供了“自动填充”数据功能，可在连续单元格区域中快速自动填充有规律的数据，包括相同数据，等差、等比、自定义序列等。

① 使用鼠标进行填充，如图 4.25 所示。

填充数据时，首先选定一个数据单元格，然后将指针放在该单元格右下角的填充柄上（指针变成小黑 + 字），按住鼠标左键沿横向（或纵向）拖动直到结束的单元格，这时，“自动填充选项”按钮会在填充的所选内容右下角出现，单击出现如图 4.26 所示的选项可供选择。填充序列数据时，需要在前两个单元格中分别输入前两个有序数据，然后选定这两个单元格拖动填充柄，也可以按住 Ctrl 键并拖动一个单元格的填充柄，填充的数字将依次递增。

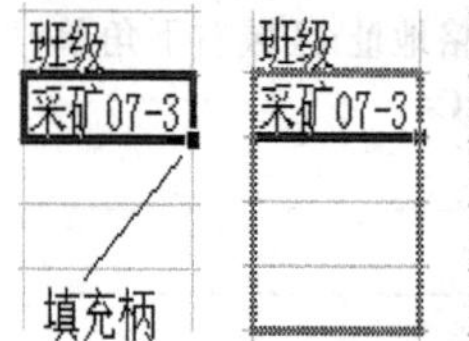

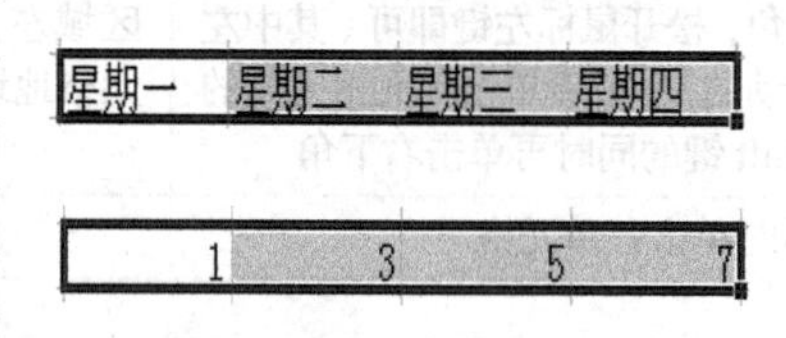

图 4.25 用鼠标拖动实现自动填充

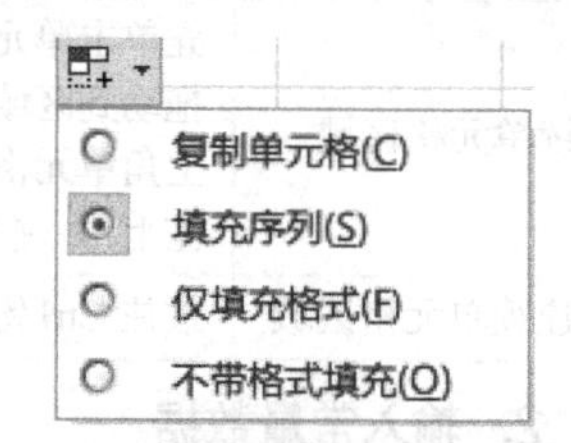

图 4.26 用菜单命令实现填充数据

② 使用“填充”按钮填充。填充数据时，首先选定一个数据单元格和需要填充的单元格，然后单击“开始”选项卡，选择选项组的“填充”按钮，在下拉列表中选择填充选项。

③ Excel 中未提供的序列是不能自动填充的，如 a、b、c、d、e 的位置发生了变化，可以使用“文件”→“选项”→“高级”→“常规”选项，如图 4.27 所示，单击“编辑自定义列表”按钮，添加、删除自定义序列。

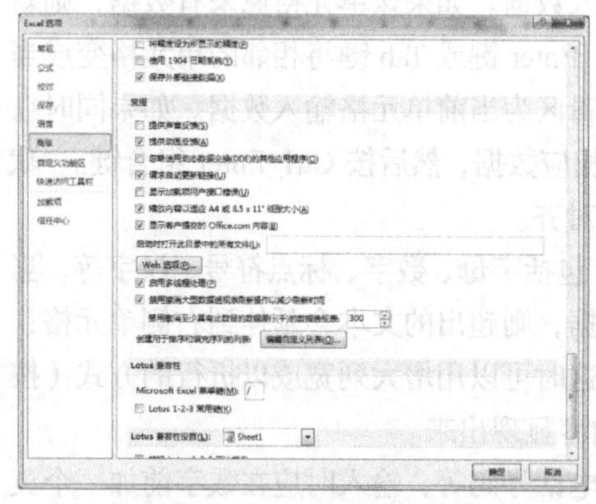

图 4.27 Excel 选项对话框图

（3）导入数据。利用“数据”选项卡的“获取外部数据”命令可从 Access、网站、文本、其他来源、现有链接来获取外部数据进行导入。

3. 输入有效数据

在输入数据前，可设置输入数据的有效性规则，以免输入不符合要求的数据。操作方法为：首先选定要检验的单元格区域，然后单击“数据”选项卡，选择“数据工具”选项组的“数据有效性”命令，在其下拉列表中，单击“数据有效性…”，弹出如图 4.28 所示的“数据有效性”对话框。通过该对话框的“设置”选项卡可以设置允许输入的数据类型和有效范围，如设置整数在 0 到 100 之间；通过“输入信息”选项卡可以设置选定单元格时显示的输入信息；通过“出错警告”选项卡可以改变出错警告信息。在输入数据时，若超出设置的有效范围，Excel 就会禁止输入，并显示出错警告信息。如想限制在某一单元格区域只能输入指定若干数据，则在“允许”下拉列表中单击“序列”，在“来源”框输入以英文逗号分隔开的序列值，如“男,女”或“1,2,3”。

4. 编辑工作表

编辑工作表主要包括：对单元格及选定区域的修改、清除、插入、复制、移动、查找、粘贴与选择粘贴等；工作表的移动、复制、插入、删除等管理操作。编辑过程可以使用“撤销”或“恢复”操作，方法与Word相同。

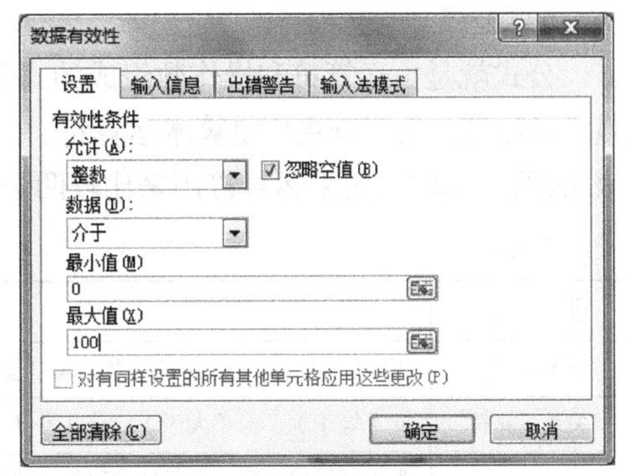

图 4.28 “数据有效性”对话框

（1）修改与清除。

① 修改：单击单元格，将鼠标定位在编辑栏的编辑框中修改数据；或者双击单元格直接进入编辑状态，修改单元格中的数据。

② 清除：首先选定单元格区域，然后在“开始”选项卡中执行“编辑”选项组中的“清除”命令，通过其下拉列表可以选择“全部清除”、“清除格式”、“清除内容”、“清除批注”、“清除超链接”等。选定单元格区域后，如果按Delete键或BackSpace键，则只清除内容。

（2）插入与删除单元格、行或列。

① 插入单元格时，首先选定单元格区域，其单元格数目应与要插入的单元格数目相等，然后单击“开始”选项卡，再单击“单元格”选项组的“插入”命令，选择其下拉列表中的“插入单元格”选项，在弹出的对话框中选择插入形式。插入行或列时，从下拉列表中的“插入工作表行”（或“列”）命令。如果插入一行（或列），则需要选定一个单元格，新的一行（或列）将插入在活动单元格上面或左边；如果插入多行（或列），则要选定与要插入的行数相等的若干行（或列），新的行（或列）将插入在选定行（或列）的上面（或左边）。

② 删除单元格、行或列时，首先将它们选定，然后单击“单元格”选项组中的“删除”命令即可。

（3）移动和复制。与Word相似，在编辑Excel工作表时可以使用“复制”、“剪切”和“粘贴”命令，也可以使用鼠标拖动，但在拖动时，鼠标指针要移到选定区域的边框上。另外，“复制”操作后，如果使用“剪贴板”选项组的“粘贴”命令中的“选择性粘贴”，则可以选择性地粘贴公式、数值、格式、批注等信息。

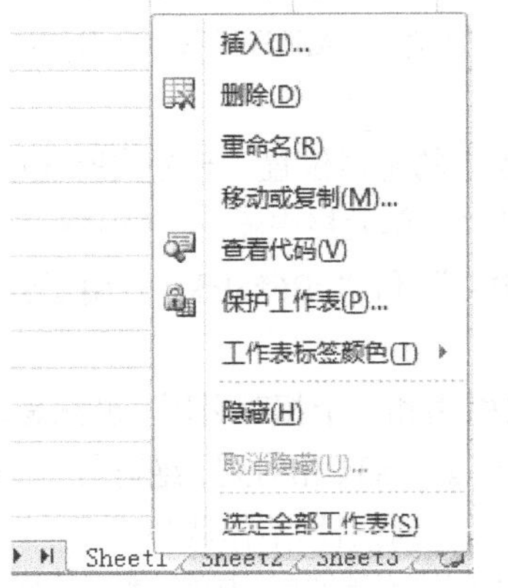

图 4.29 工作表标签快捷菜单

（4）查找与替换。与Word相似，不再赘述。

（5）管理工作表。双击工作表标签可以更改工作表名。在“开始”选项卡的“单元格”选项组中，单击“插入”按钮，在其下拉列表中选择“插入工作表”命令，即可“插入新的工作表。单击“单元格”选项组的“删除”按钮，在其下拉列表中选择“删除工作表”，即可删除当前工作表。拖动工作表选项卡可改变工作表的前后顺序。按住Ctrl键拖动工作表标签，可复制工作表。另外，右击工作表标签，弹出如图4.29所示的快捷菜单，可以对工作表进行插入、删除、重命名、移动、复制等操作。

4.3.3 使用公式与函数

Excel电子表格的重要功能是计算，而计算是由公式和函数实现的。

1. 公式

公式就是由运算符和操作数组成的式子，必须以“=”开头。操作数可以是单元格引用、常量、函数等，运算符主要是算术运算符、关系运算符（也称比较运算符）和文本运算符“&”，如表 4.4 所示。其中，关系运算符用来比较两个值的大小，结果是一个逻辑值，不是 TRUE 就是 FALSE。

表 4.4　　Excel 运算符

类　别	运　算　符
算术运算符	+（加）、−（减）、*（乘）、/（除）、^（指数）、%（百分比）
关系运算符	=（等于）、>（大于）、<（小于）、>=（大于等于）、<=（小于等于）、<>（不等于）。
文本连接符	&（字符串连接，即将两个字符串连接起来，如单元格 A1 中的数据为“英语”，A2 为“成绩”，则 A1&A2 的结果为“英语成绩”）

如果公式中包含多个运算符，Excel 将按优先次序（或称优先级）进行运算。运算符的优先次序为：百分比（%）、指数（^）、乘和除（*和/）、加和减（+和−）、文本连接（&）、关系运算符。优先级相同时，按从左到右顺序计算。使用圆括弧可改变运算次序，即括弧的优先级最高。

公式的输入和编辑与普通数据类似，如在单元格 C3 中建立计算公式 A3*B3，选定单元格 C3，直接输入“=A3*B3”即可；或者，选定单元格 C3 后，输入“=”，再单击 A3 单元格，键入“*”号，然后单击 B3 单元格，最后单击编辑栏中的“√”或按 Enter 键，如图 4.30 所示。

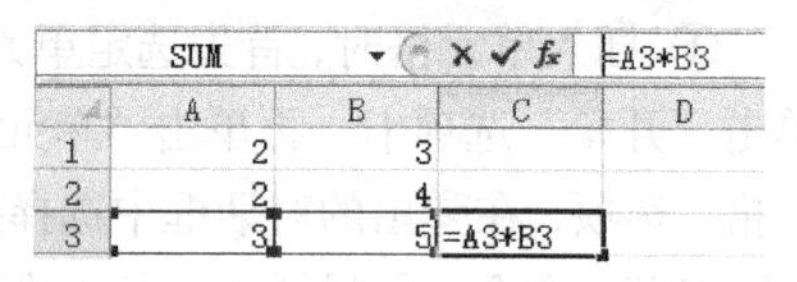

图 4.30　输入计算“乘积”的公式

2. 单元格引用（单元格地址）

单元格引用的作用在于标识工作表上的单元格或单元格区域，并指明公式中所使用的数据的位置。通过引用，可以在公式中使用工作表不同部分的数据，或者在多个公式中使用同一个单元格的数值。还可以引用同一个工作簿中不同工作表上的单元格和其他工作簿中的数据。单元格的引用方法有以下 3 种。

（1）相对引用或相对地址。表示被引用的单元格与公式所在单元格的相对位置。如果移动或复制公式，则引用会自动调整。默认情况下，公式使用相对引用。例如，假定 C3 单元格存有公式“=A3*B3”，复制到 C5 和 D6 单元格后，C5 和 D6 单元格中分别为“=A5*B5”和“=B6*C6”，即被引用的单元格地址发生了相对变化。

（2）绝对引用或绝对地址。表示某一单元格的位置在工作表中的绝对位置，与公式所在单元格的位置无关。绝对引用要在列号、行号前加一个“$”符号，如在 C3 单元格中输入“=A3*$B$3”，复制到 C5 和 D6 单元格后，C5 和 D6 单元格中分别为“=A5*$B$3”和“=B6*$B$3”。由于$B$3 是绝对引用，所以在公式移动或复制时固定不变。

（3）混合引用或混合地址。被引用单元格位置包含一个绝对引用和一个相对引用。也就是说，被引用单元格的地址中行和列有一个是固定的，另一个是相对的。如 B$3（相对列，绝对行）、$D5（绝对列，相对行）。在公式移动或复制时，相对引用自动调整，而绝对引用不作调整。

若引用同一工作簿中的不同工作表，只需在单元格引用前加入工作表引用即可。例如，“Sheet2!B2”表示工作表 Sheet2 的单元格 B2；若引用不同工作簿中的工作表，则需给出工作簿名称（文件名），例如，在 Book1 工作簿中已选定的单元格中引用 Book2 工作簿的 Sheet1 工作表中的 B2，一种方法是在当前选定的单元格中输入“=[Book2.xlsx]Sheet1!B2”；另一种方法要求同时打开两个工作簿，先在 Book1 中选定的单元格中输入“=”，然后单击被引用的单元格，最后返回 Book1 回车确认。

3. 使用函数

函数是特殊形式的公式，可以单独使用，也可以作为公式的操作数。Excel 提供了大量的内置函数，包括财务、日期与时间、数学和三角、统计、逻辑、文本、数据库等多个方面。函数的调用形式为

函数名（参数 1，参数 2,……，）

其中，函数名说明该函数的功能，即所能执行的运算。参数可以是数值、文本、单元格引用（地址）或其他函数，函数中参数的个数因要求不同而不等，参数之间用“,”分隔（有的函数不需要参数）。

函数的输入有两种方法：一是插入函数法，二是直接输入法。一般用插入法比较方便，不需要记忆函数名及其参数的用法。直接输入法类似输入普通数据。

（1）插入函数法。例如，对图 4.31（a）所示的学生成绩表，计算各个学生的平均成绩。首先选定单元格 E3，然后在“公式”选项卡中选择“函数库”选项组中的“插入函数”命令（或单击“插入函数”按钮），弹出“插入函数”对话框，如图 4.31（b）所示，在函数列表中选择“AVERAGE”，单击“确定”按钮，弹出“函数参数”对话框，如图 4.32 所示。在参数“Number1”输入框中显示着 Excel 自动选取的计算对象区域 B3:D3。若不合适，可以重新由键盘输入，也可以通过鼠标拖放来从工作表上选取需要的单元格或单元格区域。最后单击对话框中的“确定”按钮。对于其他学生的平均分，利用自动填充即可。

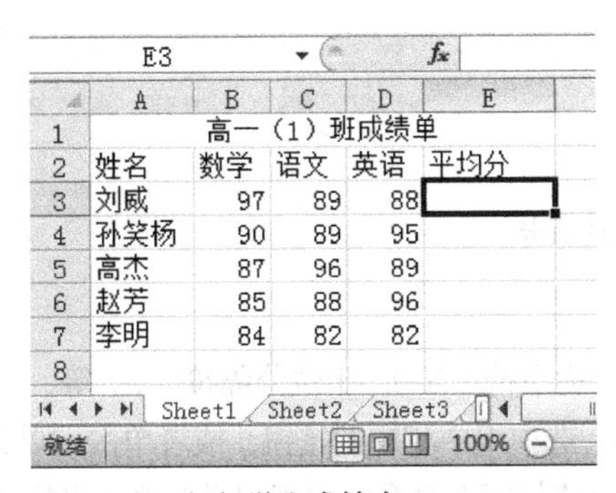

	A	B	C	D	E
1		高一（1）班成绩单			
2	姓名	数学	语文	英语	平均分
3	刘威	97	89	88	
4	孙笑杨	90	89	95	
5	高杰	87	96	89	
6	赵芳	85	88	96	
7	李明	84	82	82	
8					

（a）学生成绩表

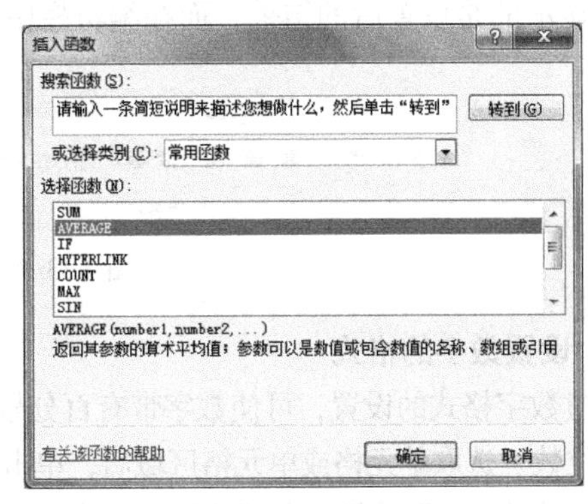

（b）“插入函数”对话框

图 4.31　计算学生平均成绩

（2）直接输入函数法。例如，在图 4.31（a）所示的成绩表上增加“评定”项目（设为 F2 单元格），按照平均分列出学生是否及格的情况。操作方法是：选择 F3 单元格，在编辑栏的编辑框中输入函数“=IF（E3<60,"不及格","及格"）”，然后利用自动填充，将 F3 单元格复制到区域 F4:F7，实现其他学生的成绩转换。

图 4.32　“函数参数”对话框

IF 函数根据逻辑计算的真假值，返回不同结果。对于“IF（E3<60,"不及格","及格"）”来说，若单元格 E3 的值小于 60（即条件式 E3<60 为真），返回文本值“不及格”；否则（即单元格 E3 的值大于或等于 60，条件式 E3<60 为假），返回文本值“及格”。

如果将评定改为：按照平均分划分出优、良、中、及格和不及格 5 个等级，则可使用如下 IF 函数：=IF（E3>=90,"优",IF（E3>=80,"良",IF（E3>=70,"中"，IF（E3>=60,"及格","不及格"））））

可以看出，对嵌套的函数调用（即一个函数用做其他函数的参数）使用直接输入比较容易些。

在使用公式或函数时，需要注意以下几点。

① 输入的函数名、单元格引用等可以为小写，如 if、b5 等，但 Excel 将自动转换为大写。

② 出现在公式或函数中的文本必须用半角的英文双引号“""”括起来，如"不及格"。

③ 当选取含有数值的两个以上单元格区域时，在状态栏的“自动计算区”中就会显示某种计算结果。右击“自动计算区”，可改变计算种类。

④ 在“开始”选项卡中，单击“编辑”选项组中的Σ 自动求和 ▾ 按钮，Excel 将自动在活动单元格中填入带单元格引用的求和函数。如果单击此按钮右侧的小黑三角，可从下拉列表中选用求和、平均值、计数、最大值、最小值及其他函数。

4.3.4 工作表的基本格式设置

工作表格式设置包括单元格内的数据格式和单元格的格式设置，可以通过“开始”选项卡的“字体”、“对齐方式”、“数字”、“样式”、“单元格”等选项组来实现，如图 4.33 所示，用法也与 Word 操作类似。在进行格式设置前，应先选取设置对象所在的单元格或单元格区域。操作时，在单元格显示的是设置后的结果，而在编辑栏中显示的是原始格式。

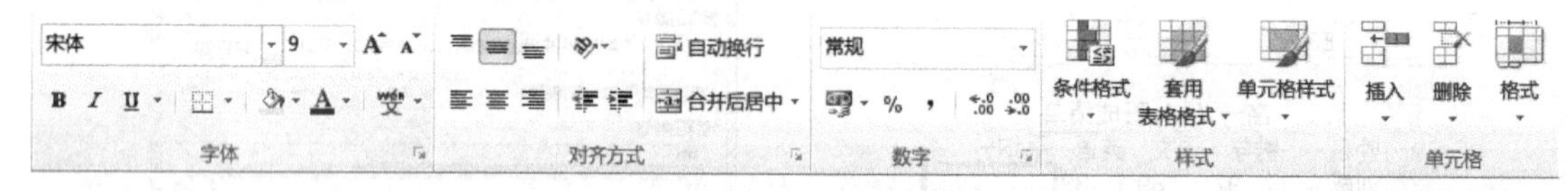

图 4.33 “开始”选项卡

1. 设置数字的格式

通过数字格式的设置，可使数字带有百分号（%）、货币符（￥）、千位分隔符（,）等，也可改变小数位数。选取单元格或单元格区域后，单击“数字”选项组中相应的按钮，或者单击“单元格”选项组中的“格式”按钮，在下拉列表中选择“设置单元格格式”命令，出现“设置单元格格式”对话框，在“数字”选项卡上进行选择，如图 4.34 所示。

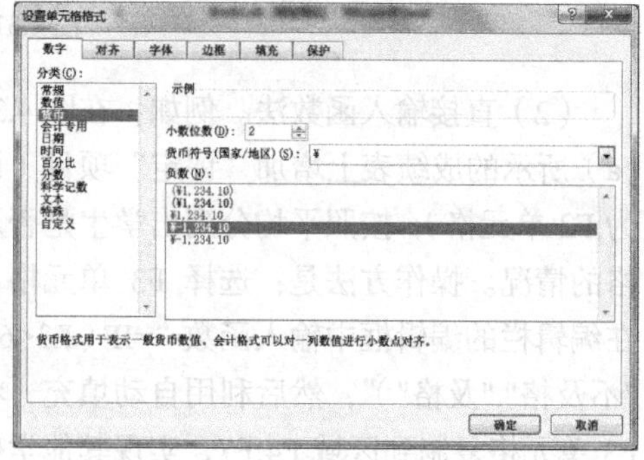

图 4.34 “数字”选项卡

2. 设置文本字体的格式

文本字体的格式主要包括字体、字形、字号、颜色、增加下画线及一些特殊效果等。可通过“字体”选项卡来设置，也可通过“设置单元格格式”对话框（单击“字体”选项组右侧的对话框启动按钮打开该对话框）的“字体”选项卡进行设置，操作与 Word 类似。

注意：如果要将输入的数字转换为文本，首先选中单元格内容，再在“数据”选项卡的“数据工具”选项组中，单击“分列”命令，弹出“文本分列向导”对话框，在弹出的对话框中按步骤操作，连续单击“下一步”按钮，在“第 3 步”中选择列数据格式为 “文本”单选按钮，单击“完成”即可将数字转换为文本形式。如果要将文本转换为数字，步骤同数字转换为文本。只是在“第 3 步”中选择“常规”单选按钮。

3. 设置对齐方式

数据对齐方式包括水平对齐、垂直对齐、合并单元格、改变文字方向等。利用“对齐方式”选项组上“左对齐”、“居中”、“右对齐”、“顶端对齐”、“垂直居中”、“底端对齐”按钮来设置单元格文本的对齐方式，用户还可通过“设置单元格格式”对话框（可以通过“对齐方式”的对话框启动器打开该对话框）获得更高级的单元格对齐设置，如图 4.35 所示。该对话框中“文本控制”栏中各选项的作用十分重要。

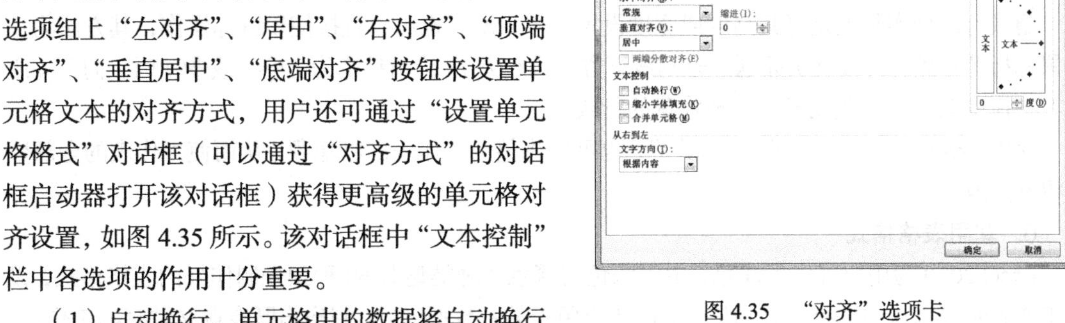

图 4.35　“对齐”选项卡

（1）自动换行。单元格中的数据将自动换行以适应列宽。更改列宽时，数据换行也会相应自动调整。

（2）缩小字体填充。缩小单元格中字符以调整到使数据与列宽一致，若改变列宽则字符大小可以自动调整。

（3）合并单元格。将多个单元格合并成一个单元格，水平、垂直均可，但只保留左上角的数据。与“水平对齐”或“垂直对齐”下拉列表中的“居中”选项结合，具有“对齐方式”选项组的“合并后居中”按钮的作用，一般用于标题的对齐显示。

4. 设置边框与底纹

屏幕上显示的网格线是系统为输入、编辑方便而设置的，在打印或预览时不会出现。若希望打印出格线，则需要为单元格区域设置边框。底纹的设置是为了使某些特殊的数据更加醒目。

（1）使用“开始”选项卡的“字体”选项组。单击“边框”按钮右端的箭头，出现边框类型下拉列表，从中可对选定的区域设置需要的边框类型。单击“填充颜色”按钮右端的箭头，可设置底纹。

（2）使用“设置单元格格式”对话框。在“设置单元格格式”对话框中选择“边框”或“图案”选项卡，进行边框或底纹设置。从对话框中的选项可以看出，比用“字体”选项卡设置的内容更丰富，包括虚线、点画线、双线、线条颜色、用斜线分割单元格、底纹的图案等。

5. 设置行高和列宽

在建立工作表时，所有单元格具有相同的宽度和高度，但 Excel 系统会随着单元格中字体大小的改变而自动调整行高。默认情况下，当单元格中输入的字符串超过列宽时，将会溢出到相邻的单元格中显示，或者被截断显示，数字或日期则用指数法或“#######”显示。为满足实际要求，Excel 允许调整行高和列宽。

用鼠标拖动设置行高和列宽比较方便。将鼠标指针移到行（列）标题的分割线上，当指针变为双向箭头状时，上、下（或左、右）拖曳分割线即可调整行高（或列宽）。拖曳时，会显示具体的尺寸，行高的单位是“磅”，列宽的单位是“字符”。

利用“单元格”选项组中的“格式”命令，在其下拉列表中“单元格大小”选项中的“行高”（或“列宽”）可精确设置行高和列宽。

（1）“行高”或“列宽”：在“行高”或“列宽”对话框中输入数据，调整所选定行的高度或列的宽度。

（2）“自动调整行高”：取选定行中最高的数据为高度自动调整。

（3）“自动调整列宽”：取选定列中最宽的数据为宽度自动调整。

同时也可以利用“格式”下拉列表中“可见性”来隐藏行或列。选定要隐藏的行或列，单击“隐藏和取消隐藏”，在出现子菜单中选择“隐藏行或列”，如果选择“取消隐藏行或列”，隐藏的行或列将重新显示。

隐藏行或列实际上是将其高度或宽度设置为零，所以也可以直接使用鼠标操作，其方法为：将鼠标指针移到行（或列）标题的分割线下方（或右方），待指针变为上÷（或✚）时，向下（或向右）拖曳鼠标，隐藏或显示出被隐藏的行或列。

使用“格式”下拉列表的“可见性”，也可以将整个工作表加以隐藏，从而使工作表的全部数据得到隐蔽。

6. **套用表格格式**

Excel 2010为用户提供了浅色、中等深色与深色3种类型共60种预先制作好的表格格式，设置工作表时可以从中选择适宜的格式，迅速应用于某一数据区域，制作出既专业又漂亮的工作表。

首先选取单元格区域，然后打开“开始”选项卡，在“样式”选项组中选择“套用表格格式”命令，在下拉列表中选择相应的格式，在弹出的“套用表格格式”对话框中选择数据来源，单击“确定”后，数据表被创建为表格并应用了格式，在表格工具“设计”选项卡中，单击“工具”选项组的“转换为区域”命令，在弹出的对话框中单击“是”按钮，将创建的表格转换为普通数据表，但格式仍被保留。

7. **应用单元格样式**

单元样式是一些预定义的单元格格式的集合，可以对选定的单元格或单元格区域进行格式化。Excel允许创建新的单元格样式。

应用单元格样式时，先选定单元格或者单元格区域，然后在“开始”选项卡中选择“样式”选项组，单击“单元格样式”命令，在下拉列表中选择相应的样式即可。默认状态下，“单元格样式”命令主要包含5种类型的单元格样式，如图4.36所示，其功能如下。

（1）好、差和适中：包含常规、差、好与适中4种类型的样式。

（2）数据和模型：包含计算、检查单元格、警告文本等8种数据样式。

（3）标题：包含标题、标题1、汇总等6种类型的标题样式。

（4）主题单元格样式：包含20%强调文字颜色1、20%强调文字颜色2等24种样式。

（5）数字格式：包含百分比、货币、千位分隔符等5种类型的数字格式。

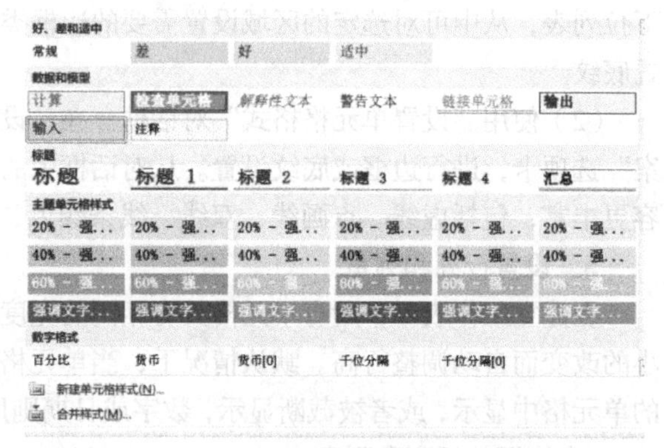

图4.36 单元格样式

如果修改某个内置的样式，可以对其单击鼠标右键，在弹出的快捷菜单中单击“修改”命令。在打开的“样式”对话框中，根据需要对相应样式的“数字”、“对齐”、“字体”、“边框”、“填充”、“保护”等单元格格式进行修改，最后单击“确定”按钮即可。如果新建单元格样式，则选择任一单元格或单元格区域，单击“样式”→“单元格样式”→“新建单元格样式”，在弹出的“样式”对话框中设置各项选项即可添加自定义样式。

8. **设置条件格式**

有些表格，为了突出显示符合一定条件的数据，需要进行设置条件格式的操作。

（1）选取所要处理的单元格区域。

（2）在“开始”选项卡中，选择“样式”选项组的“条件格式”命令，在其下拉列表中选择相应的选项即可。

（3）“条件格式”命令主要包括下列条件格式选项。

① 突出显示单元格规则：主要适用于查找单元格区域中的特定单元格，是基于比较运算符来设置这些特定的单元格格式。该选项主要包括大于、小于、介于、等于、文本包含、发生日期与重复值 7 种规则。如图 4.37 所示，当用户选择某种规则时，系统会弹出相应的对话框。在该对话框中主要设置指定值的单元格背景。例如，选择“大于”选项。

② 项目选取规则：主要是根据指定的截止值查找单元格区域中的最高值或最低值，或查找高于、低于平均值或标准偏差的值。该选项中主要包括值最大的 10 项、值最大的 10%项、最小的 10 想、值最小的 10%项、高于平均指定与低于平均值 6 种规则。当用户选择某种规则时，系统会自动弹出相应的对话框，在该对话框中主要设置指定值的单元格背景色。例如，选择“10 个最大的项”选项，如图 4.38 所示。

图 4.37　“突出显示单元格规则”选项

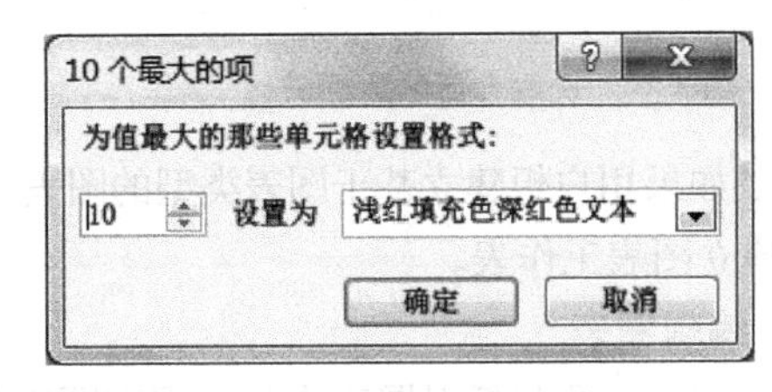

图 4.38　项目选取规则

③ 数据条：可以帮助用户查看某个单元格相对于其他单元格中的值，数据条的长度代表单元格中值的大小，值越大数据条就越长。该选项主要包括蓝色数据条、绿色数据条、红色数据条、橙色数据条、浅蓝色数据条与紫色数据条 6 种样式。

④ 色阶：作为一种直观的指示，可以帮助用户了解数据的分布与变化情况，可分为双色刻度与三色刻度。其中三色刻度表示使用 3 种颜色的渐变帮组用户比较数据，颜色表示数值的高、中、低。

⑤ 图标集：可以对数据进行注释，并可以按阈值将数据分为 3~5 个类别。每个图标代表一个值的范围。例如，在三向箭头图标中，绿色的上箭头代表较高值，黄色的横向箭头代表中间值，红色的下箭头代表较低值。

（4）执行“条件格式”的“清除规则”选项，即可清除单元格或工作表中的所有格式。

4.3.5　图表制作

图表是 Excel 的重要功能之一。利用图表功能可以方便地将工作表中的数据以各种图表的形式显示，从而更形象、更直观地反映数据的变化规律和发展趋势，为决策和分析提供依据。图表与建立它们的工作表数据相链接，当工作表数据源发生变化时，图表会随之更新。

1. 创建图表

在 Excel 2010 中，按照存放位置不同有两种图表，一种是将图表和工作表数据放在同一工作表中，这种图表被称为嵌入式图表；另一种是创建一个独立图表，并放在一个独立的工作表中，这种图表被称为是图表工作表（或独立图表）。

（1）利用“图表”选项组来创建图表。首先选定数据源，如图 4.39 所示的单元格区域，然后执行“插入”选项的“图表”选项组中的命令，在下拉列表中选择相应的图表样式即可。

（2）利用“插入图表”来创建图表。首先选取数据源，然后执行“插入”选项卡中的“图表”选项组，单击对话框启动器命令，在弹出的“插入图表”对话框中选择相应图表类型即可，如图 4.40 所示。另外在“图表”选项组中，单击图表类型下三角按钮，在下拉列表中选择“所有图表类型”选项，也可弹出“插入图表”对话框。该对话框中，除了包括各种图表类型与子类型外，还包括管理模板与设置为默认图表两种选项。

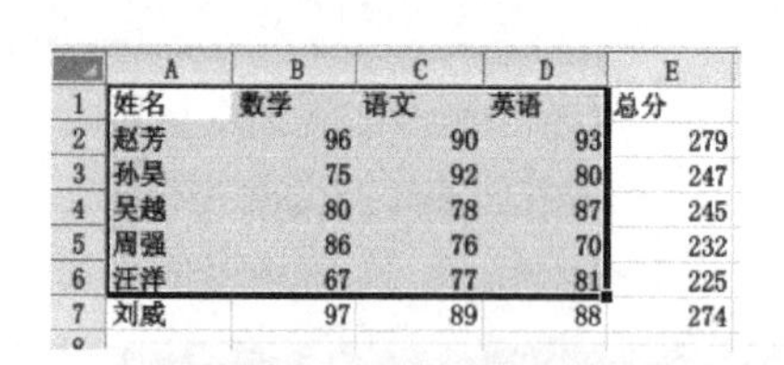

	A	B	C	D	E
1	姓名	数学	语文	英语	总分
2	赵芳	96	90	93	279
3	孙昊	75	92	80	247
4	吴越	80	78	87	245
5	周强	86	76	70	232
6	汪洋	67	77	81	225
7	刘威	97	89	88	274

图 4.39 选取合适的数据区域

图 4.40 “插入图表”对话框

（3）如果用户想建立基于图表类型的图表，可以使用 Alt+F1 组合键建立嵌入式图表，或使用 F11 键建立图表工作表。

2. 编辑图表

编辑图表主要包括对图表中的数据和图表各选项（图表对象）的编辑。在编辑图表之前，首先必须激活图表区或图表选项，然后使用“图表工具”选项卡对图表类型、数据源、图表选项、位置等进行修改。也可以右击图表区或绘图区，弹出快捷菜单，选择相应的命令进行编辑。

（1）调整图表

① 调整图表位置。默认情况下，Excel 2010 中的图表为嵌入式图表。选定需要调整的“图表”，当出现双向十字箭头时，拖动鼠标可以在当前工作表中任意移动位置，或者单击“图表工具”的“设计”选项卡，选择“位置”选项组的“移动图表”命令，在弹出的“移动图表”对话框中选择图表放置位置即可，如图 4.41 所示。

② 调整图表大小。选择图表，将鼠标置于图表区的边界中的“控制点”上，当光标变成双向箭头时，拖动鼠标调整图表大小，或者单击“图表工具”的“格式”选项卡，再单击“大小”选项组的右下角对话框启动器命令，在弹出的“设置图表区格式”对话框中设置“高度”与“宽度”选项值即可。

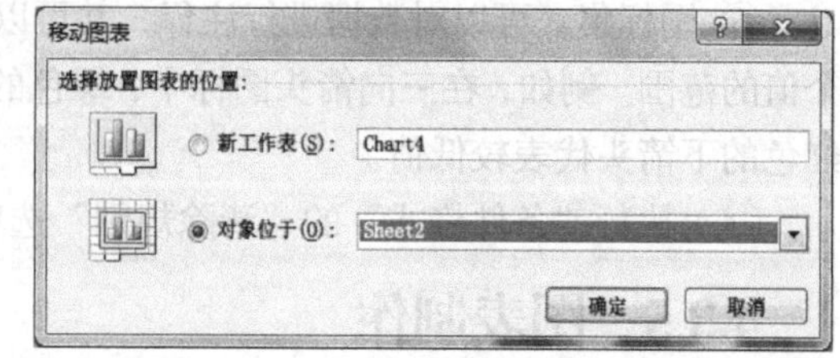

图 4.41 “移动图表”对话框

③ 复制、删除图表。选择需要操作的图表，单击右键，可以对图表进行复制、删除等操作，方法与 Word 中的图片类似。

（2）编辑图表数据。

① 修改图表数据：当更改工作表数据时，与之对应的图表会自动被更新（即修改）。

② 增加图表数据：用户可以通过下列 3 种方法来添加图表数据。

通过工作表：选择图表，在工作表中将自动以蓝色的边框显示图表中的数据区域。将光标置于数据区域右下角，拖动鼠标即可增加数据区域，如图 4.42 所示。

通过“选择数据源”对话框：右击图表执行“选择数据”命令，在弹出的“选择数据源”对话框中，单击“图表数据区域”文本框后面的“折叠”按钮，重新选择数据区域，单击“展开”按钮即可，如图 4.43 所示。

	A	B	C	D	E
1	姓名	数学	语文	英语	总分
2	赵芳	96	90	93	279
3	孙昊	75	92	80	247
4	吴越	80	78	87	245
5	周强	86	76	70	232
6	汪洋	67	77	81	225
7	刘威	97	89	88	274

图 4.42　工作表添加数据

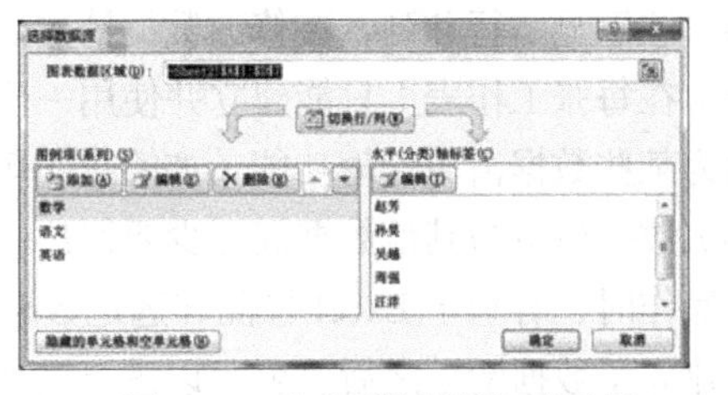

图 4.43　“选择数据源”对话框

通过“数据”选项组：执行“设计”选项卡“数据”选项组中的“选择数据”命令，在弹出的“选择数据源”对话框中重新选择数据区域即可。

③ 删除图表数据：删除图表数据也有 3 种方法。

按 Delete 键删除：选择表格中需要删除的数据区域，按 Delete 键即可同时删除工作表与图表中的数据。另外，选择图表中需要删除的数据系列，按 Delete 键即可删除图表中的数据。

“选择数据源”对话框删除：右击图表，执行“选择数据”命令，或执行“图表工具”选项卡中的“设计”选项卡，在“数据”选项组中选择“选择数据”命令，单击“选择数据源”对话框中的“折叠”按钮，缩小数据区域的范围即可。

鼠标删除：选择图表，则工作表中的数据将自动被选中，将鼠标置于被选定数据的右下角，向上拖动，就可减少数据区域的范围，即删除图表中的数据。

（3）编辑图表各选项。一个创建好的图表往往由很多部分组成，主要包括图表标题、图表区、绘图区、数据系列、图例项、坐标轴、网格线等，如图 4.44 所示。可以通过“图表工具”选项卡中的 3 个选项卡来修改图表中的各项内容。

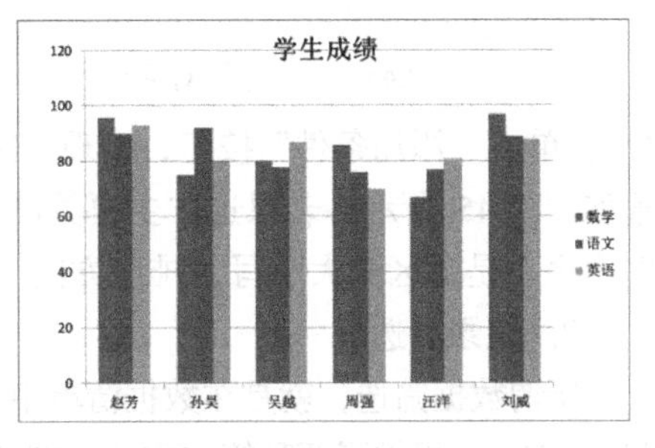

图 4.44　图表的组成

“设计”选项卡用来修改图表的类型、图表的布局、图表的样式、图表的位置等。

“布局”选项卡用来修改图表的标题、坐标轴标题、图例、设计标签、坐标轴、网格线、绘图区等。

“格式”选项卡用来修改图表区的内容格式、图表的样式、图表中文字的效果、图表的对齐方式等。

4.3.6　数据管理

Excel 不仅可以进行公式计算，还可以对工作表中的数据进行排序、筛选等数据库性质的操作。

1. 数据清单

在 Excel 中，数据清单（也称数据列表）是指工作表中某个单元格区域所构成的一个二维表。数据清单与数据库相似，而与前面介绍的工作表有所不同，在操作时要注意以下几点。

（1）与数据库对应，列称为字段，行称为记录。第一行为表头，由若干个字段名（列标题）组成，字段名必须由文字表示，不能是数字，也不能为空。

（2）清单中不允许有空行或空列，否则会影响 Excel 检测和对数据清单的选择；每一列必须是性质、类型相同的数据，如字段名是“姓名”，则该列存放的必须全部是姓名。

（3）类型相同的数据项置于同一列中。

（4）注意显示行和列，在修改数据清单之前，应确保隐藏的行或列也被显示。

（5）在每张工作表上只能建立并使用一份数据清单。应避免在一张工作表上建立多份数据清单，因为某些数据清单管理功能（如筛选）等一次也只能在一份数据清单中使用。

（6）数据清单与其他数据间至少要留出一个空列和空行，以便在执行排序、筛选或插入自动汇总等操作时，有利于 Excel 检测和选定数据清单。

在建立了数据清单之后，就可以进行诸如增加、修改、查找、删除记录等操作。

2. 记录排序

Excel 可以根据一列或多列（称为关键字）的数据按升序或降序对数据清单进行排序。英文字母按字母次序排序（默认不区分大小写），汉字可按笔画或拼音排序，数字按本身大小排序。

（1）简单排序。简单排序是指对单一字段按升降进行排序。选取想要排序字段的任一单元格，在“开始”选项卡中选择“编辑”选项组，单击“排序和筛选”的下拉列表，选择“升序”或“降序”命令，对数据进行升序或降序排列。

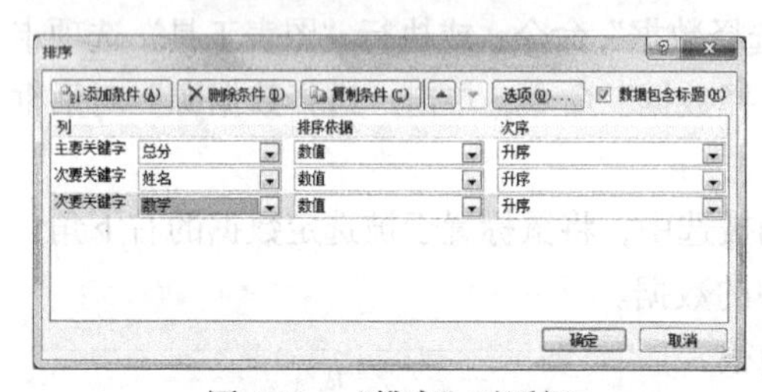

图 4.45　“排序”对话框

（2）复杂排序。当参与排序的字段出现相同值时，可再选取字段排序，如“总分”相同时，按“姓名”排序，“姓名”又相同时，按“数学”排序。操作方法是，选取数据清单的任一单元格，在“开始”选项卡中选择“编辑”选项组，单击“排序和筛选”的下拉列表，选择“自定义排序”弹出“排序”对话框，在“主要关键字”下拉列表中选择“总分”，单击“添加条件”按钮，出现“次要关键字”，在其下拉列表中选择“姓名”，其他相应设置如图 4.45 所示，若只选“主要关键字”，则是简单排序。单击“选项”按钮可设置自定义排序次序、是否区分大小写、排序方向（按列或按行）以及排序方法（字母或笔画）等。

3. 记录筛选

所谓数据筛选，就是在数据清单中将满足一定条件的数据显示在工作表内，将其他数据隐藏起来。Excel 提供了两种筛选方式，即自动筛选和高级筛选。

（1）自动筛选。自动筛选是一种简单快速的条件筛选，使用自动筛选可以按列表值、按格式或者按条件筛选。操作步骤是：先选定需筛选的数据清单中的任一单元格，在“开始”选项卡中选择“编辑”选项组，单击“排序和筛选”的下拉列表，选择“筛选”命令，如图 4.46（a）所示，可使数据清单进入（或退出）筛选状态。即在行标题的字段中系统自动添加下拉箭头，单击下拉按钮，从中选取所需条件（见图 4.46（b）），则将原来的表格自动按条件进行筛选后，得到新的表格。例如，单击班级下拉按钮，再单击“2”，则显示 2 班的数据；单击“筛选”，则可以指定简单的筛选条件。若选择下拉按钮中的“全选”命令，则取消所做的筛选，但保持筛选箭头。

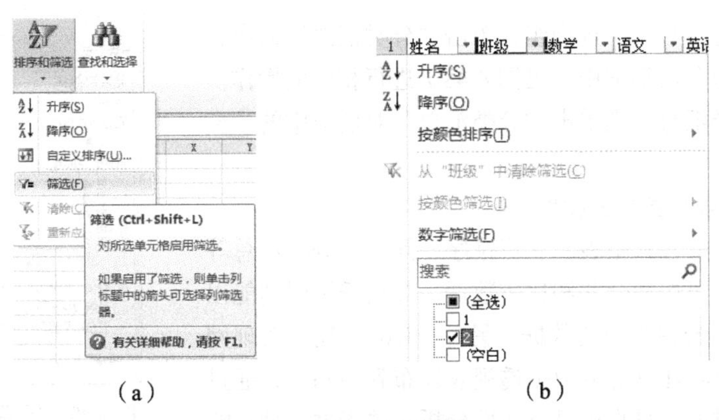

（a）　　　　　　　　　（b）

图 4.46　自动筛选状态

（2）高级筛选。自动筛选只能指定简单的筛选条件，而高级筛选则可以通过条件区指定相对复杂的筛选条件，在使用高级筛选功能对数据进行筛选之前，需要先创建筛选条件区域。其操作步骤如下。

① 建立条件区域。将 I2:K4 设置为条件区，筛选条件为“数学>90AND 语文>90OR 英语>90”，第 2 行为条件标记行，列出筛选条件中要出现的字段名；其他行为条件行，列出与字段相关的条件。建立条件区域时，处于同一行的条件是 AND 关系（即逻辑与），处于不同行的条件是 OR 关系（即逻辑或），如图 4.47 所示。

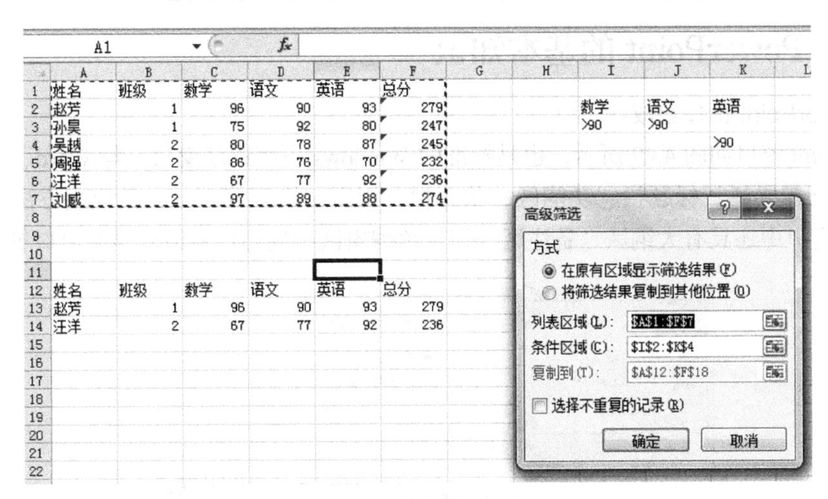

	A	B	C	D	E	F	G	H	I	J	K
1	姓名	班级	数学	语文	英语	总分					
2	赵芳	1	96	90	93	279			数学	语文	英语
3	孙昊	1	75	92	80	247			>90	>90	
4	吴越	2	80	78	87	245					>90
5	周强	2	86	76	70	232					
6	汪洋	2	67	77	92	236					
7	刘威	2	97	89	88	274					
12	姓名	班级	数学	语文	英语	总分					
13	赵芳	1	96	90	93	279					
14	汪洋	2	67	77	92	236					

图 4.47　高级筛选示例

② 在数据区域选取一个单元格。

③ 选择“数据”选项卡的“排序和筛选”选项组，单击“高级”按钮，在弹出的“高级筛选”对话框中设置相应的选项。“数据区域”是自动获取的，“条件区域”需要用户输入。如果选择了“将筛选结果复制到其他位置”，则需在“复制到”框中输入存放筛选结果区域的单元格地址，否则筛选结果将覆盖数据区域。

4. 分类汇总表

Excel 提供了分类汇总功能，使用户能够很方便地得到分类汇总结果，并能够自动分级显示数据。

具体操作时，应先对需要分类汇总的字段排序，将同一类的记录集中在一起。然后选择“数据”选项卡中“分级显示”选项组，单击“分类汇总”命令，在出现“分类汇总”对话框中（见图 4.48）进行相应的操作。

若想取消分类汇总，则单击“分类汇总”对话框中的“全部删除”按钮。

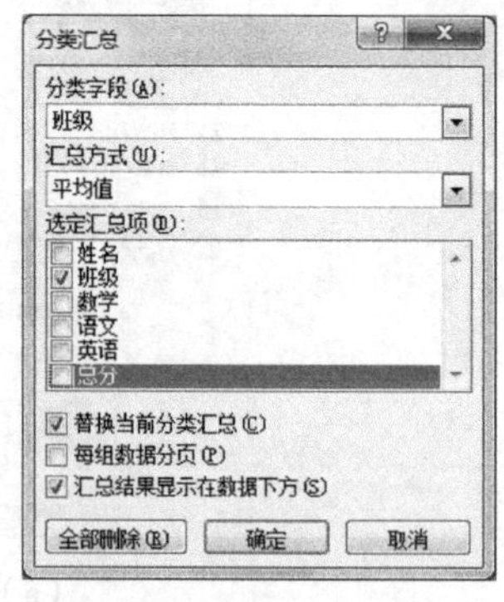

图 4.48 “分类汇总”对话框

5. 数据透视表和数据透视图

数据透视表是交互式报表，它将排序、筛选、分类汇总等过程结合在一起，可快速合并和比较数据。数据透视图则能以图形形式表示数据透视表中的数据。另外，Excel 还能实现网上的数据共享，可将建立好的数据透视表发布到网站上，通过网页利用系统提供的工具直接进行数据分析。关于这 3 种功能的使用方法，请参阅 Excel 帮助。

4.4 演示文稿软件 PowerPoint 2010

PowerPoint 2010 是一种集文字、图形、声音及动画于一体的专门用于制作演示文稿的软件，并能生成网页在网上展示，被广泛运用于各种会议、产品演示、学校教学等场合。本节主要介绍演示文稿软件 PowerPoint 2010（以下简称 PowerPoint）的基本使用方法。

4.4.1 PowerPoint 的基本知识

1. PowerPoint 窗口组成

PowerPoint 窗口如图 4.49 所示，也是标准的 Windows 应用程序窗口，与 Word、Excel 一样，包括快速访问工具栏、标题栏、功能区、状态栏、视图切换区等部分，其使用方法也类似。在 PowerPoint 窗口中还具有大纲区、备注区、幻灯片编辑区、使幻灯片适应当前窗口等特有元素。

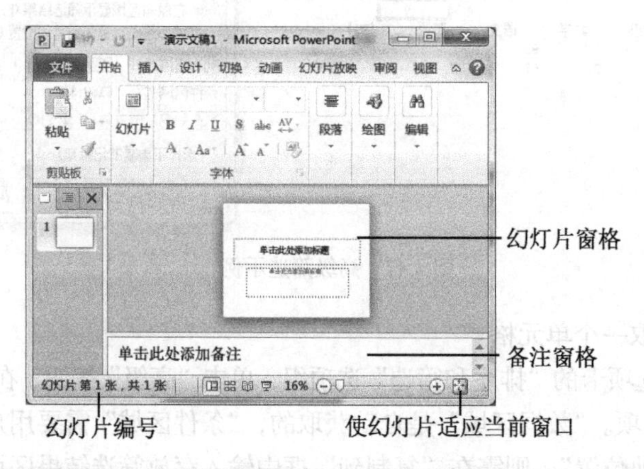

图 4.49 PowerPoint 演示窗口

2. PowerPoint 的视图

PowerPoint 有 5 种视图方式，即“普通”视图、“幻灯片浏览”视图、“幻灯片放映”视图、“备注页”视图和“阅读”视图，可通过视图切换区进行切换，也可通过“视图”选项卡进行切换。

（1）“普通”视图。“普通”视图是主要的编辑视图，可用于撰写或设计演示文稿。该视图有

3 个工作区域，即大纲窗格、幻灯片编辑区（即幻灯片窗格）和备注窗格，如图 4.49 所示。

① 大纲窗格：含有两个选项卡，一个是“大纲”选项卡，用于显示、撰写幻灯片文本；另一个是“幻灯片”选项卡，用于查看幻灯片的缩略图，并可快速找到需要的幻灯片，也可以重新排列（用鼠标拖动）、添加或删除幻灯片。

② 幻灯片编辑区：显示当前幻灯片，可以添加文本，插入图片、表格、图表、绘图对象、文本框、电影、声音、超链接和动画等。

③ 备注窗格：添加与幻灯片内容相关的备注，放映时并不直接显示。

（2）“幻灯片浏览”视图。“幻灯片浏览”视图是以缩略图形式显示幻灯片的视图。在该视图中，可以对演示文稿进行编辑，包括改变幻灯片的背景和配色方案、调整幻灯片的顺序、添加或删除幻灯片，以及选择动画效果等。方法是使用相应的下拉菜单或右键单击出现的快捷菜单。

（3）“幻灯片放映”视图。“幻灯片放映”视图占据整个计算机屏幕，可以看到演示文稿中的图形、时间、影片、动画等元素以及将在放映中看到的切换效果。在播放的过程中，单击鼠标或按 Enter 键、空格键等可以换页，按 Esc 键退出放映视图。

（4）“备注页”视图。选择“视图”选项卡中的“备注页”命令，切换到“备注页”视图。此视图方式以相同大小显示幻灯片和备注区，而隐藏大纲区，便于对备注的编辑。

（5）“阅读”视图。选择“视图”选项卡中的“阅读”视图命令，切换到“阅读”视图。此视图方式可以将演示文稿作为适应窗口大小的幻灯片放映查看，在此页面上单击，即可翻到下一页。

3. 演示文稿的创建

在 PowerPoint 中，创建演示文稿文件的操作方法与其他 Office 程序基本相同，演示文稿文件的扩展名是.pptx。

在“文件”选项卡中选择“新建”命令，打开“新建演示文稿”子菜单，在“新建”区提供了以下几种新建演示文档的方法，与 Word 基本类似。

（1）选择“空白演示文稿”选项，即创建一个空白演示文稿，用户也可以在打开的演示文稿中使用 Ctrl+N 组合键，快速创建空白演示文稿。

（2）选择“样本模板”选项，出现大量的漂亮模板，选择需要的模板来创建演示文稿。

（3）选择“我的模板”选项，用户可以使用自定义模板来创建演示文稿。

（4）选择“office.com 模板”选项，为用户提供了大量的应用型模板，选择需要的模板来创建演示文稿。

（5）选择“主题”选项，根据内置的主题模板来创建演示文稿。

4. 演示文稿的保存、关闭和打开

在 PowerPoint 中，保存、关闭和打开演示文稿文件的操作方法与其他 Office 程序基本相同。

4.4.2　编辑幻灯片

1. 版式设置

版式是幻灯片中各种占位符的布局形式，而占位符是幻灯片窗格中出现的虚线方框，用于放置一些待确定的对象，如标题、文本、图表、表格、图片、组织结构图等。双击占位符，就可以在幻灯片中设置占位符的格式；单击占位符的虚线边框，可调整占位符的大小及位置，如果按 Delete 键则可删除占位符。例如，将当前幻灯片设计为既有标题又有文本，并可播放影片的版式。操作过程：在“开始”选项卡中选择“幻灯片”选项组，单击“版式”的下拉列表，出现“Office 主题”中的相应版式，如图 4.50 所示。

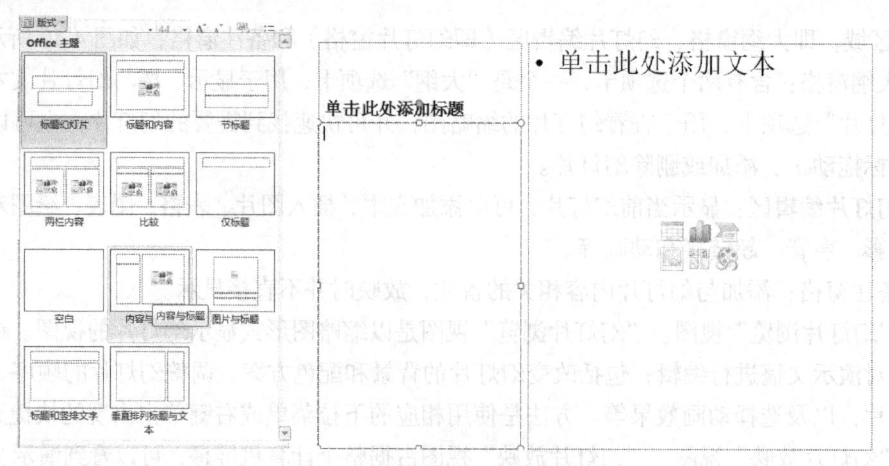

图 4.50　为当前幻灯片指定版式

2. 编排文本

单击文本占位符可添加文本，在插入的文本框中也可输入文本。对文本的移动和复制以及字符级和段落级格式化等操作与 Word 类似，这里不再赘述。

3. 添加对象

PowerPoint 为用户提供了内容、文本、表格、图表、剪贴画、图片、结构组织图、媒体剪辑等 10 种占位符，每种占位符的添加方式都相同，即在"插入占位符"下拉列表中选择需要插入的占位符类别，然后在幻灯片选择插入位置并拖动鼠标，放置占位符。PowerPoint 还能插入其他对象，如 Word 文档、Excel 表格、公式、艺术字等，方法与 Word 类似。在制作幻灯片时使用影片和声音对象，可以增强幻灯片的演示效果。

4. 其他编辑操作

PowerPoint 幻灯片与 Word 文档类似。幻灯片中的对象相当于一个图形对象，因此，可以对幻灯片中的大部分对象进行选定、缩放、移动、复制、删除等操作。

4.4.3　管理幻灯片

一个演示文稿由若干张幻灯片组成。新的演示文稿建好后，经常要进行插入、删除、复制、移动幻灯片等工作。

1. 插入幻灯片

通过"幻灯片"选项组插入：选择幻灯片，在"开始"选项卡中选择"幻灯片"选项组，单击"新建幻灯片"命令，选择相应的幻灯片版式或复制所选幻灯片、重用已存盘的幻灯片等。

通过右击插入：选择幻灯片，右击幻灯片，在弹出的快捷菜单中选择"新建幻灯片"命令，即可在选择的幻灯片之后插入新幻灯片。

通过键盘插入：选择幻灯片后按 Enter 键，即可插入新幻灯片。

2. 删除幻灯片

通过"幻灯片"选项组删除：选择要删除的幻灯片，在"开始"选项卡中选择"幻灯片"选项组，单击"删除"命令即可。

通过右击删除：选择要删除的幻灯片，右击幻灯片，在弹出的快捷菜单中选择"删除幻灯片"命令即可。

通过键盘删除：选择要删除的幻灯片，按 Delete 键即可。

3. 复制、移动幻灯片

复制、移动幻灯片的方法与 Word 中的复制、移动方法类似，可使用鼠标拖动的方法，也可使用菜单命令或快捷键。在“普通”视图或“幻灯片浏览”视图下都可以复制和移动幻灯片，在“幻灯片浏览”视图中则更方便。

4.4.4　设置幻灯片外观

可以单独设置某张幻灯片的外观，也可以使所有幻灯片具有一致的外观。幻灯片外观可以通过背景、配色方案、设计模板等方式实现。

1. 幻灯片背景设计

利用“设计”选项卡中的“背景”选项组可以为幻灯片设置填充效果及其背景色。

2. 配色方案

配色方案是设置 PowerPoint 的整体窗口颜色。在启用 PowerPoint 时，系统默认的窗口颜色为蓝色。用户可以通过“文件”选项卡中的选项命令，在弹出的对话框中设置配色方案。PowerPoint 为用户提供了蓝色、黑色与银色 3 种颜色，如图 4.51 所示。

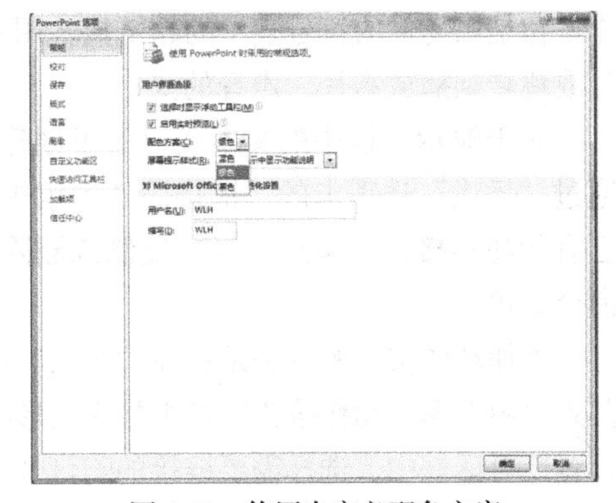

图 4.51　使用自定义配色方案

3. 应用主题

PowerPoint 提提供了多种设计主题，包含协调配色方案、背景、字体样式和占位符位置。使用预先设计的主题,可以轻松快捷地更改演示文稿的整体外观。应用主题的方法是：选择幻灯片，在“设计”选项卡的 “主题”列表中，选择一种主题，右击“应用于选定幻灯片”命令即可。在 PowerPoint 中，除了“应用于选定幻灯片”选项设置之外，还为用户提供了“应用于所有幻灯片”、“设置为默认主题”与“添加到快速访问工具栏”3 种应用类型，如图 4.52 所示。

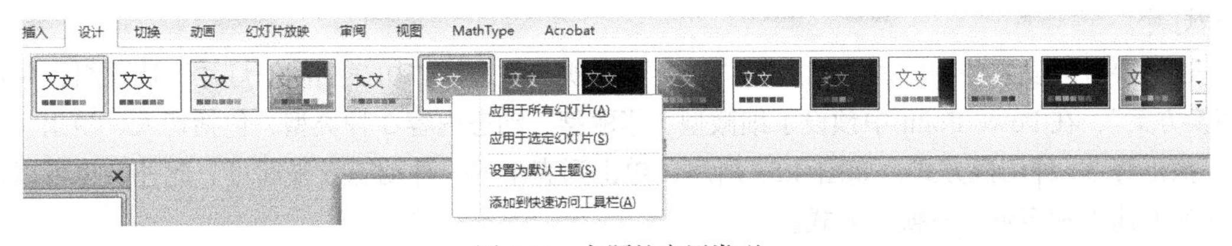

图 4.52　主题的应用类型

4. 母版

母版存储了设计模板的信息，母版分为 3 种，即幻灯片母版、讲义母版和备注母版。其中，幻灯片母版较常用，它存储了字形、占位符大小以及位置、背景设计和配色方案等信息。

使用“视图”选项卡中“母版视图”选项组，单击“幻灯片母版”命令，可进入相应的母版编辑视图，从而可以对母版进行修改。母版修改后将影响演示文稿中所有的幻灯片，但所应用的设计模板的原始文件保持不变。用户可以将对母版的更改保留在一个新的模板文件中。

4.4.5　幻灯片放映及设置

1. 幻灯片放映

通常，单击状态栏上的视图切换区中的“幻灯片放映”命令（快捷键为 F5），可以放映当前打开的演示文稿。在放映过程中，单击当前幻灯片或按 Enter、N、↓、Page Down 键进入下一张幻灯片，按 P、↑、Page Up 键回到上一张幻灯片，按 Esc 键终止放映。

此外，使用“幻灯片放映”选项卡的“设置”选项组，单击“设置幻灯片放映”命令，在弹出的“设置放映方式”对话框中设置放映参数，指定以下 3 种放映方式之一。

（1）演讲者放映（全屏幕）：以全屏幕的形式放映演示文稿。在放映过程中演讲者具有完全的控制权，如控制自动或人工放映过程，还可以添加会议记录，录制旁白等。

（2）观众自行浏览（窗口）：以窗口形式放映演示文稿，适用于小规模演示。

（3）在展台浏览（全屏幕）：全屏幕自动放映。此时，大多数命令都不可用。放映前可使用“幻灯片放映”选项卡中的“排练计时”命令设置放映速度和次序。

2. 为幻灯片创建超链接和动作按钮

为了便于演讲者在播放演示文稿时能够灵活控制幻灯片的放映，可以使用超链接和动作按钮。在放映时，单击超链接可从当前幻灯片跳转到另一个幻灯片或其他演示文稿、网页、文件等。动作按钮是用易懂的符号表示的超链接，用来完成跳转到下一张、上一张、第一张和最后一张幻灯片或跳转到播放影片、声音的操作。

对于演示文稿中的文本或对象可创建超链接，方法是：首先选定超链接起点的对象，然后通过“插入”选项卡的“链接”选项组中的“超链接”命令，完成起点到目标之间的链接。对已有的超链接，如果想编辑、复制或删除，则右击起点对象，在出现的快捷菜单中选择相应的命令即可。

添加动作按钮的方法是：在“插入”选项卡中选择“插图”选项组，单击“形状”命令，在其列表中选择“动作按钮”栏中相应的形状，在幻灯片中拖动鼠标绘制该形状，在弹出的“动作设置”对话框中，选择需要链接的幻灯片即可。

3. 设置幻灯片切换效果

幻灯片切换效果是指放映时整张幻灯片以什么动态效果出现在屏幕上，如展开式、百叶窗式、收缩式等效果。默认情况下，放映幻灯片时使用简单的闪现方式，即后一幅幻灯片直接取代前一幅幻灯片。

选择要进行设置的幻灯片，然后在“切换”选项卡中选择“切换到此幻灯片”选项组，单击“切换方案”，在 PowerPoint 中预设了细微型、华丽型、动态内容 3 种类型，包括切入、淡出、推进、擦出等 34 种切换方式，如图 4.53 所示，单击列表中的一种动态效果即可。此外，也可以设置切换的速度和声音以及换片方式。

4. 为幻灯片设置动画

为幻灯片放映设置动画，可以达到突出重点，提高演示趣味性的效果。其设置方法有如下两种。

（1）应用动画方案。动画方案是对幻灯片的文本预设的动画效果，只对标题和文本占位符内的文本起作用，对文本框不起作用。选择幻灯片应用动画方案的方法是：选择“动画”选项卡，在“动画”选项组中，单击“动画样式”命令，在弹出的动画效果库中选择准备使用的动画方案，如选择“飞入”。

（2）自定义动画。自定义动画可对幻灯片中的文本框及各个对象设置动画效果。选定设置动画的对象，在“动画”选项卡中选择“高级动画”选项组，单击“添加动画”命令，在弹出的动画样式库中选择应用的动画，如选择“波浪形”，如图 4.54 所示，动画效果可以更改和删除。

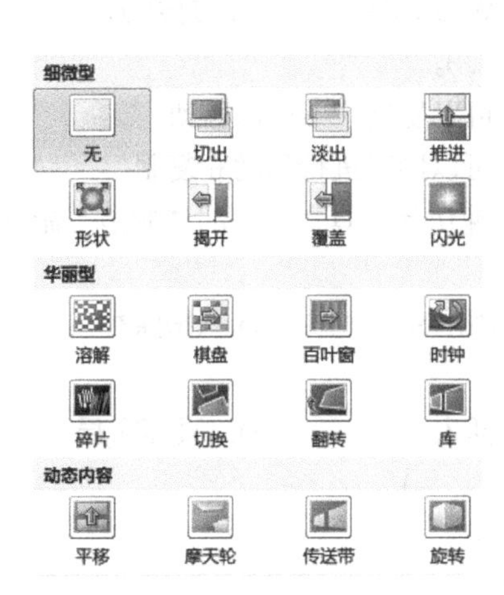

图 4.53　部分幻灯片切换方式

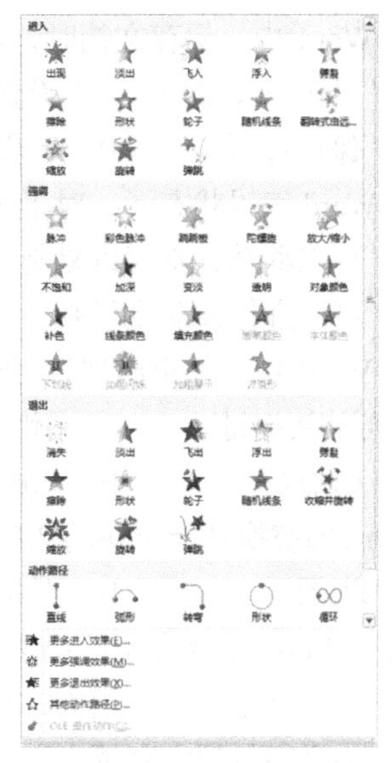

图 4.54　自定义动画样式

本章小结

本章主要介绍了常用办公软件 Microsoft Office 2010 中的 Word 2010 文字处理、Excel 2010 表格处理、PowerPoint 2010 演示文稿的使用方法。

字处理软件 Word 2010 通过编辑功能和字符格式化、段落格式化、页面格式化等文档排版功能，不仅可进行一般的文字处理工作，而且可以把公式、表格、插图与文字混排，形成完善优美的文件版面，最后通过文档打印把文件输出到打印机。

表格处理软件 Excel 2010 是普遍使用的电子表格数据处理软件，通过工作表的建立和编辑、工作簿的管理和编辑，能用于制作各类报表和进行数据分析，并能以多种形式的图表方式表现数据，还能对数据表格进行排序、筛选、分类汇总等操作。

演示文稿软件 PowerPoint 2010 专门用于编制演示文稿，建立演示文稿后，对演示文稿进行处理与美化，通过在幻灯片中添加声音、音乐及动画效果，能制作出精美的演示文稿，并通过演示来展示电子演示文稿。

习　题　4

1. 选择题

（1）以下不是 Word 功能的是（　　）。

A. 表格处理　　B. 字处理　　C. 图文混排　　D. 分类汇总

（2）在 Word 的编辑状态，打开文档 ABC，修改后另存为 ABD，则（　　）。

A. ABC 是当前文档　　B. ABD 是当前文档

C. ABC 和 ABD 均是当前文档　　D. ABC 和 ABD 均不是当前文档

（3）在 Word 中，保存文档时，如果以后不想让他人查看，则可以在“另存为”对话框中，通过“工具”下拉列表的（　　）设置文档的打开密码和修改密码。

A. 保存选项　　B. 常规选项　　C. Web 选项　　D. 打开选项

（4）在 Word 编辑状态下，对于选定的文字（　　）。

A. 可以移动，不可以复制　　B. 可以复制，不可以移动
C. 可以进行移动或复制　　D. 可以同时进行移动和复制

（5）在 Word 中，如果出现误删除，可以用“快速访问工具栏”中的“撤销”命令恢复删除的正文，也可按快捷键（　　）来恢复删除部分。

A. Ctrl+C　　B. Ctrl+Y　　C. Ctrl+S　　D. Ctrl+Z

（6）Word 的替换功能所在的选项卡是（　　）。

A. 视图　　B. 开始　　C. 插入　　D. 页面布局

（7）关于 Word 字体大小的说法中，正确的是（　　）。

A. 中文字号越大字越大，磅值越大字越大
B. 中文字号越大字越小，磅值越大字越大
C. 中文字号越大字越大，磅值越大字越小
D. 中文字号越大字越大，磅值越大字越小

（8）在 Word 编辑状态下，若要调整行距，则应选择的操作是（　　）。

A. 单击“开始”选项卡，选择“样式”选项组中的相应命令
B. 单击“视图”选项卡，选择“段落”选项组中的相应命令
C. 单击“开始”选项卡，选择“段落”选项组中的相应命令
D. 单击“开始”选项卡，选择“字体”选项组中的相应命令

（9）在 Word 中，以下不是段落格式的是（　　）。

A. 悬挂缩进　　B. 行间距　　C. 对齐方式　　D. 字间距

（10）在对段落格式化时，调整段落的缩进方式用（　　）最简便。

A. 对话框　　B. 工具栏　　C. 快捷菜单　　D. 标尺

（11）在创建模板时选择“根据现有内容新建”选项，表示是根据（　　）中的文档来创建一个新的文档。

A. 本地计算机磁盘　　B. 运行中的文档
C. Word 模板　　D. 当前模板文件

（12）Word 的格式刷（　　）。

A. 复制文字的格式与内容　　B. 可以复制文字和段落的格式
C. 可以复制文字的内容　　D. 不能复制段落的格式

（13）图文混排是 Word 的特色功能之一，以下叙述中错误的是（　　）。

A. 可以在文档中插入剪贴画　　B. 可以在文档中插入图形
C. 可以在文档中使用文本框　　D. 可以在文档中使用配色方案

（14）若要在 Word 文档中插入图片，下列选项中（　　）不是插图对象中的内容。

A. 剪贴画　　B. 形状　　C. 艺术字　　D. 屏幕截图

（15）在设置图片的文字环绕格式时，可以将图片设置为嵌入型、四周型环绕、紧密型环绕、衬于文字下方、浮于文字上方、穿越型环绕和（　　）7 种环绕方式。

A. 左右型环绕　　B. 上下型环绕　　C. 穿透型环绕　　D. 立体型环绕

（16）关于 Word 2010 的页码设置，以下表述错误的是（ ）。

A. 页码可以被插入到页眉页脚区域

B. 页码可以被插入到左右页边距

C. 如果希望首页和其他页页码不同必须设置“首页不同”

D. 可以自定义页码并添加到构建基块管理器中的页码库中

（17）在“插入表格”对话框中，选中“为新表格记忆此尺寸”复选框时，表示（ ）。

A. 在当前表格中应用该尺寸　　B. 保存为新建表格的默认值

C. 保存当前对话框中的设置　　D. 只适合在当前表格中应用

（18）若在文档中插入公式，应选择（ ）命令。

A. “插入”→“表格”　　B. “插入”→“公式”

C. “插入”→“文本部件”　　D. “插入”→“超链接”

（19）关于 Word 表格，以下叙述中错误的是（ ）。

A. 表格中可以插入表格　　B. 单元格可以合并或拆分

C. 可以进行一些简单的计算　　D. 不能绘制斜线

（20）在 Word 编辑状态下，若光标位于表格外右侧的行尾处，按 Enter 键，结果（ ）。

A. 光标移到下一列　　B. 光标移到下一行，表格行数不变

C. 插入一行，表格行数改变　　D. 在本单元格内换行，表格行数不变

（21）在 Word 中，下述关于分栏操作的说法，正确的是（ ）。

A. 可以将指定的段落分成指定宽度的两栏

B. 任何视图下均可看到分栏效果

C. 设置的各栏宽度和间距与页面宽度无关

D. 栏与栏之间不可以设置分隔线

（22）设置“首字下沉”应在（ ）选项卡中选择。

A. 开始　　B. 插入　　C. 引用　　D. 视图

（23）属于 Excel 核心功能的是（ ）。

A. 在文稿中制作表格　　B. 以表格的形式进行计算处理

C. 表格修饰能力　　D. 表格打印能力

（24）一个 Excel 的工作簿中所包含的工作表的个数（ ）。

A. 只能是 1 个　　B. 只能是 2 个　　C. 只能是 3 个　　D. 可超过 3 个工作表

（25）在 Excel 中，数值的单元格的默认对齐方式是（ ）。

A. 左对齐　　B. 右对齐　　C. 两端对齐　　D. 居中

（26）在 Excel 工作表的某单元格内输入文本字符串“456”，正确的输入方式是（ ）。

A. 456　　B. '456　　C. =456　　D. "456

（27）要在 Excel 工作表中同时选择多个不相邻的单元格，可以按住（ ）键的同时依次单击各个工作表的标签。

A. Ctrl　　B. Alt　　C. Shift　　D. Tab

（28）在 Excel 工作簿中，利用数据的自动填充功能可以自动地快速输入（ ）。

A. 任意文本数据　　B. 具有某种内在规律的数据

C. 公式与函数　　D. 任意数字数据

（29）在 Excel 中，按住（ ）键并拖动一个单元格的填充柄，填充的数字会依次递增。

A. Shift　　B. Alt　　C. Ctrl　　D. Ctrl+Esc

（30）在Excel工作表中，A1、A2单元格的内容分别是2和4，选中A1:A2并拖动填充柄至A5单元格，则A5单元格的内容是（　　）。

A. 10　　B. 6　　C. 4　　D. 2

（31）在Excel中，选定一个单元格，插入列时会（　　）。

A. 在该单元格右边插入一列　　B. 在该单元格左边插入一列

C. 可选择性插入一列　　D. 随机插入一列

（32）在Excel中，下列操作中不能更改工作表名（标签）的是（　　）。

A. 双击工作表标签

B. 选择“开始”→“单元格”选项组的“格式”→“重命名工作表”

C. 右击工作表标签，选择“重命名”

D. 选择“文件”→“重命名”

（33）Excel中没有的运算符是（　　）。

A. 算术运算符　　B. 关系运算符　　C. 文本连接符　　D. 逻辑运算符

（34）在Excel中，在单元格输入公式时，编辑栏中的“✓”表示（　　）。

A. 取消　　B. 确认　　C. 拼写正确　　D. 语法检查

（35）在Excel中，绝对引用要在列号、行号前加一个（　　）符号。

A. *　　B. $　　C. #　　D. &

（36）某公式中引用了一组单元格“（C3:D7,A2,F1）”，该公式引用的单元格总数为（　　）。

A. 7个　　B. 10个　　C. 12个　　D. 14个

（37）在Excel中，如果在工作簿Book2的当前工作表中，引用工作簿Book1中的Sheet1工作表A2单元格的数据，正确的引用方法是（　　）。

A. Book1！A2　　B. Sheet1!$A$2

C. [Book1.xlsx]Sheet1!$A$2　　D. Sheet1！A2

（38）在Excel中，可以将公式“=B1+B2+B3+B4”转换为（　　）。

A. SUM(B1:B5)　　B. =SUM(B1:B4)

C. =SUM(B1,B4)　　D. =SUM(B1 to B4)

（39）在Excel中，工具栏上的“Σ”的意思是（　　）。

A. 自动求积　　B. 自动求差　　C. 自动求除　　D. 自动求和

（40）在Excel工作表中，A1单元格的内容为公式“=SUM(B2:D7)”，删除第2行后，A1单元格的公式将调整为（　　）。

A. =SUM(ERR)　　B. =SUM(B3:D7)

C. =SUM(B2:D6)　　D. #VALUE!

（41）在Excel中，合并单元格时，如果多个单元格中有数据，则（　　）。

A. 保留所有数据　　B. 只保留左上角的数据

C. 只保留右上角的数据　　D. 只保留左下角的数据

（42）在Excel中，若数值单元格中显示一连串的“#####”符号，希望正常显示数值则需要（　　）。

A. 重新输入数据　　B. 调整单元格的宽度

C. 删除这些符号　　D. 删除该单元格

（43）Excel 中的嵌入图表是指（　　）。

A. 工作簿中只含有图表的工作表　　B. 包含在工作簿中的工作表
C. 新创建的工作簿　　D. 置于工作表中的图表

（44）在 Excel 中，数据清单的排序方式是（　　）。

A. 只能递增　　B. 只能递减　　C. 递增、递减　　D. 以上都不对

（45）PowerPoint 窗口中的视图切换区有（　　）按钮。

A. 3 个　　B. 4 个　　C. 5 个　　D. 6 个

（46）关于 PowerPoint 中的备注页，以下说法正确的是（　　）。

A. 在浏览视图与幻灯片视图下都能添加备注
B. 只有在备注视图下才能添加备注
C. 备注内容在幻灯片播放时并不直接显示
D. 备注内容在幻灯片播放时直接显示

（47）PowerPoint 2010 演示文稿默认的扩展名为（　　）。

A. .potx　　B. .pptx　　C. .ppt　　D. .pot

（48）在现有的幻灯片中加入已经存盘的幻灯片，应执行（　　）操作。

A. 选择“开始”→“幻灯片”选项组的“新建幻灯片”→“复制所选幻灯片”
B. 选择“开始”→“幻灯片”选项组的“新建幻灯片”→“幻灯片（从大纲）”
C. 选择“开始”→“幻灯片”→“重设”
D. 选择“开始”→“幻灯片”选项组的“新建幻灯片”→“重用幻灯片”

（49）下列说法正确的是（　　）。

A. PowerPoint 中不能插入视频对象　　B. PowerPoint 中不能插入 Word 表格
C. PowerPoint 中不能插入 Excel 表格　　D. PowerPoint 中能插入组织结构图

（50）在幻灯片母版中插入版式，是表示（　　）。

A. 插入单张幻灯片　　B. 更改母版版式
C. 插入幻灯片母版　　D. 插入模板

（51）在 PowerPoint 中，如果想将第 4 张幻灯片和第 2 张幻灯片交换位置，应在（　　）视图下进行。

A. 备注视图　　B. 浏览视图　　C. Web 视图　　D. 大纲视图

（52）关于 PowerPoint 中的设计模板，以下说法正确的是（　　）。

A. 一张幻灯片编辑好后就不能再更改其设计模板
B. 用户可以创建自己的设计模板
C. 所有设计模板都是系统自带的
D. 设计模板文档扩展名为.PPTX

（53）在 PowerPoint 中，下列对于母版描述不正确的是（　　）。

A. 对幻灯片母版的修改不影响任何一张幻灯片
B. PowerPoint 通过母版来控制幻灯片中不同部分的表现形式
C. 母版修改后不影响所应用的设计模板的原始文件
D. 母版可以预先定义标题样式、背景颜色、文本颜色、字体大小等

（54）在 PowerPoint 中，放映幻灯片的快捷键是（　　）。

A. F7　　B. F5　　C. F6　　D. F4

（55）如果希望放映演示文稿时不需要人工控制，则应事先（　　）。

A. 设置自定义放映　　B. 设置动画效果和多媒体功能

C. 设置放映方式，并排练计时　　D. 设置幻灯片切换的超链接

（56）在“幻灯片切换”选项卡，允许的设置是（　　）。

A. 设置切换时的视觉效果　　B. 设置切换时的听觉效果

C. 设置切换时的定时效果　　D. 以上均可

（57）在 PowerPoint 中为幻灯片设置动画时，以下说法正确的是（　　）。

A. 只能为幻灯片设置动画

B. 在设置动画时必须要先选定要设置动画的对象

C. 只能为幻灯片的文本框设置预设动画

D. 不能同时为多个对象设置同一动画效果

2. 填空题

（1）Word 视图方式是指用户查看文档的方式，包含 5 个显示方式切换按钮：________、________、________、________和________。

（2）若要浏览将要打印输出的文档内容，则可选择“文件”选项卡的________命令或者单击“快速访问工具栏”中的________按钮。

（3）Word 2010 为用户提供了二次公式、二项式定理、勾股定理等 9 种公式。用户需要在________选项卡中的________中插入公式。

（4）在 Word 中，插入点移到一行开头的快捷键是________，移到文档末尾的快捷键是________。

（5）在 Word 中，选定不连续区域文本时，需按下________键；选定某一矩形区域文本时，需按下________键。

（6）段落结束应按下 Enter 键作为标志，如果将其删除则会将________。选择段落时，可以用鼠标________选定栏，也可以在该段内任意位置________鼠标。

（7）在 Word 中，按________键删除插入点后面的字符，按________键删除插入点前面的字符。

（8）“开始”选项卡中的“剪切”、“复制”和“粘贴”按钮，对应的快捷键依次为________、________和________。

（9）段落的缩进主要是指________、左缩进、右缩进和________形式。

（10）除________外，其他环绕方式的图片都可以进行移动和旋转。

（11）Word 中插入图片的默认版式是________。

（12）对于 Word 的表格，可以在 “表格”选项卡中，使用________选项卡的单元格大小选项组来平均分布各行或各列。

（13）在 Word 中，可以对选定的________、________或________等对象设置边框和底纹。

（14）在 Excel 中，常量数据类型通常分为________、________和________。

（15）在 Excel 中，如果要输入当天日期，可按组合键________来实现。

（16）在 Excel 的“开始”选项卡中，“编辑”选项组的________命令，可以清除选定单元格区域的格式、内容、批注等信息，而“单元格”选项组的________命令是从工作表中删除选定的单元格、行或列以及工作表。

（17）在 Excel 工作表中，已知 B3 和 C2 单元格的值均为 0，在 B4 单元格中若输入公式“=B3=C2”后，B4 单元格显示的内容是________。

（18）在 Excel 工作表中已输入的数据，如图 4.55 所示，如将 C1 单元格中的公式复制到 D2 单元格中，则 D2 单元格的值为________。

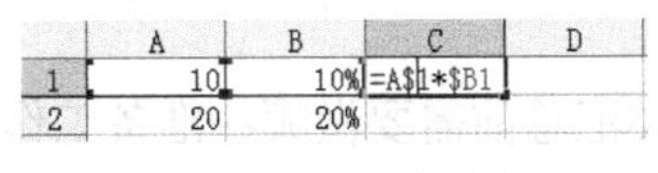

	A	B	C	D
1	10	10%	=A$1*$B1	
2	20	20%		

图 4.55　习题用图

（19）在 Excel 中进行如下操作：单击 A3，按住 Shift 键并单击 B9，然后再按住 Shift 键并单击 A6，则选择的区域是________。

（20）在 Excel 中，若只需打印工作表的一部分数据时，应先________。

（21）在 Excel 中，将选定的行或列隐藏，应在“开始”选项卡中使用“单元格”选项组的________菜单中的________子菜单。

（22）在 Excel 中，如果图表位于单独的工作表中，也就是与数据源不在同一个工作表上，这种工作表称为________。

（23）在 Excel 中，使用________选项卡可对图表类型、数据源、图表选项、位置等进行修改。

（24）在 Excel 中，通过“文件”→“选项”中的________命令可以编辑自定义序列列表。

（25）Excel 提供了自动筛选和________两种数据筛选方式。

（26）在 Excel 中，分类汇总前必须对汇总字段进行________。若想取消分类汇总，则单击________对话框的________按钮。

（27）母版上有 3 个特殊的文字对象，除了日期区、页脚区，还有________区。

（28）在 PowerPoint 中，若希望演示文稿作者的名字出现在所有的幻灯片中，则应将其加入到__________中。

（29）在 PowerPoint 中如果要终止幻灯片的放映，可以直接按________键。

（30）使用“设计”选项卡的________选项组，可以为幻灯片设置填充效果及其背景色。

（31）选择“幻灯片放映”选项卡的________选项组，可以只放映演示文稿中的部分幻灯片并调整放映顺序。

3. 简述题

（1）在 Word 中，如何选定一个单词、一个句子、一行文本、一个段落、一个连续区域或整个文档？

（2）Word 的功能区共有几个选项卡？每个选项卡的具体功能是什么？

（3）Word 界面默认显示的“快速工具栏”有哪些快捷按钮，如何添加、删除快捷按钮？

（4）如何把一个文档 A 的内容复制到另一个文档 B 中？

（5）如何设置文本的左、右页边距？如何设置每页的行数和字数？

（6）如何插入剪贴画？如何插入文件形式的图片？

（7）如何在文档中插入一个数学公式？

（8）简述制作一个标准的三行五列表格的过程。

（9）简述如何删除表格的最下部的一行。

（10）如何在表格中插入一个空行？

（11）在 Word 中，如何进行表格的合并单元格和拆分单元格？

（12）查看 Word 的帮助，叙述表格和文字如何进行转换？

（13）如何在工作簿内插入一个新的工作表？删除一个工作表？更改工作表的名称？

（14）什么是相对引用？什么是绝对引用？什么是混合引用？它们有什么区别？

（15）Excel 的图表按照位置存放分有几类？分别是什么？

（16）什么是数据清单？

（17）什么是数据筛选？

（18）什么是分类汇总？在分类汇总前需要做哪些准备工作？

（19）什么是数据透视表？

（20）PowerPoint 的视图方式有哪几种？各自的作用是什么？

（21）什么叫幻灯片版式？什么叫占位符？

（22）如何在 PowerPoint 演示文稿中插入声音、音乐、视频？

（23）如何插入和删除幻灯片？

（24）如何更改 PowerPoint 演示文稿中的配色方案？

（25）在 PowerPoint 演示文稿中如何设置超链接和动作按钮？

第5章 信息安全技术基础

本章重点：

- 计算机安全、信息安全和网络安全的区别和联系
- 网络信息系统不安全因素
- 信息安全防范技术
- 个人网络信息安全策略
- 计算机病毒及防治
- 黑客防御措施
- 防火墙结构

本章难点：

- 黑客防御措施
- 防火墙结构
- 计算机病毒及防治

当前，信息资源对于国家和民族的发展以及人们的工作和生活都已至关重要，信息已经成为国民经济和社会发展的战略资源，也是衡量国家综合国力的一个重要部分。随着计算机网络的发展，政治、军事、经济、科学等各个领域的信息越来越依赖计算机的存储方式。正因如此，信息及信息系统成为被攻击的目标。所以，信息安全已成为信息系统生存和成败的关键，也构成了IT界一个重要的应用领域。

5.1 基本概念

5.1.1 计算机安全、信息安全和网络安全

“安全”的基本含义可以解释为：客观上不存在威胁、主观上不存在恐惧。在讨论信息安全问题之前，需要区分信息安全、计算机安全和网络安全三者之间的关系。

1. 信息安全

信息安全是指信息系统以及信息系统中数据的保密性、完整性和可用性，使信息系统能连续、可靠、正常地运行，或破坏后还能迅速恢复正常使用的安全过程。

保密性：指信息不泄露给非授权的实体或个人。

完整性：指信息在传输、交换、存储和处理过程中保持非修改、非破坏、非丢失的特性，即保持信息的原样性。数据信息的首要安全是其完整性。

可用性：指信息的合法使用者能够访问为其提供的数据并能正常使用，或在非正常情况下，能够迅速恢复并投入使用的特征。

2. 计算机安全

国际标准化组织（ISO）将计算机安全定义为："为数据处理系统建立和采取的技术和管理的安全保护，保护计算机硬件、软件数据不因偶然和恶意的原因而遭到破坏、更改和泄漏"。这里包含了两方面内容：物理安全和逻辑安全。物理安全指计算机系统设备受到保护，免于被破坏、丢失等；逻辑安全则指保障计算机信息系统的安全，即保障计算机中信息的完整性、保密性和可用性。主要目标是保护计算机资源免受毁坏、替换、盗窃和丢失。这些计算机资源包括计算机设备、存储介质、软件和计算机输出信息和数据。

3. 网络安全

网络安全涉及的领域相当广泛，从广义来说，网络安全是指网络系统的硬件、软件及其系统中的数据受到保护，不因偶然或恶意的原因而遭到破坏，网络服务不中断。

4. 信息安全、计算机安全和网络安全的关系

从本质上来讲，计算机安全、信息安全和网络安全都是一样的，就是能够使计算机系统不因偶然的或者恶意的原因而遭到破坏，或者破坏后能恢复正常使用。计算机网络及网络中的计算机和计算机中的信息系统三者所涉及的范围不同，三者又互相交叉。

5.1.2 网络信息系统不安全因素

网络信息系统的不安全因素主要有下述两个方面。

1. 物理因素

（1）网络的开放性。由于开放性，网络系统的协议和实现技术是公开的，其中的设计缺陷可能被人利用。

（2）软件系统的缺陷。由于系统设计人员的理论知识和实践能力有限，在系统的设计、开发过程产生许多缺陷和错误，形成安全隐患。

（3）硬件设备故障。网络设备受环境、质量等因素影响发生故障，造成数据破坏和丢失，不能保证数据的完整性。

2. 人为因素

（1）黑客攻击。掌握和精通计算机网络及程序设计知识的软件工程师越来越多，其中一部分别有用心的人成为黑客，他们在未经用户同意和认可的情况下对网络以及数据进行破坏。

（2）有害程序威胁。一些不道德的生产厂家或不道德的软件工程师在设计程序时留下后门及木马程序等威胁。

（3）管理疏忽。部门没有规范的管理规定，相关人员操作不规范或者失误造成对网络信息系统的损坏。

受以上网络信息系统的不安全因素影响，计算机信息安全面临着极大的挑战。

5.1.3 社会责任与职业道德规范

总结我国网络安全现状，许多网络犯罪行为都是因为制度疏于管理和政策法规难以适应网络发展的需要，信息立法还存在相当多的空白。更重要的是网络道德建设和国内具有知识产权的信息与网络安全产品及全社会的信息安全意识有待提高。我国政府陆续颁布了《中华人民共和国计算机信息系统安全保护条例》、《中华人民共和国计算机信息网络国际联网管理暂行规定》、《计算机信息网络国际联网安全保护管理办法》、《中国互联网络域名注册暂行管理办法》、《中国互联网域名注册实施细则》等法规性文件，并在新刑法中明确了计算机犯罪与计算机违法行为的区别，从而为我国的网络安全管理提供了法律依据。但是，法律不是解决网络安全的唯一方法，大量的网络行为标准是由道德教育来解决的。道德属于意识形态范畴，是人们的信念或信仰，也是规范行为的准则，全社会良好的道德规范是文明网络的标志之一。结合实际开展道德规范教育并配合行政法规和管理制度的约束，以及增强人们的社会责任，有利于促进网络的稳定发展，从而保证计算机信息系统的安全。

高校是培养人才的地方，学习计算机知识和运用计算机能力已成为当代大学生知识结构中不可缺少的重要组成部分。因此，作为大学生，更应牢固树立依法保护计算机网络安全的意识，加强自身伦理道德、职业道德修养，自觉地遵守国家的法律法规，增强社会责任，维护计算机信息系统的安全，保障计算机设备和环境的安全、信息的安全、运行的安全和保障计算机功能的正常发挥，使其更好地造福于社会，造福于人民。

5.2　信息存储安全技术

随着计算机技术的发展，越来越多的企业和个人开始使用计算机处理日常业务，这使得用户对计算机系统中数据的依赖性大大加强。计算机普遍使用磁盘保存数据，因此由于磁盘故障引起的数据丢失问题，往往给用户带来灾难性的损失。普通的数据定时备份中，一旦设备出现故障，则会丢失未来得及备份的数据，不能确保数据的完整性。为解决这样的问题，可采用冗余数据存储的方案。冗余存储是指数据同时被存储在两个或两个以上的存储设备中，不会发生数据定时备份的丢失情况。冗余数据存储技术分为磁盘镜像、磁盘双工和双机容错。

5.2.1　磁盘镜像技术

磁盘镜像技术是在同一硬盘控制器上安装两个完全相同的硬盘。操作中，一个设置为主盘，另一个设置为镜像盘或者从盘。当写入数据时，分别存入两个硬盘中，两个硬盘中保存有完全相同的数据。当一个硬盘发生故障，另一镜像盘可以继续工作，并发出警告，提醒管理员修复或更换硬盘。磁盘镜像技术具有很好的容错能力，可以防止单个硬盘的物理损坏，但无法防止逻辑损坏。

Windows 2000 Server 及以后的版本都配备了支持磁盘镜像的软件，只需要在数据服务器上安装两块硬盘，经过对操作系统进行相关配置，就可以实现磁盘镜像技术。

5.2.2　磁盘双工技术

磁盘镜像技术可以保证一个磁盘损坏后系统仍能正常工作。但如果服务器通道发生故障或电源系统故障，磁盘镜像就无能为力了。磁盘双工可以很好地解决这个问题，它将两个硬盘分别接在两个通道上，每个通道都有自己独立的控制器和电源系统，当一个磁盘、通道或电源系统发生故障时，系统会自动使用另一个通道的磁盘而不影响系统的正常工作。磁盘双工不仅对系统具有很强的数据保护能力，而且由于这两个硬盘上的数据完全一样，服务器还可以利用两个硬盘通道，并行执行查找功能，从而提高系统的响应速度。

5.2.3 双机容错技术

双机容错的目的在于保证数据永不丢失和系统永不停机，其基本架构分为以下两种模式。

（1）双机互备援：所谓双机互备援就是两台主机均为工作机，在正常情况下，两台工作机均为系统提供支持，并互相监视对方的运行情况。当一台主机出现异常，不能支持信息系统正常运行时，另一主机则主动接管异常机的工作，继续支持系统的运行，从而保证系统能够不间断地运行，达到不停机的目的。但此时正常主机的负载会有所增加。

（2）双机热备份：所谓双机热备份就是一台主机为工作机，另一台主机为备份机，在系统正常情况下，工作机为系统提供支持，备份机监视工作机的运行情况，当工作机出现异常，不能支持系统运行时，备份机主动接管工作机的工作，继续支持系统的运行，从而保证系统能够不间断地运行。当工作机经过维修恢复正常后，系统管理人员将备份机的工作切换回工作机。也可以启动监视程序监视备份的运行情况，即原来的备份机就成了工作机，原来的工作机就成了备份机。

5.3 信息安全防范技术

信息安全强调的是通过技术和管理手段，能够实现信息在传输和存储过程中的保密性、完整性、可用性和不可抵赖性。当前采用的信息安全防范技术主要有访问控制、数据加密和数字签名技术。

5.3.1 访问控制技术

访问控制是基本的安全防范措施，用于防止非法用户使用计算机系统及合法用户对系统资源的非法使用。对计算机系统的访问控制必须对访问者的身份实施一定的限制，这是保证系统安全所必须的。访问控制通常采取以下两种措施：识别与认证访问系统的用户；决定用户对系统资源可进行何种访问。

1. 识别和认证

所谓识别，就是要明确访问者是谁，即识别访问者的身份。必须对系统中的每个合法用户都有识别能力，为保证识别的有效性，必须保证任意两个不同的用户都不能具有相同的用户标识。

所谓认证，是指在访问者声明自己的身份后，计算机系统必须对所声明的身份进行验证，以防假冒，实际上就是证实用户的身份。认证过程需要用户出具能够证明身份的特殊信息，这个信息是秘密的，任何其他用户都不能拥有。

识别与认证是涉及计算机系统和用户的一个全过程。只有识别与认证过程都正确后，系统才能允许用户访问系统资源。目前，最常用的认证手段是口令机制。除了使用用户标识与口令之外，还可以采用较为复杂的物理识别设备，如智能卡。也可以用生物识别技术进行验证，生物识别技术基于某种特殊的物理特征对人进行唯一性识别，如指纹、手印、视网膜等。

2. 设置用户访问权限

对于一个已被计算机系统识别与认证了的用户，还要对其访问操作实施一定的限制。可以把用户分为具有如下几种属性的用户类。

（1）特殊的用户。这种用户是系统的管理员，具有最高级别的特权，可以对系统资源进行任何访问，并具有所有类型的操作能力。

（2）一般用户。这类用户的访问操作要受到一定的限制，通常需要由系统管理员对这类用户分配不同的访问操作权限。

（3）审计的用户。这类用户负责整个系统的安全机制与资源使用情况审计。

（4）作废的用户。这是一类被拒绝访问系统的用户，可能是非法用户。

5.3.2 数据加密技术

数据加密的基本思想就是伪装信息，使非法用户无法理解信息的真正含义。借助数据加密技术，信息以密文的方式存储在计算机中，或通过网络进行传输，即使发生非法截获或者数据泄露，非授权者也不能理解数据的真正含义，从而达到信息的保密性。同理，非授权者也不能伪造有效的密文数据达到篡改信息的目的，进而确保数据的真实性。

数据加密技术中常用到以下术语。

（1）**明文**：需要传输的原文。

（2）**密文**：对原文加密后形成的信息。

（3）**加密算法**：将明文变换为密文所使用的方法。

（4）**密钥**：控制加密结果的数字或者字符串。

数据加密、解密过程如图 5.1 所示。加密算法和解密算法是可以公开的，通信双方使用的密钥是以秘密方式产生的，通过保密的安全通道传输，只能由通信双方掌握。如果泄漏了密钥，则密码系统不攻自破，可见密钥是很重要的。

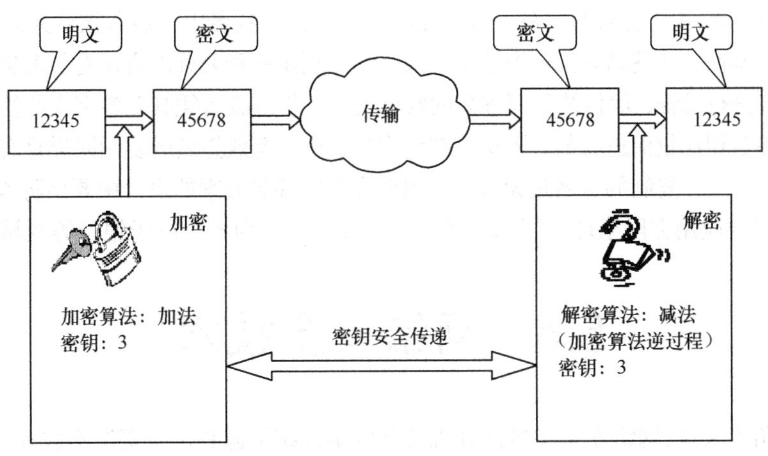

图 5.1 数据加密、解密过程

在应用中加密技术一般使用以下两种算法。

1. 对称加密算法

所谓的对称加密算法是指用加密数据的密钥可以计算出用于解密数据的密钥，反之亦然。绝大多数对称加密算法的加密密钥和解密密钥是相同的。对称加密算法的安全性完全决定于密钥的安全，算法本身是可以公开的，因此一旦密钥泄漏就等于泄漏了被加密的信息。对称加密算法的优点是：安全性高，加密速度快。缺点是：密钥管理难，无法检测密钥是否泄漏。最常用的对称加密算法是由 IBM 开发的数据加密标准（Data Encryption Standard，DES）算法。

2. 非对称加密算法

所谓非对称加密算法是指用于加密的密钥与用于解密的密钥是不同的，而且在一定时间内从加密的密钥无法推导出解密的密钥。这类算法用于加密的密钥是可以广泛公开的，任何人都可以得到加密密钥并用来加密信息，但是只有拥有对应解密密钥的人才能将信息解密。其中，加密密钥称为公开密钥（Public Key，PK），解密密钥称为秘密密钥（Secret Key，SK）。目前，仍然安全并且使用最广泛的非对称加密算法是由 R.L.Rivest、A.Shamir 和 L.M.Adleman 三位教授提出的 RSA 算法，它是一个既能用于数据加密，也能用于数字签名的加密算法。

5.3.3 数字签名

数字签名是指在以计算机为基础的现代事务处理中，采用的电子形式的签名。在 ISO 的标准定义中将它定义为：附加在数据单元上的一些数据，或是对数据单元所作的密码变换，这种数据和变换允许数据单元的接收者用以确认数据单元的来源和数据单元的完整性，并保护数据，防止被人进行伪造。它是保障信息传输和存储过程中信息的完整性、真实性和不可抵赖性的一种信息安全技术。不可抵赖性是指在传输数据时必须携带含有自身特质、别人无法复制的信息，防止对数据传输行为的否认。

一个完整的数字签名方案包括两个部分：签名算法和验证算法。即使用密钥对信息签名，然后用一个公开算法进行验证。因此，数字签名算法应满足下述 3 个条件。

（1）签名者事后不能否认自己的签名。

（2）其他人不能伪造签名，也不能对接收或发送的信息进行篡改。

（3）当当事人双方关于签名真伪发生争执时，可以由公正的仲裁者辨别真伪。

数字签名同传统的手写签名相比有许多特点。首先，在数字签名中签名和信息是分开的，因此需要一种方法将签名与信息绑定在一起，而在传统的手写签名中，签名被认为是文件信息不可或缺的一部分；其次，在签名验证的方法上，数字签名利用一种公开的方法对签名进行验证，任何人都可以对签名进行验证，而传统手写签名的验证是由文件接收者凭其对签字人所签字的熟知程度或通过同样的签名相比较而进行的；再次，在数字签名中，有效签名的复制同样是有效的签名，而在传统的手写签名中，复制的签名是无效的，因此在数字签名方案的设计中要预防签名的复用。

数字签名主要应用在网络环境下的电子公文流传、电子商务、电子银行等领域中。

5.4 网络安全技术

从广义的角度来讲，网络安全是指计算机及其网络系统资源和信息资源不被未授权用户访问，系统能连续、可靠、正常地运行，网络服务不中断。因此，凡是涉及计算机网络上信息的保密性、完整性、可用性、真实性和可控性的相关技术和理论都是计算机网络安全的研究领域。

5.4.1 网络黑客及网络攻防

黑客英文原名“Hacker”，黑客有褒义和贬义两个方面的含义。褒义方面的黑客不断追求更深的知识，公开自己的新发现与其他人分享，并且从来没有破坏数据的企图，遵守社会责任和道德，发现计算机系统和网络的漏洞是为促使产品开发商修补产品的安全缺陷，使网络更加健全和让人受益。与此相反，贬义方面的黑客也掌握编程语言方面的高级知识和操作系统方面的理论，能发现计算机系统中所存在的漏洞，但以此来攻击和破坏系统的运行，给网络安全和社会稳定制造大量麻烦。这类黑客对网络系统和社会危害极大，是社会和法律所不允许的。

黑客利用系统漏洞和非常规手段，进行非授权的访问或非法操作数据。黑客对网络攻击主要采取下述手段。

（1）非法连接、获取超级用户权限。

（2）非法访问系统。

（3）非法执行程序，获取文件或数据。

（4）进行非法的目标操作（如拒绝服务攻击）。

（5）故意变更或泄露信息。

网络攻击手法很多，但其攻击行为过程一般都是：寻找目标，收集信息；获取初始访问连接权；最后攻击目标系统或转移攻击其他目标系统。攻击后果轻则变更数据，网页被篡改；重则机密失窃，服务器被破坏，或者系统瘫痪。据不完全统计，2009 年中国被境外控制的计算机 IP 地址达 100 多万个；被黑客篡改的网站达 4.2 万个。

针对黑客的各种攻击手段，配置安全的计算机系统进行防御非常有效，下面介绍几种常用的防御措施。

1. 拒绝恶意代码

一般恶意网页都是因为加入了恶意代码才有破坏力，这些恶意代码就相当于一些小程序，只要打开网页就会被运行。所以要避免恶意网页的攻击只要禁止这些恶意代码的运行就可以了。运行 IE 浏览器，单击“工具”→“Internet 选项”→“安全”→“自定义级别”，将安全级别定义为“安全级-高”，在“ActiveX 控件和插件”禁用“对没有标记为安全的 ActiveX 控件进行初始化和脚本运行”，其他项设置为“提示”，之后单击“确定”。这样设置后，当使用 IE 浏览网页时，可以有效避免恶意网页中恶意代码的攻击。

2. 删掉不必要的协议

对于服务器和主机来说，一般只安装 TCP/IP 就够了。在“网络连接”窗口右击“本地连接”图标，选择“属性”，鼠标再右击“本地连接”，选择“属性”，卸载不必要的协议。其中 NETBIOS 是很多安全缺陷的根源，对于不需要提供文件和打印共享的主机，可以将绑定在 TCP/IPv4 的 NETBIOS 关闭，避免针对 NETBIOS 的攻击。为此，选择“TCP/IPv4 协议/属性/高级”，进入“高级 TCP/IPv4 设置”对话框，选择“WINS”标签，勾选“禁用 TCP/IP 上的 NETBIOS”一项，关闭 NETBIOS。

3. 隐藏 IP 地址

黑客经常利用一些网络探测技术来查看主机信息，主要目的就是得到网络中主机的 IP 地址。IP 地址在网络安全上是一个很重要的概念，如果攻击者知道了 IP 地址，等于有了攻击目标，黑客可以向这个 IP 地址发动各种进攻，如 DoS（拒绝服务）攻击等。隐藏 IP 地址的主要方法是使用代理。代理的原理是在客户机（用户上网的计算机）和远程服务器（如用户想访问远端 WWW 服务器）之间架设一个“中转站”，当客户机向远程服务器提出服务请求后，代理首先截取用户的请求，然后将服务请求转交远程服务器，从而实现客户机和远程服务器之间的联系，以达到隐藏 IP 地址的目的。网络上有很多服务器提供免费代理服务，用户可以用“代理猎手”等工具来查找。

4. 关闭不必要的端口

黑客在入侵时常常会扫描计算机端口。如果遇到这种入侵，可用工具软件关闭用不到的端口。

5. 更换管理员账户

Administrator，即管理员账户，该账户拥有最高的系统权限，一旦该账户被人利用，后果不堪设想。黑客入侵的常用手段之一就是试图获得 Administrator 账户的密码，所以需要重新配置 Administrator 账户。首先是为 Administrator 账户设置一个足够复杂的密码，然后重命名 Administrator 账户，再创建一个没有管理员权限的 Administrator 账户欺骗入侵者。这样一来，入侵者就很难搞清哪个账户真正拥有管理员权限，也就在一定程度上减少了危险性。

6. 杜绝 Guest 账户的入侵

Guest 账户即所谓的来宾账户，它可以受限访问计算机。有很多方法可以利用 Guest 用户得到管理员权限，所以要杜绝基于 Guest 账户的系统入侵。禁用或彻底删除 Guest 账户是最好的办法，但在某些必须使用 Guest 账户的情况下，就需要通过其他途径来做好防御工作。首先要给 Guest 设置一个复杂的密码，然后设置 Guest 账户对物理路径的访问权限。

7. 安装必要的安全软件

在计算机中安装并使用必要的防黑软件、杀毒软件和防火墙都是必备的。在上网时打开它们，这样即便有黑客进攻，安全也会有一定的保证。

8. 防范木马程序

木马程序会窃取所植入计算机中的有用信息，因此也要防止被黑客植入木马程序，常用的办法有：在下载文件时用杀毒软件来检测；在“开始”→“所有程序”→“启动”选项里看是否有不明的运行项目，如果有直接删除。

5.4.2 防火墙技术

1. 防火墙相关概念

防火墙实际上是一种“隔离”技术，它在开放的公共网络与私有的内部网络之间提供访问控制，通过设定一定的安全策略和规则，允许可信的网络访问和数据通信，拒绝不可信的或未获得授权的通信。

下述为与防火墙相关的基本概念。

（1）公共网络（或外网）：处于防火墙之外的公共网络，一般指 Internet。

（2）内部网络：处于防火墙之内的可信网络，是防火墙要保护的目标。

（3）非军事化区：也称周边网络，可以位于防火墙之外，也可以位于防火墙之内。非军事化区一般用来放置提供公共网络服务的设备，由于这些设备必须被公共网络访问，所以无法提供与内部网络主机相等的安全性。

（4）可信主机：位于内部网络的主机，具备可信任的安全特性，不会被恶意者操纵。

（5）不可信主机：不具有可信特性的主机。

（6）公网 IP 地址：可在 Internet 上使用的 IP 地址。

（7）保留 IP 地址：专门保留用于内部网络的 IP 地址，在 Internet 上不可识别，如 192.168. x. x 地址段。

2. 防火墙的主要功能及其局限性

防火墙的主要功能包括以下 5 个方面。

（1）控制不安全的服务。

（2）站点访问控制。

（3）集中式的安全保护。

（4）强化站点资源的私有属性。

（5）网络连接的日志记录及使用统计。

使用防火墙具有局限性，主要表现在下述几个方面。

（1）不能防范恶意的知情者。

（2）防火墙不能防范不通过它的连接。

（3）防火墙不能防备全部的威胁。

（4）防火墙不能防范病毒。

3. 防火墙的类型

按照防火墙的发展阶段，可分为网络级的包过滤防火墙和应用级的代理防火墙两种类型。

（1）网络级包过滤防火墙。基于网络级的包过滤防火墙主要有两类：一是静态包过滤防火墙，也称为第一代与第二代包过滤防火墙模型；二是动态包过滤防火墙。

① 静态包过滤防火墙：控制原理为过滤审查每个数据包，确定能否满足与所定义的包过滤规则匹配。过滤规则基于数据包的报头信息进行制定。内容包括 IP 地址以及 TCP、UDP 传输协议等。基本设计原则为明确规定管理员允许或禁止通过哪些数据包。

② 动态包过滤防火墙：控制原理为采用动态设置包过滤规则（即包状态监测技术），对通过其建立的每一个连接都进行跟踪，并根据需要可动态地在过滤规则中增加或更新检测内容。

（2）应用级代理防火墙。基于应用级的代理防火墙有普通代理防火墙和自适应代理防火墙两类。

① 普通代理防火墙。控制原理为：应用代理（proxy）技术参与到一个 TCP 连接的全过程，使内部发出的数据包经过代理防火墙的处理后，好像来自防火墙的外部网卡一样，可以起到很好地隐蔽内部网结构的作用。代理类防火墙的最主要的优点就是它的安全特性，即每一个内外网络之间的信息连接都要通过代理作用来转换，由专门的服务程序来处理连接工作，然后由防火墙本身提交请求和应答。这样，隔开了公共网络和内部网络的直接交互和对话通信机会，避免了入侵者惯用的使用数据驱动类的攻击方式入侵内部网，从而对内部网起到了很好的保护作用。

② 自适应代理防火墙。控制原理为：利用自适应代理服务器和动态包过滤技术，在两者之间设计一个控制通道。进行防火墙配置时，可根据用户需要的服务类型和安全级别信息，由 proxy 管理界面设置完成。另外，自适应代理根据用户的配置信息，决定是从应用层代理请求还是从网络层转发数据包，一旦确定由网络层传送，则动态地通知包过滤器对应不同层的过滤规则进行匹配和控制，最终满足用户对速度和安全的需求。

4. 防火墙的体系结构

通常的防火墙有下述 3 种体系结构。

（1）双重宿主主机体系结构。

双重宿主主机体系结构是围绕具有双重宿主的主体计算机（又称堡垒主机）而构筑的，如图 5.2 所示。该计算机至少有一个外网接口，一个内网接口。这样，主机可以充当这两个接口之间的路由器，并能够从一个网络向另一个网络发送 IP 数据包。然而，实现双重宿主主机体系结构的防火墙禁止这种直接发送功能，因此，IP 数据包并不是从一个网络（如 Internet）直接发送到其他网络（如内部网络）。防火墙内部的系统能与双重宿主主机通信，同时防火墙外部的系统也能与双重宿主主机通信。但是，防火墙内外系统不能直接通信，它们之间的通信必须经过双重宿主主机的过滤和控制。

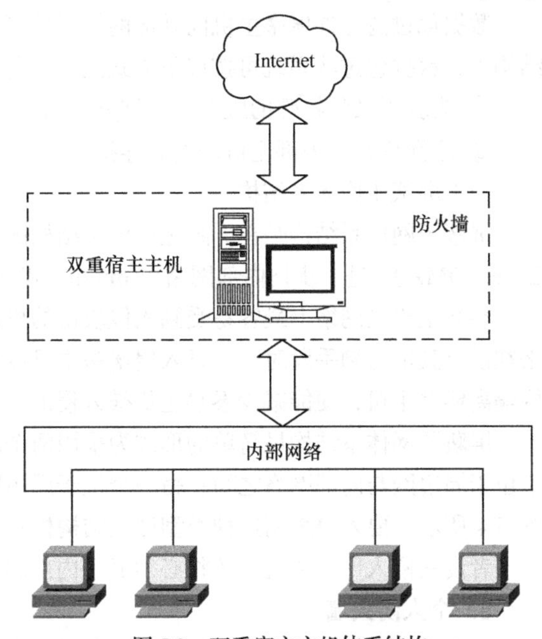

图 5.2　双重宿主主机体系结构

（2）屏蔽主机体系结构。

屏蔽主机体系结构使用一个单独的路由器来提供内部网络主机之间的服务。在这种体系结构中，主要的安全机制由数据包过滤系统来提供，其结构如图 5.3 所示。

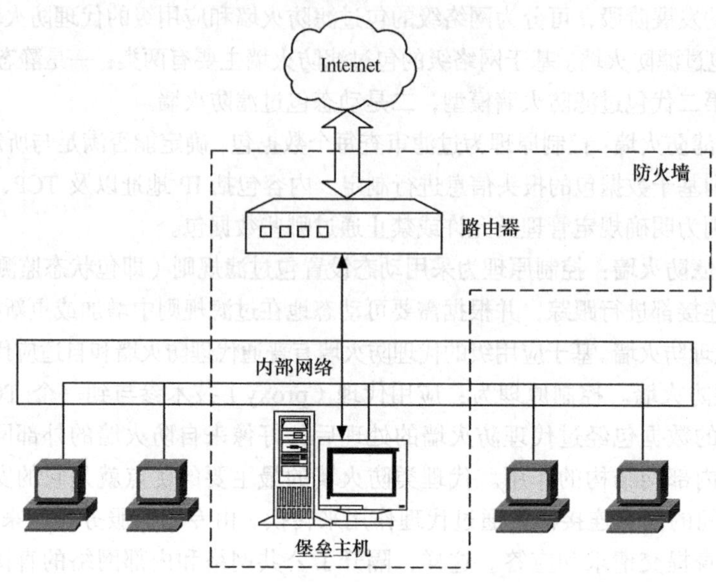

图 5.3　屏蔽主机体系结构

数据包过滤系统可以使内部网络中的某台主机成为堡垒主机，堡垒主机位于内部网络上，是 Internet 访问内部网络的唯一主机。任何外部的系统要访问内部的系统或服务器，必须先连接到这台主机（仅有某些确定类型的外部访问才是被允许），因此堡垒主机要保持更高的安全等级。

数据包过滤允许堡垒主机向外部网络开放可允许的连接（由安全策略决定）。在屏蔽主机体系结构中，数据包过滤系统可按以下方式之一进行配置。

① 为获得某种特殊的服务，允许其他的内部主机连接外部网。

② 不允许来自内部主机的所有连接。

（3）屏蔽子网体系结构

屏蔽子网体系结构是在屏蔽主机体系结构的基础之上添加了非军事区或周边网（Demilitarized Zone，DMZ），进一步把内部网络与 Internet 隔离开。

堡垒主机是网络上最容易受到入侵攻击的机器。因为在屏蔽主机体系结构中，用户的内部网络在没有其他防御手段时，一旦入侵堡垒主机成功，就可以毫无阻挡地进入内部网络。通过周边网隔离堡垒主机，便能减少堡垒主机被入侵的可能。

屏蔽子网体系结构最简单的形式为采用两个屏蔽路由器，每一个路由器都连接到周边网，一个位于周边网与内部网络之间；另一个位于周边网与外部网络之间（通常为 Internet），其结构如图 5.4 所示。要入侵采用这种类型体系结构构筑的内部网络，入侵者必须通过两个路由器。即使入侵者设法侵入堡垒主机，还将必须通过内部路由器才能进入内部网络。

5. 个人防火墙

个人防火墙是在专业防火墙基础上发展起来的，但在规则设置及管理等方面进行了简化，能够让非专业的个人用户容易安装和使用，一般是指安装在个人计算机中的防火墙软件。个人防火墙的工作原理是基于包过滤技术，根据访问规则拦截数据包。个人防火墙产品很多，比较知名的品牌有诺顿、天网、瑞星、金山及卡巴斯基等。

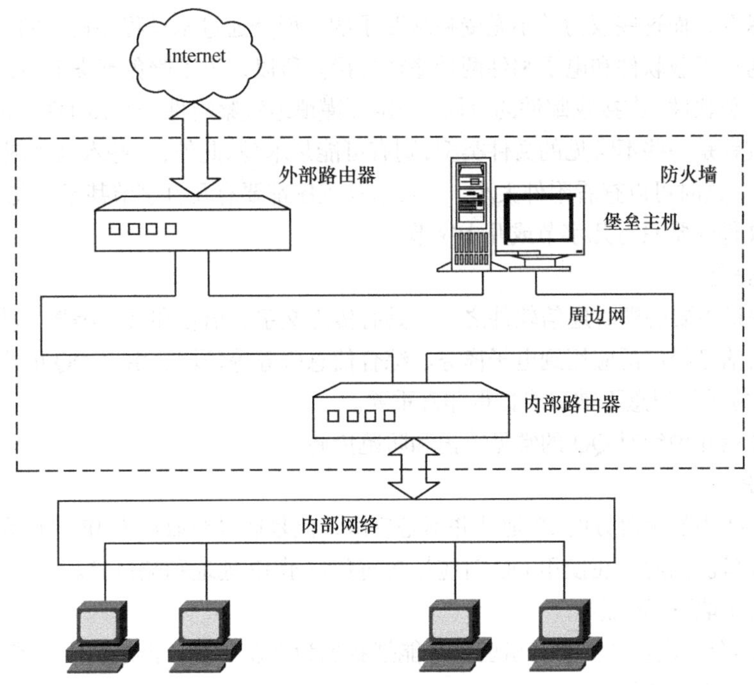

图 5.4 屏蔽子网体系结构

5.4.3 个人网络信息安全策略

1. 口令安全

黑客破解口令的方法通常有两种。第一种方法是通过口令破解程序从存放许多常用密码的数据库中逐一尝试。该方法用枚举法，从指定的字母或数字开始，逐步增加，直到破解出口令。第二种方法是设法取得系统口令文件，然后破译这些经过加密的口令。其破解方法不是真正地去解码，因为现代加密算法基本上都是不可逆的。它是通过逐个尝试的单词，用已知道的加密算法来加密这些单词，直到发现一个单词经过加密后的结果和需要解密的数据一样，这个单词就被认为是要破解的口令。

通过破解口令的原理，可以知道培养和设置一个强口令的习惯是非常重要的。在设置口令时，需要注意以下事项。

（1）口令要有足够的长度，口令越长，被猜中的概率就越低。

（2）口令最好是英文字母和数字以及一些特殊符号的组合，这样口令不容易被破解出来。

（3）不要使用英语单词。

（4）不要使用人们轻易猜出的口令，如用户的姓名、生日、电话号码等。

（5）不要使用相同的口令。

（6）经常更换口令。

2. 防范木马

木马的名称取自希腊神话《特洛伊木马》，它是一种基于远程控制的黑客工具，具有隐蔽性和非授权性的特点。隐蔽性是指木马的设计者为了防止木马被发现，会采用多种手段隐藏木马，这样即使发现感染了木马病毒，由于不能确定其具体位置，也无法清除。非授权性指计算机（受控端）中木马病毒后，木马的控制端享有受控端的大部分操作权限，包括修改文件、修改注册表、控制鼠标和键盘等，而这些权力并不是受控端赋予的，而是通过木马程序窃取的。

木马主要通过下载软件和电子邮件两种途径传播。所以，为了避免感染木马，用户首先要到正规的网站去下载软件。在接收邮件的时候，一定要谨慎地观察附件。如果附件是扩展名为“.exe”的可执行文件或者是一些不常见的文件类型，则有可能是木马。此外，一些木马将图标伪装成“.txt”或“.html”文件，这时可以查看附件大小，一般木马程序都要有几百字节甚至上兆字节，而“.txt”和“.html”的文件通常只有几字节或几十字节。

3. QQ 的安全

QQ 是国内最主要的即时通信软件之一，具有传送文字、语音和文件等强大功能，有极其庞大的用户群。目前已经广泛应用到电子商务、综合信息服务等领域。由于 QQ 的广泛使用，保护 QQ 号码和 QQ 传送的消息不被盗取显得非常重要。

下面简要介绍几种针对 QQ 的常见攻击和防范措施。

（1）显示 IP。

其实，在 QQ 中显示对方的 IP 地址并不是攻击，但是通过获取对方 IP 地址为一些攻击（如 DoS 攻击）做准备。因此，在使用 QQ 时应尽量避免显示 IP 地址和端口号。

具体防范可采取下述措施。

① 在 QQ 的个人设置“需要身份验证才能把我加为好友”及“拒绝陌生人消息”，这样可以避免与攻击者进行直接通信。

② 通过代理服务器登录 QQ 或隐身登录。通过代理服务器登录 QQ，可以隐藏自己的真实 IP 地址，而攻击者所看到的 IP 地址只是代理服务器的 IP 地址。隐身登录 QQ 后发送的消息是通过腾讯服务器中转的，这样攻击者只能获得腾讯服务器的 IP 地址。

③ 使用一些隐藏 IP 地址的工具软件把 IP 地址隐藏起来。

（2）破解 QQ 密码。

破解 QQ 密码常用在线破解和在本地破解两种方法。在线破解通常是利用扫号工具使用穷举法来猜测密码。如果 QQ 密码不在这些扫号工具的口令字典中，那么这个 QQ 号码的密码就不会被扫描到。本地破解则是直接从键盘获取密码或者破解记录密码的文件。

针对 QQ 的在线密码破解，可采用以下措施。

① 注意 QQ 密码的长度和复杂性，设置一个长的复杂的密码，将会使破解的难度大大增强。

② 申请密码保护。

针对本地 QQ 密码破解，可采用下述防范措施。

① 登录 QQ 时，不要让计算机“记住密码”。

② 在公共场合使用 QQ 后，要删除以 QQ 号为名的文件夹，或立即更改自己的 QQ 密码。

③ 使用木马查杀工具来清除计算机中的 QQ 木马程序。

4. 电子邮件的安全

随着网络普及，电子邮件已经成为企业、商业及人际交往最重要的交流工具之一，所以很多黑客也把攻击目标放在了电子邮件上。针对电子邮件的攻击分为两种：一种是直接对电子邮件的攻击，如窃取电子邮件密码，窃取发送邮件内容等；另一种是间接对电子邮件的攻击，如通过邮件传输病毒、木马程序等。

电子邮件的传输和交换一般采用 Sendmail 程序完成，到达邮件主机再经接收代理 POP（网络邮局协议或网络中转协议）将邮件读取到用户的主机上。

电子邮件产生的安全隐患主要有 3 个方面：一是电子邮件传送协议自身的先天安全隐患，电子邮件传输采用的是 SMTP（简单邮件传输协议），它传输的数据没有经过任何加密，只要攻击者在其传输过程中把它截获即可获取邮件内容；二是邮件接收客户端软件的设计缺陷导致的安全隐患，攻击者能够编制一定的代码让木马或者病毒自动运行；三是用户个人的原因导致的安全隐患，如在网吧、学校等公共场所上网时把电子邮件的密码保存在上面，或者随意打开一些来历不明的邮件。

针对电子邮件的安全可以采用下述防范措施。

（1）拒绝垃圾邮件。由于通过网络发送电子邮件非常方便和便宜，广告公司便用来发送各种广告，或者心怀恶意的人不断发送攻击邮件，影响用户对电子邮件系统的信任。对付垃圾邮件的基本方法是过滤。过滤器根据制订的规则来区分不同的邮件，例如，根据邮件的发送者地址或者邮件的主题进行判断是否接收。邮件主机系统管理员可以在电子邮件服务程序中设置拒绝接收指定条件的邮件。例如，来自某个广告公司邮件服务器的邮件等。用户自己也可以在电子邮件客户程序中设定过滤，拒绝查看来自某个具有恶意地址的邮件。

（2）防范携带病毒的邮件。由于电子邮件可用于附带传送二进制数据，因此传送的数据中很可能包含病毒。电子邮件已经成为宏病毒传播的一个主要途径。在这种情况下，除了用户本身在处理电子邮件附件时需要小心之外，系统管理员可以在邮件系统中安装一些软件来防止病毒传播。

（3）防止窃取邮件内容。使用邮件加密软件可以对邮件加密，以防止非授权者阅读，还能对邮件加上数字签名，从而使邮件的接收方可以验证发送方，实现安全通信。

5.5　计算机病毒及其防治

计算机病毒其实是一种程序，具有恶意攻击并破坏计算机软、硬件的功能。这种程序和生物医学上的病毒一样，具有传染性和破坏性，并具有再生能力，它会自动地通过修改其他程序把自身嵌入其中或者将自身复制到其他存储介质中，从而“感染”其他程序。在满足一定条件时，病毒程序会干扰计算机正常工作，搞乱或破坏已存储的信息，甚至造成整个计算机系统不能正常工作。由于计算机的快速普及和计算机网络的迅速发展使得预防和消除计算机病毒已成为一个十分重要的任务。据不完全统计，2009 年中国被“飞客”蠕虫网络病毒感染的计算机每月达 1800 万台，约占全球感染主机数量的 30%。

5.5.1　计算机病毒的基本知识

1. 什么是计算机病毒

计算机病毒（Computer Virus）是一种人为编制的程序，它通过非授权入侵而隐藏在计算机系统的数据资源中进行生存、繁殖和传播，并能影响计算机系统的正常运行，侵占和破坏软硬件资源，危害信息安全。计算机病毒是计算机犯罪的一种新的衍化形式。

2. 计算机病毒的主要特点

（1）传染性。

计算机病毒具有很强的再生机制。一旦计算机病毒感染了某个程序，当这个程序运行时，如同生物体传染病一样，病毒就能传染到该程序有权限访问的所有其他程序和文件。是否具备传染性是判断一个程序是不是病毒程序的基本标志。

（2）隐蔽性。

病毒程序一般隐藏在正常程序之中，若不对其执行流程进行仔细分析，一般不易发现。

（3）破坏性。

计算机病毒不仅感染文件，侵占系统资源，而且会毁坏硬件、软件和数据，甚至摧毁整个计算机系统，造成计算机系统瘫痪，给用户造成灾难性后果。

（4）潜伏性。

病毒程序入侵后，一般不会立即产生破坏作用，进行传染扩散，当条件或时机成熟时，就发作开始进行破坏。

3. 计算机病毒的分类

计算机病毒的分类方法有两种，一是根据病毒的寄生媒介分类；二是根据病毒感染的目标分类。

（1）根据病毒的寄生媒介分类。

① 入侵型病毒：此类病毒将自己直接插入现有的程序中，将病毒代码和入侵对象以插入的方式连接起来，一般不易被发现。

② 源码型病毒：这种病毒隐藏在源程序之中，随源程序一起被编译成目标程序，隐藏性很强。

③ 外壳型病毒：这种病毒一般感染可执行文件。当运行被病毒感染的程序时，病毒程序首先被执行，并不断被复制，使计算机效率降低，最终导致死机。

④ 操作系统型病毒：这种病毒在系统被引导时就装入内存，在系统运行过程中不断捕获CPU控制权，并进行病毒的扩散。

（2）按病毒感染的目标分类。

① 引导型病毒：这类病毒将磁盘引导扇区的内容转移，用病毒取而代之。

② 文件型病毒：这类病毒将病毒程序嵌入到可执行文件中并取得执行权。

③ 混合型病毒：这种病毒既可感染磁盘引导扇区，也可感染可执行文件。

4. 计算机病毒的工作过程

计算机病毒的工作过程一般可概括为以下几个方面。

（1）检查系统是否感染上病毒，若未感染则将病毒程序装入内存，同时修改系统的敏感资源，使其具有传染病毒的机能。

（2）检查磁盘上的系统文件是否感染上病毒，若未感染则将病毒传染到系统文件上。

（3）检查引导扇区是否染上病毒，若未感染则将病毒传染到引导扇区。

（4）完成上述工作后，执行病毒程序。

通过对计算机病毒工作过程的分析，可知计算机病毒侵害的部位是硬盘或软盘的系统引导扇区、磁盘分配表、驻留内存、“.com”及“.exe”文件等。

5. 计算机病毒的传播途径

计算机病毒通常通过软盘、光盘和网络等途径传播，还可通过无线电波的发射与接收进行传播。

6. 计算机中病毒的症状

计算机中病毒后所表现的症状完全由病毒的设计者来确定。从目前发现的计算机病毒来看，常见的有以下症状。

（1）屏幕显示异常。屏幕上的字符出现缺损；屏幕上显示异常提示信息；屏幕上出现异常图形；屏幕突然变暗，显示信息消失；屏幕上出现雪花滚动或静止的雪花亮点。

（2）计算机系统异常。系统出现异常死机；系统运行速度减慢；系统引导过程变慢；蜂鸣器出现异常声响；系统不承认硬盘或硬盘不能引导系统；丢失文件或数据；文件的长度改变或磁盘卷标发生变化；可用系统空间异常减少；磁盘容量异常减少，无法存入文件；程序运行出现异常现象或不合理结果。

5.5.2　计算机病毒的预防

从发现计算机病毒的那一天起，人们就没有停止过对计算机病毒防治技术的研究和开发，至今已硕果累累，这对有效地诊断、预防和消除计算机病毒起到了积极的作用。只要不断研制、开发行之有效的安全防范技术和策略，就一定能遏制计算机病毒的泛滥。

对于计算机病毒必须以预防为主。当发现计算机系统被病毒感染时，往往已对系统造成了破坏，即使及时采取杀毒措施，被破坏的部分常常是不可恢复的。

（1）计算机防治病毒的基本策略。

① 建立安全管理制度：提高包括系统管理员和用户的技术素质和职业道德修养。严格做好开机查毒，及时备份数据，这是对付病毒破坏的一种简单有效的方法。

② 切断传播途径：不使用来历不明的软盘、光盘、U 盘和程序，定期检查机器软硬盘的传播媒介携毒的可能性，不随意下载网上可疑软件、邮件等信息。

③ 安装真正有效的防毒软件或防病毒卡：防毒软件在查毒和杀毒方面，起着十分重要的作用。目前有许多防病毒软件功能是很强的，国内在这方面也做得非常出色。

（2）网络系统防治病毒的基本策略。对于网络系统的病毒防护，需要建立更多层次的网络防范架构，病毒的防范重点应放在互联网的接入口，以及外网上的服务器和内网的中心服务器等。对网络系统应采取下述具体的防范策略。

① 在互联网的接入口安装防火墙。

② 在外网设置的单独服务器，安装服务器版的网络防杀病毒软件并对全网实施监控。

③ 局域网中对每台计算机安装病毒实时监控程序，防止病毒通过文件共享等方式在网络内传播。

④ 建立严格的规章制度和操作规范，定期检查各检测点的状态变化。

另外，对网络服务器配置的杀毒软件功能必须要满足要求。对于网络病毒对抗技术应当有实时扫描技术、实时监测技术、自动消除技术、完整性检验保护技术、病毒情况的分析报告技术、系统安全管理技术等内容。

5.5.3　计算机病毒的消除

一旦遇到计算机病毒，不必惊慌失措，采取一些简单的办法可以消除大多数的病毒，恢复被病毒破坏的系统。下述为消除计算机病毒常用的几种办法。

（1）首先对系统的破坏程度有一个全面的了解，并根据破坏的程度来决定采用何种有效的病毒清除方法和对策。如果受破坏的大多是系统文件和应用程序文件，并且感染程度较深，那么可以采取重装系统的办法来达到清除病毒的目的。如果感染的是关键数据文件，可以考虑请专家来进行清除和数据恢复工作。

（2）修复前，尽可能再次备份重要的数据文件。目前的杀毒软件在杀毒前大多都能够自动保存重要的数据和感染的文件，以便能够在误杀或造成新的破坏时恢复数据和文件。但是对重要的数据文件还是应该在杀毒前进行手工备份，备份不能做在被感染的系统内，也不应该与平时的常规备份混在一起。

（3）启动杀毒软件，并对整个硬盘进行扫描。某些病毒在 Windows 状态下无法完全清除，应在 DOS 下运行相关杀毒软件进行清除。

（4）发现计算机病毒后，一般应利用杀毒软件清除文件中的病毒，如果可执行文件中的病毒不能被清除，一般应将其删除，然后重新安装相应的应用程序。

（5）杀毒完成后，重启计算机，再次用杀毒软件检查系统中是否还存在病毒，并确定被感染破坏的数据确实被完全恢复。

本章小结

计算机在为社会经济的飞速发展、社会教育的普及提高创造有利条件的同时，也潜伏着严重的不安全性，近年来利用计算机进行犯罪的事件不断出现，计算机安全已经成为人们关注的问题。

本章从计算机安全、信息安全和网络安全的基本概念以及计算机网络的安全现状开始，逐步介绍了信息储存安全技术、信息安全防范技术、网络安全技术和计算机病毒等基本原理。并通过个人网络信息安全策略及 Windows 7 的安全策略作为实际应用，进一步理解信息安全和网络安全的基本原理。

本章目的是帮助读者理解什么是信息安全、计算机安全和网络安全及他们之间的联系；理解数据备份的知识；理解防火墙以及防火墙在网络中起到的安全防范作用；理解数据加密技术以及访问控制技术和他们在信息安全中的应用；理解计算机黑客以及计算机病毒危害计算机安全的手段和防范措施；树立和培养良好的网络道德意识和法律意识；学会使用计算机网络保障个人信息安全的策略和方法，为创造文明的网络做出努力。

习 题 5

1. 选择题

（1）导致信息安全问题产生的原因有很多，但综合起来一般有（　　）两类。

A. 物理与人为　　B. 黑客与病毒

C. 系统漏洞与硬件故障　　D. 计算机犯罪与破坏

（2）未经授权通过计算机网络获取某公司经济和人员信息是一种（　　）。

A. 不道德的行为　　B. 违法行为

C. 可以原谅的行为　　D. 令人难以忍受的行为

（3）关于密码技术，下列论述不正确的是（　　）。

A. 在对称加密算法中，用以加密的密钥和用以解密的密钥是相同的

B. 非对称加密算法中，用以加密的密钥和用以解密的密钥不同，解密密钥不能由加密密钥通过数学运算推导出来

C. 数字签名中出现的纠纷，由公正的第三方仲裁

D. 在数字签名中，复制的签名是有效的

（4）防火墙一般部署在（　　）。

A. 工作站与工作站之间　　B. 服务器与服务器之间

C. 工作站与服务器之间　　D. 网络与网络之间

（5）关于防火墙，下列叙述不正确的是（　　）。

A. 防火墙是一种保护计算机网络安全的技术性措施

B. 防火墙是一个用以阻止网络中黑客访问某个网络的屏障

C. 防火墙主要用于防止计算机病毒

D. 防火墙可以看做是控制进出两个方向的门槛

（6）为了保证内部网络安全，下面做法中无效的是（　　）。

A. 制定安全管理制度　　B. 在内部网与因特网之间加防火墙

C. 给使用人员设置不同权限　　D. 购买高性能计算机

（7）计算机病毒是一种（　　）。

A. 特殊的计算机部件　　B. 游戏软件

C. 人为编制的特殊程序　　D. 能传染的生物病毒

（8）关于计算机病毒，下列说法错误的是（　　）。

A. 计算机病毒是一种程序

B. 计算机病毒具有潜伏性

C. 计算机病毒可通过运行外来程序传染

D. 用杀毒软件能确保清除所有病毒

（9）在下列选项中，不属于计算机病毒特征的是（　　）。

A. 潜伏性　　B. 传染性　　C. 隐蔽性　　D. 规则性

（10）文件型病毒传染的对象主要是（　　）类文件。

A. .MDB　　B. .TXT　　C. .COM 和.EXE　　D. .BMP

（11）下列方式中，（　　）一般不会感染计算机病毒。

A. 在网络上查找所需的软件，下载后安装使用

B. 捡到一张光盘，放到光驱里打开，查看其内容是否有用

C. 在电子信箱中发现有奇怪的邮件，打开查看

D. 安装购买的正版软件

（12）计算机病毒在一定环境和条件下激活发作，该激活发作是指（　　）。

A. 程序复制　　B. 程序移动　　C. 病毒繁殖　　D. 程序运行

2. 填空题

（1）信息安全是指信息系统以及信息系统中数据的________、________和________。

（2）计算机安全包含了两方面内容：________安全和________安全。

（3）冗余数据存储技术分为________、________和________。

（4）识别和认证过程中最常用的认证手段是________。

（5）数字签名是保证信息________、________和________的一种安全技术。

（6）屏蔽子网防火墙体系结构中的 DMZ 是指________。

（7）木马是一种基于远程控制的黑客工具，具有________和________的特点。

（8）针对电子邮件的攻击可以分为________和________两种。

（9）对付垃圾邮件的基本方法是________。

（10）计算机病毒的主要特性有________性、________性、________性和________性。

3. 简答题

（1）简述网络信息系统的不安全因素。

（2）简述常用的数据安全存储方式。

（3）简述防火墙的 3 种基本体系结构和特点。

（4）简述计算机病毒的特性及其防治策略。

第6章 多媒体技术基础

本章重点：

- 多媒体信息及多媒体技术的特点
- 声音相关的概念及数字化过程
- 图像相关的概念及数字化过程、计算位图存储时所占空间大小

本章难点：

- 声音的数字化过程
- 图像的采样和量化，图像存储容量的计算

多媒体技术在教育培训、商业广告、网络通信、演示咨询、视频会议、家庭娱乐等领域得到了广泛的应用，给人们的工作、生活和休闲带来了深刻的变化，已经成为计算机技术应用和发展一个非常重要的方向。

6.1 基本概念

6.1.1 多媒体技术

媒体在计算机领域中有两种含义：一种是用以存储信息的实体，如磁带、磁盘、光盘和半导体存储器；另一种是信息的形式，如数字、文字、声音、图形、图像等。在多媒体技术中的媒体指的是后者。多媒体（Multimedia）是多种媒体的综合。常见的媒体有文字（Text）、图形（Graph）、图像（Photo）、声音（Sound）、视频（Video）、动画（Animation）等多种形式。

多媒体技术不是各种信息媒体的简单复合，而是通过计算机进行综合处理和控制，能将不同类型的媒体信息有机地组合在一起，完成一系列交互式操作，从而创造出多种表现形式为一体的新型信息处理技术。

多媒体技术要能够处理和存储两个或两个以上不同类型的信息媒体，有些媒体系统，如电视、可视电话等不能称为多媒体系统，因为这些系统不能双向主动处理信息。

6.1.2 多媒体技术的发展

多媒体技术从起步到趋于成熟，大体上分为以下几个阶段。

1. 起步阶段

1984年，美国Apple公司在研制Macintosh计算机时，创造性地使用了位图（Bitmap）、窗口（Window）、图符（Icon）、鼠标（Mouse）等技术。这一改进所带来的图形用户界面（Graphics User Interface，GUI）深受用户的欢迎，大大方便了用户的操作。

2. 发展阶段

1985年，美国Commodore公司推出世界上第一款具有图形用户界面的计算机——Amiga系统，实现简单人机交互式操作。

1986年，荷兰Philips公司和日本Sony公司联合推出交互式紧凑光盘系统（Compact Disc Interactive，CD-I），同时公布了该系统所采用的CD-ROM光盘的数据格式，这项技术对大容量存储设备光盘的发展产生了巨大的影响。后来，经过国际标准化组织（ISO）认可成为国际标准。大容量光盘的出现为存储表示声音、文字、图形、视频等高质量的数字化媒体提供了有效的手段。

1987年，美国无线电公司RCA研究中心推出交互式数字视频系统（Digital Video Interactive，DVI），它以计算机技术为基础，用标准光盘来存储和检索静态图像、活动图像、声音等数据。

3. 标准化阶段

进入20世纪90年代后，多媒体技术逐渐成熟并趋于标准化，由于多媒体技术涉及计算机、网络、电子、商业等众多领域，为了能让此项技术更好地服务于大众，迫切需要制定一个统一标准。

1990年由美国微软公司联合多家公司成立了多媒体个人计算机市场协会，并制定第一个多媒体个人计算机标准MPC1。随后，MPC2、MPC3陆续被公布。

MPC标准仅规定了符合多媒体个人计算机要求的最低硬件和软件标准，一般实际用户的个人计算机配置已经超出标准。各种标准的制定，使多媒体技术的发展更加规范和迅速，带动了计算机硬件技术的快速发展。目前，已经出现多种CPU、声卡、显卡、视频卡、光驱等硬件产品，同时，相关的多媒体软件产业也得到革命性的发展。

4. 未来趋势

将来，多媒体技术会出现在生活的各个方面，向着高速化、智能化、高质量化、网络化的方向发展，面向广大用户，提供更好的多媒体服务。

6.1.3 多媒体技术的特点

多媒体技术作为综合多种媒体信息的高新技术，具有以下主要特点。

1. 集成性

多媒体是利用计算机技术的应用来整合各种媒体的系统。不仅在处理的媒体信息上，而且包含的技术非常广，有超文本技术、光盘储存技术及影像绘图技术等。所以，集成性一方面表现在媒体信息的集成；另一方面表现在显示或媒体设备及其技术的集成。

2. 控制性

多媒体技术以计算机为中心，综合处理和控制多媒体信息，并按人的要求以多种媒体形式表现出来，同时作用于人的多种感官。

3. 交互性

交互性是多媒体技术的特色之一，传统信息交流媒体只能单向地、被动地传播信息，而多媒体技术则可以实现人对信息的主动选择和控制。这也正是它和传统媒体最大的不同。这种改变，除了提供使用者按照自己的意愿来解决问题外，更可借助这种交谈式的沟通来帮助学习、思考，进行系统查询或统计等，以达到增进知识及解决问题的目的。

4. 非线性

多媒体技术的非线性特点改变了人们传统循序性的读写模式。以往人们读写方式大都采用章、节、页的框架，循序渐进地获取知识，而多媒体技术借助超文本链接（Hyper Text Link）的方法，把内容以一种更灵活、更具变化的方式呈现给读者。

6.1.4 多媒体计算机系统组成

多媒体计算机往往指多媒体个人计算机（Multimedia Personal Computer，MPC）。MPC的硬件结构与普通个人计算机并无太大的差别，只不过是在个人计算机的基础上增加了一些软硬件配置。

多媒体计算机系统由多媒体计算机硬件系统和多媒体计算机软件系统两部分组成。

1. 多媒体计算机硬件系统

多媒体计算机硬件系统除了常规的主机、显示器、键盘、鼠标、网卡之外，还需要具备一些多媒体信息处理的专用硬件。

（1）音频卡（Sound Card）。音频卡也称声卡，具有声音的播放和录制、编辑与合成等功能。在音频卡上连接的音频输入/输出设备包括话筒（麦克风）、音箱、耳机、音乐设备数字接口（Music Instrument Digital Interface，MIDI）合成器、音响设备等。声卡面向外部主要有4个插孔（用字母或颜色识别）：MIC（Microphone）连接麦克风；Line In用于其他音频输入，如MP3；SPK（Speaker）用于音频输出，一般接音箱或耳机；MIDI支持游戏杆和MIDI设备。

（2）视频卡（Video Card）。视频卡用来支持视频信号（如电视）的输入与输出，主要分为视频捕获卡、视频压缩/解压卡、视频输出卡、电视接收卡等，其功能是连接摄像机、VCR影碟机、TV等设备，以便获取、处理和表现各种动画和视频媒体。

（3）刻录机。利用激光束的照射从光盘读取或向光盘写入数据的一种光驱设备。根据光盘介质不同，可分CD刻录机、DVD刻录机、Blu-ray Disk（蓝光）刻录机三种。

（4）输入/输出设备。常规的设备主要有扫描仪、摄像头、录像机、触摸屏、数码相机、音箱等，高级的设备主要有用于传输手势信息的数据手套、头盔显示器和立体眼镜等。

2. 多媒体计算机软件系统

多媒体计算机的操作必须在原基础上扩充多媒体资源管理与信息处理功能，所需要的软件主要有以下几类。

（1）多媒体系统软件。包括支持多媒体的操作系统以及各种硬件的驱动程序等。

（2）多媒体编辑工具。对获取到的各种媒体素材进行加工处理，以达到预期的目的。主要包括字处理软件、图形与图像处理软件、动画制作软件、音频编辑软件以及视频编辑软件。

（3）多媒体创作工具。用来将各种媒体素材按照超文本节点和链结构的形式进行组织，形成多媒体应用系统。它们大体上都是一些应用程序生成器，常见的有Power Point、Authorware、Director、Multimedia Tool Book等。传统高级程序语言也可以作为多媒体创作工具，如Visual Basic。

6.2 声音处理

声音是携带信息的重要媒体，是多媒体技术研究中的一个重要内容。声音的种类繁多，如人的话音、乐器声、机器产生的声音，以及自然界的雷声、风声、雨声等。这些声音有许多共同的特性，也有它们各自的特性。用计算机处理这些声音时，既要考虑它们的共性，又要利用它们各自的特性。

6.2.1 声音的基本概念及特征

声音是物体振动发出的声波通过听觉感受所产生的印象。声波（Sound Wave）是通过空气传播的一种连续的波，到达人耳的鼓膜时，人会感到压力的变化，这就是声音（Sound）。从微弱的声响到悠扬动听的乐曲，声音的变化千差万别，人们对声音的感觉主要用以下几个指标来描述。

1. 幅度

声音的幅度（Amplitude）指声音的大小、强弱程度，是由发声体振幅决定的。振幅指物体振动时偏离静止点位置的最大距离，是表示振动强弱的物理量。振幅大，声音的响度就大；振幅小，声音的响度就小。

2. 频率

物体振动的快慢用频率（Frequency）来表示。一个振动的物体，每秒钟振动的次数称为该物体的振动频率，单位为赫兹（Hz）。频率反映音调，频率高则声音尖细，频率低则声音粗低。

3. 带宽

声音信号的频率范围称为带宽（Band Width），人们通常听到的声音并不是单一频率的声音，而是多个频率的声音的复合。一般来说，人耳朵可以听到的声波振动频率为 20～20000Hz，频率在该范围内的声音信号称为音频信号（Audio）。

频率小于 20Hz 的信号称为亚音信号，或称为次音信号；人的发音器官发出的声音频率是 80～3400Hz，人说话时声音信号频率通常为 300～3000Hz，人们把在这种频率范围的信号称为话音信号（Speech）；高于 20kHz 的声音信号称为超音频信号，或称超声波信号。在多媒体技术中，处理的信号主要是音频信号，它包括音乐、话音、风声、雨声、鸟叫声、机器声等。

4. 音质

音质（Tone）即为声音的品质或质量，主要是幅度、频率和带宽三方面是否达到一定的水准，即相对于某一频率或频段的音高是否具有一定的强度，并且在要求的频率范围内、同一音量下，各频点的幅度是否均匀、均衡、饱满，频率响应曲线是否平直，声音的音准是否准确。

一般来说，带宽越宽，音质越好。目前，业界公认的声音质量标准分为：数字激光唱盘（CD-DA）质量，其信号带宽为 10Hz～20kHz；调频广播（Frequency Modulation，FM）质量，其信号带宽为 20Hz～15kHz；调幅广播（Amplitude Modulation，AM）质量，其信号带宽为 50Hz～7kHz；电话的话音质量，其信号带宽为 200Hz～3400Hz。可见，数字激光唱盘的声音质量最高，电话的话音质量最低。

6.2.2 声音信号的数字化

声音信号是典型的连续信号，不仅在时间上是连续的，而且在幅度上也是连续的。在时间上“连续”是指在一个指定的时间范围里，声音信号幅度有无穷多个，在幅度上“连续”是指幅度的数值有无穷多个。把在时间和幅度上都是连续的信号称为模拟信号，如图 6.1 所示，横坐标 t 表示时间，纵坐标 $u(t)$ 表示幅度。

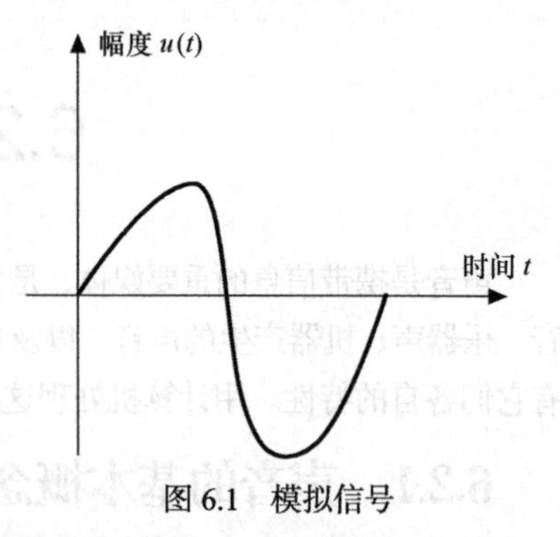

图 6.1　模拟信号

由于计算机只能处理和记录二进制数据，因此由自然音源得到的声音信号必须经过一定的变化和处理，变成二进制的数据以后才能由计算机进行再编辑和存储。将自然声音转换成数字音频信号，就是声音信号的数字化。数字化主要包括以下步骤。

（1）采样。指每隔一段时间抽取一个模拟音频信号的幅度值，使音频信号在时间上被离散化。每一次采样都记录下了原始模拟声波在某一时刻的幅度数值，称为样本。每秒钟抽取声波幅度样本的次数称为采样频率，单位为 Hz。采样的频率越大，声音失真就越小，数字音频的音质也就越接近原声，但用于存储数字音频的数据量也越大。

（2）量化。指将每个采样点得到的幅度值转换为二进制数字值，使音频信号在幅度上被离散化。表示采样点幅度值的二进制位数称为量化位数（即采样精度），它决定了采样点数据的动态范围，常用的有 8 位、12 位和 16 位。例如，8 位量化位数可表示 256 个（0~255）不同的量化值，而 16 位则可表示 65536 个不同的量化值。在相同的采样频率下，量化位数越大，则采样精度越高，信号的动态变化范围越大，声音的质量也越好，当然信息的存储量也相应越大。

量化时，每个采样数据均被四舍五入到最接近的整数。如果波形幅度超出了动态范围，则波形的顶部或底部将被消去，此时声音将严重失真。

（3）编码。指按照某种规定的格式将数据组织成文件，称为声音文件。但为了便于计算机的存储、处理和传输，往往还按照一定的要求进行数据压缩，以减少数据量。

以上 3 个步骤的实现过程如图 6.2 所示。

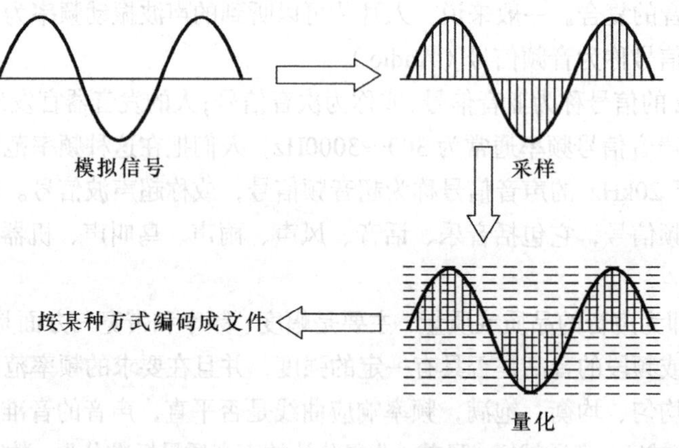

图 6.2　声音信号的数字化过程

数字化音频的质量由三项指标组成：采样频率、量化位数和声道数。对于前两项已做过描述，这里主要介绍声道数。

声音是有方向的，而且通过反射产生特殊的效果。当声音到达左右两耳时，由于时差和方向的不同，就产生立体声的效果。声道数指声音通道的个数。单声道只记录和产生一个波形；双声道产生两个波形，即立体声，声音存储空间是单声道的两倍。

记录存储声音数据量公式为：

每秒钟数据量（B）=采样频率 × 量化位数 × 声道数/8

例 6.1　CD 音乐采用 44.1kHz 的采样频率，16 位量化位数，立体声双声道，每秒的数据量（数据率）是多少字节？

分析：16 位量化分辨率，是每个测试点采用 16 位二进制数表示，即每个点存储信息需要占用 2 个字节（1 字节= 8 位）。

每秒钟数据量：44100 × 16 × 2/8=176 400 B。

6.2.3　声音信号的输入与输出

声卡是多媒体计算机的必要部件，它是计算机进行声音处理的适配器。声卡有 3 个基本功能：一是音乐合成发音功能；二是混音器（Mixer）功能和数字声音效果处理器（DSP）功能；三是模拟声音信号的输入和输出功能。同时，为了更好地完成声音的输入，一些有效的技术和软件也是必须的。

1. 声音信号的合成

声音信号的合成有两种常用方法。一种是调频（FM）合成法，FM 合成方式是将多个频率的简单声音合成复合音来模拟各种乐器的声音。FM 合成方式是早期使用的方法，用这种方法产生的声音音色少、音质差。另一种是波形表（Wavetable）合成法。这种方法是先把各种真正乐器的声音录下来，再进行数字化处理形成波形数据存储。发音时通过查表找到所选乐器的波形数据，再经过调制、滤波、再合成等处理形成立体声送去发音。

2. 混音器功能和数字声音效果处理器

混音器的作用是将来自音乐合成器、CD-ROM、话筒等不同来源的声音组合在一起再输出，混音器是每种声音卡都有的。数字声音效果处理器是对数字化的声音信号进行处理以获得所需要的音响效果（混响、延时、合唱等），数字声音效果处理器是高档声卡具备的功能。

3. 模拟声音输入输出

声音信号输入后要将模拟信号转换成数字信号再由计算机进行处理。由于扬声器只能接受模拟信号，所以声卡输出前要把数字信号转换成模拟信号。

为了听觉上的舒畅，在声音的输出过程中，声卡还做到了淡入淡出的效果。所谓的淡入淡出，在音乐开始时，由无声到有声；音乐结束时，由弱到无，音量和谐过渡。淡入淡出对于听觉来说比较和缓，不会出现突然开始的惊吓，也不会突然消失让人难受，给人一种心理的过渡时间。

4. 语音识别技术

与机器进行语音交流，让机器明白你说什么，这是人们长期以来梦寐以求的事情。语音识别技术就是让机器通过识别和理解过程，把语音信号转变为相应的文本或命令的高科技技术。

5. 常用软件

（1）酷我音乐盒。这是一款国内首创的融合歌曲和 MV 搜索、在线播放、同步歌词等功能的音乐聚合播放器，实现一键即播、海量歌词库支持、图片欣赏、同步歌词等功能，具有“全”、“快”、“炫”三大特点。

（2）Cool Edit Pro。这是一款功能强大、效果出色的多轨录音和音频合成处理软件，可以用于合成录制歌曲的一部分弦乐、颤音、噪音或是调整静音，而且它还提供多种特效为作品增色，如放大、降低噪音、压缩、扩展、回声、失真、延迟等。

（3）Windows 录音机。这是 Windows 自带的一款简单录音软件，能够实现声音的简单录入。

（4）IBM ViaVoice。该软件具有较好的语音识别效果，能将通过麦克风输入的话音解释成文本存入文档中，如 Word 文件；还具有语音命令功能，如浏览网页时的后退和前进、移动鼠标指针等。

6.2.4 常用的声音文件格式

声卡处理的声音信息在计算机中以文件的形式存储。Windows 常用的音频文件的格式有 4 种，即 WAV 格式、MIDI 格式、MP3 格式和 CD-DA 音频文件。

1. 波形文件

波形（WAV）格式是声音文件中最基本的格式，该文件记录声音的各种变化信息——频率、振幅、相位等，其记录的信息量相当大。

波形文件的扩展名是“.wav”，这种文件主要用于自然声的保存与重放，其特点是：声音层次丰富、表现力强，并且还原性好。当使用足够高的采样频率时，其音质极好，但是数据量比较大。

2. MIDI 文件

MIDI 是由世界上主要电子乐器制造厂商建立起来的标准，以规定计算机音乐程序、电子合成器和其他电子设备之间交换信息与控制信号的方法。其特点是：不对音乐进行采样，而是将 MIDI 设备发出的每个音符记录成为一个数字，通过各种音调的混合及合成器发音来输出。记录音乐的 MIDI 文件比记录同样声音的波形文件要小得多。如半小时的立体音乐只有 200KB 左右，而波形文件则差不多有 300MB。MIDI 音频文件主要用于计算机声音的重放与处理，其文件扩展名是“.mid”。

MIDI 格式的音乐文件的制作方法有：利用作曲软件（如 Cakewalk、音乐大师等）和具有 MIDI 接口的音乐设备（如电子琴）。

3. MP3 压缩文件

MP3 文件是将 WAV 文件以一定的多媒体标准进行压缩，压缩后体积只有原来的 1/10～1/15（约 1MB/min），而音质基本不变。这项技术使得一张碟片上就能容纳十多个小时的音乐节目，相当于原来的十多张 CD 唱片。目前的 MP3 光碟除了在计算机上播放外，一些超级 VCD 机也纷纷开发出支持 MP3 的机型。这给 MP3 开辟了一个走进家庭 AV（音频—视频）系统的广阔天地。

MP3 格式的音频文件在保证音质近乎完美（接近 CD 音质）的情况下，文件的尺寸却非常小。具有制作简单、便于交换等优点，非常适合在网络传播，是目前使用最多的音频格式。

4. CD-DA 文件

CD-DA（CD-Digital Audio）文件是标准激光盘文件，其扩展名是“.cda”。这种格式的文件数据量大、音质好。在 Windows 操作系统中可使用 CD 播放器进行播放。

目前，音乐文件的播放软件很多，例如 Windows 操作系统自带的 Media Player 播放器能够较好支持 WAV、MIDI 等格式文件的播放；酷我音乐盒是一款较好的 MP3 音乐播放软件，同时支持在线歌词显示；暴风影音不但支持音乐的播放，同时也支持多种视频文件的播放。当然，每一款音乐播放软件，一般均能支持多种格式文件的播放，如何从中选取适合自己习惯的软件，需要用户在使用的过程中自己选取。

音频文件格式具有多样性，任何播放器都不可能支持所有格式。如果遇到无法播放的音频文件格式，可以利用音频格式转换软件将其转换为本地播放器支持的音乐格式。常用的格式转换软件包括格式工厂、暴风转码等。

6.3　图像处理

自然界多姿多彩的景物通过人们的视觉器官在大脑中留下印象，这就是图像。图像是多媒体中一类重要而常用的媒体信息，通常指采用扫描仪对图片、照片等进行扫描，或者使用数码相机、数码摄像机等设备捕捉的实际画面而产生的数字图像。图像适用于表现含有大量细节（如明暗变化、场景复杂、轮廓色彩丰富）的对象。本节主要介绍静态图像。

6.3.1　色彩及图像参数

1. 色彩三要素

世界上的色彩千差万别，当使用色彩的时候，任何一个色彩都有色相、饱和度和亮度三方面的要素。

（1）色相也称色别，是指色与色的区别，色相是颜色最基本的特征。红（Red）、橙（Orange）、黄（Yellow）、绿（Green）、青（Cyan）、蓝（Blue）、紫（Purple）等就叫色相。

（2）饱和度是指色的纯度，也称色的鲜艳程度。饱和度取决于某种颜色中含色成分与消色成分的比例。色成分比例越大，饱和度就越大；反之就越小。

（3）亮度是指颜色的明暗、深浅度。

2. 三基色

自然界的红、绿、蓝 3 种颜色按照一定的比例，可以仿照出绝大多数的色彩，这 3 种颜色称为三基色，也称为三原色。

3. 像素

像素是构成图像的基本单元。图像实际上是由许多色彩相近的小方点组成显示的，这些小方点即为像素。像素大小指的是图像在宽和高两个方向像素数相乘的结果，也就是图像在计算机中的尺寸，并不是输出时的图像实际尺寸。图像的像素越多，图片文件所占用的字节数也越大，图像也越细腻。

4. 分辨率

分辨率是图像处理中的一个重要参数，是衡量输入/输出设备图像处理效果的重要指标，常用的分辨率主要有下列几种。

（1）图像分辨率，即每英寸所包含的像素数量。通常以“像素/英寸”（ppi）来衡量。如果图像分辨率是 72ppi，就是在每英寸长度内包含 72 个像素。图像分辨率越高，意味着每英寸所包含的像素越多，图像就有越多的细节，颜色过渡就越平滑。

（2）显示分辨率，通常指显示器屏幕所能显示的水平和垂直方向像素的数量，即屏幕图像的精密度。由于屏幕上的点、线和面都是由像素组成的，显示器可显示的像素越多，画面就越精细，同样的屏幕区域内能显示的信息也越多，所以显示分辨率是个非常重要的性能指标。以分辨率为 1024×768 的屏幕来说，每一条水平线上包含有 1024 个像素点，共有 768 条水平线。分辨率不仅与显示尺寸有关，还受显像管点距、视频带宽等因素的影响。

显示分辨率由显示器屏幕和显卡的分辨率及软件决定，一般显卡的分辨率高于显示器，所以显示分辨率往往是指屏幕分辨率。在 Windows 操作系统中，显示分辨率是可以改变的，如 800×600、1024×768、1280×960 等。

对于数码相机，分辨率的高低决定了所拍摄影像最终所能拍摄图像的清晰细腻度，分辨率最终取决于相机中电荷耦合器件 （Charge Coupled Device，CCD）芯片上像素的多少，像素越多，分辨率越高。通俗来说，数码相机的分辨率就是厂家推出相机时标称的像素总数(水平方向像素数乘以垂直方向像素数)，例如500万像素、800万像素等。

（3）打印分辨率。打印分辨率也以“点/英寸”来衡量。打印分辨率一般用垂直分辨率和水平分辨率相乘表示，一般来说，该值越大，表明打印机的打印精度越高。例如，一台打印机的分辨率表示为600dpi×600dpi，就是表示此台打印机在一平方英寸的区域内水平打印600个点，垂直打印600个点，总共打印360 000个点。

dpi和ppi是有一定联系和区别的，ppi是相对数值，也称相对分辨率，用来描述每英寸长度内容纳的像素数量。dpi是绝对值，也称绝对分辨率，用来描述一幅图像或一块区域内含有多少像素。

例如，一幅3 000dpi×2 000dpi的照片，可以以多种ppi应用在不同的领域印刷输出，若ppi=300，意思就是按每英寸300像素的分辨率输出，得到的是10英寸×6.7英寸的照片；若ppi=72输出，则可以得到一张更大的照片，但是画面质量会降低。

5. 像素深度

像素深度是指存储每个像素所用的二进制位数，像素深度决定彩色图像每个像素可能有的颜色数，或者确定灰度图像每个像素可能有的灰度级数。例如，一幅彩色图像的每个像素用R、G、B 3个分量表示，若每个分量用8位，那么一个像素共用24位表示，就说像素的深度为24位，每个像素可以是2^{24}=16 777 216种颜色中的一种。在这个意义上，往往把像素深度说成是图像深度，表示一个像素的位数越多，它能表达的颜色数目就越多，而它的深度就越深。

6.3.2 图像的颜色模式

在进行图形图像处理时，每一种颜色模式都有它自己的特点和适用范围，用户可以按照制作要求来确定色彩模式，并根据需要在不同的色彩模式之间转换。

1. RGB色彩模式

RGB色彩模式由红、绿、蓝3种基本颜色的亮度大小来生成各种各样的颜色，每种颜色亮度大小用数字0～255表示，共有1 677万多种颜色。常用在显示器、电视、扫描仪、数码相机等光源成像设备的色彩记录模式。

2. CMYK色彩模式

CMYK色彩模式由青（Cyan）、品红（Magenta）、黄（Yellow）、黑色（Black）4种颜色按不同比例组成来生成各种各样的颜色，主要用于彩色打印机和彩色图片印刷这类吸光物体上。

3. 黑白模式与灰度模式。

黑白模式采用1bit表示一个像素，只能显示黑色和白色，适合制作黑白的线条图。

灰度模式采用8bit表示一个像素，形成256个等级，适合用来模拟黑白照片的图像效果。

6.3.3 图像的数字化

现实中的图像是一种模拟信号，为了能用计算机处理和保存，必须将之转化为计算机可以接受的二进制数字信息，这一转化过程称为图像的数字化。

图像数字化就是对连续的图像进行离散化，计算机通过计录每一个离散点的颜色来描述图像，这种图像叫位图图像（Bitmap Images）。数字化分为采样和量化两个步骤。

1. 采样

采样是计算机按照一定的规律，对图像的位点所呈现出的表像特性，用数据方式记录下来的过程。

具体做法是对图像在水平方向和垂直方向等间隔地分割成矩形网状结构，整幅图像画面被划分成一些矩形微小区域，即像素点。若水平方向上有 M 个间隔，垂直方向上有 N 个间隔，则整幅图像被表示成 $M\times N$ 个像素构成的离散像素点集合，选择合适的 N 和 M 值，使数字化的图像质量损失最小，在显示时能尽可能完美地从数字化图像复原成图像。

图像采样的点数是数字图像首要的性能指标。对相同尺幅的图像，如果组成该图的采样像素数目越多，则说明图像的分辨率越高，复原后看起来就越逼真。相反，图像显得越粗糙。图像分辨率越高，图像文件占用的存储空间越大。

2. 量化

将采样后得到的每一个像素点用若干位二进制数表示该点的颜色，即为量化。如果每个像素用 1 位二进制数记录颜色，即用“1”和“0”表示每个像素，这样的数字图像只能表示两种颜色。如果每个像素用 4 位二进制数记录颜色，就可以表示出 16 种颜色，相应的图像称为 16 色图像。像素深度值越大，图像能表示的颜色数越多，色彩越丰富逼真，占用的存储空间越大。常见的像素深度有 1 位、4 位、8 位和 24 位，分别用来表示黑白图像、16 色或 16 级灰度图像、256 色或 256 级灰度图像和真彩色（2^{24} 种颜色，即 16 777 216 种颜色）图像。

以黑色图像为例，数字化过程如图 6.3 所示。

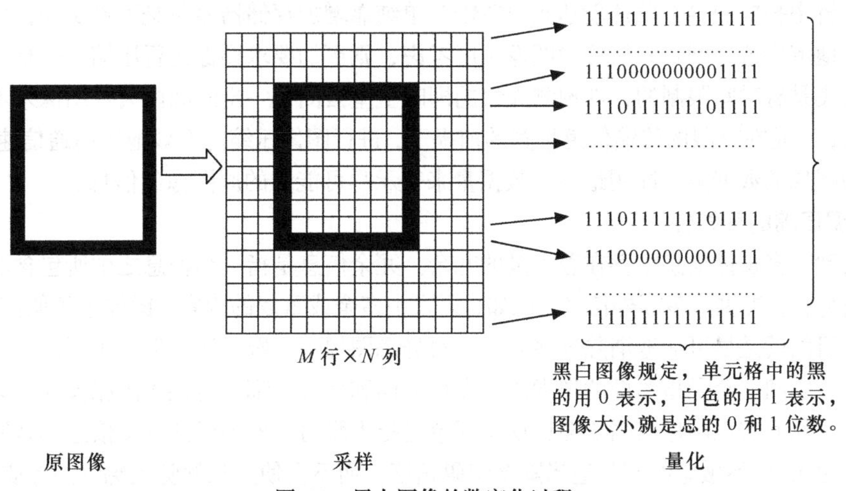

图 6.3　黑白图像的数字化过程

例 6.2　一幅像素大小为 800 × 600 的黑白图像，存储时需要多少字节空间？

分析：像素大小为 800 × 600 的图像，其水平方向单元格为 800，垂直方向单元格为 600，所以总单元格数量为 800 × 600=480 000 个。

因为是黑白图像，一个单元格需要一位来存储，所以总存储量与总单元格数量相同，即需要 480 000 位来存储，即存储时需要 60 000 B 空间。

例 6.3　一幅像素大小为 800 × 600 的图像具有 256 级灰度，存储时需要多少字节？

分析：此图像为 256 级灰度，每一个像素点的色彩深浅是 256 种灰度中的一种，要表达 256 种编码需要 8 位长度的二进制编码（2^8=256）。也就是说一个像素存储时需要 8 位（1 字节）。所以存储量为：

$$800 \times 600 \times 8/8 = 480\,000\text{B}$$

即总存储量等于 480 000 B。

例 6.4　一幅像素大小为 1024 × 768 的彩色图像，每个像素使用 2^{24} 种颜色记录，则存储该图像需占用多少字节？

分析：同上。存储量为：

$$1024 \times 768 \times 24/8=2\ 359\ 296\ \text{B}$$

6.3.4 图像数据压缩

1. 图像数据压缩的必要性

图像以数字形式处理和传输，具有质量好、成本低和可靠性高的特点，但数字图像的数据量是很庞大的，如果不进行数据压缩，它将成为数字图像传输和存储的巨大瓶颈，难以推广应用。

例 6.5 一张 A4（210mm × 297mm）大小的照片，若用分辨率 300dpi 的扫描仪按 24 位真彩色扫描，则数据量是多少？

分析：分辨率 300dpi 是指水平和垂直方向每英寸各有 300 个点，在计算扫描后图像的数据量时，要将照片的宽和高（mm）转换为英寸（in），因 1in 等于 25.4mm，所以宽和高都要除以 25.4。该图像的数据量为：

$$(300 \times 210/25.4) \times (300 \times 297/25.4) \times 24/8 \approx 25\text{MB}$$

大数据量的图像信息给图像的存储、传输和计算机处理增加了极大的压力。在存储压力方面，一张中等分辨率扫描的 A4 照片能达到 25MB，单纯靠增加存储器容量是不现实的，而图像压缩就可以很好地解决这个问题。从传输图像角度考虑，则更加要求图像进行压缩。一是时间限制，有些图像采集是有时间限制的，如预测天气的即时卫星云图，一定时间内大量图像来不及存储就会丢失信息；二是在有限的传输信道带宽的前提下，进行图像压缩能有效地提高通信速度。因此，有必要压缩图像的数据量，即用最少的数据量来表示尽可能多的原图像的信息。

2. 数据压缩的可能性

研究发现，多媒体信息中存在着大量的冗余。冗余信息是指一切信息之中所包含的那些不十分必要的信息，它提供许多额外信息。比如，语言中多余或重复的内容，图像中相似信息的重复。数据压缩的目的就是尽可能地消除这些冗余。对静态图像进行数据压缩编码主要是消除空间冗余和视觉冗余。空间冗余是指图像的像素之间在行方向和列方向都具有很大的相关性，去除或减少这些相关性，从而实现图像数据压缩；视觉冗余是指人眼对一般图像的许多信息不敏感（如图像边缘急剧变化），对不敏感的部分适当降低编码精度，而不会使人从视觉上感觉图像质量的下降。

3. 图像压缩编码

按照压缩前后图像的差别可分为无损压缩和有损压缩。无损压缩是指压缩后的数据经解压缩还原后，得到的数据与原始数据完全相同，一般用于文本数据、程序和特殊场合的图像（如指纹图像、医学图像）的压缩，压缩比较低，一般为 2:1 到 5:1。常见的无损压缩方案有霍夫曼（Huffman）编码、游程（Run length）编码、算术编码、LZW（Lempel Ziv Welch）编码等。有损压缩具有不可恢复性，就是还原后的数据与原始数据存在差异，一般用于普通图像、视频和音频数据的压缩，压缩比较高，达几十到几百。常见的有损压缩编码方法有 PCM（脉冲编码调制）、变换编码、插值和外推法以及矢量量化和子带编码等。预测编码既可用于无损压缩，又可用于有损压缩。

为实现图像信息的远程传输和其他应用，就必须为图像压缩制定统一的国际标准。静态图像压缩编码主要采用 JPEG 标准，该标准是由国际标准化组织（ISO）和国际电报电话咨询委员会（CCITT）联合成立的“联合图像专家组（Joint Photographic Experts Group）”制定的，包括基于离散余弦变换（Discrete Cosine Transform，DCT）的有损压缩和基于预测技术的无损压缩（主要应用的是有损压缩），适用于连续色调（包括灰度和彩色）图像的压缩，但在大压缩比情况下明显失真，另外对较简单的作品（如卡通图片）表现不佳。JPEG2000 标准是 JPEG 标准的升级版，它放弃了 JPEG 所采用的 DCT，而采用了离散小波变换（Discrete Wavelet Transform，DWT）、基于上下文的算术编码等一系列新技术，与 JPEG 相比，压缩比提高了 30%左右、同时支持无损和有损压缩、支持渐进传输（先传输图像的轮廓，再逐步传输数据）和感兴趣区域（可指定感兴趣区域的压缩质量，还可选择部分区域先解压）等，现已成为各种图像的通用编码方式，即可应用于传统的 JPEG 市场（如扫描仪、数码相机等），又应用于新兴领域（如网路传输、无线通信、医疗影像等）。

4. 图像压缩软件

图像压缩的方法有两种：一种是文件格式的转换，在大多数图像浏览处理软件中都可实现，如 ACDSee、Photoshop（通常简称为 PS）等；另一种是使用专业压缩软件。不同的图像格式往往用不同的专业压缩软件，例如 Advanced GIF Optimizer 可一次将整个目录下的 GIF 格式图像文件最佳化压缩，Batch TIFF Resizer 可批量调整 TIFF 格式文件大小，Ultra GIF Optimizer 可以无损优化 GIF 格式文件，JPEG Imager 使用称为“智能过滤(Smart Filtration)”的新压缩算法，可以将 JPG、GIF、PNG、BMP、TIF 等图像文件进行最佳化压缩。

6.3.5　常用的图像文件格式

数字图像是以位图方式存储的，也就是以像素点阵形式来描述图像，这些点可以进行不同的排列和染色以构成图样。当放大位图时，可以看见赖以构成整个图像的无数单个方块，从而使线条和形状显得参差不齐，如图 6.4 所示。然而，如果从稍远的位置观看，位图图像的颜色和形状又显得是连续的。

图像文件结构一般包含三部分：文件头、文件体和文件尾。文件头主要包含产生或编辑该图像的软件的信息、图像分辨率、图像尺寸、图像深度、彩色类型、编码方式、压缩算法等；文件体主要包含图像数据、颜色变换查找表或调色板数据；文件尾可选，可以是一些用户信息，如用户名、注释、开发日期等。不同的图像文件格式包含的信息可能不同，也需要使用支持其格式的处理软件。下面介绍几种常见的图像文件格式。

图 6.4　位图文件的放大效果

（1）BMP 格式。BMP（Bitmap）格式是 DOS 和 Windows 兼容计算机系统的标准图像格式，文件扩展名为.bmp。BMP 格式支持 RGB 和位图色彩等模式，没有进行专门的压缩，所占存储空间很大。彩色图像存储为 BMP 格式时，每一个像素所占的位数可以是 1 位、4 位、8 位或 24 位等，相对应的颜色数也从黑白一直到真彩色。这种格式在 PC 上应用非常普遍。

（2）JPEG 格式。JPEG 格式是由联合图像专家组（JPEG）制定的，文件扩展名为.jpg 或.jpeg，使用了有损压缩算法。JPEG 格式压缩比可调，调节范围为 2:1～40:1，可达到较高的压缩比，适用于存储大幅面或色彩丰富的图片，同时也是 Internet 上支持的主要图像文件格式之一。JP2 格式是 JPEG 图像的升级版本，扩展名为.jp2，采用 JPEG2000 标准，但目前还没有被广泛使用。

（3）TIFF 格式。TIFF（Tagged Image File Format）是一种比较灵活的图像格式，扩展名为.tif。该格式支持 256 色、24 位真彩色、32 位色、48 位色等多种色彩位，同时支持 RGB、CMYK 以及多种色彩模式，支持多平台。文件体积庞大，但存储信息量巨大，细微层次的信息较多，该格式有压缩和非压缩两种形式。

（4）GIF 格式。GIF（Graphics Interchange Format）采用无损压缩，可有效降低文件大小。各种平台都支持这种格式，扩展名为.gif。GIF 格式最高支持 256 色图像，有 87a 和 89a 两个标准，后者还支持动画和透明，所以被广泛应用在网页中。

（5）PSD格式。PSD（Photoshop Document）格式是Photoshop的专用格式，扩展名为.psd。这种格式存储了各种图层、通道、路径及颜色模式等信息，在保存时会将文件压缩，但因存储信息多，所以比其他格式文件大。Photoshop使用PSD格式时，存取速度快，修改也较为方便。

说明：图形不同于图像，图形是指用计算机绘制（Draw）的画面，如直线、圆、圆弧、任意曲线和图表等；图形在存储时只记录生成图的算法和图上的某些特点，也称矢量图，不需要数字化；矢量图形在进行缩放时不会失真，可以适应不同的显示分辨率，可以很容易地进行旋转、扭曲、拉伸等，但难以表现色彩层次丰富的逼真图像效果。矢量图形主要用于表示线框型的图画、工程制图、美术字等。常用的矢量图形文件有.ai（Adobe Illustrator）、.cwd（CorelDraw）、.dwg（用于CAD）、.max（3ds Max）、.wmf（用于桌面出版）等。

6.3.6 图像处理

图像处理指利用计算机对图像进行分析处理，改善图像的质量，以提高人的视觉效果，从而达到所需结果的技术。

1. 图像特征提取

图像特征就是图像属性的标志，即图像中物体的形状、大小等。特征提取是通过提取图像的特征参数来对图像进行处理。常见的图像特征参数有面积、周长、长/宽度、圆形度和重心等。

2. 图像的几何处理

图像的几何处理是指改变图像的像素位置和排列顺序，从而实现图像的放大与缩小、图像旋转、图像镜像，以及图像平移等效果的处理过程。例如，将图像进行放大操作时，原图像的每一个像素点均变成若干个像素点，将图像进行缩小操作时，则在纵向和横向上减少相应的行或列。由于放大和缩小是机械地重复或减少像素，所以均会产生图像的畸变，如常见的“锯齿”现象。

3. 帧处理

一幅完整的图像通常称为一帧。帧处理是指由两幅（或多幅）图像生成一幅新图像的处理过程，常用的处理方法有图像叠加和图像覆盖等方法。

4. 图像识别

图像识别是人类利用计算机技术对图像进行分析处理，通过提取出来的景物特征来自动识别是什么景物。这种技术现已进入商业应用，如清华OCR文字识别软件、美国3D（三维）人脸识别系统、PlateDSP车牌识别系统等。

5. 图像处理软件

Windows系统附件带有画图程序，可以实现图像的简单几何处理。Photoshop是美国Adobe公司开发的一个强大的图像图形处理软件，可用来做各种平面图像处理、绘制简单的几何图形以及进行各种格式或色彩模型的转换等，创作出任何能够想到的作品。Photoshop主要有下述功能。

（1）各种选择、绘图和色彩功能。

（2）图像旋转和变换。

（3）处理图像尺寸和分辨率。

（4）图层、通道和滤镜功能。

（5）支持大量图像格式和TWAIN32界面。

6.4　视频信息处理

视频技术和视频产品是多媒体计算机的重要组成部分，广泛应用于商业展示、教育技术、家庭娱乐等各个领域。人们在电视、电影上看到的就是视频信息，在 Internet 上也存在大量的视频信息。

6.4.1　视频信号

将连续渐变的静态图像或图形序列在一定的时间内顺次更换显示，利用人眼视觉暂留效应从而形成连续运动的画面。当序列中每帧图像是通过实时摄取自然景象或活动对象时，常称为影像视频，或简称为视频（Video）。每秒显示的帧数目称为帧速度，用 fps（帧/秒）表示。典型的帧速率为 24～30fps，可产生平滑、连续的画面效果。播放视频时，一般伴有同步的声音。

1. 视频信号种类

（1）根据信号的编码方式，视频信号分为下述两类。

① 模拟视频信号：指每一帧图像是实时获取的自然景物的真实图像信号。日常生活中看到的电视、电影都属于模拟视频的范畴。

模拟视频信号具有成本低和还原性好等优点。但是，不论被记录的图像信号有多好，经过长时间的存放之后，信号和画面的质量将大大降低；或者经过多次复制之后，画面就会很明显的失真，这是其最大的缺点。

② 数字视频信号：指模拟视频信号经过取样、量化和编码后，转化成为不连续的 0 和 1 两个数字来表示的视频信号。

（2）根据信号质量，数字视频信号分为下述 3 种。

① 高清晰度电视（HDTV）信号：指示动态画面的宽度对高度之比为 16:9 的数字视频信号，而当前电视视频图像是 4:3。HDTV 信号又可分为高分辨率/高速率帧（1 920 × 1 080/60fps）、高分辨率/一般速率帧（1 920 × 1 080/30fps 或 24fps）、增强分辨率/一般速率帧（1 280 × 730/30fps 或 24fps）3 种。

② 数字电视信号：为了达到电视演播中高质量画面的要求，对演播中的原始模拟电视信号以数字形式进行编码形成的信号。对于数字视频信号而言，每帧画面的行数，是反映视频信号质量的一个重要指标。如 PAL 演播质量级数字电视信号，就是每帧画面由 625 行（线）组成，每行采样次数为 864 次，每秒 25 帧。而当前数字视频产品中的 DVD 及纯平数字彩色电视机的画面质量为 500 线左右，一般 VCD2.0 的画面质量为 250 线。

③ 低速电视会议信号：为适应低速网络传输速率 128kbit/s 进行传输而推出的一种视频信号。它是一种高度压缩的数字信号，除了减少空间分辨率外，帧速也下降了很多，一般为 5～10fps，适用于电视会议的信号传送。

2. 模拟视频信号的制式

模拟电视的帧画面是一种光栅扫描图像，通过逐行或隔行扫描形成完整的图像。目前，模拟电视领域有 3 种制式：PAL、NTSC 和 SECAM。

（1）PAL 制式。PAL（Phase Alternate Line）意为相位逐行交变。它是联邦德国 1962 年推出的一种电视制式，每秒 25 帧，每帧 625 行，隔行扫描。我国和西欧大部分国家都使用这种制式。

（2）NTSC 制式。NTSC（National Television System Committee）是 1953 年美国研制成功的一种兼容的彩色电视制式，每秒 30 帧，每帧 525 行水平扫描线。

（3）SECAM 制式。SECAM（Sequential Color and Memory）是法国、俄罗斯以及一些东欧国家采用的电视制式，每秒 25 帧，每帧 625 行，其基本技术及广播方法与另两种制式均有较大区别。

现行的电视接收设备及播放设备基本上都具有以上 3 种制式的视频信号的播放能力，只要进行适当切换就可实现视频信号的制式互换。

数字视频变换盒，习惯上称为机顶盒或机上盒，是一种依托电视终端提供综合信息业务的家电设备。机顶盒将压缩的数字信号转成电视内容，在电视机上呈现数字电视节目。同时，机顶盒可利用网络发送和数据，实现交互式数字化娱乐、教育和商业化活动。目前，机顶盒实现的功能包括：接收广播的模拟电视和数字电视节目，视频点播和音乐点播，电子购物，电子游戏，电话、可视电话、会议电视等，逐渐成为家庭生活和娱乐中心，成为三网融合的关键性设备。目前，市面上机顶盒产品种类繁多，分类复杂。按标准，分可分为数字卫星机顶盒（DVB-S）、欧标数字地面机顶盒（DVB-T）、国标数字地面机顶盒（DTMB）、有线电视数字机顶盒（DVB-C）等；按功能，可分为单向机顶盒、双向机顶盒、IPTV 机顶盒等。

6.4.2 视频信息的数字化

由于数字视频具有适合网络使用，可以不失真地无限次复制，便于计算机创作编辑处理等优点，所以得到了广泛应用。

视频数字化是在一定时间内以一定速率对模拟视频信号进行采集、量化等处理，实现模数转换、彩色空间变换和编码压缩等，其实现和图像数字化类似。这一过程是通过视频捕捉卡（也称视频采集卡）和相应的软件实现的。

视频数字化后，如果视频信号不加压缩，数据量的大小是帧数乘以每幅图像的数据量，再乘以播放时间。例如，在计算机上连续显示像素大小为 1280 × 1024 的 24 位真彩色高质量的电视图像，按每帧占 3 个字节、每秒 30 帧计算，显示 1min，则需要：

$$1280 \times 1024 \times 3 \times 30 \times 60 \approx 6.6\ \text{GB}$$

一张 650MB 的光盘只能存放 6s 左右的电视图像，这就带来了图像数据压缩的问题，这是多媒体技术中一个重要的研究内容。所以通常的视频光盘要通过压缩，降低帧速、缩小画面尺寸等来降低数据量。

6.4.3 视频压缩编码标准

视频压缩主要是帧内和帧间压缩，帧内压缩也称为空间压缩，仅考虑本帧的数据而不考虑相邻帧之间的冗余信息，一般采用有损压缩算法，这实际上与静态图像压缩类似。帧间压缩也称为时间压缩，是基于许多视频或动画的连续前后两帧具有很大的相关性，或者说前后两帧信息变化很小的特点，也就是连续的视频其相邻帧之间具有冗余信息，根据这一特性，压缩相邻帧之间的冗余量就可以进一步提高压缩量。帧间压缩一般是无损的。帧差值（Frame differencing）算法是一种典型的时间压缩法，它通过比较本帧与相邻帧之间的差异，仅记录本帧与其相邻帧的差值，这样可以大大减少数据量。

在多媒体技术的发展过程中，数字视频图像压缩标准的制定和推广起到了十分重要的作用。数字视频标准主要是由 ISO 和 CCITT 联合组织的“运动图像专家小组（Moving Picture Experts Group）”制定的 MPEG 系列标准，对运动图像及其伴音进行数字编码。

1. MPEG-1 标准

MPEG-1 规定了视频信息与伴音信息经压缩之后的数据速率为 1.5Mbit/s，主要应用在光盘、数字录音带、磁盘、通信网络以及 VCD 等。

2. MPEG-2 标准

MPEG-2 于 1994 年公布，是一个非常成功的广播级运动图像及伴音编码国际标准，压缩后速率为 4 ~ 15Mbit/s，应用范围包括 DVD、HDTV（高清晰度电视）、视频会议以及多媒体邮件等。

3. MPEG-4 标准

MPEG-4 是 1998 年通过的用于低比特率（≤64kbit/s）的视频压缩编码标准，主要应用在可视电话、视听对象（交互）等方面。

4. MPEG-7 标准

MPEG-7 是一种描述多媒体内容数据的标准，满足实时、非实时应用的需求，也称为“多媒体内容描述接口”（Multimedia Content Description Interface）。

6.4.4 数字视频处理软件

数字视频处理软件有两类，一类是播放软件，另一类是视频编辑制作软件。

1. 视频播放软件

视频信息数据量庞大，几乎所有的视频信息都以压缩的格式存放在磁盘或光盘上。因此，在播放视频信息时，计算机有足够的处理能力，进行动态实时解压缩播放。目前，常用的视频播放软件很多，著名的有：暴风影音、Power DVD、超级解霸 3000、微软公司的 Media Player 和 Real NetWorks 公司的 RealOne Player。这些视频播放软件，界面操作简单易用，功能强大，支持大多数视频文件格式。

2. 视频编辑软件

常用的数字视频编辑软件有：Video For Windows、Quick Time、Adobe Premiere 等。在这些视频编辑制作软件中，美国 Adobe 公司开发的 Premiere 是一个功能强大的视频和音频编辑软件，它是一个专业的 DTV（Desk Top Video）编辑软件，可以在各种操作系统平台下与硬件配合使用。使用该软件，可以制作广播级的视频作品，即使业余人员，在视频设备配置低档的个人计算机上也可以制作出专业级的视频文件。

6.4.5 常见视频文件的格式

视频文件可以分成两类：一类是影像文件，如常见的 DVD/VCD 等；另一类是流媒体文件（也称流式视频文件），这是随着 Internet 的发展而诞生的，如在线视频转播。

1. 影像文件

日常生活中接触较多的 VCD、DVD 光盘中的视频都是影像文件，该文件不仅包含了大量的图像信息，同时还容纳了大量的音频信息。影像视频文件包括以下几种。

（1）AVI（Audio-Video Interleaved）文件。AVI 文件是目前比较流行的视频文件格式。采用 Intel 公司的视频有损压缩技术将视频信息和音频信息混合交错地存储在同一文件中，从而解决了视频和音频同步的问题。该文件已经成为 Windows 视频标准格式文件，但文件数据量大。

（2）MPEG 文件。该文件通常用于视频的压缩，其压缩的速度非常快，而解压缩的速度几乎可以达到实时的效果。目前在市面上的产品大多将 MPEG 的压缩/解压缩操作做成硬件卡的形式，如此一来可达到 1.5～3.0MB/s 的效率，可以在个人计算机上播放 30fps 全屏幕画面的电影。MPEG 文件压缩比在

50:1～200:1。MPEG 可以分为 MPEG Level1、MPEG Level2、MPEG Level4、MPEG Level7 共 4 种。

（3）DAT 文件。DAT 是 Video CD 或 Karaoke CD 数据文件的扩展名，也是基于 MPEG 压缩方法的一种文件格式。

2. 流媒体文件

在 Internet 上传输的多媒体格式中，基本上只有文本、图形文件可以按原格式在网上传输，动画、音频、图像等媒体一般采用流式技术在网上传输。不同的文件格式，传送的方式也有所差异。

（1）RM 文件。该格式是 Real Networks 公司开发的一种主要用于在低速网上实时传输音频和视频信息的压缩格式文件。网络连接速度不同，客户端所获得的声音、图像质量也不尽相同。以声音为例：对于 14.4kbit/s 的网络连接速度，可获得调幅（AM）质量的音质；对于 28.8kbit/s 的连接速度，可以达到广播级的声音质量。

（2）RMVB 文件。该格式改进了原 RM 格式的编码算法，具有更高的压缩率和品质。它的推出在一定程度上弥补了 RM 格式的缺陷，成为了流行的网络传输格式。RMVB 一般用在对画面要求不高的场合。

（3）MOV 文件。MOV 原来是苹果电脑中的视频文件格式，自从有了 QuickTime 程序后，PC 上就可以播放 MOV 格式文件，能够通过 Internet 观赏到较高质量的电影、电视和实况转播节目。

（4）ASF 文件。该文件是 Microsoft 为 Windows 98 所开发的串流多媒体文件格式，专为在 IP 网上传送有同步关系的多媒体数据而设计的。对应的播放器是微软公司的 Media Player。用户可以将图形、声音和动画数据组合成 ASF 格式的文件，也可以将其他格式的视频和音频转换为 ASF 格式。

同音频文件类似，视频文件也具有格式多样性，任何播放器（视频解码器）都不可能支持所有的视频格式播放。遇到无法播放的视频文件，可以下载安装支持其视频格式的播放器，也可以利用格式转换软件将其转换为本地播放器支持的格式。常见的视频格式转换软件有格式工厂、暴风转码、超级转换秀等。

6.5 动画处理

动画也是一种动态图像，但不同于视频。视频的每帧图像是对自然景象或活动对象的实时摄取，而动画的每帧图像是由人工或计算机绘制的。动画可由创作者通过一定的技术，制作成影片或电视并放映，使原本不具生命的东西，成为有生命的东西活动起来。

6.5.1 动画的基本技术

1. 动画规则

毫无规律和杂乱的画面不能构成真正意义上的动画，动画应遵循一定的构成规则。动画的构成规则主要有以下 3 个。

（1）动画由多画组成，并且画面必须连续。

（2）画面之间的内容必须存在差异。

（3）画面表现的动作必须连续，即后一幅画面是前一幅画面的继续。

2. 全动画与半动画

全动画是指动画制作中，为了追求画面的完美、动作的细腻和流畅，按照每秒播放24幅画面的数量制作的动画。全动画对花费的时间和金钱在所不惜，迪斯尼公司出品的大量动画产品就为这种动画。全动画的观赏性极佳，常用来制作大型动画片和商业广告。

半动画是采用少于每秒24幅的绘制画面来表现动画，常见的画面数一般为每秒6幅。由于半动画的画面少，因而在动画处理中，采用重复动作、延长画面动作停顿的画面数来凑足每秒24幅画面。半动画不需要全动画那样高昂的经济开支，也没有全动画那样巨大的工作量。

3. 动画制作过程

动画的制作是一项复杂的工程，要事先准确地策划好每一个动作的时间、画面数等。多媒体计算机的出现，为动画制作提供了强大的技术保证，动画的制作也从人工制作向计算机制作转变。计算机动画制作的一般步骤如下。

（1）确定应用程序要执行哪些基本任务。

（2）创建并导入媒体元素，如图像、声音、文本等。

（3）在软件中的舞台上和时间轴中排列这些媒体元素，以定义他们在应用程序中显示的时间和显示方式。

（4）根据需要，对媒体元素应用特殊效果。

（5）编写ActionScript代码以控制媒体元素的行为方式，包括这些元素对用户交互的响应方式。

（6）测试应用程序，确定它是否按预期方式工作，并查找其构造中的缺陷。在整个创建过程中不断测试应用程序。

（7）完成后交付使用。

4. 制作动画环境

动画制作除了基本的多媒体硬件外，通常软件要具备大量的编辑工具和效果工具，用来绘制和加工动画素材。不同的动画制作软件用于制作不同形式的动画，例如Animator Pro软件用于制作平面动画，3D Studio Max软件用于制作三维动画，Morph软件用于制作变形动画，Cool3D软件用于制作文字三维动画，Flash软件用于制作网页动画等。但是，在实际的动画制作中，一个动画素材的完成，往往不只使用一个动画软件，是多个动画软件共同编辑的结果。

6.5.2 用Flash制作动画

Flash是Macromedia公司的动画制作软件工具。通过该工具，用户可以完成联机贺卡、卡通画、游戏界面、Web站点中导航界面和消息区、丰富的Internet应用等程序制作。Flash的帮助菜单（或进入程序后直接按下 F1 键）提供了完备的帮助信息，使用户能够方便地使用该软件。下面以Macromedia Flash Professional 8为例简单介绍Flash动画制作过程。

1. Flash软件介绍

（1）舞台。舞台（Stage）是创建Flash文档时放置图形内容的矩形区域，这些图形内容包括矢量插图、文本框、按钮、导入的位图图形或视频剪辑，诸如此类相当于文件窗口，可以在里面作图或编辑图像，也可以测试播放电影。在桌面上双击Macromedia Flash就进入了舞台，如图6.5所示。

（2）时间轴。时间轴（Timeline）是用于组织和控制文档内容在一定时间内播放的图层数和帧数。Flash将时间轴分割成许多同样的小格，每一小格就表示一帧，帧由左向右按顺序播放就形成了动画电影。时间轴上最主要的部分是帧、图层和播放指针，如图6.6所示。

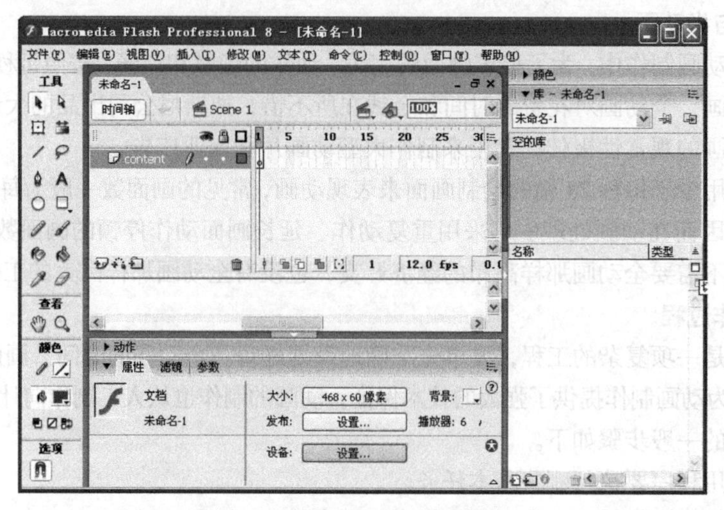

图 6.5　Macromedia Flash 舞台

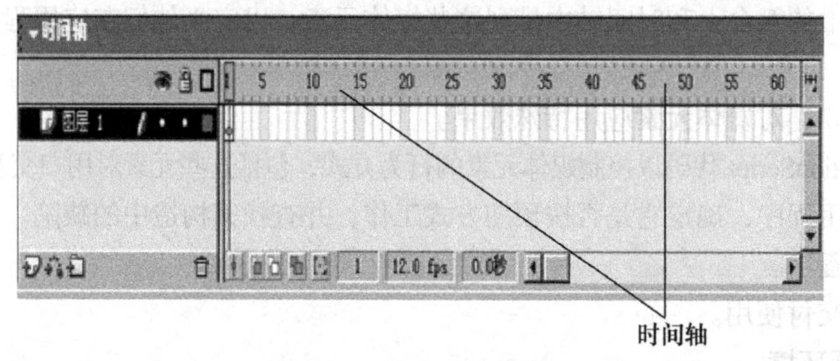

图 6.6　Flash 的时间轴

（3）帧。帧（Frame）是时间轴上的一个小格，是舞台内容中的一个片断，如图 6.7 所示。

（4）关键帧。在电影制作中，通常是要制作许多不同的片断，然后将片断连接到一起才能制成电影。对于摄影或制作的人来说，每一个片断的开头和结尾都要做上一个标记，这样在看到标记时就知道这一段内容是什么。在 Flash 里，把有标记的帧称为关键帧（Key Frame），如图 6.7 所示。除此之外，关键帧还可以让 Flash 识别动作开始和结束的状态。例如，在制作一个动作时，将一个开始动作状态和一个结束动作状态分别用关键帧表示，再告诉 Flash 动作方式，Flash 就可以做成一个连续动作的动画。

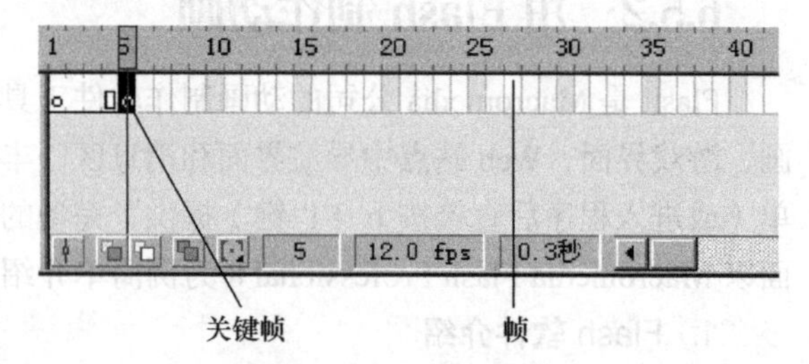

图 6.7　Flash 的帧及关键帧

对每一个关键帧可以设定特殊的动作，包括物体移动、变形或做透明变化。如果接下来播放新的动作，再使用新的关键帧做标记，就像做动作的切换一样。

（5）补间动画。Flash 动画通过在两个关键帧之间创建“补间动画”实现图画的运动，补间动画起始关键帧和终止关键帧之间的插补帧是由计算机自动运算而得到的，这些插补帧所在的区域称为补间区域。

（6）场景。电影需要很多场景（Scene），并且每个场景的人物、时间和布景可能都是不同的。与拍电影一样，Flash 可以将多个场景中的动作组合成一个连贯的电影。当开始编辑电影时，都是在第一个场景开始。场景的数量是没有限制的。对于简单的电影是没有必要使用场景的。使用场景必须要学会使用 Flash 中的一些命令。

（7）图层。图层（Layer）可以理解为一张张透明的胶片。用户可以在不同的图层上做图，再叠放到一起组成一个复杂的图片。每个图层本身都是透明的，所以图像叠到一起时仍感觉像在同一个图层上。当图像要重叠时，排在时间轴窗口中上面图层上的图像要覆盖排在下面图层中的图像。例如，鸟在云朵中飞翔，鸟图层中的图像要覆盖云朵图层中的图像，看起来就是鸟飞在云彩的前面，而不会隐藏到云彩的后面。

与 Photoshop 一样，Flash 中每个图层中的图像与其他图层中的图像都是不相关的；Flash 中不同的图层可以使用各自的时间轴，设定各自的动作而互不干扰，如图 6.8 所示。

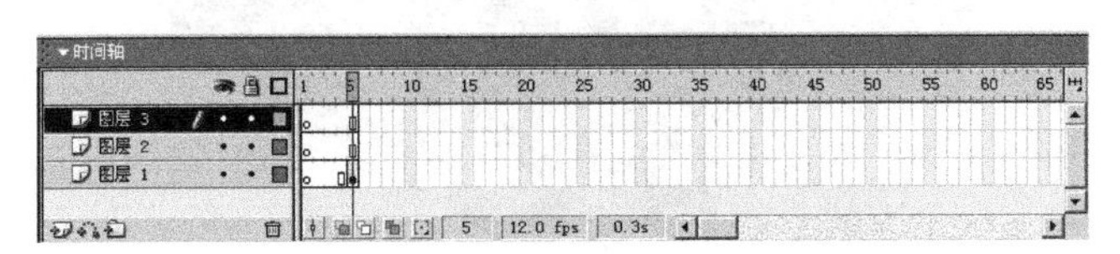

图 6.8　Flash 的图层

2. 动画制作

利用 Flash 可以实现多种形式动画的制作，下面以电子相册为例，介绍图片、文字、声音等动画元素的使用方法。电子相册首先旋转载入图片，然后保持图片不动，载入文字动画，实现文字放大、缩小、翻转等效果，并在整个动画播放期间插入背景音乐，制作过程如下。

（1）图片动画制作。

① 新建一个 flash 文档。

② 设置舞台大小。单击“属性”选项卡中的“大小”按钮，设置舞台尺寸为 800 像素 × 600 像素，如图 6.9 所示。

③ 导入舞台图片。选择时间轴第 1 帧，在菜单栏选择“文件”→“导入”→“导入到舞台”，弹出“导入”对话框，选择舞台图片，单击“打开”按钮。

④ 设置图片动画初始状态（位置和大小）。单击图片，选择工具栏中“任意变形工具”图标，调整图片大小和位置（例如将图片缩小放置于舞台的左上角），如图 6.9 所示。

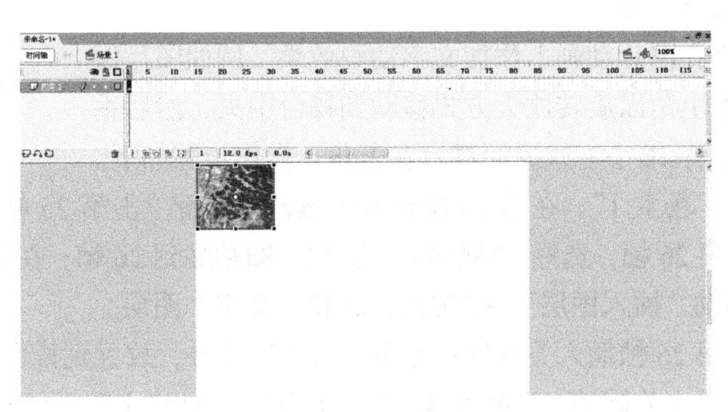

图 6.9　设置图片动画初始状态

⑤ 设置图片动画终止状态。右键单击时间轴某帧（如第 25 帧），选择“插入关键帧”（下面简称该操作为插入关键帧），单击舞台图片，选择图标，调整图片大小和位置（例如铺满整个舞台）。

⑥ 创建补间动画。首先右键单击补间动画起始帧（如第 5 帧），选择“创建补间动画”选项；

然后右键单击补间动画终止帧（如第 20 帧），选择“创建补间动画”选项；最后，选择补间区域内的任一帧，在“属性”选项卡设置“旋转”方式（如“顺时针，1 次”）。

⑦ 按 Ctrl+回车组合键查看图片动画效果，如图 6.10 所示。

图 6.10 图片动画效果图

（2）文字元件制作。

① 创建文字元件。按 Ctrl + F8 组合键，弹出“创建新元件”对话框，将元件命名为“文字”，单击“确定”按钮。

② 设置动画文字属性并输入文字。单击工具箱中的“文本工具” A 按钮，在“属性”面板设置字体、字形和字号，单击舞台输入文字（如“香山红叶”）。

③ 打散文字。单击工具箱中“选择工具”按钮，选择舞台文字，按两次 Ctrl+B 组合键将文字打散为形状。

④ 填充文字。双击一个文字，打开“混色器”面板，如图 6.11 所示，在“类型”下拉表中选择填充方式选项（以“位图”选项为例），单击“导入”按钮导入位图，选择其中某个位图填充文字。其他文字的填充操作相同。

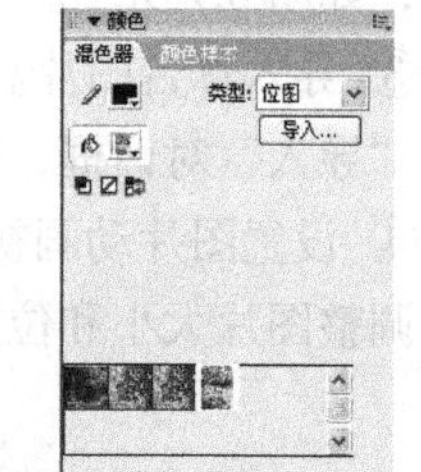

图 6.11 混色器面板

（3）图片动画与文字合并。

可以使用文字元件在图片动画上添加文字动画效果。例如图片保持不动，文字由舞台左上角以旋转放大方式移动到舞台中央，然后垂直旋转 360°，最后以旋转缩小方式返回舞台左上角，操作步骤如下。

① 选择时间轴上“场景 1”，在第 26 帧插入关键帧；右键单击第 25 帧，选择“复制帧”复制第 25 帧，右键单击第 26 帧，选择“粘贴帧”将第 25 帧粘贴到 26 帧；在第 100 帧插入关键帧。

② 右键单击时间轴“插入图层”按钮，新建“文字”图层。

③ 在“文字”层第 26 帧插入关键帧；拖曳“文字”元件，放置到舞台左上角；在“文字”层第 45、65、85 帧处插入关键帧；选择第 45 帧，运用工具将文字元件放大并拖至舞台中心，在第 26 帧与第 45 帧之间创建补间动画；选择第 65 帧，将文字翻转 180 度倒立，在第 45 帧与第 65 帧之间创建补间动画；选择第 85 帧，运用工具将文字再翻转 180 度，在第 65 帧与第 85 帧之间创建补间动画；选择第 100 帧，运用工具将文字缩小并拖至舞台右上角，在第 85 帧与第 100 帧之间创建补间动画，如图 6.12 所示。

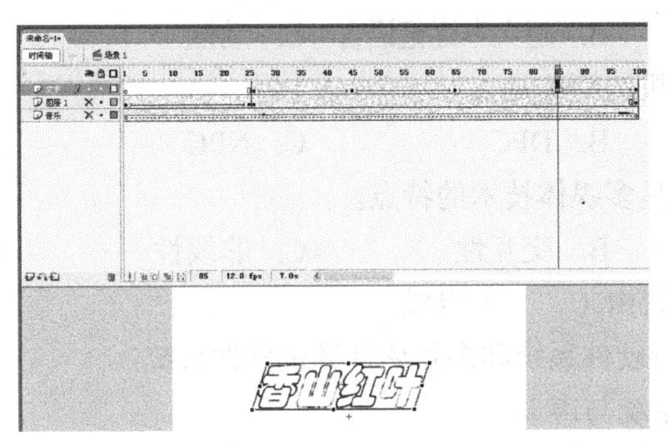

图 6.12　文字层操作界面

（4）插入声音。

① 新建名为“音乐”的图层，并用鼠标拖曳到最底层。

② 选中第 1 帧，选择“文件”→“导入”→“导入到舞台”，在弹出的对话框中选择合适音频文件（.mp3，.wav 等），单击“导入”按钮。

③ 在第 100 帧处插入关键帧，在第 1 帧和第 100 帧处创建补间动画，单击补间区域，在“属性”选项卡中“声音”下拉菜单中选择刚导入的音频文件，然后设置同步效果等参数。

以上操作完成后，选择“文件”菜单的“另存为”选项，设置保存路径和文件名，单击“保存”按钮，简单相册动画制作完成。

本章小结

常见的媒体信息有文字、声音、图像及视频等，多媒体技术是通过计算机进行综合处理和控制，将不同类型的媒体信息有机地组合在一起完成一系列交互式综合操作。

声音是振动物体发出的波在人耳中的感受。表示声音的参数有振幅、频率、带宽等，声音的数字化处理过程包括采样、量化和编码 3 个过程。常见的声音文件有 WAV 格式、MIDI 格式、MP3 格式和 CD-DA 格式。

图像是多媒体中一类重要而常用的媒体信息，适用于表现含细节对象。衡量图像清晰度的重要指标是分辨率。图像的数字化过程包括采样和量化；图像的处理方法有特征提取、几何处理、帧处理等；常见的图像文件有 BMP 格式、JPEG 格式、TIF 格式、CWD 格式等。

动态图像包括视频和动画两种形式。视频中每帧图像是通过实时摄取自然景象或活动对象，所以信息占用相当大的存储空间，数字视频压缩标准的制定和推广起到了重要的作用，常见的压缩标准有 MPEG-1、MPEG-2 等。常用的视频文件有 AVI 格式、DAT 格式、MPEG 格式、RMVB 格式等。

动画也是一种常用的媒体信息表现形式，每帧图像是由人工或计算机绘制的，广泛应用在教育培训、商业广告等方面。

习　题　6

1. 选择题

（1）下列媒体中，不属于常用的媒体类型为（　　）。

A. 文字　B. 超文本标记语言　C. 动画　D. 视频

（2）多媒体个人计算机的简称是（　）。

A. MPC　B. DPC　C. NPC　D. EPC

（3）以下（　）不是多媒体技术的特点。

A. 集成性　B. 交互性　C. 非线性　D. 兼容性

（4）多媒体计算机系统由（　）组成。

A. 多媒体计算机硬件系统和多媒体计算机软件系统

B. 计算机硬件系统与声卡

C. 计算机硬件系统与视频卡　D. 计算机硬件系统与DVD

（5）（　）指声音的大小、强弱程度。

A. 声音的幅度　B. 频率　C. 带宽　D. 音质

（6）声音的数字化过程，就是周期性地对声音波进行（　），并以数字数据的形式存储起来。

A. 模拟　B. 采样　C. 调节　D. 压缩

（7）用16位表示的声音和用8位表示的声音相比，质量会（　）。

A. 差　B. 好　C. 一样　D. 无法比较

（8）使用Windows录音机录音的过程就是（　）的过程。

A. 把模拟信号转变为数字信号　B. 把数字信号转变为模拟信号

C. 把声波转变为电波　D. 声音保存

（9）在多媒体技术中，音乐与计算机结合的产物音乐设备数字接口的简称是（　）。

A. MIDI　B. MDI　C. MOD　D. MAVE

（10）在下列文件类型中，（　）通常是音乐文件。

A. .mid　B. .cda　C. .wav　D. .avi

（11）计算机中声音和图像文件比较大时，对其进行保存时一般要经过（　）。

A. 拆分　B. 部分删除　C. 压缩　D. 格式化

（12）视觉上的彩色可用（　）来描述，任一彩色光都是这3个特征的综合效果。

A. 亮度、色相、饱和度　B. 亮度、黑色、白色

C. 红色、绿色、蓝色　D. 基色、亮度、饱和度

（13）显示器显示图像的清晰程度，主要取决于显示器的（　）。

A. 对比度　B. 亮度　C. 尺寸　D. 分辨率

（14）下列文件中，（　）在缩放时不会失真。

A. .bmp　B. .jpeg　C. .dwg　D. .tif

（15）计算机中MPEG视频文件的扩展名为（　）。

A. .mp3　B. .gif　C. .avi　D. .mpg

（16）下面的软件中，（　）是一款优秀的视频编辑软件。

A. Premiere　B. Photoshop　C. RealOne　D. 3D Studio Max

（17）（　）文件是随着网络技术的发展而涌现出来的一种新的流式视频文件格式，是 Real Networks公司所制定的压缩规范中的一种。

A. .mov　B. .rm　C. .avi　D. .mpg

（18）国际上常用的视频制式有（　）。

（1）PAL制　（2）NTSC制　（3）SECAM制　（4）MPEG

A.（1）　B.（1）（2）　C.（1）（2）（3）　D. 全部

（19）下列数字视频中（　　）质量最好。

A. 240×180 分辨率、24 位真彩色、15 帧/秒的帧率

B. 320×240 分辨率、30 位真彩色、25 帧/秒的帧率

C. 320×240 分辨率、30 位真彩色、30 帧/秒的帧率

D. 640×480 分辨率、16 位真彩色、15 帧/秒的帧率

（20）半动画是指每秒小于（　　）幅绘制画面的动画，常见的画面数一般为每秒（　　）幅。

A. 30　10　B. 24　6　C. 38　15　D. 20　10

2. 填空题

（1）常见的媒体有________、________、________、________、________、________等多种形式。

（2）多媒体扩展卡主要包括________和视频卡，其中视频卡又可分为________、________、________、________等，其功能是连接________、________、________等设备，以便于____。

（3）多媒体计算机的输入/输出设备主要包括________、________、________等。

（4）多媒体的软件开发工具包括________、________、________、________、________。

（5）音质即声音的品质，主要是________、________和________等三方面是否达到一定标准。

（6）声音的数字化过程包括________、________和________。

（7）声音信号的合成常用两种方法有________和________。

（8）在图像处理中，分辨率主要有________、________和________。

（9）图形图像格式大致可以分为两大类：一类为________；另一类为________。

（10）图像的颜色模式有________、________、________。

（11）视频信号种类根据信号的编码方式分为________和________。

（12）多媒体技术的发展过程中，数字视频图像压缩标准 MPEG 有________、________、________和________。

（13）常用的流媒体文件有________、________、________、________。

（14）动画可以分为________和________两种。

（15）________软件用于制作三维动画，________软件用于制作网页动画等。

3. 简答题

（1）什么是多媒体技术，多媒体技术有哪些特点？

（2）多媒体系统主要有哪些设备？简述其功能。

（3）简述声音的数字化过程。

（4）常用的音频文件有哪些？常用的视频文件有哪些？简述其特点。

（5）位图图像和矢量图像有何区别？

（6）常用的位图文件和矢量图像文件有哪些？简述其特点。

（7）一幅像素大小为 1024×768 的彩色图像，若采样 32 位真彩色表示时，存储该图像需占用多少字节？

（8）计算机连续显示像素大小为 1280×1024 的 24 位真彩色高质量的电视图像，按每秒 30 帧计算，若显示 1min（在无压缩情况下）需要多少存储空间？

（9）动态图像有哪两种？并进行简单比较。

（10）简述动画的制作过程。

第7章 数据库技术基础

本章重点：

- 数据处理技术的发展阶段
- 数据库系统的组成
- 关系模型
- 关系的基本运算
- Access 中数据表的建立和使用
- Access 中创建查询和窗体

本章难点：

- 关系模型
- Access 中数据表的建立和使用
- Access 中创建查询和窗体

随着计算机技术的发展，数据处理迅速上升为计算机应用的重要方面。数据库技术就是作为数据处理的主要技术而发展起来的，数据库技术所研究的问题就是如何科学地组织和存储数据，如何高效地获取和处理数据。作为计算机科学领域中发展迅速的一个分支，数据库技术应用非常广泛，几乎所有的计算机应用系统都涉及数据库，如计算机辅助设计与制造、地理信息系统、订票系统、图书馆管理系统等。

7.1 数据库系统

7.1.1 数据处理技术的发展

数据处理的中心问题是数据管理。计算机对数据的管理是指对数据的组织、分类、编码、存储、检索和维护提供操作手段。数据管理随着计算机硬件、软件技术和计算机应用范围的发展而不断发展，多年来大致经历了以下 3 个阶段。

1. 手工处理阶段

手工处理阶段主要指 20 世纪 50 年代中期以前，计算机主要用于科学计算。当时在硬件方面，外存只有磁带、卡片、纸带，没有磁盘等直接存取设备；在软件方面，没有操作系统及管理数据的软件，用户使用汇编语言编写程序，数据由程序自行携带。

在这个阶段，数据管理任务（包括存储结构、存取方法、输入/输出方式等）完全由程序设计人员负责。一组数据对应一个应用程序，即数据依赖于特定的应用程序，数据和程序是一个不可分割的整体，如图 7.1 所示。数据只为本程序所使用，程序运行时，输入数据，程序结束时撤消数据。一个程序中的数据无法被其他程序使用，程序与程序之间可能存在大量的重复数据（称为冗余）。因此，手工阶段的特点是：数据不具有独立性，数据不保存，数据不能共享，没有数据管理软件。

2. 文件系统阶段

文件系统阶段从 20 世纪 50 年代后期到 20 世纪 60 年代中期，计算机开始大量地用于管理。在硬件方面，出现了磁盘、磁鼓等直接存取设备。在软件方面，出现了高级语言和操作系统，操作系统中有了专门的数据管理软件，即文件系统。此阶段数据与程序的关系如图 7.2 所示。

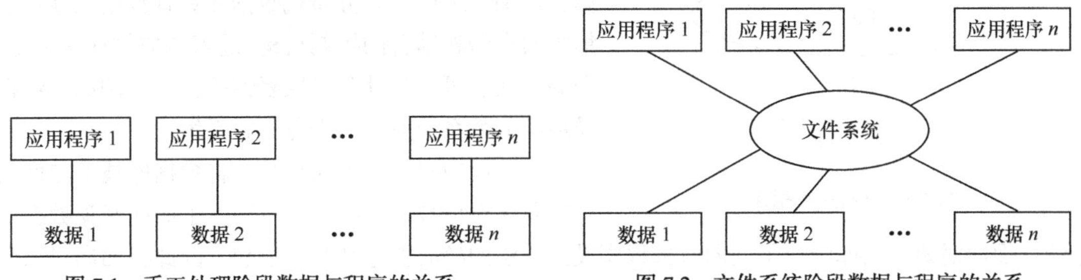

图 7.1　手工处理阶段数据与程序的关系　　图 7.2　文件系统阶段数据与程序的关系

在文件系统阶段，程序和数据分开存储，有了程序文件和数据文件的区别，程序和数据有了一定的独立性。数据文件可以长期保存并被多次存取。程序通过文件名可以对数据文件进行修改、插入、删除等操作，程序员可以将精力集中在数据处理的算法上，不必考虑数据存储的细节。但是，数据文件是为了满足特定业务，服务于某一特定应用程序，数据和程序相互依赖，同一数据项可能重复出现在多个文件中。因此文件系统阶段存在数据共享性、独立性差，且冗余度大，管理和维护的代价也很大的特点。目前，文件系统仍然是一种较为广泛使用的数据管理方法。

3. 数据库阶段

到了 20 世纪 60 年代后期，计算机硬件和软件技术有了进一步的发展，尤其是硬件方面已经有了大容量的磁盘。同时计算机用于管理的规模加大，需处理的数据量急剧增大，且数据共享的要求也更为强烈。这种背景促进了数据管理技术的发展，出现了对数据进行统一管理和控制的数据库管理系统，如图 7.3 所示。这一时期的主要特点是：数据和程序彼此独立，数据不再面向特定的应用程序，从而实现了数据的共享，避免了数据的不一致性；数据以数据库的形式保存，在数据库中，数据按一定的模型进行组织，可以最大限度地减少数据的冗余；对数据库进行建立、管理有了专门的软件，即数据库管理系统（Database Management System，DBMS）。Access 就是一个典型的数据库管理系统。

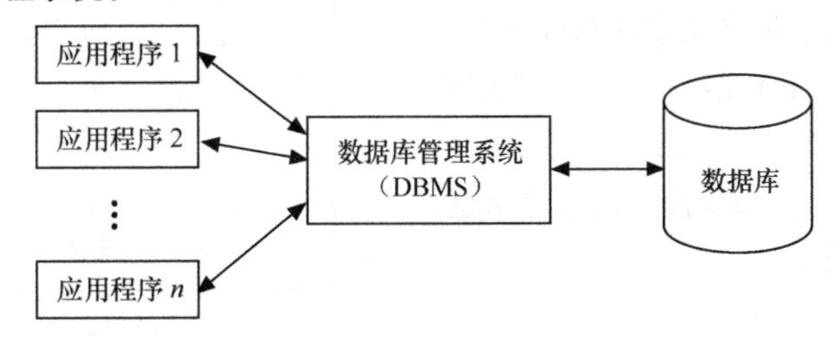

图 7.3　数据库阶段数据与程序的关系

作为计算机科学中一个新的分支，数据库技术得到了惊人的发展，已成为现代管理信息系统强有力的工具。在这一阶段出现了许多新型的数据库系统。

（1）分布式数据库系统。网络技术的快速发展为数据库提供了分布式运行的环境，数据库体系结构也从原来的客户端/服务器（C/S）体系结构发展到了浏览器端/服务器（B/S）体系结构。数据库技术与网络技术结合起来，能够方便地跨结点存取和处理网络中的多个数据库中的数据，成为当代数据库技术发展的主要特征。

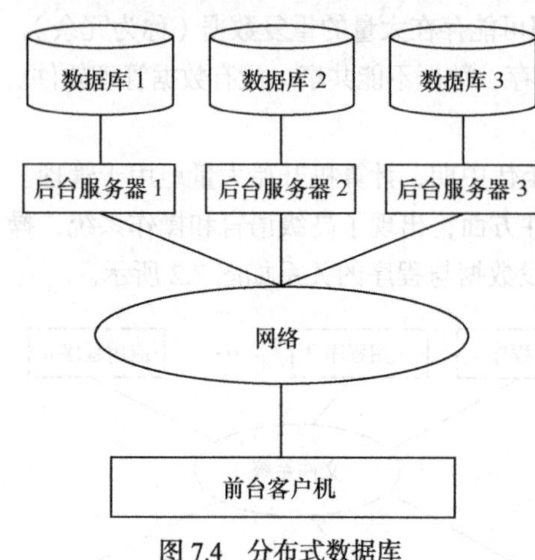

图 7.4　分布式数据库

分布式数据库系统是由分布在网络中不同结点上的多个逻辑上相关的数据库组成的，这些数据库物理上分布在网络中的多台计算机上，但逻辑上是一个整体，如图 7.4 所示。分布式数据库具有数据独立性、集中与自治相结合的控制机构、适当增加数据冗余度、全局一致、可串行性和可恢复性等特点。例如，银行异地存取款系统就是一个分布式系统。

（2）面向对象数据库系统。将数据库技术与面向对象程序设计技术相结合，就产生了面向对象数据库系统。面向对象数据库吸收了面向对象程序设计方法的核心概念和基本思想。因此，面向对象数据库技术有望成为继数据库技术之后的新一代数据管理技术。

Access 在用户界面、程序设计等方面进行了很好的扩充，提供了面向对象程度的设计功能，但在本质上讲，它只是传统的关系数据库系统。

（3）多媒体数据库系统。传统数据库以数字和字符数据为管理对象，一般不涉及多媒体数据。当数据库管理对象扩充到多媒体数据时，其存储结构和数据模型都发生了变化，由此产生的用于管理多媒体数据的数据库系统就是多媒体数据库系统。主要用于存储和处理包含文字、图像、声音、视频等大字节多媒体数据。多媒体数据库应用的主要领域有电视点播系统、数字图书馆等。

（4）数据仓库。在传统的数据库系统中，数据库中存放的是当前的应用系统信息，数据具有独立性，最终用户对数据的查询或修改等操作主要是为特定的应用服务，而能够为最终用户提供有效的决策信息则需要经过提取、过滤、与其他数据整合和分析，并且按主题存放在特定数据库中。数据仓库就是为了构建这种新的分析决策型应用环境而出现的一种数据存储和组织技术。

7.1.2　数据库系统的组成

数据库系统是指采用数据库技术的计算机系统，用来实现数据的组织、存储、处理和数据共享，并向应用系统提供数据支持的系统。在计算机系统本身应有的硬件、操作系统的基础之上，再加上数据库、数据库管理系统、用户和应用程序就构成了一个完整的数据库系统，如图 7.5 所示。其中，硬件系统和操作系统前面已经介绍过，下面介绍其他组成部分。

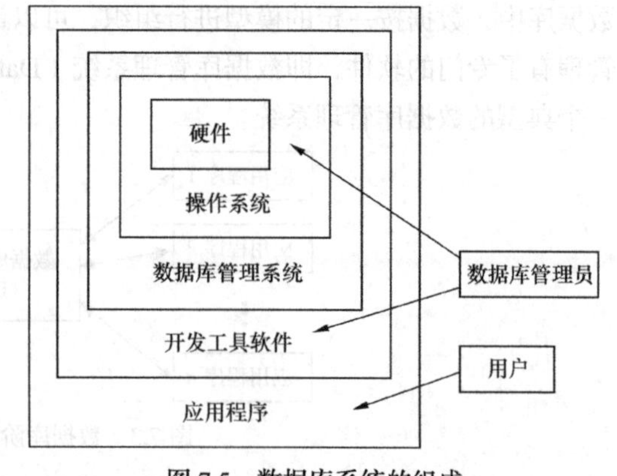

图 7.5　数据库系统的组成

1. 数据库

数据库是指以文件形式按特定的组织方式将数据保存在存储介质中，具有一定结构、可共享的数据集合。因此，在数据库中，不仅包含数据本身，也包含数据之间的关系。

数据库具有以下特点。

（1）数据通过一定的数据模型进行组织，从而保证有最小冗余度。

（2）数据对各个应用程序共享。

（3）对数据的各种操作都由数据库管理系统统一进行。

2. 数据库管理系统

数据库管理系统是数据库系统的核心，是建立、使用和维护数据库的软件系统，目前常用的数据库管理系统有：Access、SQL Server、Oracle、Sysbase、Informix、DB2、MySQL 等。

数据库管理系统主要提供下述几个方面的功能。

（1）数据定义功能：通过数据库管理系统提供的数据定义语言（Data Definition Language，DDL），用户可以方便地定义数据库中的相关内容，如数据库结构、数据表等。

（2）数据操纵功能：通过数据库管理系统提供的数据操纵语言（Data Manipulation Language，DML），用户可以实现对数据库的基本操作，如数据的查询、修改、删除等。

（3）数据控制功能：包括对数据库中数据的安全性、完整性、并发性和数据库恢复的控制。

（4）数据库的建立和维护功能：包括数据库原始数据的输入和转换、数据库的存储和恢复、数据库的重新组织功能和性能监视及分析功能等。

3. 应用程序

应用程序是开发人员利用开发工具软件（如 Visual BASIC、Visual C++、Java、PowerBuilder、Visual DBTools 等）对数据库进行开发的、应用于某一个实际问题的软件，如教务管理系统、决策支持系统和办公自动化等。应用程序的开发过程类似于软件开发，即首先确定要使用的数据库管理系统（DBMS），然后按照需求分析、数据库设计、应用程序设计、测试、维护等步骤进行。

4. 用户

用户指参与分析、设计、管理、维护和使用数据库的人员，主要分为最终用户、应用程序员和数据库管理员三类。最终用户是指应用程序的使用人员，他们通过应用系统提供的交互式对话使用数据库中的数据。应用程序员是指为最终用户编写应用程序的软件人员，他们设计的程序用来使用和维护数据库。数据库管理员（Data Base Administrator，DBA）是指对数据库系统有深入研究的高级人员，负责维护和管理数据库资源，确定用户需求，设计和实现数据库。

7.1.3 数据库系统的应用模式

从用户角度看待数据库，数据库系统有单用户、主从式、分布式和客户/服务器等应用模式。

（1）单用户应用。单用户应用是早期最简单的数据库系统应用，应用程序、数据库管理系统、数据等都装在一台计算机上，由一个用户独占，不同计算机之间不能数据共享。如单机版的学生信息管理系统。

（2）主从式应用。主从式应用指一个主机带多个终端的多用户应用，应用程序、数据库管理系统、数据库集中存放在主机上，所有处理任务都由主机来完成，各个用户通过终端并发存取数据，共享数据资源。如刷卡售饭系统。

（3）分布式应用。分布式应用指数据库中的数据在逻辑上是一个整体，但物理地分布在计算机网络中的不同结点上。网络中的每个结点都可以独立处理本地数据库中的数据，执行局部应用；

也可以同时存取和处理多个异地数据库中的数据，执行全局应用。如银行系统。

（4）客户/服务器应用。数据库管理系统、数据库存放在数据库服务器上，应用程序置放在客户机上，客户机和服务器通过网络进行通信。客户/服务器应用模式可以分为客户/服务器（C/S）和浏览器/服务器（B/S）两类。如网上选课系统。

7.2 数据模型

7.2.1 数据模型

数据库中的数据是有结构的，这些结构反映了事物及事物之间的联系。而数据模型就是表示实体类型以及实体之间联系的模型，由数据结构、数据操作和完整性约束三要素组成。每一个数据库管理系统必须是基于某种数据模型的，它不仅管理数据的值，还要按照数据模型对数据间的联系进行管理。

实体是客观存在并可以区分开的事物，如一个学生、一个班级。实体之间的联系反映了事物之间的相互关联，联系有3种：一对一、一对多、多对多。例如，一个班级只有一个班长，他们之间是一对一的联系；一个班有多个学生，班与学生是一对多的联系；选课时学生和课程则是多对多的联系。

目前，数据库管理系统所支持的数据模型主要有3种，即层次模型、网状模型和关系模型。

1. 层次模型

层次模型是用树形结构表示实体之间的联系。在树形结构中，各个实体用结点来表示，整个树形结构中只有一个最高结点，其余结点有且仅有一个上级结点，上级结点和下级结点之间表示了一对多的联系。行政组织机构和家族关系等通常用层次模型来表示。

2. 网状模型

在网状模型里，实体之间的联系就像是一张网，网上的连接点称为结点。各结点之间的关系是平等的，而不像层次模型的结点之间那样具有上下级的关系。城市的交通图就是网状模型的典型代表。

3. 关系模型

关系模型是用二维表格的形式来表示实体和实体之间的联系。在实际的关系模型中，操作的对象和结果都用二维表表示。关系模型是目前使用最多的数据模型，20世纪80年代以来推出的数据库管理系统大都基于关系模型，即关系数据库。本书主要介绍关系数据库。

（1）关系。一个关系就是一张二维表，每个关系有一个关系名。如表7.1和表7.2就是两个关系。关系应满足如下性质。

表7.1 学生

学号	姓名	性别	出生日期	班级	籍贯
05010101	张三	男	12/12/1978	计算机05-1班	江苏
05010102	李四	女	11/11/1978	计算机05-1班	河南

表7.2 选课

学号	课程编号	成绩
05010101	001	97
05010101	002	85

① 关系表中的每一列都是不可再分的基本属性。

② 表中的行、列次序并不重要。

（2）元组。在关系中，除表头外，每一行称为一个元组，对应于 Excel 中的一条记录。如表 7.1 中有两个元组。

（3）属性。表中的每一列称为一个属性（也可称为字段），列可以命名，称为属性名。属性名组成了二维表的表头，如表 7.1 中有“学号”、“姓名”等 6 个属性。同一关系中不能出现相同的属性名。

（4）主键。主键也称主关键字，是表中的属性或属性组，用于唯一确定一个元组。主键可以由一列组成，也可以由多列共同组成。例如，表 7.1 中的“学号”可以定义为主键，因为它可以唯一地确定一个学生；而表 7.2 中定义的主键是学号、课程编号，因为一个学生可以选多门课程，而一门课程也可以有多个学生选，因此只有学号、课程编号组合起来才能唯一地确定一条记录。定义主键后，关系中不允许有完全相同的两个元组，所谓完全相同是指两个元组对应的所有属性的值都相同。

（5）域。描述属性的取值范围，如成绩一般在 1～100，所以成绩属性的域是 1～100，而性别的域是男、女。

（6）关系模式。关系模式是对关系的描述，实际上对应关系的表头。如在学生成绩管理系统中，学生、选课以及课程之间的联系在关系模型中可以表示如下。

学生（学号，姓名，性别，出生日期，班级，籍贯）

选课（学号，课程编号，成绩）

课程（课程编号，课程名称，总学时，学分，出版社，备注）

7.2.2　关系的基本运算

关系代数是在关系上定义的一些运算，这些运算的结果仍然是关系。关系的基本运算包括传统的集合运算（并、交、差、笛卡儿积等）和专门的关系运算（选择、投影和联接等），这里只介绍后者。

1. 选择运算

选择运算是指从指定的关系中选择满足给定条件的元组并组成新的关系的操作。

例如，从表 7.1“学生”关系中选择“性别”是男的元组，组成新的关系“男生”，如表 7.3 所示。

表 7.3　男生

学　　号	姓　　名	性　　别	出 生 日 期	班　　级	籍　　贯
05010101	张三	男	12/12/1978	计算机 05-1 班	江苏

2. 投影运算

投影运算是指从指定关系的属性集合中选取若干个属性组成新的关系，如表 7.4 所示。

例如，从表 7.1“学生”关系中选择“学号”、“姓名”和“籍贯”组成新的关系“学生籍贯”。

表 7.4　学生籍贯

学号	姓名	籍贯
05010101	张三	江苏
05010102	李四	河南

3. 联接运算

联接运算是指将两个关系中的元组按指定条件进行组合，生成一个新的关系。

例如，将表 7.2“选课”关系和表 7.5“课程”关系按课程编号联接，组成新的关系“课程成绩”，如表 7.6 所示。

表7.5　　课程

课程编号	课程名称	总　学　时	学　　分	出　版　社	备　　注
001	大学物理	72	4	高教出版社	大二第一学期
002	高等数学	72	4	机械出版社	大一第一学期

表7.6　　课程成绩

学　　号	课程编号	课程名称	成绩	总学时	总学分	出　版　社	备　　注
05010101	001	大学物理	97	72	4	高教出版社	大二第一学期
05010101	002	高等数学	85	72	4	机械出版社	大一第一学期

7.3　Access 数据库管理系统

Access 是一种关系型的桌面数据库管理系统，是微软 Office 办公软件中的组件之一。与其他关系数据库相比，Access 界面友好、操作简单、配置简单、移植方便、功能齐全，可以帮助用户轻而易举地建立数据库应用程序，因此广泛应用在网站、管理信息系统等各类中小型数据库管理工作中。现以 Access 2010 中文版为例来介绍 Access 所提供的一些基本功能，以后凡提到 Access，均指 Access 2010。

7.3.1　Access 的特点

Access 2010 不仅界面友好、功能齐全、使用方便，还在易用性、智能化基础上，进一步突出了简单易用和快速的特点。

（1）Access 提供了程序设计开发语言（Visual Basic for Application，VBA），使用它可以开发用户的应用程序。

（2）Access 是一个小型的数据库管理系统，对数据库的管理，提供了许多功能强大的工具，如使用查询方法、设计制作不同风格的报表、设计使用窗体等。

（3）Access 可方便获取外部数据，提供 ODBC（开放数据库互连），可以升迁为 SQL Server，可将数据移动到 SharePoint 网站。与 Office 其他组件高度集成，能够与 Word、Excel 等进行数据交换和共享。

（4）Access 数据库存储方式单一，一个数据库文件包含了该数据库中的所有数据表，也包含了数据表所产生和建立的查询、窗体、报表等，便于用户进行操作和管理。

（5）Access 本身具有 Office 系列的共同特点，如友好的用户界面、方便的操作向导、提供帮助和有提示作用的 Office 助手等。

7.3.2　建立 Access 数据库文件

在建立 Access 数据库时，首先要创建数据库文件，然后再创建其对象。创建 Access 数据库文件的方法与 Word、Excel 等类似。启动 Access 后，在“可用模板”下，单击“空数据库”，在右侧的“空数据库”下，在“文件名”框中键入数据库文件的名称“学生成绩管理”，扩展名为. accdb，并选择数据库文件保存的位置，然后单击“创建”按钮，将创建新的数据库，并且在数据表视图中打开一个新的表，如图 7.6 所示。Aceess 2010 数据库窗口有标题栏、快速访问工具栏、功能区、数据表视图等。

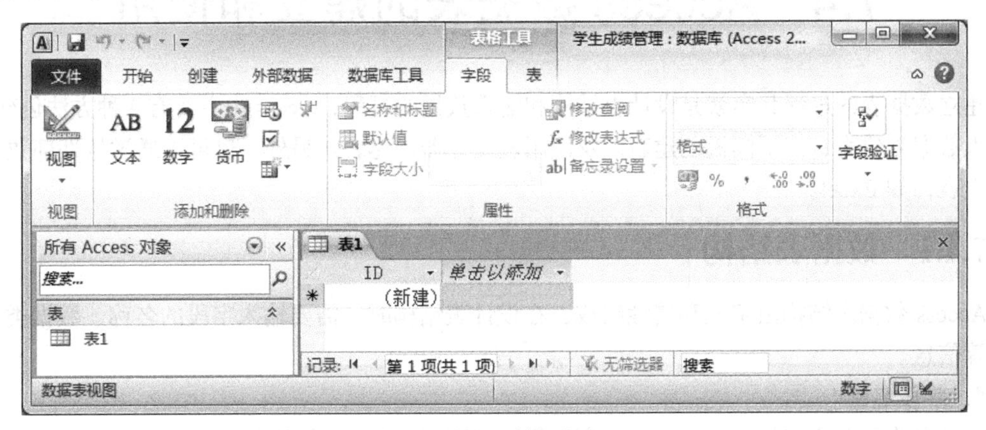

图 7.6　Access 数据库窗口

7.3.3　Access 数据库的组成对象

在 Access 的应用中，所有具备名称的个体都被视做一个对象。Access 有表、查询、窗体、报表、页、宏和模块 7 种对象，如图 7.6 所示。除页外，其他对象都存放在数据库文件中（. accdb），从而大大方便了数据库文件的管理。

1. 表

Access 中的表（Table）就是前面介绍的关系，是与特定主题（如学生或课程）有关的数据的集合。一个数据库有一个或多个这样的表。表的存储方式有行有列，如同 Excel 的工作表一样，同样有字段、记录等概念。表是 Access 中最基本的对象，其他对象如查询、窗体、报表等所需要的数据大都来自表。

2. 查询

查询（Query）是在指定的一个或多个表中根据给定的条件从中选取所需要的信息，供使用者查看、更改和分析使用。查询可以作为窗体、报表和数据访问页的记录源。

3. 窗体

窗体（Form）用来向用户提供交互界面，从而使用户更方便地进行数据的输入和输出显示，如图 7.7 所示。窗体中所显示的内容，可以来自一个或多个数据表，也可以来自查询结果。

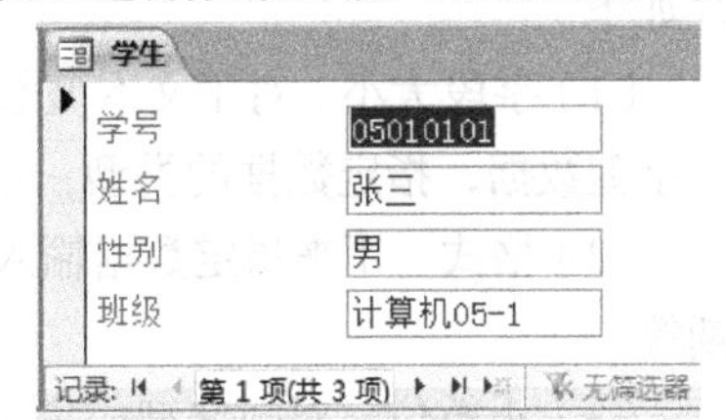

图 7.7　Access 2010 窗体

4. 报表

报表（Report）是用来将选定的数据按指定的格式进行显示或打印。与窗体类似，报表的数据来源同样可以是一张或多张数据表、一个或多个查询结果，除此之外，报表还可以进行一些计算，如求和、计算平均值等。

5. 宏与模块

宏（Macro）与模块（Module）属于 Access 的高级功能，主要目的是自动处理高重复性的工作。宏是一系列命令组合而成的集合；模块则类似编写程序，以 VBA 为默认语言。

7.4 Access数据表的建立和使用

建立数据表的过程其实就是设计表结构和输入数据的过程，Access中主要有3种方法创建表，即输入数据创建表、使用模板创建表以及使用表设计器创建表。另外，也可以通过从外部数据导入建立表，如Excel。

7.4.1 数据表结构

Access数据表结构由字段和属性组成，在设计表结构时，需要输入字段的名称、数据类型、属性等信息。

1. 字段名称

字段名称可以使用数字、字母或汉字，但长度不能超过64个字符。

2. 数据类型

Access 2010主要提供了10种字段数据类型，分别如下。

（1）文本。文本是数据表中的默认类型。

（2）备注。备注用来存放说明性文字，它比文本的容量更大，最多可达65535个字符。

（3）数字。数字用于进行数值计算。

（4）日期/时间。日期/时间用来表示日期以及日期计算，最大长度为8个字符。

（5）货币。货币用于货币值的计算，最大长度为8个字符。

（6）自动编号。表中添加一条新记录时，自动累加的连续数字，最大长度为4个字符。

（7）是/否。是/否用来记录逻辑型数据，有“真/假”、“是/否”和“开/关”3种格式。

（8）OLE对象。OLE对象用来嵌入图像、声音、Word文档等类型数据，字符长度可达1GB。

（9）超链接。超链接用来保存链接地址、因特网地址或者其他数据库应用程序地址，字符长度最大可达60000字节。

（10）查阅向导。查阅向导是与使用向导有关的值，一般为4个字符。

3. 字段属性

字段的属性用来指定字段在表中的存储形式，不同类型的字段具有不同的属性。常用属性如下。

（1）字段大小。对于文本型数据，指定文字的长度，大小范围在0～255，默认值为50；对于数字型数据，指定数据的类型，不同类型数据的范围不同，如0～255的整数占用1个字节。

（2）格式。用来指定数据输入或显示的形式，如日期/时间型数据有常规日期、长日期、中日期等。

（3）小数位。对数字型或货币型数据指定小数位数。

（4）标题。用来指定字段在窗体或报表中所显示的名称。

7.4.2 建立数据表

Access提供的3种创建表的方法，输入数据创建表是指在空白数据表中添加字段名和数据，同时Access会根据输入的记录自动地指定字段类型；使用模板创建表是一种快速建表的方式，这是由于Access在模板中内置了一些常见的示例表，这些表中都包含了足够多的字段名，用户可以根据需要在数据表中添加和删除字段；表设计器经常使用，下面以此为例介绍创建表的过程。

1. 创建表结构

将前面提到的学生成绩管理系统中的 3 个关系进行简化，其表结构如表 7.7、表 7.8、表 7.9 所示。

表 7.7　“学生”表结构

字段名称	数据类型	字段大小
学号	文本	10
姓名	文本	8
性别	文本	2
班级	文本	20

表 7.8　“选课”表结构

字段名称	数据类型	字段大小
学号	文本	10
课程编号	文本	10
成绩	数字	整型

表 7.9　“课程”表结构

字段名称	数据类型	字段大小
课程编号	文本	10
课程名称	文本	50

使用设计器创建“选课”表结构的操作步骤如下，“学生”和“课程”两个表结构的创建方法相同。

（1）在图 7.6 所示的“数据库”窗口中，选择“创建”选项卡，单击“表设计”，打开“表设计视图”窗口。

（2）建立“学号”和“课程编号”字段。在“表设计视图”窗口中，在字段名称下输入“学号”，“数据类型”默认为“文本”，在下方“常规”选项卡中设置“字段大小”为 10，如图 7.8 所示。使用同样方法设置“课程编号”字段。

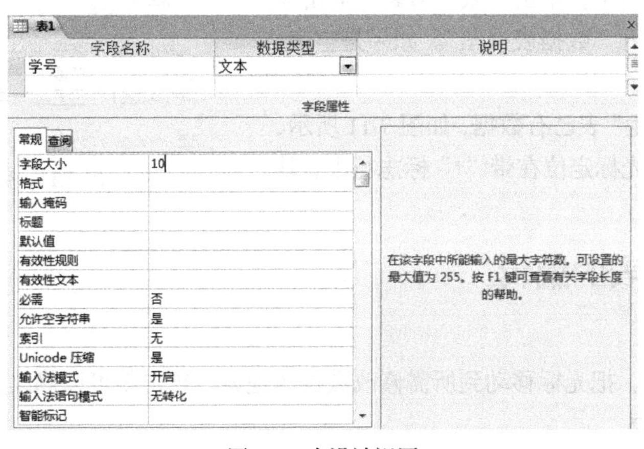

图 7.8　表设计视图

“常规”选项卡可设置字段的大小、格式、有效性规则、是否必需、是否允许空字符串等属性。各属性的含义提示在“常规”选项卡的右边。

（3）建立“成绩”字段。在字段名称下输入“成绩”，单击“数据类型”，再单击下拉列表框箭头，选择“数字”。单击下方“常规”选项卡中的“字段大小”文本框，再单击下拉列表框箭头，选择“整型”。

在数据库理论中，用户可以针对某一具体字段的数据设置约束条件，这就是关系数据库的用户自定义完整性，也就是Access中的有效性规则。例如“成绩”字段，在“有效性规则”文本框中输入“>=0 and <=100”，意指其取值范围为0～100；如果在表中输入的成绩值不在这个范围之内，Access则会自动提示这个值不满足约束条件，需要重新输入。在输入“有效性规则”时，也可单击其右侧的“…”按钮，使用“表达式生成器”来输入。

（4）设置主键。把鼠标指针放在字段选定位置上，如图7.9所示，待鼠标指针变为箭头时，拖动鼠标选中组成主键的字段（一个或多个字段，这里是“学号”和“课程编号”字段），这时字段被框起来；然后单击鼠标右键，在快捷菜单中，单击“主键”，如图7.10所示，或者单击“表格”的“设计”选项卡的“主键”（钥匙形状）按钮也可。

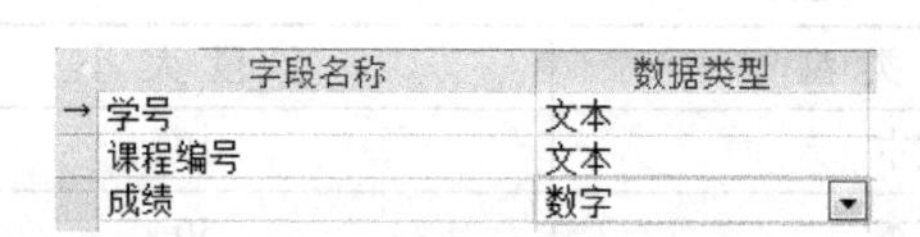

图7.9　字段选定位置

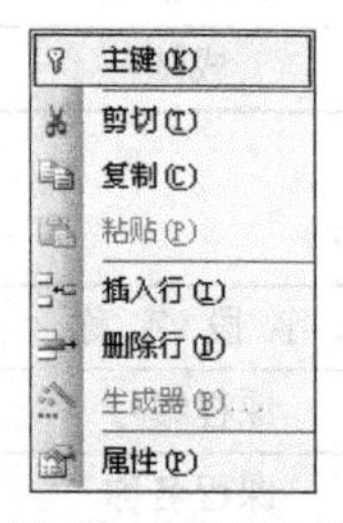

图7.10　设置主键

在数据库理论中，要求关系（表）中的记录在主键字段上不允许有空值。这就是关系数据库中的实体完整性约束。例如，“选课”表中“学号”和“课程编号”共同组成主键，则“学号”和“课程号”的属性值都不能为空，因为没有学号的成绩或没有课程编号的成绩都是不存在的。

（5）单击快速工具栏上的“保存”按钮，这时打开“另存为”对话框，在“表名称”文本框中输入“选课”，单击“确定”按钮。至此，创建“选课”表完成。

2. 添加新记录

在“数据库”窗口中，单击“表”对象，双击建成的“学生”表，打开“数据表视图”。如果是空表，则可直接输入数据。

如果打开的“学生”表已有数据，如图7.11所示，则增加新记录时，把光标定位在带“*”标志行上，就可以输入新的数据。

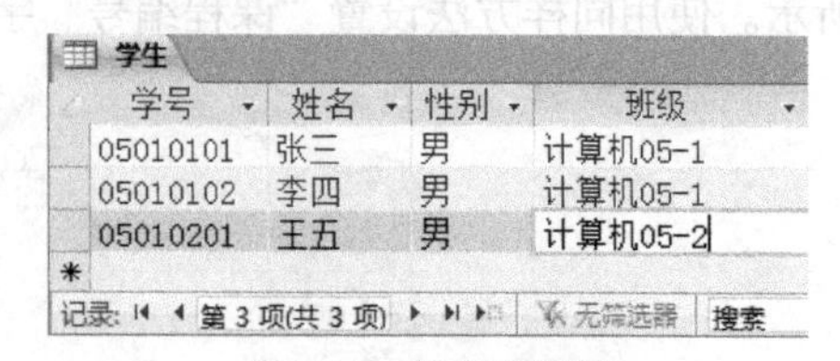

图7.11　数据表视图

7.4.3　数据表的编辑

1. 修改记录

在数据表视图上，把光标移动到所需修改数据的地方，单击就可以修改光标所在处的数据。

2. 查找字段数据

使用Access提供的查找对话框，可以快速查找所需要的数据，使用方法和Word相似。

3. 删除记录

在进行删除记录操作时，首先要选中需要删除的记录（删除的记录可为多个，但必须是连续的，否则只能分几次删除）。删除记录的操作步骤如下。

（1）单击要删除的首记录的“记录选定栏”，然后拖动鼠标到尾记录的“记录选定栏”。

（2）在“开始”选项卡的“记录”选项组上，单击“删除”按钮，或者右单击在快捷菜单上选择“删除记录”命令。

（3）在弹出的警告信息对话框中，单击“是”按钮，完成删除。

4. 修改表结构

修改表结构包含字段的名称修改、删除、添加以及字段属性（如字段大小、有效性规则等）的修改。这里只简单介绍字段的添加和删除。

（1）在学生成绩管理数据库中，右键单击“学生”表，打开快捷菜单，选择“设计视图”命令，进入“学生”表设计视图。单击“班级”字段行，然后在“表工具”的“设计”选项卡上单击“插入行”。这时出现一空行，在字段名称中输入“专业”，设置其数据类型为“文本”，长度为“50”。

（2）删除某一字段时，选中该字段，单击工具栏上的“删除行”按钮即可。

7.4.4　建立数据表之间的关系

在 Access 中建立数据表之间的联系之前，需要了解关系数据库参照完整性的一些基本知识。

（1）外键。外键也称为外关键字，是用于建立和加强两个表数据之间联系的字段。例如，“选课”表中的“学号”字段和“学生”表中的“学号”字段相对应，并且“学生”表中的“学号”字段是“学生”表的主键，则称“学号”字段是“选课”表对应“学生”表的外键 。

（2）主表、从表。以另一个表的外键作为主键的表被称为主表（如“学生”表），具有此外键的表被称为主表的从表或子表（如“选课”表）。

（3）参照完整性。在数据库理论中，相关联的两个表之间是有约束的，要求子表中每条记录的外键的属性值必须是主表中存在的，或者为空，这就是关系数据库参照完整性。例如，在“选课”表（从表）中，“课程编号”（外键）要么取空值，表示某学生还没有选课，要么等于“课程”表（主表）中已存在的某个记录的课程编号，表示学生已经选了该门课。

（4）级联更新相关字段。在 Access 数据库中，为了保持数据表之间的关系，要求在一张表中修改记录时，另一张表的相关记录随之更改，这就是“级联更新相关字段”。

例 7.1　在学生成绩管理数据库中，建立“学生”、“选课”和“课程”表之间的关系。

（1）打开学生成绩管理数据库，选择“表”对象，单击“数据库工具”选项卡中“关系”按钮，打开“关系”窗口的“显示表”对话框，如图 7.12 所示。

（2）“显示表”对话框列出了当前数据库中所有的表，选中一个表，单击“添加”，或双击某个表。依次把 3 个表都添加到关系窗口中。

图 7.12　“显示表”对话框

（3）将“学生”表中的“学号”字段拖到“选课”表的“学号”字段上，放开鼠标左键，这时打开“编辑关系”对话框，如图 7.13 所示。

（4）在图 7.13 中，勾选“实施参照完整性”和“级联更新相关字段”复选框，然后单击“创建”按钮，关闭“编辑关系”对话框，返回到“关系”窗口。

（5）用同样的方法建立其他各表之间的关系，最后单击工具栏上的“保存”按钮。为使布局美观易看，可移动表在“关系”窗口中的位置。建立关系后的结果如图 7.14 所示。

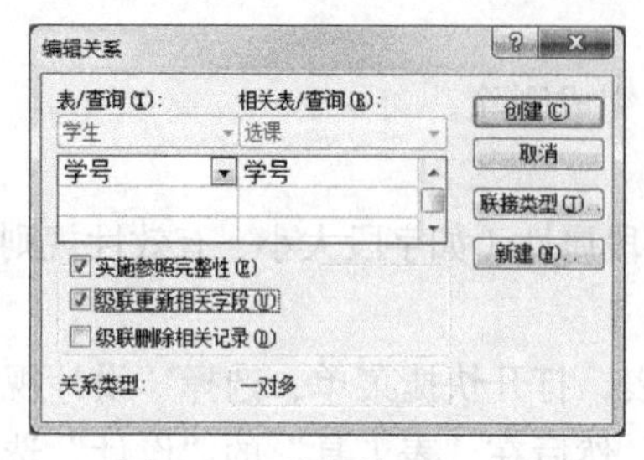

图 7.13 “编辑关系”对话框

图 7.14 建立关系之后的结果

查看关系时，需要把所有打开的表都关闭，然后在 Access “数据库工具”选项卡上单击“关系”按钮打开“关系”窗口，即可看到数据库定义的关系。编辑或修改关系时，可右键单击该关系，然后选择“编辑关系”或者“删除”即可。

7.4.5 数据排序与筛选

排序是一种组织数据的方式，是根据当前表中的一个或多个字段的值来对整个表中的所有记录进行重新排序，以便查看和浏览。

筛选是指在屏幕上仅显示满足条件的记录，而暂时不显示不满足条件的记录，常用的有按选定内容筛选或按内容排除筛选。

（1）单字段排序。在学生成绩管理数据库中打开“学生”表。然后单击“学号”，在“开始”选项卡单击“升序”或“降序”按钮，完成按学号排序。

（2）多字段排序。选中多个字段进行排序时，Access 首先根据第一个字段按照指定的顺序排列，当第一个字段具有相同的值时，再按第二个字段进行排序，依此类推，直到按全部指定字段完成排序。

（3）筛选。在学生成绩管理数据库中打开“选课”表，然后选中学号为“05010101”的值，单击“开始”选项卡，可以选择“筛选器”、“选择”、“高级”等筛选方式，如单击“选择”按钮，再单击“等于 05010101”，则选课表中仅显示学号为“05010101”的同学的选课记录。

7.5 创建 Access 的查询和窗体

7.5.1 创建查询

查询是 Access 数据库的一个重要功能，是数据库处理和分析数据的工具，通过查询选出符合条件的记录，构成一个新的数据集合，即查询的结果，查询的结果也可以作为数据库中其他对象的数据源。

在 Access 中，根据对数据源操作方式和操作结果的不同，可以把查询分为 5 种。

（1）选择查询。选择查询是最常用的、最基本的查询，它是根据指定的查询条件，从一个或多个表中检索数据并显示结果。使用选择查询也可以对记录进行分组，并且可对记录做总计、计数、平均值以及其他类型的计算。

（2）参数查询。参数查询是一种交互式查询，它利用对话框来提示用户输入查询条件，然后根据所输入的条件检索记录。

（3）交叉表查询。交叉表查询显示来源于表中某个字段的总计、平均值或计数等数值，并将查询结果分组使用交叉形式的数据表格来显示，即一组在数据表左侧排列，称为行标题，另一组在数据表的顶端，称为列标题。使用交叉表查询可以计算并重新组织数据的结构，这样可以更加方便地分析数据。

（4）操作查询。操作查询是在一次操作中更改或移动许多记录的查询。操作查询共有 4 种类型：删除、更新、追加与生成表。

（5）SQL 查询。SQL 查询是使用结构化查询语言（Structured Query Language，SQL）语句创建的。可以用来查询、更新和管理 Access 数据库。

Access 提供了两种创建查询的基本方法：查询向导和查询设计。查询向导包括简单查询向导、交叉表查询向导、查找重复项查询向导、查找不匹配项查询向导。使用查询设计，不仅可以设计出上述前 4 种的一个新查询，还可以编辑已有的查询。有些查询是无法使用简单向导来生成的，必须使用设计视图。无论使用哪种方法来创建查询，Access 都会自动编写出相应的 SQL 命令，并随时查看。下面主要介绍利用设计视图创建查询的基本步骤。

（1）打开所需的数据库，如学生成绩管理数据库。

（2）在“数据库”窗口中单击“创建”选项卡的“查询设计”按钮，打开“显示表”对话框（见图 7.12）。

（3）在“显示表”对话框中，选择要添加的表或查询，单击“添加”，或双击要添加的表或查询，将表或查询添加到查询中，如“学生”表。然后关闭“显示表”对话框。如图 7.15 所示。

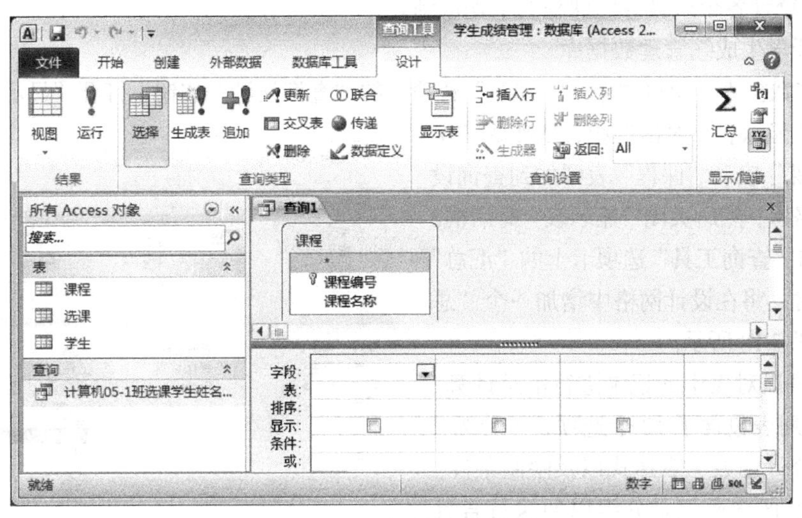

图 7.15　查询设计视图窗口

在“查询设计视图”窗口中，上半部分的表格区列出了查询使用的表或查询以及多表之间的关系，下半部分是设计网格。“查询工具”的“设计”选项卡被激活，可以选择查询类型，进行查询设置。各种查询条件在设计网格中设置。

例 7.2 创建选择查询，查询计算机 05-1 班选课的学生姓名及所选课程。

（1）按照上面介绍的方法，将“课程”表、“选课”表和“学生”表添加到查询设计视图的表格区，如图 7.16 所示，并关闭“显示表”对话框。

（2）在“学生”表中，双击“学号”，把“学号”字段添加到设计网格中。重复上述操作把“姓名”、“课程名称”和“班级”字段添加进来。在网格中设置“学号”、“姓名”和“课程名称”的“排序”行均为“升序”；去掉“班级”字段的“显示”行的“√”，这样在最后的显示结果中将不会显示“班级”字段的值；在“班级”字段的“条件”行输入“计算机 05.1”，如图 7.16 所示。

（3）单击 Access 工具栏上的“运行”按钮，即可查看查询结果，如图 7.17 所示。

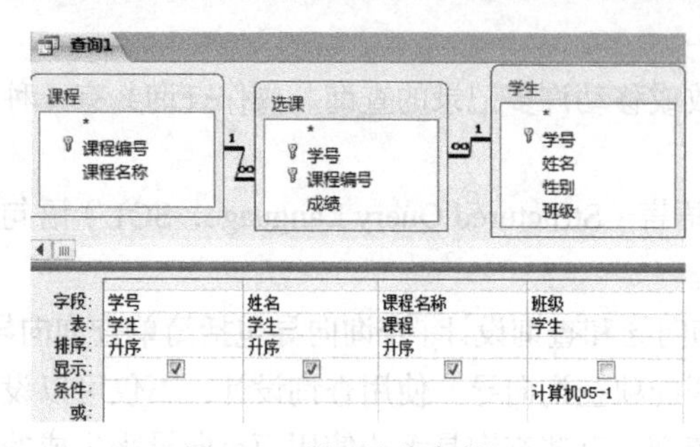

图 7.16 设置查询条件

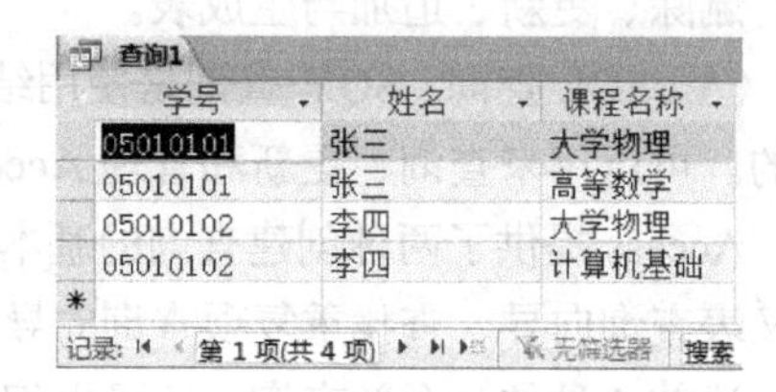

学号	姓名	课程名称
05010101	张三	大学物理
05010101	张三	高等数学
05010102	李四	大学物理
05010102	李四	计算机基础

图 7.17 查询结果

（4）单击 Access 工具栏上的“保存”按钮，打开“另存为”对话框，输入查询名称“计算机 05-1 班选课学生姓名及所选课程”，单击“确定”完成。

7.5.2 利用查询对数据进行分类汇总

前面已介绍过，一些查询可包含对原始数据的某些计算。如求每个班学生的总分、平均分以及统计不及格门数等。

例 7.3 统计各个班级各门课程的平均成绩。

（1）打开学生成绩管理数据库。

（2）在“数据库”窗口中单击“创建”选项卡的“查询设计”按钮，打开“显示表”对话框。

（3）在“显示表”对话框中，依次将“学生”表、“选课”表和“课程”表添加到查询设计视图的表格区，然后关闭“显示表”对话框。

（4）单击“查询工具”选项卡上的“汇总”按钮∑，此时，将在设计网格中增加一个“总计”行，如图 7.18 所示。

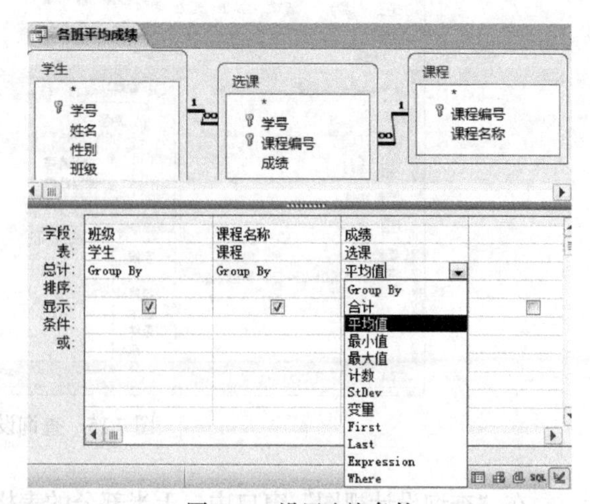

图 7.18 设置查询条件

“总计”可以对表中的记录进行汇总计算。“总计”中的列表包含了 12 个选项，可分为 4 类：分组、合计函数、表达式以及限制条件。分组的作用是把普通记录分组以便执行合计计算；合计函数是对字段进行指定的数学计算或选择的操作，它把一组记录作为整体进行某些数学计算；表达式是把几个汇总运算分组并执行该组的汇总；限制条件是对字段进行总计时在计算以前进行限制。

（5）在“学生”表中，双击“班级”字段，把“班级”字段添加到设计网格中。重复上述操作把“课程名称”和“成绩”字段添加进来。在网格中设置“班级”和“课程名称”的“总计”行为“分组”；设置“成绩”的“总计”行为“平均值”。

（6）单击工具栏上的“保存”按钮，打开“另存为”对话框，输入查询名称“各班平均成绩”，单击“确定”按钮完成。

（7）单击工具栏上的“运行”按钮，即可查看查询结果，如图 7.19 所示。

各班平均成绩

班级	课程名称	成绩之平均值
计算机05-1	大学物理	93.5
计算机05-1	高等数学	85
计算机05-1	计算机基础	80
计算机05-2	大学物理	95

图 7.19　查询结果

7.5.3　在 SQL 窗口中建立 SQL 查询

SQL 语言是关系型数据库系统中最流行的数据查询和更新语言，在功能上可以分为以下 3 个部分。

（1）数据定义。用来定义数据库的逻辑结构，包括定义表、视图和索引。

（2）数据操纵。包括数据查询和数据更新两大类操作。

（3）数据控制。包括对数据的安全性控制、完整性规则的描述以及对事务的控制语句。

在 Access 中，查询基本上都是由 SQL 数据库命令语言组成的，虽然用户可以用查询设计网格来设计查询，但最后 Access 都会将每一个查询保存为 SQL 语句。

SQL 的核心部分是查询，是由 SELECT 命令完成的。完整的 SELECT 命令格式非常复杂，其主要的组成部分通常有 3 块：查找什么数据、从哪里查找和查找条件是什么，常用格式如下。

SELECT　<表达式 1>，<表达式 2>，…，<表达式 *N*>

FROM　　<数据表 1>，<数据表 2>，…，<数据表 *N*>

WHERE　<条件表达式>;

其中，SELECT 后面用逗号分开的表达式为输出结果；FROM 后面用逗号分开的数据表指出输出结果以及 WHERE 条件中所涉及的所有数据表的表名；WHERE 后面的条件表达式指出输出结果必须满足的条件，在条件表达式中除了常用的比较运算符（>，<，=，!=）以外，还经常使用 AND（并且）、OR（或者）、NOT（非）、IN（包含）、NOT IN（不包含）等逻辑运算，最后以“;”结束。

例 7.4　使用 SQL 查询计算机 05-1 班选课的学生姓名及所选课程。

（1）打开学生成绩管理数据库，在“数据库”窗口中单击“创建”选项卡的“查询设计”按钮，打开“显示表”对话框。

（2）关闭“显示表”对话框中。在设计网格上部的表格区单击鼠标右键，选择“SQL 视图”，如图 7.20 所示。

（3）在弹出的对话框中输入 SQL 查询语句，如图 7.21 所示。

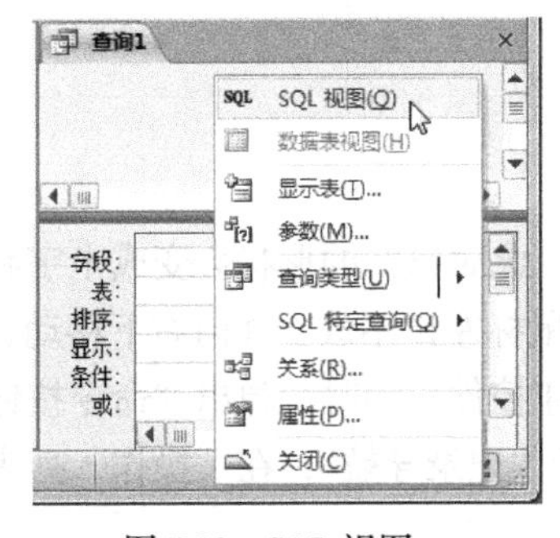

图 7.20　SQL 视图

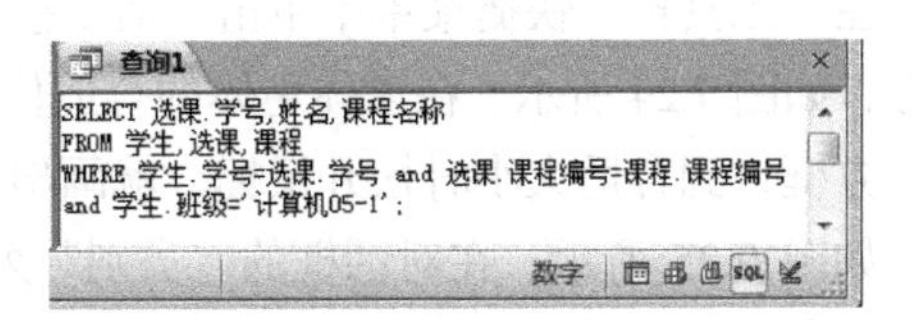

图 7.21　输入 SQL 语句

（4）单击工具栏上的“保存”按钮，打开“另存为”对话框，输入查询名称“已选课的学生”，单击“确定”完成。

（5）单击工具栏上的“运行”按钮，即可看到如图7.17所示的查询结果。

7.5.4 创建窗体

窗体既是管理数据库的窗口，也是用户和数据库之间的桥梁。通过窗体可以方便地输入数据、编辑数据。一个好的数据库系统不但要设计合理，满足用户需求，还必须拥有一个功能完善、操作方便、美观大方的窗体界面。

例7.5 使用设计视图建立窗体。

（1）打开学生成绩管理数据库，单击“创建”选项卡的“窗体设计”按钮，。

（2）在“窗体设计工具”包括了“设计”、“排列”和“格式”三个选项卡，其中“设计”选项卡中提供了“文本框”、“标签”、“按钮”、“选项卡”、“超链接”以及“复选框”等控件工具图标，如图7.22所示。

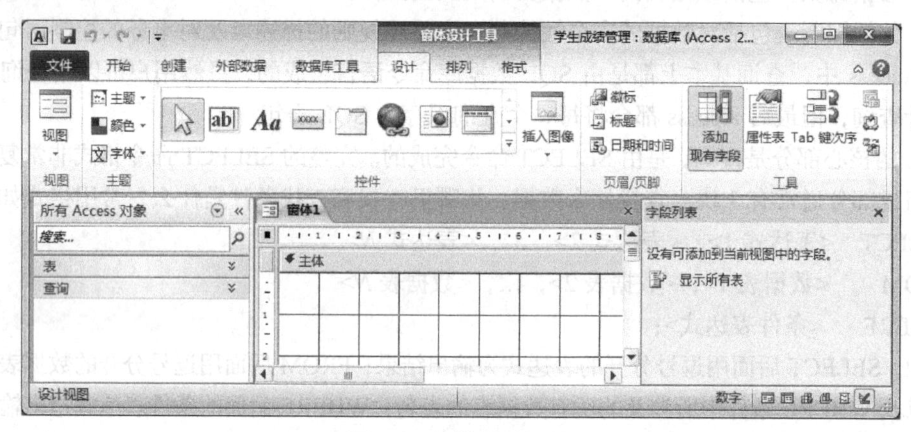

图7.22 窗体设计视图

（3）单击图7.22左侧的“显示所有表”按钮（或左上角“工具”选项组的“添加现有字段按钮”，在“学生”表的字段列表中，依次把“学号”、“姓名”、“性别”和“班级”字段拖动（或双击）到窗体主体的适当位置，并进行调整，如图7.23所示。调整时，单击窗体主体中出现的字段名称的标签或者文本框，则会在周围出现大小不同的方框，用鼠标按住控件左上角的小方框可进行移动操作；鼠标变成箭头图标时，可调整大小。

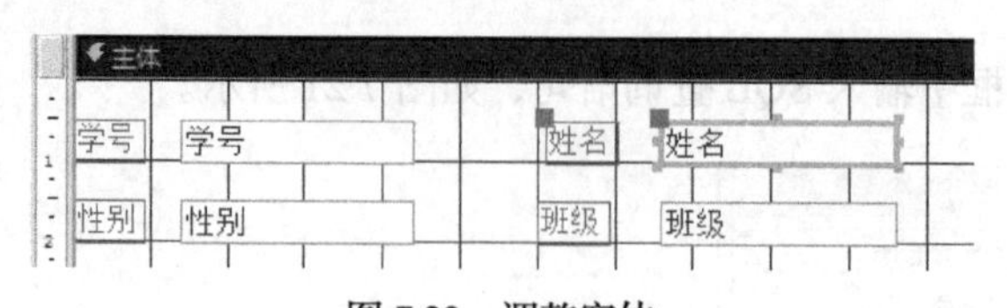

图7.23 调整窗体

（4）在“工具箱”快捷菜单中单击“命令按钮”图标，此时鼠标的形状会变成十字和方框相连的图形，如图7.24所示。在窗体主体的合适位置，按下鼠标左键不放，并向右下移动，窗体上会出现一方框，到合适大小时松开鼠标，就画出了一个按钮控件。同时，弹出“命令按钮向导”对话框，如图7.25所示。在对话框的“类别”列表中选择“记录导航”，在“操作”列表中选择“转至第一项记录”，单击“下一步”按钮。

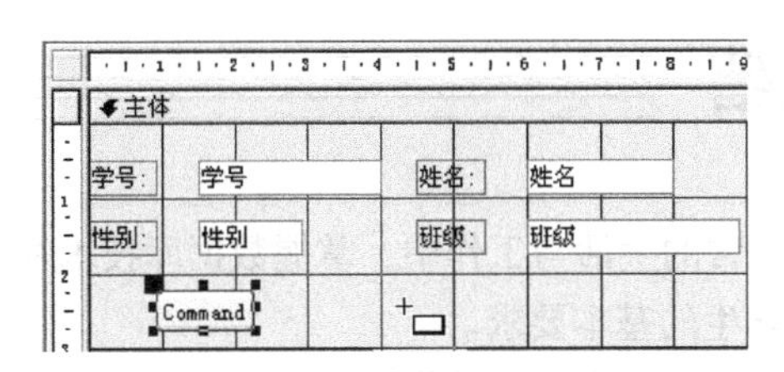

图 7.24 命令按钮

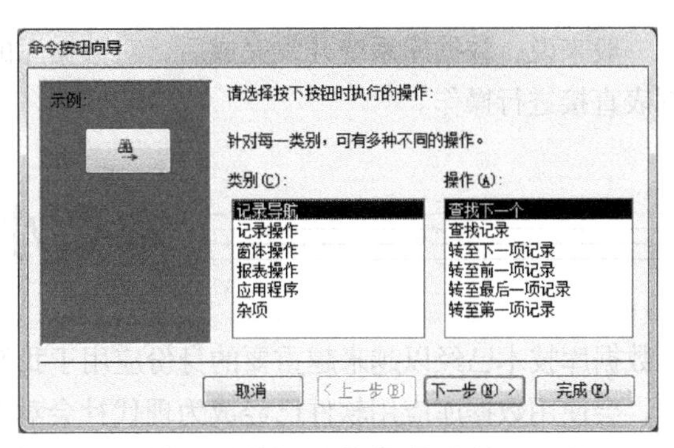

图 7.25 命令按钮向导

（5）在弹出的“命令按钮向导（选择显示文本或图片）”对话框中选择默认设置，单击“下一步”按钮，如图 7.26 所示。

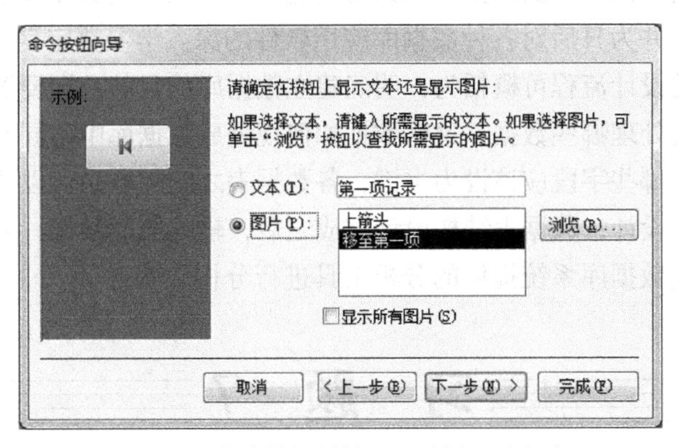

图 7.26 命令按钮导航——选择显示方式

（6）在弹出的“命令按钮向导（指定按钮名称）”对话框中选择默认设置，单击“完成”。此时窗体的主体如图 7.27 所示。

（7）使用同样的办法，依次在窗体主体上再添加 3 个按钮，添加时设置其按下按钮时产生动作的“类别”为“记录导航”；“操作”分别为“转至前一项记录”、“转至下一项记录”和“转至最后一项记录”（可参考本例第（4）步）；按钮显示为默认图片（参考本例第（5）步）。调整后的窗体主体如图 7.28 所示。

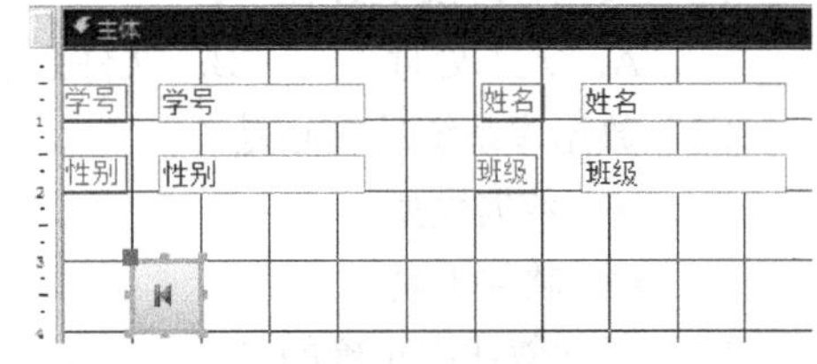

图 7.27 添加按钮

（8）单击工具栏的保存按钮，在弹出的“另存为”对话框中输入窗体的名称“学生信息”，单击“确定”，至此窗体设计完毕。双击打开“学生信息”窗体，设计完成后的窗体如图 7.29 所示，在窗体中把鼠标放在刚才设计好的按钮上片刻，Access 会提示该按钮的功能，比如“下一项记录”，单击该按钮，就会显示下一条记录。

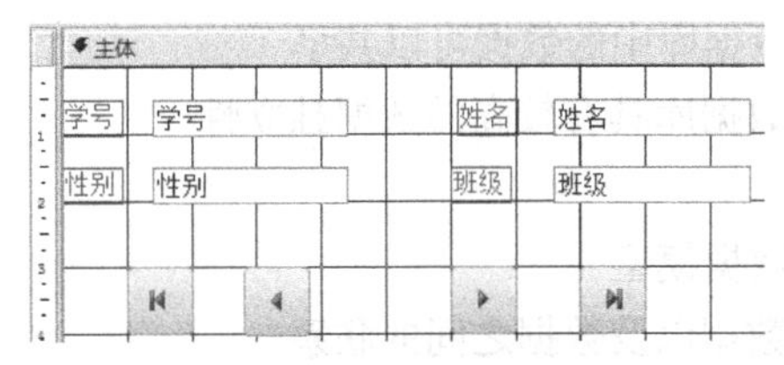

图 7.28 添加其他按钮

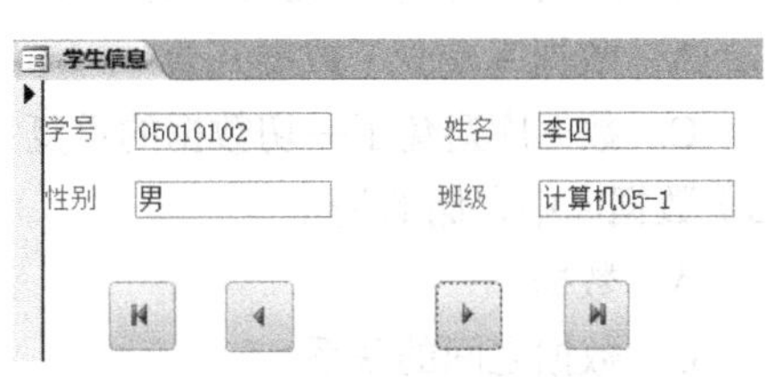

图 7.29 设计完成的窗体

一般来说，数据库系统开发完成后，对数据库的操作都应在窗体界面中完成，而不应该再对数据表直接进行操作。

本章小结

数据库技术已经以越来越重要的身份应用于我们日常的生活与工作中，掌握数据库技术基础知识，会使用数据库应用软件已经成为现代社会对大学生的基本要求。

本章的目的是帮助读者了解数据、信息、数据处理在日常生活中的作用；掌握数据库、数据库系统、数据库管理系统之间的联系和概念；熟悉常见数据模型的类型；了解 Access 数据库的组成；学会如何建立数据库、如何建立表、如何建立表和表之间的关系；能够理解三类数据完整性约束条件；学会使用查询以及数据排列和如何创建窗体，从而能够在理论和实践上掌握数据库具体应用的设计流程，并为日后对各种数据库应用软件的深入学习奠定良好的基础。

数据库具体应用的设计流程可概括为：明确建立数据库的目的，即要解决什么问题；确定在解决问题的过程中需要处理哪些数据，这些数据如何规划成数据库中不同的数据表；明确数据表中应该包含哪些字段，哪些字段应该设为主键，各数据表之间的联系可以通过哪些字段进行，哪些地方还需要进行优化设计；数据表结构设计完成之后，输入原始数据，并根据需要建立其他的数据库对象；最后使用数据库系统提供的分析工具进行分析。

习 题 7

1. 选择题

（1）数据管理发展过程中，（　　）阶段的数据独立性最高。

A. 人工处理　　B. 文件系统　　C. 数据库　　D. 记录管理

（2）数据库系统的核心是（　　）。

A. 数据模型　　B. 数据库管理系统

C. 软件工具　　D. 数据库

（3）下列叙述中正确的是（　　）。

A. 数据库系统是一个独立的系统，不需要操作系统的支持

B. 数据库设计是指设计数据库管理系统

C. 数据库技术可以解决数据共享的问题

D. 数据库系统中，数据的物理结构必须与逻辑结构一致

（4）下列 4 个选项中，说法不正确的是（　　）。

A. 数据库减少了数据冗余　　B. 数据库中的数据可以共享

C. 数据库避免了一切数据的重复　　D. 数据库具有较高的数据独立性

（5）数据库中存储的是（　　）。

A. 数据　　B. 数据模型

C. 数据之间的联系　　D. 数据以及数据之间的联系

（6）用树形结构表示实体之间联系的模型是（　　）。

A. 关系模型　　B. 概念模型
C. 层次模型　　D. 以上 3 个都是

（7）（　　）可用来描述城市的交通路线图。

A. 概念模型　　B. 层次模型　　C. 关系模型　　D. 网状模型

（8）在教学环境中，一名学生可以选修多门课程，一门课程可能有多名学生选修，说明学生与课程之间的联系类型是（　　）。

A. 一对一　　B. 一对多　　C. 多对多　　D. 未知

（9）关系数据库中的表不必具有的性质是（　　）。

A. 一列数据项不可再分　　B. 同一列数据项要具有相同的数据类型
C. 记录的顺序可以任意排列　　D. 字段的顺序不能任意排列

（10）按给定的条件从一个关系中选择指定的属性组成一个新的关系是（　　）运算。

A. 选择　　B. 投影　　C. 联接　　D. 自然连接

（11）下列关系的运算中不属于专门关系运算的是（　　）。

A. 选择　　B. 投影　　C. 联接　　D. 笛卡尔积

（12）打开 Access 数据库时，应打开扩展名为（　　）的文件。

A. .mda　　B. . accdb　　C. .mdc　　D. .mde

（13）如果要将一小段音乐存放在 Access 表的某个字段中，应将该字段的数据类型设为（　　）。

A. OLE 对象　　B. 超链接　　C. 备注　　D. 查阅向导

（14）下列（　　）不是 Access 数据库的对象类型。

A. 表　　B. 向导　　C. 窗体　　D. 报表

（15）Access 数据库中不能进行索引的字段类型是（　　）。

A. 备注　　B. 数值　　C. 文本　　D. 日期

（16）Access 中表和数据库的关系是（　　）。

A. 一个数据库可以包含多个表　　B. 一个表只能包含两个数据库
C. 一个表可以包含多个数据库　　D. 一个数据库只能包含一个表

（17）根据关系模型的完整性规则，一个关系中的主键（　　）。

A. 不能有两个　　B. 不可作为其他关系的外键
C. 可以取空值　　D. 不可以是属性组合

（18）下列对 Access 查询叙述错误的是（　　）。

A. 查询的数据源来自于表或已有的查询
B. 查询的结果可以作为其他数据库对象的数据源
C. Access 的查询可以分析数据、追加、更改、删除数据
D. 查询不能生成新的数据表

（19）创建窗体的数据源不能是（　　）。

A. 一个表　　B. 一个单表创建的查询
C. 一个多表创建的查询　　D. 报表

（20）在下列有关报表的说法中，正确的是（　　）。

A. 报表主要用于打印　　B. 报表中不需要使用控件
C. 报表的数据源只能来自于表　　D. 在报表中无法嵌入 VBA 程序

2. 填空题

（1）数据库技术经历了________、________、________3个发展阶段。

（2）数据模型的三要素是________、________、________。

（3）关系模型中，一个关系对应一张二维表，表中的一行称为一个________，表中的一列称为一个________。

（4）属性的取值范围称为________。

（5）客户/服务器应用模式可以分为________、________两类。

（6）在Access 2010中，主要有________种不同的数据类型。

（7）在Access中，________是数据库中存储数据的最基本的对象。

（8）如果在创建表中建立字段“姓名”，其数据类型应当是________。

（9）查询也是一个表，是以________为数据来源的再生表。

3. 简答题

（1）简述数据处理发展的各阶段及特点。

（2）简述数据库系统的各组成部分。

（3）简述数据库系统的应用模式。

（4）简述关系模型的完整性约束条件。

第8章 常用工具软件

本章重点：

- 工具软件的分类
- 系统的备份和还原
- 磁盘分区的调整
- 文件的压缩和解压缩
- PDF 文件的阅读、制作、转换和加密解密

本章难点：

- 系统的备份和还原
- 磁盘分区的调整

工具软件是应用软件的一种，指运行在系统软件之上，为用户利用计算机工作、学习和娱乐提供服务和帮助的软件。工具软件的范围非常广泛，没有统一的分类方法。一般按用途可将工具软件分为系统工具、文件文档工具、网络应用工具、安全防护工具、光盘工具、多媒体工具和汉化翻译工具等。本章概要性地介绍一些典型工具软件的使用方法。

8.1 系统工具

系统工具软件用于维护和优化操作系统、监测软硬件工作状态等。Windows 操作系统自带有一些简单的系统工具，如系统备份和还原、磁盘管理、碎片清理等，可以满足用户最基本的需要。对于更高的维护需求，需要使用更专业的系统工具。常用的专业系统工具包括还原精灵（Ghost）、分区魔术师、Windows 优化大师、CPU-Z、鲁大师硬件检测软件等。

8.1.1 一键 Ghost

随着操作系统功能的增强和应用软件种类的增多，系统规模变得十分庞大，一旦因使用不当或病毒木马攻击导致系统崩溃，用户重新安装操作系统、驱动程序和应用软件的代价高昂。为此，Symantec 公司开发了具有强大系统备份和还原功能的 Ghost 软件，降低了系统维护成本。

Ghost 软件以硬盘扇区为单位对系统和数据进行备份和还原，可以在较短时间内将预先备份的磁盘镜像文件恢复为“干净”的系统。但是，Ghost 软件操作过程繁琐且为全英文界面，非专业人士使用难度较大。为了解决该问题，出现了许多简化 Ghost 操作步骤的备份还原工具。下面

以常用的一键 Ghost 为例介绍系统的备份和还原。

一键 Ghost 提供“手动”和“一键”两种操作方式。手动方式允许用户按需要定制系统备份还原过程，一键方式则采用默认设置进行自动的系统备份还原。

1. 手动备份系统

备份操作一般选择在完成操作系统、驱动程序和应用软件安装之后立即进行，这样既可以保证备份的完整性，又能确保系统没有因为使用不当而造成污染。手动备份的操作步骤如下。

（1）进入操作界面。启动或重新启动计算机，进入图 8.1 所示的引导界面，选择“一键 GHOST”选项，在随后出现的界面中选择“Ghost, DISKGEN,……”，然后选择“Ghost 11.2”，在 Ghost 欢迎界面中单击“OK”按钮，进入 Ghost 操作界面。

Ghost 操作界面菜单中包含了 Local、Peer to Peer、GhostCast、Option、Help 和 Quit 选项，如图 8.2 所示。其中，Local 指的是对本地计算机上的硬盘进行操作，包括 Disk、Partition 和 Check 三个子菜单，Disk 是对整个磁盘进行操作，Partition 是对某个分区进行操作，包括写入分区（To Partition），写入镜像（To Image），由镜像读取（From Image）等，Check 是检查备份文件完整性；Option 用于设置备份还原时的一些参数，一般情况下不需要修改，使用默认设置即可。

图 8.1　系统引导界面

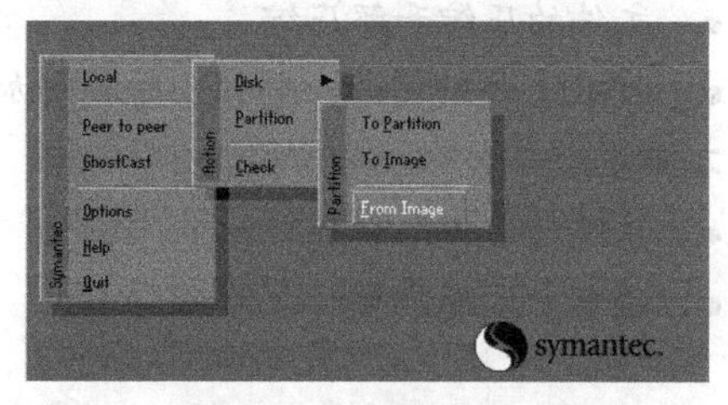

图 8.2　Ghost 操作界面

（2）选择备份操作。选择“Local”→“Partition”→“To Image”选项，下面设置备份参数。

（3）选择磁盘。如果计算机存在多块磁盘，需要首先选择备份磁盘，如图 8.3 所示。通过“↑”和“↓”键选择备份磁盘，选定后按“回车”键或单击“OK”按钮。

（4）选择磁盘分区。选定磁盘后，需要进一步选择备份分区（通常“part 列”值为 1 的是 C 盘），如图 8.4 所示，通过“↑”和“↓”键选择分区，选定后按“回车”键或单击“OK”按钮。

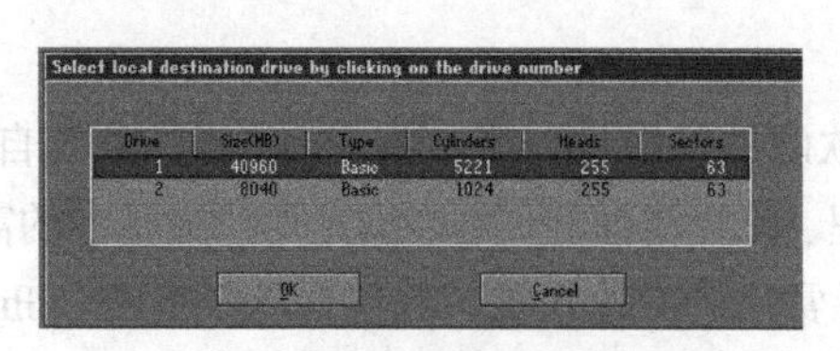

图 8.3　备份操作磁盘选择界面

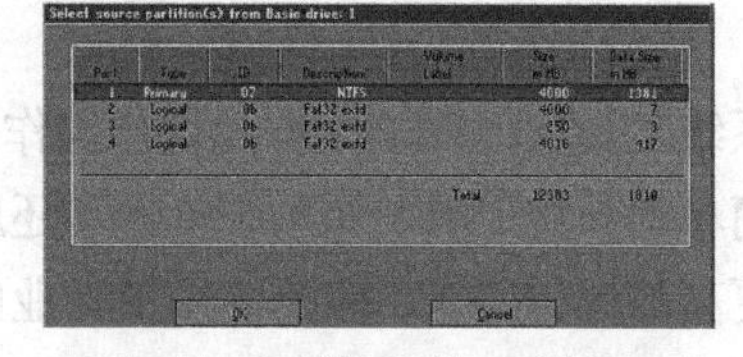

图 8.4　备份操作分区选择界面

（5）设置备份路径和文件名。在“look in”下拉框中选择备份文件存放的路径（如 e:\ghost\），在“File name”文本框中输入备份文件的文件名（如 windows），单击“Save”按钮。

（6）进行备份操作。首先在弹出的“Compress Image”对话框中选择备份镜像文件压缩方式，No 表示不压缩，Fast 表示适量压缩，High 表示高压缩，出于备份速度和磁盘空间的考虑，通常选择 Fast 方式备份；然后，Ghost 弹出“Question”对话框询问用户是否开始执行备份，单击“Yes”按钮，弹出图 8.5 所示备份界面，开始系统备份。备份界面实时显示备份操作情况，包括当前已备份比例，备份速度，已备份数据大小，待备份数据大小，已用时间，预计剩余时间等。

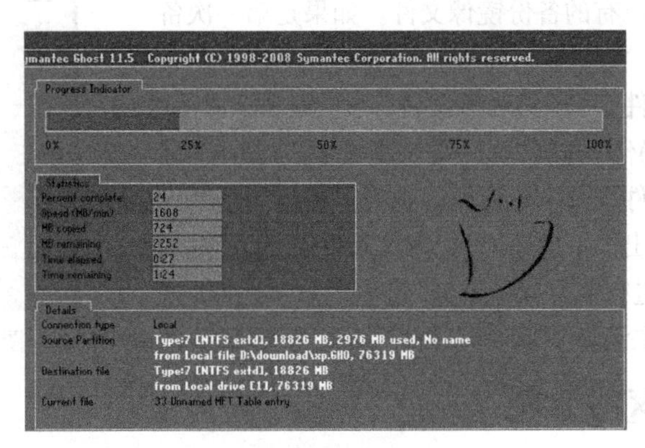

图 8.5　备份操作执行界面

（7）完成备份。备份过程结束后，Ghost 弹出“Dump Complete”对话框，单击“Continue”按钮，返回 Ghost 操作界面，再单击操作界面的“Quit”菜单项，退出 Ghost 软件。

（8）重启计算机。重启计算机进入操作系统，在备份路径（如 e:\ghost\）下找到备份镜像文件（如 windows.gho），表示备份成功。

2. 手动还原系统

系统出现故障无法继续使用时，可使用预先备份的镜像文件还原系统。操作步骤如下。

（1）启动计算机，进入 Ghost 操作界面。

（2）选择还原操作。选择“Local”→“Partition”→“From Image”选项，下面设置还原参数。

（3）选择还原镜像文件。在“look in”下拉框中选择备份文件所在路径（如 e:\ghost\），选择备份镜像文件 (如 windows.gho)，单击“Open”按钮。

（4）确认备份文件的备份信息。如图 8.6 所示，Ghost 显示备份镜像文件信息，确定无误后，单击“OK”按钮。

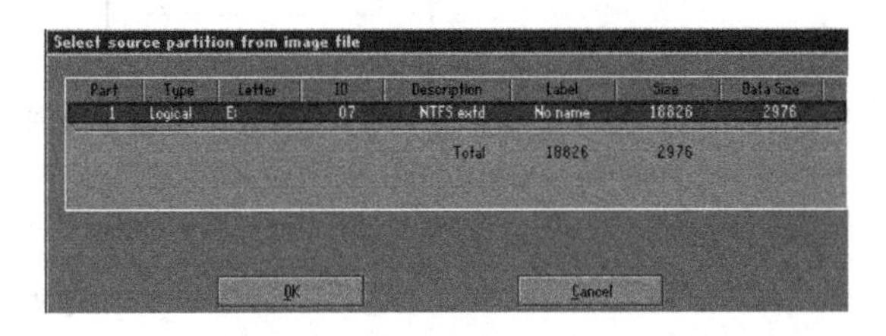

图 8.6　还原镜像文件信息确认界面

（5）选择还原磁盘。通过“↑”和“↓”键选择要还原的磁盘，选定后单击“回车”键或单击“OK”按钮。

（6）选择还原磁盘分区。选定磁盘后，通过“↑”和“↓”键选择还原磁盘分区（通常为原操作系统所在的分区），选定后按“回车”键或单击“OK”按钮。

（7）进行还原操作。在“Question”对话框，单击“Yes”按钮，开始进行系统还原；还原结束后，弹出“Clone Complete”对话框，单击“Reset Computer”按钮，重启计算机。

系统还原完成后，系统被恢复到执行备份时的状态，用户可以正常使用。

3. 一键备份和还原

一键 Ghost 还提供了一键模式的备份和还原操作，极大简化了操作步骤，操作过程如下。

（1）启动一键模式。启动或重新启动计算机，进入引导界面，依次选择“一键 GHOST”→“Ghost, DISKGEN, …”→“1KEY GHOST 11.2”→“IDE/SATA”，进入一键模式主菜单，如图 8.7 所示。

（2）执行一键操作。

① 一键备份操作。选择“1.一键备份 C 盘”，按“回车”键，弹出“一键备份 C 盘”对话框，

询问用户是否覆盖原有的备份镜像文件。如果是第一次备份，可以直接单击“O”键；否则，可根据情况选择是否覆盖原来的备份文件，“O”键表示覆盖，“C”键表示取消。

② 一键还原操作。选择“2.一键恢复C盘”，弹出“请选择Ghost镜像文件来源”对话框，选择“硬盘”选项，按“回车”键，弹出“一键还原C盘（来自硬盘）”对话框，询问用户是否进行恢复操作，“K”键表示系统还原（恢复），“C”键表示取消。

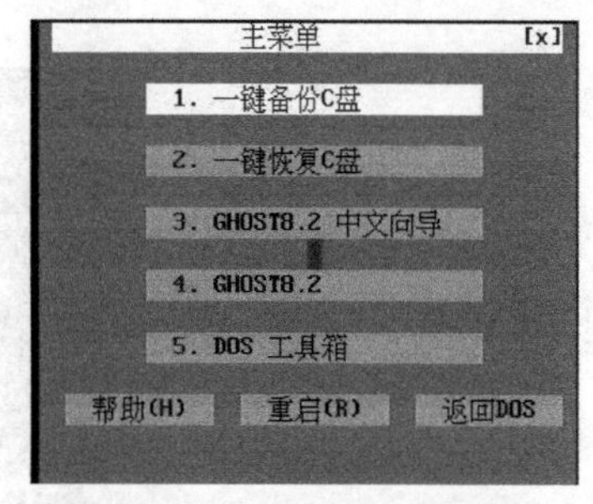

图 8.7　一键模式主菜单

8.1.2　分区魔术师

分区魔术师提供了比Windows自带的磁盘管理工具更高级的文件系统管理功能，可以在不丢失数据的前提下重新划分磁盘分区。Paragon Partition Manager（以下简称Paragon）是目前最常用的分区魔术师软件之一，其主界面如图8.8所示，下面介绍Paragon的使用。

图 8.8　Paragon主界面

1. 创建分区

Paragon可以为新磁盘或已使用磁盘的空闲空间创建分区，操作步骤如下。

（1）选择创建分区。右键单击主界面“磁盘图示”区中的空闲空间，如图8.8所示（分区类型标识用深绿色表示空闲空间），在快捷菜单中选择“创建分区”选项。

（2）设置磁盘分区参数。在图8.9所示的界面设置新建磁盘分区的参数，包括：

① 分区类型。在“创建新分区为”下拉框中根据需要选择分区类型，包括主分区和扩展分区。主分区是一个逻辑分区，单独分配一个盘符，拥有独立的引导块，可以设置为系统启动区；扩展分区是除主分区外的其他磁盘空间，可进一步划分为若干逻辑分区，每个逻辑分区单独分配一个盘符，但不可设置为系统启动区。

② 分区大小。通过鼠标拖动的磁盘分区图标的左右边框，或直接在“请指定新分区大小”输入框中输入数字设置分区大小。如果新创建的分区小于空闲空间，还可以在“请指定分区前面自由空间大小”和“请指定分区后面自由空间大小”输入框中分别设置新建分区前后空闲空间的大小。

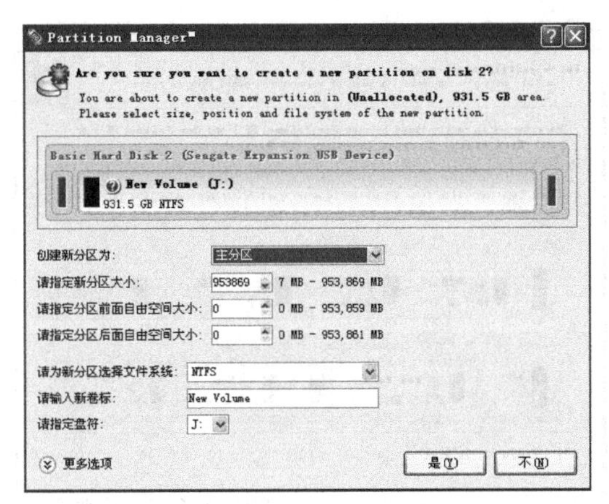

图 8.9　创建磁盘分区参数设置界面

③ 设置分区格式。在“请为新分区选择文件系统”下拉框中选择新建分区的格式，Windows 操作系统下推荐选择 NTFS，Linux 操作系统下推荐选择 Ext4。

④ 设置分区卷标和盘符。在“请输入新卷标”输入框中输入分区卷标，在“请指定盘符”下拉框中选择分区盘符。

参数设置完成后，单击“是”按钮，返回主界面。

（3）执行创建分区操作。在主界面工具栏中单击“应用”图标，弹出执行对话框，开始创建分区。操作完成后，“取消”按钮会变为“关闭”按钮，单击返回主界面。

2. 调整分区大小

对于已经创建的磁盘分区，可以减小或增大分区空间。

（1）减小分区空间操作。

① 选择操作分区。右键单击磁盘分区图标，选择“移动/调整分区大小”选项，弹出参数设置对话框。

② 设置新的分区大小。通过鼠标拖动磁盘分区图标左右边框，或直接在“Volume Size”输入框输入数值设置新的分区大小。减小分区空间操作会释放多余空间，成为空闲区域。释放后形成的空闲区域可位于当前分区的左侧或右侧，可通过鼠标拖动磁盘分区图标左边或右边框设置，也可在“Free Space before”或“Free Space after”输入框内输入数字来指定分区左侧或右侧的空闲空间大小。

③ 在主界面工具栏中单击“应用”图标，弹出执行对话框，操作完成后，“取消”按钮会变为“关闭”按钮，单击返回主界面。

（2）增大分区空间操作。

如果分区的相邻区域有空闲的磁盘空间，可以直接执行增大分区操作。否则，要增大某分区空间，只能从左侧或右侧分区中借用空间。即先减少左侧或右侧磁盘分区大小，再将释放的空闲空间并入该分区。增大分区和减小分区操作方法相同。

为了简化操作过程，Paragon 提供了快速调整分区大小功能，操作步骤如下。

① 单击主界面功能区“快速调整大小”图标，在弹出对话框中单击“Next”按钮，进入分区选择界面，如图 8.10 所示。

② 选择操作分区。在分区选择界面，选择待调整空间大小的两个相邻磁盘分区（用红色圆角矩形框括起），选定后，单击“Next”按钮，进入相邻分区大小调整界面。

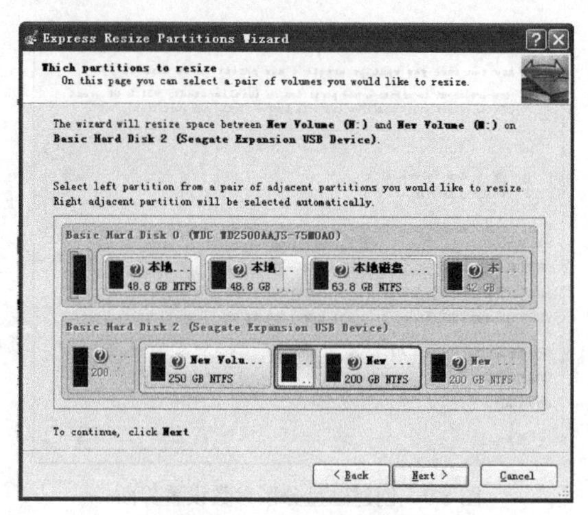

图 8.10　分区选择界面

③ 调整新分区大小。在分区调整界面，通过鼠标拖动磁盘分区图标分界线，移动左右滑块或在“Left volume size”及“Right Volume size”中直接输入数值设置新的相邻空间的大小，设置完成后，单击“Next”按钮，并在弹出的对话框中单击“Finish”按钮，返回主界面。

④ 在主界面工具栏中单击“应用”图标，弹出执行对话框，开始相邻分区大小调整操作。操作完成后，“取消”按钮会变为“关闭”按钮，单击返回主界面。

8.2　文件文档工具

文件文档工具主要用于对文件进行阅读、编辑、压缩、解压缩等。由于文件格式的不同，文件文档工具也多种多样，常用的文件文档工具包括 Acrobat Reader、超星图书阅读、CAJViewer、EditPlus、WinRAR、WinZip 等。

8.2.1　WinRAR

所谓压缩，就是利用压缩算法在保留最多文件信息的同时实现文件体积缩小，达到节省磁盘空间的目的。文件压缩后得到的新文件通常被称为压缩包。与原始文件相比，压缩包已经是另一种格式的文件，如果要读取其中的数据，必须先通过压缩软件将原始数据从压缩包中还原出来，这个过程被称作解压缩。

常见的压缩软件有 WinRAR、WinZip 等。下面介绍 WinRAR 5.0 压缩/解压缩文件的过程。

1. 压缩

WinRAR 压缩无需进入 WinRAR 主界面，直接在文件图标上进行操作即可，压缩的操作步骤如下。

（1）选择执行压缩操作。选择要执行压缩操作的文件（也可以是多个文件或文件夹），单击鼠标右键，弹出如图 8.11 所示的快捷菜单。其中，“添加到压缩文件…”选项表示用户使用自定义文件名和选项参数对文件进行压缩；“添加到 xxx.rar”选项表示采用 WinRAR 默认方式对文件进行压缩，并以 xxx.rar 为文件名将压缩包保存到

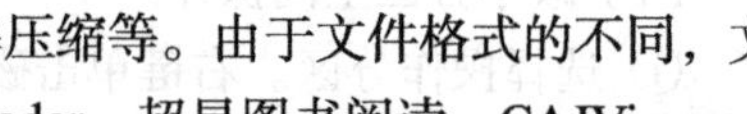

添加到压缩文件(A)...
添加到 "教育部《教育信息化行业标准》.rar"(T)
压缩并 E-mail...
压缩到 "教育部《教育信息化行业标准》.rar" 并 E-mail

图 8.11　右键快捷菜单压缩选项

当前路径下；“压缩并 E-mail...”及“压缩到 xxx.rar 并 E-mail...”选项分别在完成前两个选项操作后将压缩包通过 E-mail 共享给其他人。单击“添加到压缩文件...”选项，弹出图 8.12 所示的对话框。

（2）设置压缩参数。在图 8.12 所示的“压缩文件和参数”对话框中根据需要进行压缩选项设置。常用的选项参数如下。

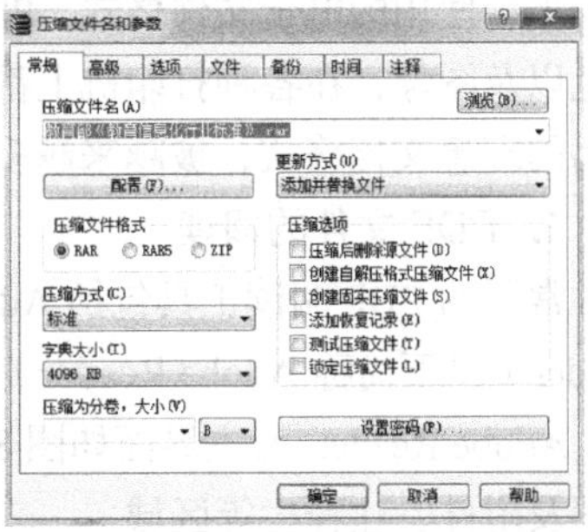

图 8.12　“压缩文件和参数”对话框

压缩文件名。直接输入压缩包保存路径和文件名，或单击“浏览”按钮选择保存路径和填写文件名。

压缩文件格式。设置压缩格式。WinRAR 支持 RAR、RAR5、ZIP 三种压缩格式。

压缩方式。设置压缩速度和压缩比率。

更新方式。设置当前路径下出现同名压缩包的处理方式，可根据实际情况选择添加并替换、添加并更新、覆盖、跳过等。

压缩分卷，大小。将源文件拆分为若干指定大小压缩包。

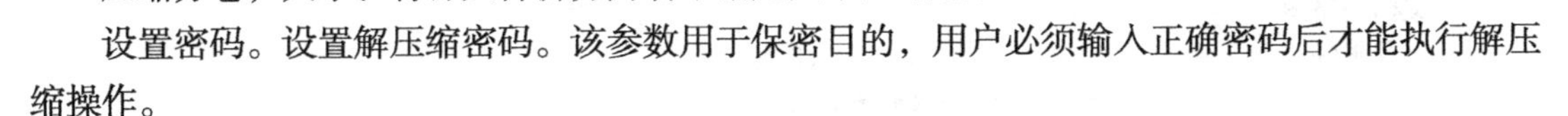

设置密码。设置解压缩密码。该参数用于保密目的，用户必须输入正确密码后才能执行解压缩操作。

（3）执行压缩操作。单击“确定”按钮，开始执行压缩操作。

2. 解压缩

解压缩操作的步骤如下。

（1）选择压缩包。右键单击压缩包，弹出如图 8.13 所示的快捷菜单。

（2）执行解压缩操作。选择快捷菜单选项执行不同方式的解压缩操作。

① 选择“解压文件...”菜单项，弹出“解压缩路径和选项”对话框。首先在“目标路径”输入框设置解压后的文件的存放位置，然后设置更新方式、覆盖方式或其他解压缩选项，最后，单击“确定”按钮，WinRAR 按照用户的定制参数和存放路径执行解压缩操作。

② 选择“解压到当前文件夹”选项，WinRAR 按照默认方式将压缩包内的文件解压到当前目录下。

③ 选择“解压到 xxx\”选项，WinRAR 首先在当前路径下创建名为 xxx 的文件夹，然后按照默认方式将压缩包内的文件解压到 xxx 文件夹下。

3. 浏览压缩包内容

直接双击压缩包文件，在如图 8.14 所示的对话框中可以查看压缩包内文件结构、文件名和文件属性等，也可以通过单击“解压到”按钮执行解压缩操作。

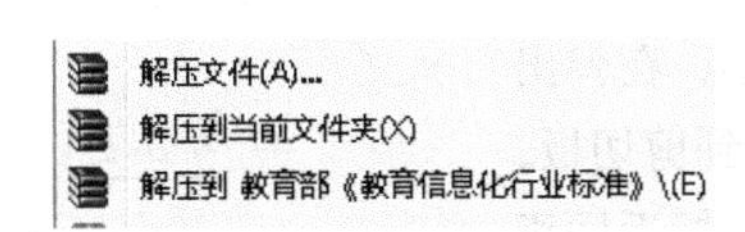

图 8.13　解压缩操作选项

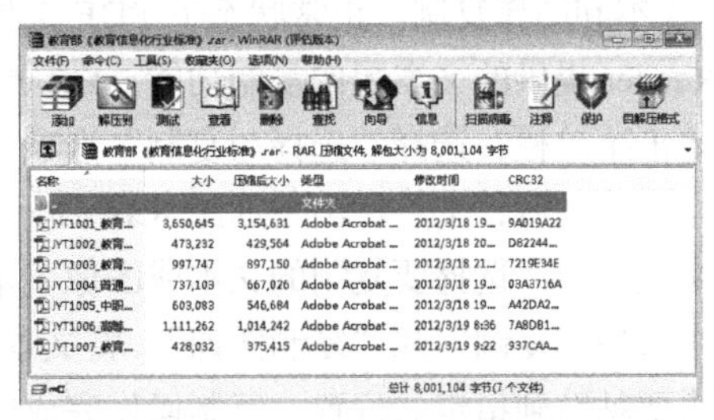

图 8.14　解压缩路径与选项设置界面

8.2.2 PDF工具

便携文件格式（Portable Document Format，PDF）是Adobe公司开发的一种与操作系统无关、可跨平台使用的电子文件格式。PDF以PostScript语言图像模型为基础，忠实再现原始文稿字符、颜色以及图像，在各种打印机上都可保证精确的颜色和打印效果，是电子文档发行和数字化信息传播的理想文档格式，被越来越多的电子图书、产品说明、公司文告、网络资料等所采用。

1. PDF文件的阅读

常用的PDF阅读工具包括Adobe Acrobat Reader，Foxit Reader等。下面介绍Adobe Acrobat Reader（以下简称Adobe Reader）阅读工具的使用。

Adobe Reader Ⅺ主界面如图8.15所示，包含标题栏、菜单栏、工具栏、文档显示区、文档缩略图及附件、注释栏等区域。

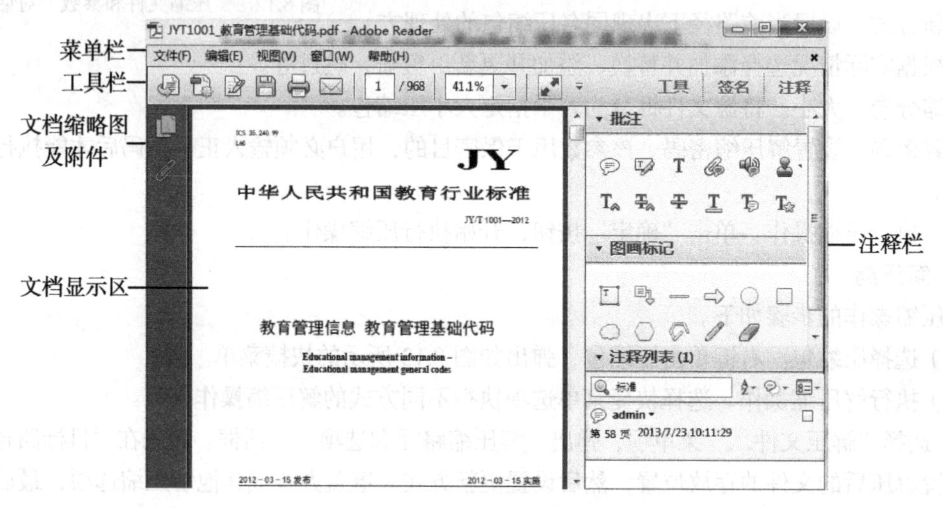

图8.15 Adobe Reader主界面

（1）阅读PDF文档

打开PDF文档（.pdf文件）后，在文档显示区阅读PDF文档内容。除了正常的阅读功能外，Adobe Reader还提供了丰富的阅读手段，主要包括：

① 快速浏览。单击工具栏中或按钮跳过当前页剩余内容直接转到上一页或下一页，或直接在“当前页码”输入框中输入页码跳转到指定页。

② 视图尺寸调整。单击工具栏中或按钮逐级改变当前PDF页面大小，或直接在“显示比例”下拉框中选择或输入显示比例调整页面大小。

③ 文本和图像复制。正常状态下PDF文档是只读的，如果要复制文档中的内容，可以使用Adobe Reader提供的文本图像复制功能。默认情况下工具栏没有显示文本选择功能图标，可以通过右键单击菜单栏，选择“选择与复制”选项，单击“选择工具”和“手型工具”选项将其添加到工具栏。添加后，工具栏出现如图8.16所示图标。单击图标将PDF文档切换到选择模式，然后在文档显示区选择要复制的文本或图像，单击鼠标右键，在弹出菜单项中选择“复制”或“复制图像”，将文本或图像复制到剪切板，再根据需要粘贴到指定的位置。复制操作完成后，单击图标返回正常阅读模式。

图8.16 文本选择工具

④ 文本查找。选择菜单栏“编辑”菜单的“查找”选项，弹出“查找”对话框，输入关键字，

可以查找下一个，也可以查找上一个，类似于 Word。

（2）标注 PDF 文档

用户可以使用 Adobe Reader 提供的丰富文档标注功能勾画和注释文档重点内容、添加阅读笔记。单击工具栏右侧“注释”选项，Adobe Reader 主界面右侧弹出注释栏。注释分为两类，一类是批注，用于勾画文本和添加注释；另一类是图画标记，用于绘制各种线条和图形标记。注释使用方式简单，只要先单击某个注释图标，然后在需要的位置勾画即可。

2. PDF 文件的制作

Adobe Acrobat Professional（以下简称 Adobe Professional）是专业的 PDF 文档处理工具，提供 PDF 制作、加密等诸多高级功能。Adobe Professional 制作 PDF 的基本原理是在系统中虚拟出一台 PDF 打印机，所有支持 Windows 打印功能的文档都可以使用该虚拟打印机将自己“打印”到 PDF 文档。

Adobe Professional 安装成功后，系统会自动创建名为 Adobe PDF 的虚拟打印机，打开“所有程序”→“控制面板”→“硬件与声音”→“设备和打印机”可以查到。使用 Adobe PDF 虚拟打印机打印 PDF 文档的操作步骤如下。

（1）双击打开原始文档。

（2）选择菜单栏“文件”菜单的“打印”选项，弹出“打印”对话框。

（3）在“打印机”选项卡的“名称”下拉框中选择名为 Adobe PDF 的打印机，设置打印参数，单击“确定”按钮，弹出“另存 PDF 为”对话框。

（4）设置 PDF 文件的存放路径和文件名，单击“保存”按钮，完成转换。

3. PDF 转换为 Word

PDF 文档用 Adobe Reader 无法进行编辑。如果要对 PDF 进行编辑，可以使用 Adobe Acrobat Professional 工具或将 PDF 文件转换成可直接编辑的文档格式（如 Wrod）。PDF 转换通是一款国产免费的 PDF 文件转换软件，可以实现 PDF 向 Word、网页、图片等文件格式的转换，其主界面如图 8.17 所示。转换的过程如下。

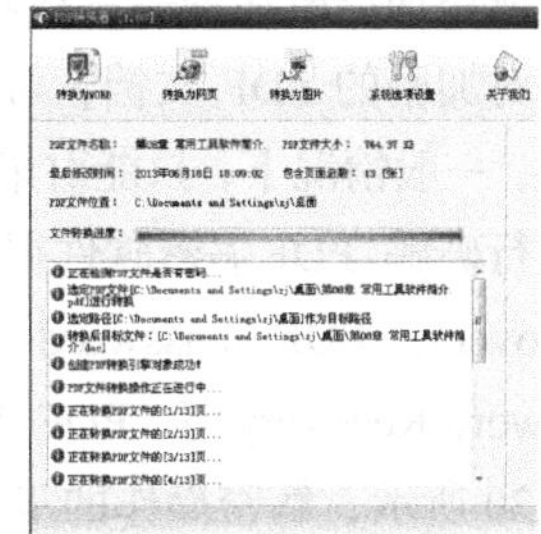

图 8.17　PDF 转换通主界面

（1）如果要将 PDF 文档转换为 Word 文档，单击“转换为 WORD”按钮，弹出“打开”选择框。

（2）在“打开”对话框中选择待转换 PDF 文档，单击“打开”按钮，弹出“浏览文件夹”对话框。

（3）选择 Word 文件保存路径，单击“确定”按钮，完成转换。

4. PDF 文件加密与解密

为了保护知识产权，可以对 PDF 文档进行加密处理。加密后的 PDF 文档对使用者做出了诸如需要密码才能打开、无法打印（无法复制）、无法修改注释等限制。PDF 文档通过口令和数字证书两种方式加密。数字证书加密是一种高级的加密方式，普通用户很少用到，这里只介绍口令加密。使用 Adobe Professional 进行口令加密的步骤如下。

（1）打开一个 PDF 文档。

（2）选择菜单栏的“文档”→“安全性”→“显示本文档的安全性设置”选项，弹出图 8.18 所示的“文档属性”对话框。

（3）单击“安全性方法”下拉菜单，选择“口令安全性”，弹出“口令安全性—设置”对话框，如图 8.19 所示。

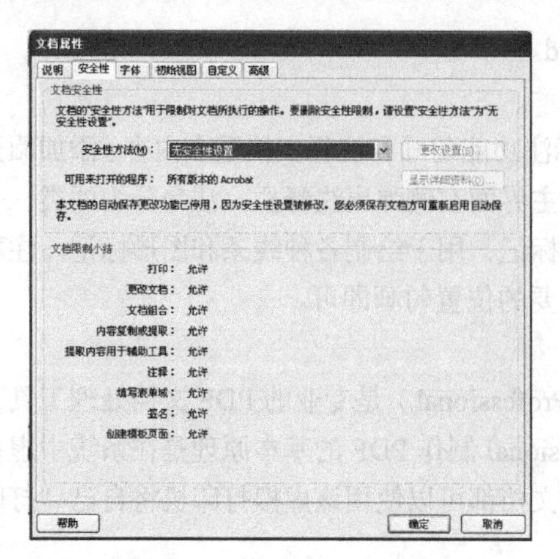

图 8.18 “文档属性”对话框

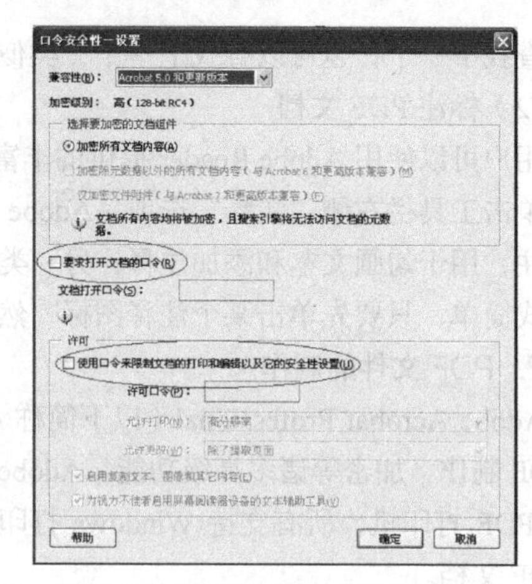

图 8.19 “口令安全性-设置”对话框

（4）设置加密选项。

① 要求打开文档的口令。选择该选项，在“文档打开口令”输入框中输入密码，单击“确定”按钮。再次打开该文档时，会弹出“请输入口令”的对话框，如不能正确输入密码则无法阅读文档。

② 使用口令来限制文档的打印和编辑以及它的安全性设置。选择该选项，可以在“许可口令”输入框中输入密码，设置“允许打印”和“允许更改”等选项，单击“确定”按钮，在弹出“确认文档许可口令”对话框中确认许可口令，单击“确定”按钮，返回图 8.18 所示的“文档属性”对话框，单击“确定”按钮，返回 PDF 主界面；关闭文档，弹出更改确认对话框，单击“是”按钮，关闭文档。再次打开该文档，用户只能阅读文档内容而无法执行打印（工具栏打印机图标变灰）或添加修改注释等高级功能。

对加密的 PDF 文档，可以利用 PDF 解密软件进行破解，一般情况下，只能对采用口令方式加密的 PDF 文档进行破解。PDF 解密软件很多，常用的有 PDF Password Remover、PDF Password Cracker、Advanced PDF Password Recovery 等。PDF Password Remover 主界面如图 8.20 所示，解密操作的步骤如下。

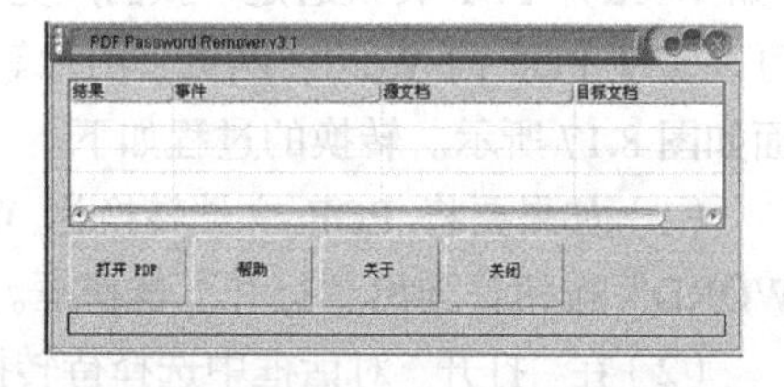

图 8.20 PDF Password Remover 主界面

（1）单击“打开 PDF”按钮，选择要破解的 PDF 文档。

（2）如果该文档没有加密，会提示错误信息；否则，弹出“另存为”对话框，设置破解后的 PDF 文档的文件名和保存路径，单击“保存”按钮，完成破解。

由于不同的 PDF 破解工具采用不同的破解算法和策略，当一个破解工具破解失败时，可以尝试使用其他破解工具，加大破解成功的概率。

8.3 网络应用工具

网络应用工具主要以网络为媒介实现信息传递和资源共享，包括即时通信、语音通话、网络下载等。常用的网络应用工具包括腾讯 QQ、飞信、Skype、微信、BitComet 和迅雷等。

8.3.1 腾讯 QQ

腾讯 QQ 是国内用户群最大的即时通信软件，是集交流、资讯、娱乐、搜索、电子商务、办公协作和企业客户服务等为一体的综合化信息平台。下面介绍 QQ 2013 的使用方法。

1. 注册与登录

使用 QQ 必须拥有帐号，可单击登录界面“注册帐号”免费申请。申请帐号后，在登录界面输入帐号和密码，单击“登录”按钮进入 QQ 主界面。登录界面的“记住密码”选项为用户保存密码，在下次登录时无需输入密码；“自动登录”在系统启动时自动登录到最后保存密码的用户帐号。为确保信息安全，在公共场所使用 QQ 时建议不要选择这两个选项。

图 8.21　QQ 主界面

QQ 主界面通常称为 QQ 面板，集成了 QQ 提供的各种功能，包括主菜单、系统设置、消息管理器、查找联系人、好友列表、群列表、QQ 邮箱、QQ 微博等，如图 8.21 所示。

2. 添加好友与聊天

（1）添加好友

添加好友的操作步骤如下。

① 单击 QQ 主界面的“查找”查找图标，弹出“查找联系人”对话框，单击“找人”选项卡，在“精确查找”、“条件查找”、“朋友网查找”中选择一种，输入查找条件，单击“查找”按钮，获取查询结果。

② 鼠标指向查找到的好友，单击图标，进入“添加好友”对话框。

③ 如果对方没有设置“身份验证”选项，则直接在“添加好友”对话框选填“备注姓名”和设置好友分组；否则，必须先输入验证消息，选填“备注姓名”和设置好友分组，对方验证同意后方可将其加入好友列表。

（2）文字聊天

双击好友头像，弹出聊天界面，如图 8.22 所示，可直接在文字编辑区输入消息内容，单击“发送”按钮将消息发送给好友，双方聊天内容显示在聊天记录区。

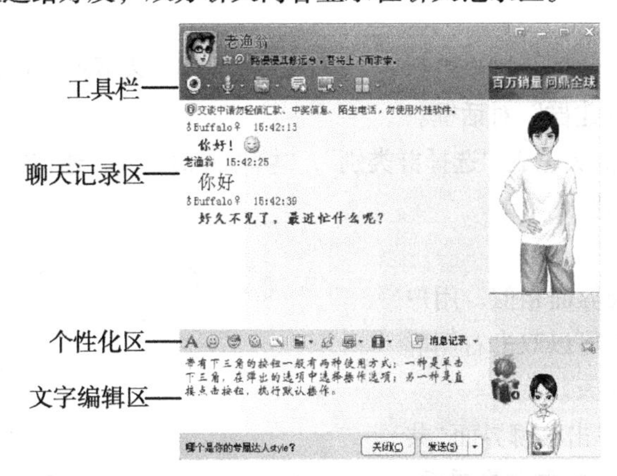

图 8.22　QQ 好友聊天界面

为了丰富聊天手段，QQ 在个性化区加入了许多特色功能。单击 A 按钮可以设置字体、字形、字号和文字颜色；单击按钮在消息中加入丰富的表情；单击按钮发送 QQ 窗体抖动；单击按钮在消息中加入图片。

（3）QQ 截图

QQ 截图支持局部桌面截取，操作步骤如下。

① 单击个性化区图标，进入截图操作。

② 在要截取区域开始位置按下鼠标左键，拖曳鼠标至结束位置，释放左键，选定截取范围，出现如图 8.23 所示工具栏。

图 8.23 QQ 截图工具栏

③ 用户可以选择使用工具栏图标将图形、线条、箭头、文字等附加信息添加到图片。

④ 单击截图工具栏图标或双击鼠标左键，截图自动添加到消息编辑区，完成截图操作。

（4）高级通信

QQ 还提供了视频通话、音频通话、文件（夹）上传、远程桌面等高级通信功能。

① 视频通话。如果计算机安装了摄像头，可在聊天界面工具栏单击图标，发起视频通话；也可以直接接受好友发起的视频通话邀请。

② 音频通话。与视频通话类似，单击聊天界面工具栏图标，发起音频通话；也可以直接接受好友发起的音频通话邀请。

③ 上传和下载文件（夹）。QQ 文件的上传下载支持断点续传功能。单击工具栏图标的向下箭头，选择文件（夹）上传方式。QQ 提供在线和离线两种上传方式。如果好友在线，可以在线上传；否则可以离线上传，文件暂时保存到 QQ 服务器上，待好友登录时可接收该文件。同时，用户也可以下载其他用户发送的文件（夹）。

④ 远程桌面。帮助用户控制远程计算机，协助解决计算机故障。单击图标的向下箭头，弹出控制选项，"请求控制对方电脑"选项表示申请登录并控制好友计算机，"邀请对方远程协助"表示邀请好友登录并控制自己的计算机，用户可根据情况进行选择。

3. 添加群与群聊

QQ 支持群及群聊功能，即由若干好友组成一个群，群内任意一人发布消息，群内所有人都可以看到。

（1）群创建

创建群的操作步骤如下。

① 在 QQ 主界面单击（群及讨论组列表）图标，进入群列表界面；单击+ 创建图标，选择"创建群"选项，弹出"创建群"对话框。

② 在弹出的对话框中，依次完成"选择群类别"，"填写群信息"，"邀请群成员"操作，单击"完成创建"按钮，完成群创建。

（2）群聊与群共享

QQ 群聊界面与好友聊天界面相似。用户可在该界面发布群聊消息，也可以双击右侧群成员列表中的头像进行单独聊天。

QQ 群支持群共享功能。单击群聊界面"共享"图标，打开如图 8.24 所示的群共享界面。下载文件时，用户可以将鼠标指向文件，单击出现的"下载"按钮，弹出"另存为"对话框，保存文件，完成单个文件下载，也可以单击"批

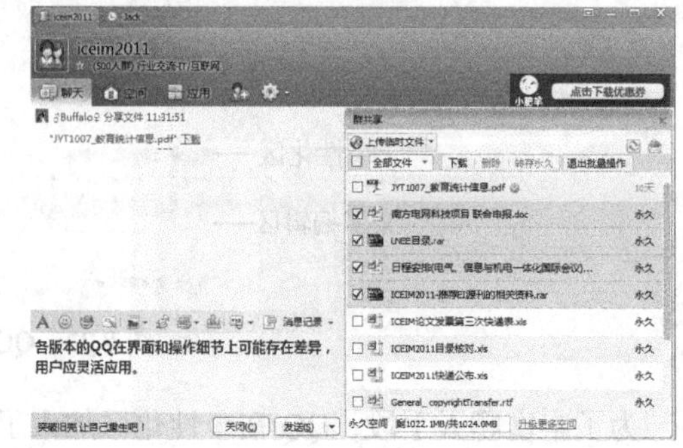

图 8.24 QQ 群共享界面

量操作”按钮，选择要下载的文件，再单击“下载”按钮实现多文件下载；上传文件时，单击图标的向下箭头，选择“上传临时文件”或“上传永久文件”，在弹出的“打开”对话框中选择文件进行上传，永久文件永远保存在群共享中，临时文件则在一段时间后自动被删除。

4. 系统设置

单击 QQ 面板下部的图标，可进行基本设置、安全设置和权限设置三种系统设置。

（1）基本设置用于设置与 QQ 运行相关的参数，包括登录、主面板、状态、热键、声音等。

（2）安全设置用于设置与网络安全相关的参数，包括密码、QQ 锁、消息记录、安全更新和文件传输等重要的安全参数。这些参数关系到 QQ 的使用安全，须慎重设置。

（3）权限设置用于设置个人资料、空间、圈子等的可访问范围，也应谨慎对待。

8.3.2 BitComet

BT 的全称为 BitTorrent，是一种支持多点下载的 P2P 文件分发协议。BT 用户在下载文件的同时向其他下载者上传已下载部分，具有“下载的人越多，下载的速度越快”的特性。

BT 服务器通常被称为 Tracker，下载者被称为客户。在 BT 协议中，所有资源都保存在客户计算机上，Tracker 服务器只负责收集、记录和发布拥有资源的客户地址信息。资源发布者发布资源时，首先根据共享资源生成一个记录 Tracker 地址信息和资源信息的种子文件（.torrent 文件，通常很小，只有几十 KB）并将种子文件发布到网络上。BT 客户下载资源时，首先在网络上获取种子文件，根据解析出的地址信息连接到 Tracker 服务器，获取拥有该资源的客户地址，并连接这些客户下载资源。提供完整资源的客户被称为种子，种子数量可从 Tracker 获取。如果种子数小于 1，表示资源不完整，无法完成下载；否则，可完成下载，且种子和客户越多，下载速度会越快。

常用的 BT 软件包括 BitComet、BitTorrent、μTorrent 等。下面介绍 BitComet 上传与下载资源的方法，

1. 下载资源

下载资源的操作步骤如下。

（1）寻找及下载种子文件。首先在网络上寻找并下载资源的种子文件，双击种子文件，弹出“新建 BT 任务”对话框。

（2）设置下载参数。在“新建 BT 任务”对话框中，设置下载参数。

（3）下载资源。参数设置完成后，单击“立即下载”按钮，开始下载资源。下载任务在如图 8.25 所示的主界面任务列表中以绿色向下箭头标识。

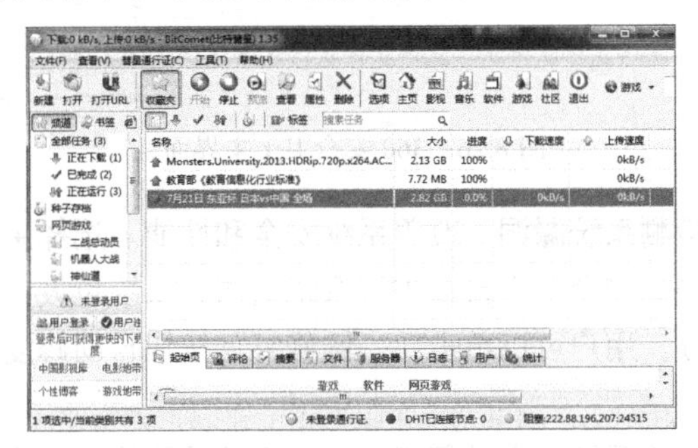

图 8.25　BitComet 主界面

2. 上传资源

上传资源的操作步骤如下。

（1）制作种子文件。在 BitComet 主界面菜单栏“文件”菜单中选择“制作 Torrent 文件”选项，弹出“制作 Torrent 文件”对话框，填写 Tracker 地址和种子信息，单击“制作”按钮生成种子文件。

（2）上传种子文件。制作好种子文件后，可以登录 BT 资源站将种子文件上传到 BT 服务器上。

（3）启动上传。在 Bitcomet 主界面任务列表中右键单击种子文件对应的资源，选择“开始”选项，启动资源上传。上传任务在主界面任务列表中以橙色向上箭头标识。

8.4 安全防护工具

安全防护工具用于清除危害计算机软硬件的病毒、木马等，辅助保护计算机安全。安全防护软件可分为杀毒软件、辅助性安全软件和反流氓软件。杀毒软件也叫反病毒软件，用于查杀和预防计算机病毒，如 360 杀毒，瑞星杀毒，卡巴斯基等；辅助性安全软件用于清理系统垃圾、修复系统漏洞、预防和查杀木马，如 360 安全卫士、金山卫士、瑞星安全助手等；反流氓软件用于清理流氓软件，如恶意软件清理助手、超级兔子、Windows 清理助手等。

8.4.1 360 安全卫士

360 安全卫士是由奇虎 360 公司推出，拥有查杀木马、清理插件、修复漏洞、电脑体检、保护隐私等多种功能，可以全面智能地拦截各类木马，保护用户的帐号、隐私等重要信息，是目前国内比较流行的综合性安全防护软件之一。

360 安全卫士的主界面如图 8.26 所示，主要功能如下。

图 8.26 360 安全卫士主界面

（1）电脑体检：自动检测系统漏洞，改善系统安全和性能。选择主界面“电脑体检”图标，单击“立刻体检”按钮，360 安全卫士自动进行系统漏洞、系统垃圾、系统性能等方面检测并反馈检测结果，给出系统评分。用户可以单击“一键修复”按钮自动修复，也可单击每项检测结果后的按钮进行逐项修复。

（2）木马查杀：检测查杀系统的木马程序。木马查杀采用快速扫描、全盘扫描、自定义扫描三种方式。快速扫描只扫描内存和启动对象等关键位置，用于快速查杀木马，是最常用选项；全盘扫描除扫描内存、启动对象外，还对全部磁盘空间进行检测，可全面清除计算机中的木马及其残留，但速度较慢；自定义扫描由用户自己指定扫描目录，实现精准查杀。

（3）漏洞修复：用于检测系统存在的漏洞，提供补丁下载和安装，增强系统安全性。如果检测存在“高危漏洞”，必须下载并安装相关补丁以消除系统存在安全隐患，否则容易造成信息的泄露和丢失；对于“可选的高危漏洞补丁”和“其他和功能性更新补丁”，根据需要选择下载和安装。

（4）系统修复：检测系统插件、修复异常的上网设置和系统设置，让系统恢复正常运行。系统修复包括常规修复和专家修复。常规修复对注册表、浏览器插件、IE 内核和其他关键位置进行检测和修复，是最常用的修复选项；专家修复则针对更具体的问题选择性的进行修复。

（5）电脑清理：清理电脑中 Cookie、垃圾、上网痕迹和各类插件，使计算机运行更加流畅。选择“一键优化”图标，单击“一键清理”按钮可以实现自动清除。

（6）优化加速：检测和管理系统开机启动项、计划任务、自启动插件和服务等，优化开机选项，加快系统启动速度。选择“一键优化”图标，单击“一键优化”按钮执行自动优化。

（7）软件管家：提供应用软件的下载、安装、升级、卸载等功能，按类别推荐常用软件，并提供下载链接。

8.4.2　360 杀毒软件

360 杀毒软件是一款免费的基于云安全的杀毒软件，具有病毒查杀率高、资源占用少、升级迅速等特点。360 杀毒软件主界面如图 8.27 所示，主要功能如下。

（1）查杀病毒。360 杀毒软件支持快速扫描、全面扫描和自定义扫描三种杀毒模式。单击主界面某个扫描图标执行对应的杀毒操作。快速扫描对系统设置、常用软件、内存活跃程序、开机启动项和系统关键位置进行快速扫描；全面扫描对全部磁盘文件进行查杀，彻底检查系统威胁；自定义扫描由用户设置查杀位置，实现精准查杀。

（2）病毒库升级。在主界面菜单栏单击“设置”，选择“升级设置”选项，在弹出界面设置升级参数进行升级，用户也可在主界面点击“检查更新”手动查看当前病毒库版本情况并下载最新的病毒库。由于杀毒软件只能识别和防护病毒库中已知的病毒，保证病毒库的及时更新是使用杀毒软件的首要问题，所以推荐用户选择“自动升级病毒库和程序”选项进行实时更新。

（3）隔离区操作。为了防止错误查杀而导致的误删系统文件和用户文件，360 杀毒设置了隔离区，存放被检测为病毒文件的原始备份。隔离区内文件无法读取和执行，不会对系统造成威胁，如果确认为误删文件，可以及时恢复。在主界面上单击“查看隔离区”，弹出如图 8.28 所示的“360 杀毒—隔离区”对话框，其中列出所有被隔离的文件及隔离原因，用户可根据实际情况执行删除或恢复文件操作。

图 8.27　360 杀毒软件主界面

图 8.28　360 杀毒软件隔离区

8.5 光盘工具

光盘工具指对光盘进行读取、复制、刻录、虚拟等操作的软件。光盘工具一般分为光盘刻录和虚拟光驱等。常用的光盘刻录工具包括 Nero、光盘刻录大师、Ones 刻录精灵等；常用的虚拟光驱工具包括 Daemon、Alcohol 120%、UltraISO 等。

8.5.1 Nero

Nero 是光盘烧制的辅助软件，以图形界面的方式帮助用户将磁盘数据刻录到光盘上进行永久存储，主要功能包括数据刻录、音视频提取、光盘擦拭等。刻录 DVD 数据光盘的操作步骤如下。

（1）进入 Nero 主界面，选择刻录类型。主界面图标菜单列出了 Nero 支持的所有刻录格式，如图 8.29 所示。将鼠标指向“数据”图标，单击出现的“制作数据 DVD”选项，弹出“光盘内容”界面，如图 8.30 所示。

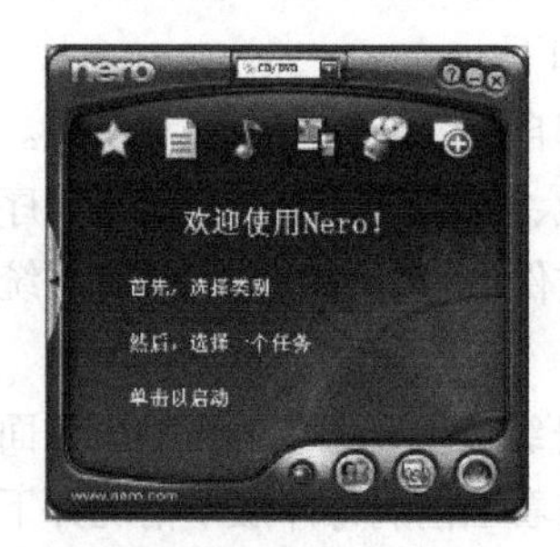

图 8.29　Nero 主界面

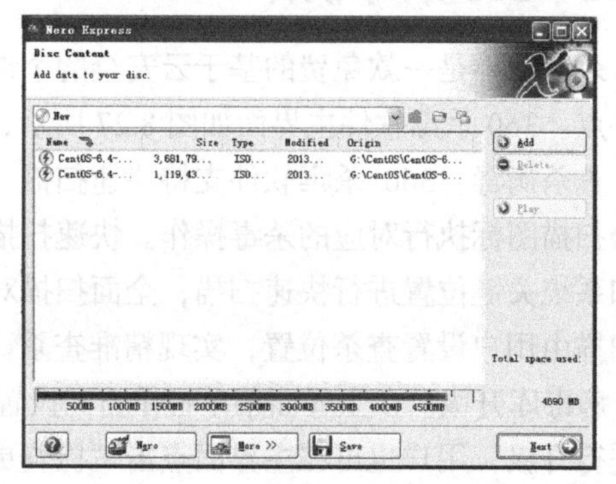

图 8.30　Nero 刻录内容设置界面

（2）添加刻录内容。单击“Add”按钮，弹出“Select Files and Folders”对话框，在对话框中查找并添加要刻录的文件，所有文件添加完毕后，单击“Finished”按钮，返回光盘内容界面，其文件列表中显示所有刻录文件。如果要放弃刻录某个文件，选中该文件，单击“Delete”按钮删除。文件列表下方有一个标识光盘额定容量和当前刻录文件容量的标尺，光盘容量范围内用蓝色表示，超出部分用红色表示。用户应保证刻录容量不超过刻录盘的额定容量，否则刻录将会失败。

刻录文件选定后，单击“Next”按钮，进入刻录参数设置界面。

（3）设置刻录参数。在“Current recorder”下拉框选择刻录机，在“Disc Name”输入框填写光盘名称，在“Writing Speed”下拉框中设置刻录速度。

（4）刻录。单击“Burn”按钮，开始刻录。刻录任务完成后，弹出完成提示框。单击“确定”按钮，光盘自动从刻录机中弹出，刻录完毕。

8.5.2 Daemon

Daemon 是一种虚拟光驱工具，通过虚拟一部或多部逻辑光驱，对硬盘中光盘镜像文件进行读取，实现类似物理光驱读取光盘的功能。与物理光驱相比，虚拟光驱有很多优点，但毕竟不是真实硬件，无法在操作系统启动前出现，无法替代物理光驱引导和启动操作系统。Daemon 工具需要使用 SCSI Pass Through Direct（SPTD）服务，在安装过程中需要重启，重启后会自动进入下一安装步骤，其主界面如图 8.31 所示。

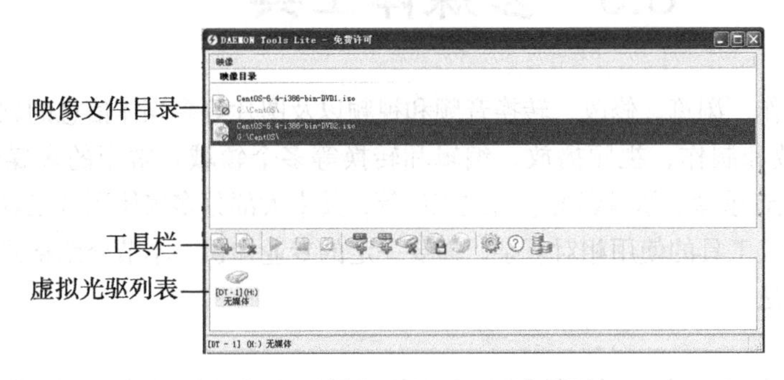

图 8.31　Daemon 主界面

1. 添加/删除虚拟光驱

（1）添加虚拟光驱

Daemon 安装成功后默认创建一个虚拟光驱。如果需要多部虚拟光驱，可进行添加。在 Daemon 主界面工具栏单击“添加 DT 虚拟光驱”图标或“添加 SCSI 虚拟光驱”图标，添加不同类型的虚拟光驱。所有虚拟光驱都会在 Daemon 主界面虚拟光驱列表中显示。

（2）删除虚拟光驱

选中主界面虚拟光驱列表中某个光驱图标，单击“移除虚拟光驱”图标，或右键单击某个光驱图标，在弹出菜单中选择“删除光驱”选项，虚拟光驱即被删除。

2. 制作光盘映像

制作光盘映像（一般为.iso 文件）是指将真实光盘进行虚拟，生成映像文件的过程，操作步骤如下。

（1）选择虚拟光盘。将待映像的真实光盘放入物理光驱，在主界面工具栏上单击“制作光盘映像”图标，弹出“光盘映像”对话框。

（2）设置参数。在“设备”下拉框中选择放置光盘的物理光驱盘符，在“目标映像文件”输入框选择生成映像文件的存放位置，如果要对映像文件进行密码保护，需要选中“使用密码保护映像”复选框，设置密码。

（3）制作映像。单击“开始”按钮制作映像文件。制作好的映像文件会显示在“映像文件目录”中。

3. 载入光盘映像

将光盘映像载入虚拟光驱有两种方法：一种是双击映像文件将其载入虚拟光驱，这种方式操作简单，但无法自由选择载入指定的虚拟光驱；另一种是在主界面虚拟光驱列表中右键单击某个虚拟光驱盘符，选择“载入”菜单项，弹出“映像文件选择”对话框，在对话框中选择映像文件，将其载入该虚拟光驱。

4. 卸载光盘映像

可以像退出光盘一样将映像文件从虚拟光驱中卸载。卸载方法有两种：一种是在主界面右键单击虚拟光驱图标，选择“卸载”选项，将映像文件从指定虚拟光驱中卸载，或选择“卸载所有光驱”选项将所有虚拟光驱中的映像文件卸载；另一种是直接进入“我的电脑”，右键单击虚拟光驱盘符图标，选择“弹出”选项，将映像文件卸载出虚拟光驱。

8.6 多媒体工具

多媒体工具是指制作、浏览、修改、转换音频和视频以及图片等多媒体信息的软件，涉及图形图像处理，音频播放和制作，视频播放、编辑和转换等多个领域。常用的多媒体工具包括Photoshop、Flash、酷我音乐盒、暴风影音、格式工厂等，其中大部分多媒体浏览工具使用方法简单，而多媒体制作和修改工具的使用相对复杂，需要一定的专业知识。本节介绍格式工厂进行视频转换和合并的使用方法。

1. 格式转换/分割

格式工厂主界面如图 8.32 所示。左侧功能栏列出格式工厂支持的格式转换，包括“视频”、“音频”、“图片”、“光驱设备”和“高级”等选项卡。无论什么格式，进行转换/分割的操作方法都是一样的，下面以目标文件为 AVI 格式为例介绍操作步骤。

（1）选择目标文件类型。在“视频”选项卡中单击“所有转到 AVI”图标，弹出如图 8.33 所示的“所有转到 AVI”对话框。

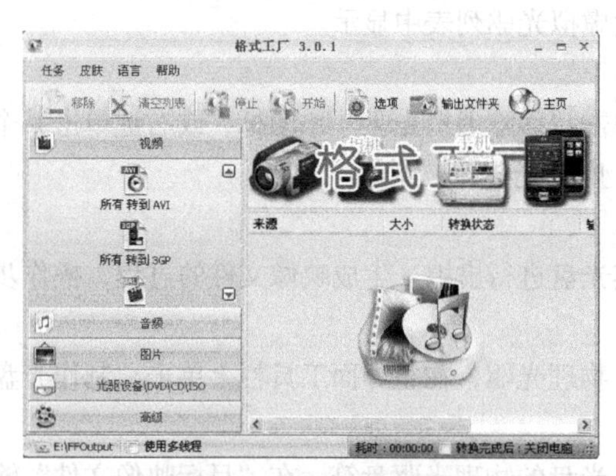

图 8.32 格式工厂主界面

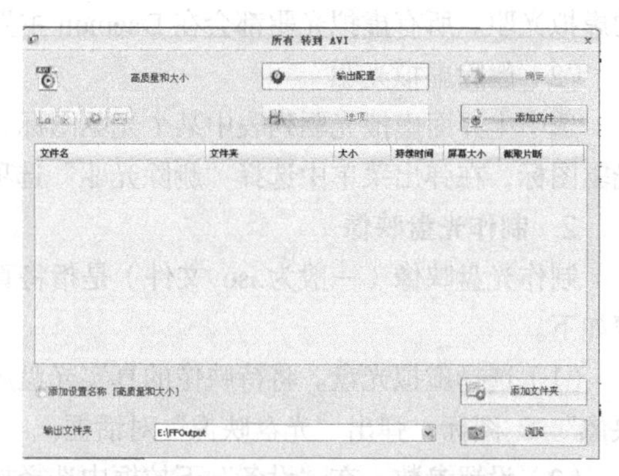

图 8.33 “所有转到 AVI”对话框

（2）选择源文件。单击“添加文件”按钮，选择视频源文件。

（3）设置转换参数。在图 8.33 所示的转换参数设置对话框中设置视频转换参数。

① 转换参数。对于视频转换，单击“输出设置”按钮，设置包括转换后视频质量和大小、转换后视频流和音频流参数、是否附加字幕等参数，也可采用默认的配置参数；对于视频分割，不需要这些参数，可省略。

② 转换起止位置。单击“选项”按钮，弹出视频剪辑对话框，在“开始时间”输入框设置截取起始位置，在“结束时间”输入框中设置截取结束位置。设置完成后，单击“确定”按钮，返回“所有转到 AVI”对话框。

（4）设置输出路径。单击“浏览”按钮，设置目标文件的输出位置。

（5）进行转换。单击“确定”按钮，返回主界面，然后单击“开始”图标，进行视频转换。

2. 视频合并

格式工厂还提供了合并视频文件功能，操作步骤如下。

（1）在功能栏的“高级”选项卡中单击“视频合并”，弹出视频合并对话框，如图 8.34 所示。

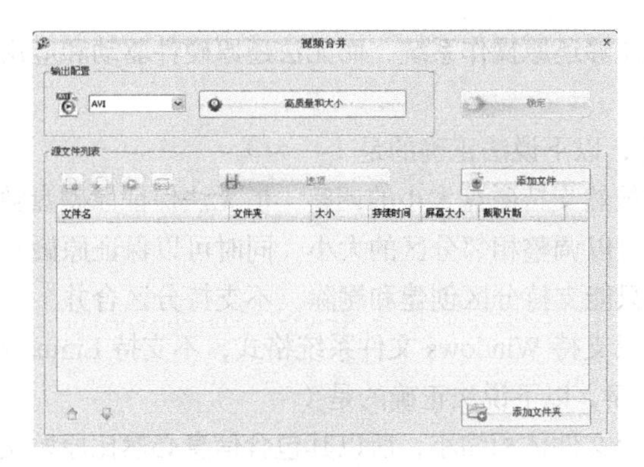

图 8.34　“视频合并”对话框

（2）在视频合并对话框中单击“添加文件”按钮选择要合并的视频，然后单击或图标对视频文件进行排序。

（3）单击“确定”按钮，返回主界面。

（4）单击“开始”按钮，开始视频合并。

掌握视频转换、分割、合并方法后，用户可以根据需要对原始视频素材进行加工，制作自己的视频作品。

本章小结

随着计算机的普及，工具软件在计算机使用过程中扮演着越来越重要的角色。本章介绍了常用的一键 Ghost、Paragon、WinRAR、PDF 工具、QQ、BitComet、360 安全卫士、360 杀毒软件、Nero、Daemon 和格式工厂等典型软件的功能和使用方法。用户在掌握这些工具的基础上，通过举一反三，能够使用其他功能类似的软件。

在使用计算机的过程中，用户不必也不可能安装全部工具软件，而应该根据需要进行选择。安装工具软件时，应该注意以下问题：只安装当前要用到的工具，尽量避免安装功能相同或相近的软件，减少磁盘空间和系统内存的占用，提高计算机性能；选择实现近似功能软件中口碑较好的进行安装使用；网络上的应用软件、破解工具和破解补丁鱼龙混杂，可能挂载木马、病毒或广告，应尽量选择到正规网站下载并做好病毒木马的查杀，避免对系统和数据造成不必要的损失。

习　题　8

1. 选择题

（1）以下不属于系统工具软件的是（　　）。

A. 一键 Ghost　　　　B. Windows 优化大师

C. 分区魔术师　　　　D. 酷我音乐盒

（2）关于 Ghost 软件，以下说法正确的是（　　）。

A. Ghost 软件是以磁盘为单位进行系统备份的

B. Ghost 软件只能备份系统，不能备份用户数据

C. 系统还原只能够还原操作系统，而无法还原硬件驱动和应用程序

D. 以上都不对

（3）关于分区魔术师，以下说法正确的是（　　）。

A. 分区魔术师虽然支持磁盘大小的调整，但无法保证原磁盘数据不被破坏

B. 分区魔术师可以调整相邻分区的大小，同时可以保证原磁盘数据不被破坏

C. 分区魔术师只能支持分区创建和删除，不支持分区合并

D. 分区魔术师只支持 Windows 文件系统格式，不支持 Linux 文件系统格式

（4）关于压缩和解压缩，以下说法正确的是（　　）。

A. 由于压缩使得文件体积缩小，所以其包含信息必然比原始文件少

B. 压缩后得到的文件和原始文件可以使用相同的工具打开

C. 解压缩操作后得到的文件和压缩前的原始文件内容相同

D. 要想浏览压缩包中的文件结构，必须执行解压缩操作

（5）WinRAR 是用于（　　）的软件。

A. 视频播放　　B. 文档阅读

C. 压缩/解压缩　　D. 安全防护

（6）关于 WinRAR，以下说法正确的是（　　）。

A. WinRAR 只能完成压缩操作，无法完成解压缩操作

B. WinRAR 既支持 RAR 压缩方格式，也支持 ZIP 压缩格式

C. WinRAR 无法实现文件保密功能

D. 利用 WinRAR 压缩操作得到的结果只能是一个压缩包文件

（7）关于 PDF，以下说法错误的是（　　）。

A. PDF 的全称为 Portable Document Format

B. PDF 文档只能在 Windows 平台上打开

C. PDF 支持数字证书和用户口令两种加密方式

D. PDF 文档使用 Adobe Reader 阅读器无法实现编辑功能

（8）（　　）软件可用于加密 PDF 文件。

A. PDF 转换通　　B. Adobe Reader

C. Adobe Professional　　D. PDF Password Remover

（9）关于 QQ 软件，以下说法正确的是（　　）。

A. QQ 是国内用户群最大的 BT 下载软件

B. 已经发展成集交流、资讯、娱乐、搜索、电子商务、办公协作和企业客户服务等为一体的综合化信息平台

C. QQ 软件支持匿名登录，用户不必拥有 QQ 帐号

D. 只有群主发送的消息才能被群内所有人看到

（10）BT 种子文件的后缀名为（　　）。

A. rar　　B. pdf　　C. torrent　　D. mp4

（11）关于 BT 软件，以下说法错误的是（　　）。

A. BT 具有“下载的人越多，下载的速度越快”的特性

B. 利用 BT 进行下载时，只要客户数大于 1，就可以完整的下载资源

C. BT 下载时客户可以不知道 Tracker 地址信息

D. BT文件不是资源本身，所以通常很小

（12）以下安全防护软件中，不具有查杀木马功能的是（ ）。

A. 360安全卫士 B. Windows优化大师

C. 瑞星安全助手 D. 金山卫士

（13）关于虚拟光驱，以下说法不正确的是（ ）。

A. 虚拟光驱是一种模拟CD/DVD工作的工具软件

B. 虚拟光驱可以在用户没有光盘或光驱的条件下部分替代其功能

C. 虚拟光驱可以完全替代光驱使用

D. 一台计算机上可以同时存在多部虚拟光驱

2. 填空题

（1）Ghost是以________为单位进行系统和数据备份/恢复的工具。

（2）一键Ghost支持________和________两种备份还原方式。

（3）Windows操作下推荐使用的磁盘格式包括________，Linux操作系统下推荐使用的磁盘格式为________。

（4）磁盘分区类型包括________和________两种。

（5）通过压缩软件把压缩包的原始数据进行还原的过程叫做________。

（6）WinRAR支持________、RAR5、________三种压缩格式。

（7）PDF的英文全称为________________________________。

（8）PDF文档通过________和________两种方式加密。

（9）BT协议中，BT服务器被称为________，提供完整文件档案的人被称为________，正在下载的人被称为________。

（10）QQ系统设置包括________、________和________三类。

（11）安全防护工具可分为________________、________________、________________等三种。

（12）杀毒软件主要针对________进行查杀和预防。

（13）辅助性安全软件用于清理系统垃圾、________________和________________。

3. 简答题

（1）简述BT的基本原理。

（2）列举360安全卫士的主要功能。

（3）简述主分区和扩展分区的区别。

（4）简述各压缩操作选项的区别和联系。

第9章 实验指导

本课程是一门实践性很强的课程，理论学习必须与上机实验紧密结合，才能取得较好的学习效果。同时，上机实验课在时间安排上尽量与理论教学内容协调一致，边学边练，避免脱节。每次上机实验应写出上机实验报告，报告内容主要包括：实验题目、实验目的和要求、实验过程、实验结果、实验分析总结等。

9.1 计算机基础实验

9.1.1 键盘操作实验

1. 实验目的和要求

（1）掌握计算机的开机、关机操作步骤。

（2）了解键盘布局和键盘各部分的组成。

（3）掌握正确的键盘指法和键盘输入姿势。

（4）掌握键盘各键功能，并能正确熟练使用键盘。

（5）熟悉几个常用指法练习软件，并比较其特点。

2. 实验内容和步骤

（1）开、关计算机。开机即给计算机加电，也就是给外部设备和主机加电。由于电器设备在通电的瞬间会产生电磁干扰，这对相邻的正在运行的电器设备会产生副作用，所以应按如下顺序开机。

① 如有打印机，并准备使用，则先给打印机加电。

② 检查显示器电源指示灯是否已亮，若电源指示灯不亮，则按下显示器电源开关给显示器通电；若电源指示灯已亮，则表示显示器已经通电。

③ 按下主机电源开关，给主机加电。

关机过程即给计算机断电的过程，这一过程与开机过程正好相反，关机的顺序是：主机→显示器→打印机。在 Windows 7 环境下关闭主机步骤如下。

① 关闭所有正在运行的任务。

② 在“开始”菜单中单击“关机”按钮。正常情况下，系统会自动切断主机电源。在异常情况下，系统不能自动关闭时，可选择强行关机，即按下主机电源开关不放手，持续 6 秒以上，即可强行关机。

（2）键盘的分区。键盘上的全部键按其基本功能可分为4组，即4个分区。

① 主键盘区：也称打字键盘区，其布局与英文打字机相同，主要包括26个字母、数字0～9、标点符号和部分控制键（如Ctrl、Shift）。最长的键为空格键，按一次输入一个空格。

② 小键盘区：也称辅助键区，位于键盘右边，便于录入员右手输入数据，左手翻动单据。包括数字键、编辑键和加减乘除键，通过数字锁定键（Num Lock）可在数字键和编辑键之间切换。

③ 功能键区：位于键盘上方，包括F1～F12和Esc（取消）、Print Screen（打印屏幕）、Scroll Lock（滚动锁定）、Pause/Break（暂停、中断）等键，在不同的软件中有不同的功能。

④ 编辑键区：位于主键盘与小键盘的中间，用于光标定位控制和编辑操作。

键盘除了4个分区外，右上方还有3个指示灯：Caps Lock指示灯、Num Lock指示灯和Scroll Lock指示灯。当Caps Lock键、Num Lock键和Scroll Lock键按下时，就分别置亮或熄灭相应的指示灯。

键盘上有一些键具有专门的含义，或者与其他键构成组合键，或者用于编辑，或者具有开关作用，如表9.1所示。

表9.1　键盘上一些键的作用

键　名	作　用
Backspace	退格键，常标为←，删除光标左边的一个字符
Shift	换挡键，左右各有一个，同时按下该键和具有上下挡字符的键，输入上挡字符，如@、{、<、?、*、&等
Ctrl	控制键，左右各有一个，与其他键构成具有控制功能的组合键
Alt	选择键，左右各有一个，与其他键构成具有选择功能的组合键
Tab	制表键（又称跳格键），按一次，光标向右跳到下一个制表站的位置，通常向右跳8个字符位置
Caps Lock	大小写转换键，Caps Lock灯亮为大写状态，否则为小写状态
Enter	回车/换行键，执行一条命令或需要确认时，一般要按一次Enter键
Insert	插入改写转换键，若为插入状态，则在光标左面插入字符；否则为改写状态，即覆盖当前字符
Delete	删除键，删除光标右边的字符
↑ ↓ ← →	光标控制键（也称方向键或箭头键），用于向上、下、左、右4个方向移动光标
PageUp/PageDown	上/下翻页键，常用于光标在屏幕上的快速移动
Num Lock	数字锁定转换键，Num Lock灯亮时小键盘数字键起作用，否则为下挡的编辑键起作用
Esc	取消键，可废除当前命令行的输入，等待新命令的输入，或中断正在进行的一些操作

（3）键盘操作的正确姿势。初学键盘输入时，必须注意击键的姿势。如果姿势不当，就难以做到准确、快速的操作，也容易疲劳。键盘操作应保持下述正确的姿势。

① 座椅旋转到便于手指操作的高度，并将全身的重量置于座椅上，两脚平放。

② 身体应保持笔直，稍偏于键盘右方。

③ 两肘轻轻贴于腋边，手指轻放于规定的字键上，手腕平直。

④ 人与键盘的距离要适当，以能保持正确的击键姿势为好，而且上身其他部位不得接触工作台或键盘。

⑤ 显示器宜放在键盘的正后方，而稿件应紧靠键盘左侧放置，以便于阅读。

（4）字键与手指的对应关系。每击一下字键产生一个字符，字键与手指的对应关系如图9.1所示。

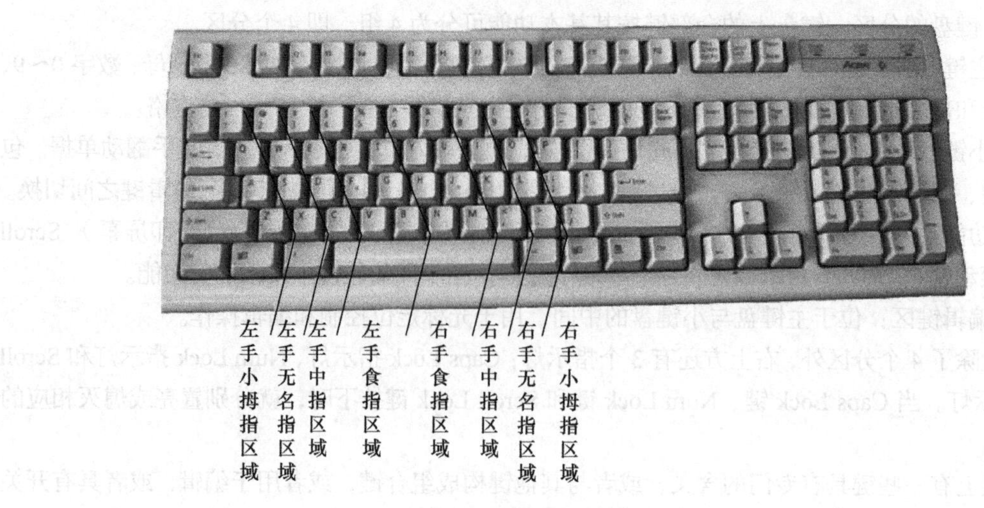

图 9.1　键盘指法分区图

① 基准键：在主键盘的中间，左手基准键为“A”（左手小拇指）、“S”（左手无名指）、“D”（左手中指）和“F”（左手食指），右手基准键为“J”（右手食指）、“K”（右手中指）、“L”（右手无名指）和“;”（右手小拇指），各手指必须放在规定的字键上。

② 其他字键。以基准键为核心，其他的字键沿折线与手指对应。

（5）字键的击法。

① 手腕要平直，手臂要保持静止，全部动作仅限于手指部分。

② 手指要保持弯曲，稍微拱起，指尖后的第一关节微成弧形，分别轻轻放在字键的中央。

③ 输入时，手抬起，只有要击键的手指才可伸出击键。击毕要立即退回，不可用触摸的手法。

④ 输入过程中，要用相同的节拍轻轻击键，不可用力过猛。

（6）空格和换行的击法。

① 空格的击法：右（左）手大拇指迅速上抬 1～2cm，大拇指横着向下一击并立即退回。

② 换行的击法：抬起右手伸小指击一次 Enter 键，击后立即退回基准键位。在右手退回的过程中，小指要提前弯曲，以免把其他字符带入。

（7）键盘应用基础训练。

① 心理准备：进行键盘训练之前，应做好准备工作，安定心神。一旦进入击键操作就应全神贯注，力求不受外界因素干扰。击键时要注意体会处于不同键位上的键被击时的手指动作和键感，尽力记住准确的击键动作。

② 训练技巧：训练时，应做大量的重复练习，同时应注意提高阅读水平。具体要领如下。

- 将准确放在第一位。应养成正确的姿势，记住每个字符的键位，从简单训练、低速度、高准确率开始。
- 集中视线，准确击键。视线应集中在稿件上，用余光扫描显示器，切不可一边看原稿一边看键盘或显示器。
- 协调动作，掌握节奏。训练时，眼、脑、手的协调是提高速度的基础。一般可有节奏地默念原稿，进行击键练习，加深记忆，协调动作。

③ 指法练习软件：使用指法练习软件进行指法练习。常用的指法练习软件有金山的“打字精

灵”、键盘指法练习软件等。

9.1.2　计算机组装（虚拟）实验

1. 实验目的和要求

（1）对计算机各组成部件建立比较直观感性的认识。

（2）能按照一般装机方法将各组成部件组装成计算机。

（3）自行学习计算机组装的知识。

2. 实验内容和步骤

（1）打开计算机组装实验软件，计算机各组成部件如图 9.2 所示。

图 9.2　计算机组装主要部件

（2）单击组装演示，观看计算机各部件的外观、接口以及主要部件的组装过程。

（3）单击模拟练习，按照一般组装方法自己动手进行计算机组装。

9.1.3　计算机系统 CMOS 设置（模拟）实验

1. 实验目的和要求

（1）自行学习 CMOS 设置的相关知识。

（2）能使用 CMOS 设置对计算机进行适当配置。

（3）分别设置 CMOS 超级密码和 USER 密码。

2. 实验内容和步骤

（1）进入 CMOS 设置程序。一般的计算机在开机或重新启动时，按 Delete 键进入 CMOS，有些计算机是按 F2 或 Alt + Ctrl + S 进入 CMOS（计算机启动时会提示按哪些键进入 CMOS）。因为 CMOS 设置不妥，会导致无法开机，所以本实验使用软件来模拟 CMOS 设置（模拟）。以下介绍的术语和方法一般也适合真正的 CMOS 设置。

（2）CMOS 的主菜单。进入 CMOS 设置后，可以用方向键移动光标选择 CMOS 设置界面上的选项，然后按 Enter 键进入子菜单，用 Esc 键来返回父菜单，用 Page Up 和 Page Down 键来选择具体选项，按 F10 键保存并退出 BIOS 设置。

不同的主板 CMOS 设置菜单往往有所区别，本实验所用软件的 CMOS 主菜单包含下面一些设置，如图 9.3 所示。

STANDARD CMOS SETUP（标准 CMOS 设置）：用来设置日期、时间、软硬盘规格及工作模式、显示器类型以及启动计算机时的错误停止等。

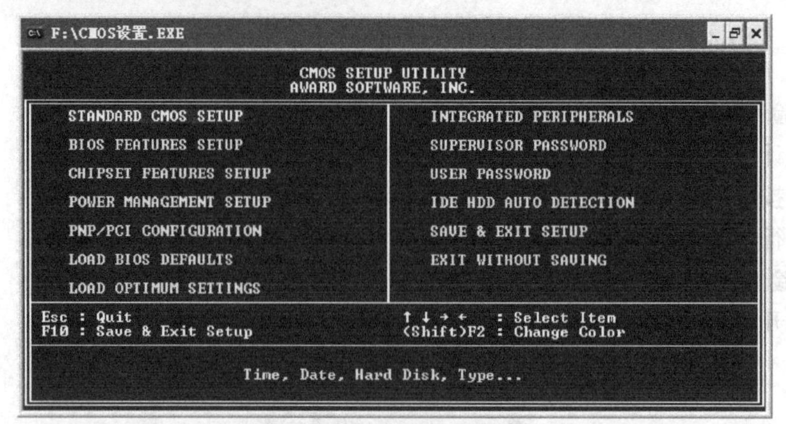

图 9.3　CMOS 设置模拟软件

BIOS FEATURES SETUP（BIOS 特征设置）：用来设置 BIOS 的特殊功能，例如病毒警告、开机磁盘优先程序等。

CHIPSET FEATURES SETUP（芯片组特性设置）：用来设置 CPU 工作相关参数。

POWER MANAGEMENT SETUP（电源管理设置）：用来设置 CPU、硬盘、显示器等设备的省电功能。

PNP/PCI CONFIGURATION（即插即用设备与 PCI 组态设置）：用来设置 ISA 以及其他即插即用设备的中断以及其他差数。

LOAD BIOS DEFAULTS（载入 BIOS 预设值）：此选项用来载入 BIOS 初始设置值。

LOAD OPRIMUM SETTINGS（载入主板 BIOS 出厂设置）：这是 BIOS 的最基本设置，用来确定故障范围。

INTEGRATED PERIPHERALS（集成外设设置）：主板整合设备设置。

SUPERVISOR PASSWORD（超级用户密码）：计算机管理员设置进入 CMOS 密码。

USER PASSWORD（用户密码）：设置开机密码。

IDE HDD AUTO DETECTION（自动检测 IDE 硬盘）：用来自动检测硬盘容量、类型。

SAVE&EXIT SETUP（储存并退出设置）：保存已经更改的设置并退出 CMOS 设置，使新的设置有效。

EXIT WITHOUT SAVE（不保存设置并退出）：不保存已经修改的设置并退出设置，仍沿用以前的设置。

（3）系统日期、时间、硬盘检测及错误停止设置：进入 STANDARD CMOS SETUP，可以看到日期、时间、软硬盘规格及工作模式、显示器类型、内存大小以及启动计算机时的错误停止等。

Date <mm:dd:yy>:表示系统的日期，格式为月:日:年。Time <hh:mm:ss>：表示系统的时间，格式为时:分:秒。

HARD DISKS 列表中列出了以下各项。

Primary Master：指第一组 IDE 主设备。

Primary Slave：指第一组 IDE 从设备。

Secondary Master：指第二组 IDE 主设备。

Secondary Slave：指第二组 IDE 从设备。

这里的 IDE 设备包括了 IDE 硬盘和 IDE 光驱，第一、第二组设备是指主板上的第一、第二根 IDE 数据线，一般来说靠近芯片的是第一组 IDE 设备，而主设备、从设备是指在一条 IDE 数据线上接的两个设备，每根数据线上可以接两个不同的设备，主、从设备可以通过硬盘或者光驱的后部跳线来调整。

在实际工作中，有时计算机在启动时会找不到硬盘，这时进入 STANDARD CMOS SETUP 菜单下，会发现在 Primary Master 后应该有的硬盘信息没有了，将光标移到此处回车，让系统再次检测硬盘，当看到硬盘信息出现后，说明硬盘被系统检测到。

Video 是用来设置显示器工作模式的，通常是 EGA/VGA 工作模式。

Halt On 是错误停止设置，有以下多种选择。

① All Errors：检测到任何错误时将停机。

② No Errors：当 BIOS 检测到任何非严重错误时，系统都不停机。

③ All，But Keyboard：除了键盘以外的错误，系统检测到任何错误都将停机。

④ All，But Diskette：除了磁盘驱动器的错误，系统检测到任何错误都将停机。

⑤ All，But Disk/Key：除了磁盘驱动器和键盘外的错误，系统检测到任何错误都将停机。

这里是用来设置系统自检遇到错误的停机模式，如果发生以上错误，那么系统将会停止启动，并给出错误提示。

（4）病毒警告、启动顺序及 Num Lock 指示灯。利用方向控制键将光标移到 BIOS FEATURES SETUP 主菜单后回车，进入 BIOS FEATURES SETUP 菜单，将光标移到“Auti-Virus Protection”上，使用 Page Up 或 Page Down 翻页键来改变此项的值，将其默认值“Disabled”（不可用）改成“Enabled”（可用），CMOS 病毒警告被启用。

在 BIOS FEATURES SETUP 主菜单中，将光标移到启动顺序项（Boot Sequence），然后用 Page Up 或 Page Down 选择修改，其中 A 表示从软盘启动，C 表示从硬盘启动，CD-ROM 表示从光盘启动，SCSI 表示从 SCSI 设备启动，启动顺序按照它的排列来决定，谁在前，就从谁最先启动。

在 BIOS FEATURES SETUP 主菜单中，将光标移到子菜单“Boot Up NumLock Status”可设置为“On”和“Off”，用于控制在启动计算机时，开或关数字小键盘。

（5）CMOS 密码设置。在 CMOS 中有两个设置密码的地方，一个是 Supervisor 密码，另一个是 User 密码。这两个密码都可以作为开机密码，也可以进入 CMOS 设置。但如果使用 Supervisor 密码进入 CMOS 设置，则可进行全面的设置，而用 User 密码进入 CMOS 设置，只能进行部分设置。密码设置很简单，选择“Supervisor Password”或“USER PASSWORD”，回车后，输入密码，再回车，重复输入相同密码即可。密码最多允许 8 个字符。如果想取消已经设置的密码，就在提示输入密码时直接回车，然后按照计算机提示按任意键，密码就取消了。

可以使用密码开机，也可以使用密码进入 CMOS 设置，这两种方式分别由 System 和 Setup 标识。通过 Bios Features Setup 主菜单下的“Security Option”选项来选择。

① System 设置：“Security Option”选项设置为“System”时，表示开机时要求输入 Supervisor 或 User 的密码，进入 CMOS 也必须输入 Supervisor 的密码。

② Setup 设置：“Security Option”选项设置为“Setup”时，开机不用输入密码，但要进入 CMOS，必须输入 Supervisor 或 User 的密码。

一旦设置了开机密码就应该牢记，忘记密码是无法启动计算机的。但拆开计算机主机并进行

CMOS放电，可以让计算机将密码忘掉，并同时恢复BIOS出厂设置。

9.2 Windows实验

9.2.1 Windows基本操作实验

1. 实验目的和要求

（1）掌握Windows的启动和关闭。

（2）了解Windows桌面的组成。

（3）掌握窗口、对话框的基本操作。

（4）学习一种汉字输入法的使用。

（5）学会通过Windows"帮助和支持中心"，学习Windows知识。

2. 实验内容及步骤

（1）Windows的启动与退出。

① 启动计算机时，适时按F8键，观察Windows的高级选项菜单，最后选择"正常启动"。

② 注销、重新启动计算机。

（2）桌面及鼠标的基本操作。

① 启动Windows，观察Windows桌面的组成。将鼠标指向"计算机"、"回收站"以及其他图标，观察显示的提示信息。

② 单击"任务栏"的"开始"按钮，观察"开始"菜单的组成。

③ 单击快速启动栏中的按钮，进行观察；单击、双击或右击通知区域的按钮，进行观察。

④ 拖动桌面上的图标，如"计算机"。

⑤ 右击桌面上的图标，如"计算机"、"回收站"等，观察弹出的快捷菜单。

（3）窗口的基本操作。

① 双击"计算机"图标，观察Windows窗口的组成。

② 用各种方法改变窗口大小，移动窗口，滚动窗口的内容。

③ 在"计算机"窗口中，双击某个磁盘图标，一级一级打开文件夹窗口，然后使用工具栏中的"后退"、"前进"和"向上"按钮。

④ 单击"计算机"窗口中各个菜单项，浏览各个菜单项的功能。最后关闭"计算机"窗口。

⑤ 打开"用户的文件"、"计算机"、"网络"、"回收站"等多个窗口，单击任务栏按钮区的图标，切换应用程序窗口。右击任务栏空白处，在快捷菜单中选择"层叠窗口"、"堆叠显示窗口"、"并排显示窗口"。

⑥ 在地址栏中输入www.hpu.edu.cn，浏览网页。

（4）对话框的基本操作。右击"任务栏"右端的时间区域，在弹出的快捷菜单中选择"调整日期/时间"选项，然后单击各个选项卡，观察其中的内容，最后修改计算机的日期和时间。

（5）使用中文输入法。通过"开始"→"所有程序"→"附件"→"记事本"，打开记事本应用程序窗口，选择一种汉字输入法，然后按下面要求操作。

① 在半角状态下，任意输入若干汉字；在全角状态下，输入若干字母、数字和标点符号。

② 使用软键盘输入以下符号，并换行。

αβ ξ ω Ω π ǎ ò é ú Ⅰ Ⅱ ㈠㈡ 1. 2. ①②⒂⒃ ± ÷ × ∵ ∴ ≌ √ 壹贰叁拾 § ☆ № ※ →← ℃‰

③ 打开输入法的帮助，练习输入方法。

④ 将输入结果保存在 Myinput.txt 中。

（6）使用 Windows 的“帮助和支持”。

① 选择一个主题或任务，学习 Windows 知识。

② 搜索“键盘快捷键”，了解 Windows 快捷键的分类和使用。

③ 在“索引”中输入“压缩文件”，学习相关知识。

9.2.2　Windows 文件和程序管理实验

1. 实验目的和要求

（1）熟悉 Windows 资源管理器的使用，清楚其与“计算机”的区别。

（2）掌握文件和文件夹的相关概念。

（3）掌握文件和文件夹的选定、新建、复制、移动、删除、重命名、搜索等操作。

（4）掌握磁盘管理的一般操作。

（5）掌握应用程序的启动、切换、安装/卸载、建立快捷方式等操作。

2. 实验内容及步骤

（1）资源管理器的使用。

① 使用各种方法启动资源管理器，观察其窗口的组成以及与“计算机”的区别。

② 单击树形控件，展开或折叠文件夹，浏览文件夹中的内容。

③ 打开“查看”菜单，分别选用“超大图标”、“大图标”、“中等图标”、“小图标”、“列表”、“详细信息”、“平铺”、“内容”等方式显示文件和文件夹。

④ 单击“查看”，选择“排序方式”菜单项内相应的命令，分别按名称、修改日期、类型、大小等排序方式显示文件和文件夹。

⑤ 利用“工具”→“文件夹选项”命令，观察内容设置文件、文件夹和桌面内容的其他显示方式（参考第 2 章相关内容）。

（2）文件或文件夹的创建和改名。在 E 盘上创建新文件夹，名称为“实验报告”。在此文件夹中创建“文本文档”，名称为“实验报告 1”，将该文档复制两份，然后文件名分别改为“实验报告 2”和“实验报告 3”。

（3）文件或文件夹的复制和移动。

① 在地址栏中输入“C:\Windows\Help”，使用复制、粘贴法将该文件夹中的“ADODC98.CHI”和“COMCTL1.HLP”（或其他文件）复制到实验报告文件夹中。

② 使用拖动法将实验报告文件夹移动到桌面。

③ 单击“编辑”菜单的“撤销移动”或按 Ctrl+Z 组合键，撤销实验报告文件夹的移动。

（4）文件或文件夹的删除和恢复。

① 选定实验报告文件夹中的所有文件，选择“文件”→“删除”命令或者直接按一下 Delete 键，在显示的“确认文件删除”对话框中单击“是”按钮。

② 双击桌面上的“回收站”图标，打开“回收站”窗口，然后选定上一步删除的文件，最后右击，在快捷菜单中选择“还原”命令，或单击“文件”→“还原”命令。

（5）查看、设置文件和文件夹的属性。

① 查看实验报告文件夹的常规属性，包含的文件数目及其子文件夹数。

② 设置 E:\实验报告\ADODC98.CHI 文件属性为“隐藏”。

（6）搜索文件或文件夹。单击“开始”，在“搜索程序和文件”文本框内，输入“实验报告.txt”进行搜索，选中其中一个文件，右击，使用快捷菜单中的“发送到”命令，复制到用户的 U 盘中。

再搜索 C 盘上所有扩展名为.hlp、修改时间介于 2010-2-8~2013-10-1 之间的文件，双击搜索到的文件观看其内容。

（7）磁盘管理。

① 右击某个磁盘图标，选择“属性”命令，查看磁盘的文件系统及磁盘空间。

② 右击最后一个磁盘图标，选择“格式化属性”命令，选择文件系统，进行格式化。机房的计算机往往装有保护卡，重新启动计算机后，又会恢复磁盘上的信息。

③ 使用磁盘清理、磁盘碎片整理、磁盘查错等工具。

（8）应用程序管理。

① 安装与卸载应用程序。许多校园网上都提供软件下载，选择一个自己感兴趣的软件下载。下载的程序文件如果扩展名是.zip 或.rar，则说明是压缩文件，应先使用 WinRAR 或 WinZip 等压缩工具解压缩，然后再安装、卸载。

② 切换应用程序。首先启动多个应用程序，如 Word、Excel、IE 等，然后练习用鼠标单击任务栏中的图标、任务管理器以及按 Alt + Tab 组合键等方法切换应用程序。

③ 特殊情况下的结束任务。同时按下 Ctrl + Alt + Del 组合键或 Ctrl + Shift + Esc 组合键，在“任务管理器”中结束任务。

④ 创建快捷方式。使用不同方法对文件夹和文件创建快捷方式。

9.2.3　Windows 系统设置和系统维护实验

1. 实验目的和要求

（1）掌握控制面板的使用，学会常用的系统设置，如外观和个性化、任务栏和「开始」菜单、查看设备和打印机、添加和删除用户帐户、更改键盘或其他输入法的设置等。

（2）有些设置不通过控制面板也可实现，如外观和个性化设置。

（3）掌握注册表的基本使用。

2. 实验内容和步骤

（1）“外观和个性化”设置。单击“控制面板”中的“外观和个性化”图标，或者右击桌面空白处，在弹出的快捷菜单中选择“个性化”命令，在打开的窗口中的列表框下单击“桌面背景”图标，选择一张图片作为“背景”，也可以单击“屏幕保护程序”图标设置屏幕保护程序。在“外观和个性化”窗口中更改屏幕分辨率（参考第 2 章相关操作）。

（2）“任务栏和「开始」菜单”设置。右击任务栏空白处或“开始”按钮，选择“属性”命令，打开“任务栏和「开始」菜单属性”对话框，验证第 2 章所介绍的内容。

（3）安装打印机。参照第 2 章介绍的内容，安装本地打印机，生产商为“Star”，打印机型号为“Star AR3200+”，打印机端口为“LPT1:ECP 打印机端口”。

（4）配置回收站。右击“回收站”图标，执行快捷菜单中的“属性”命令，配置所使用的计算机上的回收站，要求独立设置各个硬盘上的回收站，C 盘回收站的最大空间为该盘容量的 10%；其余硬盘上的回收站空间大小为该盘容量的 5%。

（5）创建帐户。在“控制面板”中打开“用户帐户和家庭安全”，然后添加新用户帐户，权限为来宾帐户，最后修改为管理员帐户。

在安装系统时，如果默认的是 Administrator 用户，那么新建了一个帐户后，以前的 Administrator 将被隐藏。删除新建的帐户后，就可以使用 Administrator 了。删除方法为：在“用户帐户和家庭安全”窗口，单击“添加或删除用户帐户”，选择希望更改的帐户，单击“删除帐户”。

（6）利用注册表设置和维护系统。

① 删除不必要的自启动程序：自启动程序过多会影响系统启动的速度。一般情况下，可以通过“开始”→“所有程序”→“附件”→“启动”选项找到相应程序而直接删除。但有些自启动程序并未出现在“启动”菜单项中，这就需要通过注册表来删除。打开注册表，展开注册表到：

HKEY_LOCAL_MACHINE\SOFTWARE\Microsoft\Windows\CurrentVersion\Run

然后删除不必要的自启动程序对应的项值，关闭注册表编辑器，重新启动计算机。

② 自动关闭停止响应程序：有些时候，Windows 会提示某某程序停止响应，通过修改注册表可以让其自行关闭，在 HKEY_CURRENT_USER\Control Panel\Desktop 中将字符健值是 AutoEndTasks 的数值数据更改为“1”，重新注销或启动即可。

③ 加快菜单显示速度。为了加快菜单的显示速度，可以这样设置：在 HKEY_CURRENT_USER\Control Panel\Desktop 下找到“MenuShowDelay”主键，把它的值改为“0”就可以达到加快菜单显示速度的效果。

9.2.4　Windows 的附件

1. 实验目的和要求

（1）学会查看系统信息。

（2）学会记事本、画图和截图工具的基本使用。

（3）学会简单 DOS 命令的使用。

2. 实验内容和步骤

（1）系统信息。单击“开始”菜单，选择“所有程序”→“附件”→“系统工具”→“系统信息”，在出现的窗口中可以查看计算机软硬件资源的系统信息，选择“系统摘要”可以查看计算机的 CPU 型号、内存大小、操作系统名称和版本等信息。

（2）记事本的操作。

① 启动“记事本”程序，在文字编辑区输入下面两段文字。

在“文件”菜单中执行“打开”命令可打开一个纯文本文件；也可在“资源管理器”窗口的右窗格中双击纯文本文件名，打开相应文件。

在一个“记事本”窗口中只能保留一个打开的文件，但允许打开多个“记事本”窗口。如果对当前打开的文件进行过编辑，但尚未保存编辑结果，又试图打开另一个文件，则将提示是否要保存。

② 单击“格式”菜单的“自动换行”，并改变字体、字形和字号。

③ 将第一段文字与第二段文字交换位置。

④ 关闭“记事本”程序窗口，将文件保存为 E 盘根目录下的文件 TEST.TXT。

（3）画图的操作。

① 启动画图程序。

② 选择“主页”选项卡中的“颜色”选项组，单击“颜色 1”，从调色板中选择红色设置前景色；单击“颜色 2”，从调色板中选择蓝色设置背景色。

③ 选择“主页”选项卡中的“形状”选项组，单击列表框中的“矩形”图标，在绘图区拖动鼠标，用前景色画一个矩形框。

④ 选择“主页”选项卡中的“形状”选项组，单击列表框中的“椭圆”图标，在绘图区拖动鼠标，用背景色画一个实心椭圆框。

⑤ 选择“主页”选项卡中的“工具”选项组，单击“填充”按钮，单击所画的矩形区域，用背景色填充矩形框。

⑥ 关闭“画图”程序窗口，将图片保存为E盘根目录下的TEST.BMP文件。

（4）截图工具的使用。分别使用“任意格式截图”、“矩形截图”、“窗口截图”和“全屏幕截图”等模式，对截取的图片进行处理，如擦除、绘图，将图片保存为“JPEG文件”或其他格式。

（5）DOS命令。

① 打开“命令提示符”窗口，输入命令“DIR 桌面*.LNK”，观察显示结果。

② 按顺序输入下列命令，假定当前命令提示符为“C:\>”。

```
C:\>E:
E:\>MD WANG
E:\>COPY C:\*.BAT E:\WANG
E:\>DIR\WANG
E:\>DEL\WANG\*.*
E:\>DIR\WANG
```

③ 关闭“命令提示符”窗口。

9.3 计算机网络实验

9.3.1 建立Windows对等网

1. 实验目的和要求

（1）掌握对等网组建的软件设置方法。

（2）了解简单网络的设计与管理。

（3）几个人一组，构建一个对等网。学校的一个机房往往就是一个对等网，所以可先参观，然后进行软件设置。

（4）掌握如何利用Windows中的ping命令来检查网络的连通性。

（5）加深对默认网关、DNS服务器的认识。

2. 实验内容和步骤

（1）硬件的连接。通过网卡、网线将几台计算机连接到交换机的端口上。

（2）卸载、安装网络客户及协议。打开“本地连接属性”对话框，如图9.4所示。卸载网络客户及所有协议，然后再安装，并设置IP地址等。

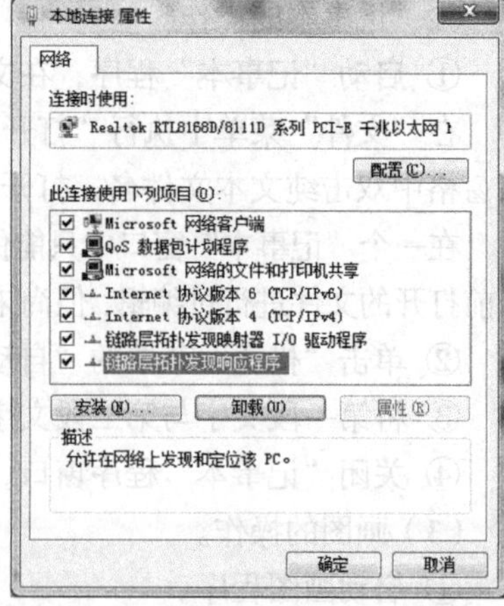

图9.4 “本地连接 属性”对话框

（3）ping本地主机。在“命令提示符”窗口中输入命令“ping 本机IP地址”，按回车键后，如果出现“Reply from 192.168.0.2: bytes=32 time<1ms TTL=128”等类似信息，说明本地配置正确。如出现“Request timed out”信息，说明本地配置或网卡安装存在问题。使用“ping 127.0.0.1”再重复上面的步骤，查看实验结果。

（4）ping其他计算机IP。在“命令提示符”窗口中输入“ping 其他计算机IP地址”，按回车键，如出现“Request timed out”信息，说明网络不通，可能是网络配置不正确、网卡配置错误或电缆系统有问题。

（5）ping 域名（如 www.edu.cn）。在“命令提示符”窗口中输入“ping www.edu.cn”，按回车键，如果屏幕显示“Reply from 202.205.11.72: bytes=32 time=13ms TTL=50”等类似信息，说明 DNS 服务器获得了中国教育科研网站的 IP 地址为 202.205.11.72。如出现“Request timed out”信息，说明 DNS 服务器的 IP 地址配置不正确或 DNS 服务器有故障。

（6）使用 Windows 的“网络”地址栏搜索某台计算机，看是否能找到它，如果能找到，则试试能否访问共享文件。

（7）认识网关。在图 9.4 中，双击“Internet 协议版本 4（TCP/IPv4）”，去除对默认网关的设置，在 IE 浏览器中输入一个外网站点域名（如 www.edu.cn），可以看到不能访问外网，因此访问外网必须设置默认网关地址。

（8）认识 DNS 服务器。在图 9.4 中，双击“Internet 协议版本 4（TCP/IPv4）”，去除对 DNS 服务器地址的设置，在 IE 浏览器中输入一个外网站点域名（如 www.edu.cn），可以看到不能访问外网，但如果在 IE 浏览器中输入该网站的 IP“202.205.11.72”，却可以访问该网站。因此若以域名方式访问其他主机，必须设置 DNS 服务器地址。

9.3.2 制作个人网站

1. 实验目的和要求

（1）熟悉一种网页制作工具。

（2）初步掌握网页设计的方法和理念。

（3）初步掌握网页的布局。

（4）设计个人或班级网站，至少有 4 个页面，含文字、超链接、图片、动画等元素。

（5）运行网页三剑客软件，进行简单了解。

2. 实验内容和步骤

（1）在网上搜索个人网站模板。

（2）设计具有自己特色的网站，包含主页的布局、各网页的内容等。

（3）建立一个目录（如 e:\html），用来存放自己的所有文件和文件夹。主页名称为 index.htm 或 index.html，其他网页名称自定。

（4）预览个人网站的所有网页，修改不满意的地方。

（5）在 Internet 上找一个可设个人主页的网站后申请空间，将自己制作的网页上传。

（6）上网浏览自己所上传的网页，并不断进行更新。

9.4 办公软件实验

9.4.1 文字处理软件 Word 的使用

1. 实验目的和要求

（1）熟悉和掌握 Word 文档的建立、编辑和保存。

（2）熟悉文档的排版，将整个文档编排的美观大方、赏心悦目。

（3）学会插入图形对象，并掌握图文混排。

（4）掌握表格的制作。

2. 实验内容和步骤

（1）启动 Word，输入图 9.5 中的文字。

跑步的好处

在奥林匹亚阿尔菲斯河岸的岩壁上保留着古希腊人的一段格言：“如果你想聪明，跑步吧!如果你想强壮，跑步吧!如果你想健康，跑步吧!” 这些话，没有经历过跑步艰苦锻炼的人是不可能体会到的。

跑步不仅锻炼身体，更锻炼人的意志和毅力。偶尔跑几天甚至几个月都是可以做到的。但是，坚持数年如一日，就没有那么容易了。天气好的时候是没有问题的。但是，当你早晨出去看到满天星斗、空无一人的街道，刺骨的寒风迎面吹来的时候，当在盛夏的早晨太阳已经开始肆虐的时候，当你感到自己才华横溢却苦恼身边没有伯乐的时候，考验你的毅力的时候就到了。这时，你要明白，跑步不是仅仅在锻炼身体或者什么，而是人生的一种挑战，对自己的挑战，对命运的挑战，对逆境的挑战，它是人的不屈不挠的精神的体现。人活在世界上什么事情都可能遇到，但是无论处理什么事情都需要毅力。

$$x=\frac{-b\pm\sqrt{b^2-4ac}}{2a}$$

图 9.5 Word 排版效果

（2）在 E 盘上创建一个名字为专业班级（如电气 08-3）的文件夹，将该文档存到这个文件夹，文档文件名为 9_4_1 加姓名（如 9_4_1 王六）。

（3）将该文档中的“跑步”全部替换为“run”，然后再将“run”替换为“跑步”。

（4）页面属性设置。纸张：16 开，边距：上下各 2.2cm，左右各 2cm。装订线位置为左。

（5）标题为艺术字，隶书，24 号；正文为宋体、五号字，分为两栏，第一段首字下沉 2 行；搜索跑步剪贴画，并插入，设置环绕方式为“紧密型”，然后再设置为“四周型”，注意二者的区别。排版效果如图 9.5 所示。

（6）在文档中插入公式，如图 9.5 所示。公式的填充颜色为“灰色-25%”。

（7）在文档后面插入如表 9.2 所示的表格，成绩栏目为后 4 列，列宽平均分布，使用公式计算每个学生的平均成绩。使用“表格工具”→“布局”→“数据”→“转换为文本”将表格转换为文本，然后试验能否将文本再转换成原来的表格。

表 9.2 学生成绩表

科目 姓名	英　语	计算机	语　文	平均成绩
李华文	89	93	75	
高玉左	75	87	89	
张名	86	85	92	

（8）在 Windows 帮助系统中搜索 ping 命令，将其语法格式粘贴到表格的下面。

9.4.2 电子表格处理软件 Excel 的使用

1. 实验目的和要求

（1）掌握 Excel 的基本操作方法。

（2）掌握公式、函数和数据清单的基本使用。

（3）学会使用 Excel 的帮助（如学习某些函数的使用）。

2. 实验内容和步骤

（1）打开 Excel 工作表，在 Sheet1 中建立如图 9.6 所示的表格。标题合并居中，为黑体 14 号字；第 2 行字段名居中，为宋体 12 号字；数字右对齐，文字居中，均为宋体 12 号字；“平均分”合并居中，插入日期。

	A	B	C	D	E	F
1	计算机应用考试成绩表					
2	学号	姓名	平时成绩	期末成绩	总评成绩	等级
3	001	王卫东	87	90		
4	002	杨阳	60	36		
5	003	齐夏飞	95	89		
6	004	张晶晶	90	92		
7	005	刘斌	60	42		
8	006	姜小飞	75	76		
9	007	石磊	80	70		
10	平均分					
11						2008-6-29

图 9.6 Excel 成绩表

（2）将工作簿文件存入 9_4_1 创建的文件夹中，文件名为 9_4_2 加姓名（如 9_4_2 杨阳）。

（3）冻结窗格。窗格是文档窗口的一部分，以垂直或水平条为界限并由此与其他部分分隔开。冻结窗口使得滚动工作表时始终保持行和列标志可见。如冻结顶部两行，则首先选择第 3 行，然后单击“视图”选项卡→“窗口”→“冻结窗格”→“冻结拆分窗格”命令。

（4）使用 SUM 函数计算总评成绩（平时成绩占 30%，期末成绩占 70%，四舍五入取整数）。

（5）使用 IF 函数计算等级。总评成绩≥90 分的为“优秀”，小于 60 分的为“不合格”，其余的为“合格”。

（6）使用 AVERAGE 函数计算平均分。

（7）使用 COUNTIF 函数在 Sheet2 中统计各等级人数，如图 9.7 所示。

（8）对“张晶晶”单元格插入批注“团支部书记”。

（9）筛选出不合格记录。

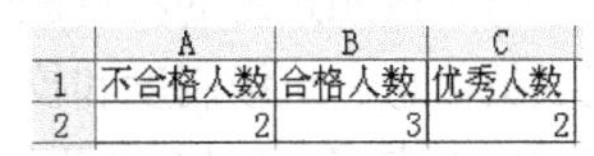

	A	B	C
1	不合格人数	合格人数	优秀人数
2	2	3	2

图 9.7 Excel 统计表

（10）以“总评成绩”为主要关键字按降序排列，“学号”为次要关键字按降序排列。

（11）利用快速创建图表的方法，针对图 9.6 建立嵌入式图表，数据区域 A2:E9，图表类型为三维簇状柱形，图表标题为“计算机应用考试情况”，数值轴标题为“分数”，分类轴标题为“姓名”。

9.4.3 演示文稿软件 PowerPoint 的使用

1. 实验目的和要求

（1）熟悉和掌握 PowerPoint 的使用。

（2）学习制作富有特色的演示文稿。

（3）制作班级PPT，至少有4个页面，含文字、超链接、图片、动画等元素，字号、字体等自定，以美观大方为准。

2. 实验内容和步骤

（1）启动PowerPoint，进入演示文稿设计。

（2）在“设计”选项卡中选择“主题”，制作第1张幻灯片，标题为专业班级情况介绍（如通信06-3班情况介绍），副标题为“汇报人：×××”。

（3）保存演示文稿文件到9_4_1创建的文件夹中，文件名为9_4_3加姓名（如9_4_3杨阳）。

（4）插入3张幻灯片。

（5）第2张幻灯片的标题为“班级总体简介”，文本内容包括班级人数、男女比例、平均年龄、来自哪些省份，在适当位置插入一张图片（如班级合影）。

（6）第3张幻灯片的标题为“班级活动”，文本内容为活动简介，并插入一段活动视频，也可以是任意的视频。

（7）第4张幻灯片的标题为“取得荣誉”，以表格形式介绍，可以是优秀班集体、优秀团支部、优秀个人、各种竞赛奖项等。

（8）在第5张幻灯片中选择“仅标题”版式，输入“结束”以及文字“谢谢”。这一步任选。

（9）为所有幻灯片设置动作按钮超链接。

（10）动画及幻灯片切换效果自定。

9.4.4 Office综合应用

1. 实验目的和要求

（1）培养学生分析、设计和解决实际问题的能力。

（2）掌握Office办公软件的综合应用。

（3）利用网络查阅文献、下载资料。

（4）通过PPT文件将Word、Excel等文件链接起来。

2. 实验内容和步骤

本实验可以自选题目，例如，我的母校，我们的班集体，××公司简介，××旅游点的介绍，××个人简介，××产品介绍。

（1）按照选定的题目进行内容设计，例如“我们的班集体”这个题目内容包括班级介绍、班级成员信息、班级制度和校园风景4个部分，班级成员信息用Excel实现，班级制度和校园风景用Word实现。再如，“焦作旅游景点的介绍”，题目内容应包括总体介绍、几个典型的旅游点的详细介绍、各旅游点不同季节的票价等。总体介绍用PowerPoint实现，各景点介绍用Word实现，旅游点票价用Excel实现。

（2）建立一个图文并茂Word文档和具有计算功能的Excel电子表格，要求有从网络上下载的图片和文档。将文件存到9_4_1中建立的文件夹中，Word文档名字格式为9_4_4W加姓名，Excel文档名字格式为9_4_4E加姓名。

注意：在复制、粘贴网页上的信息时，如果只要文字不要其他的内容，粘贴时可选择“选择性粘贴”中的“无格式文本”，然后再编辑。

（3）建立PPT主体文件，用超链接把各文件链接起来。

（4）将上面建立的3个文件打包，提交到指定的FTP或电子邮箱。

9.5　信息安全实验

9.5.1　网络端口扫描实验

1. 实验目的和要求

（1）通过使用网络端口扫描软件，了解目标主机开放的端口和服务程序，从而获得系统有用的信息，进而发现网络系统的漏洞。

（2）在 Windows 7 中学习使用 SuperScan 进行网络端口扫描。

（3）通过端口扫描实验，增强网络安全方面的防护意识。

2. 实验环境

两台或以上通过网络相连的主机，装有 Windows 7 系统，并安装 SuperScan3.0 软件。

3. 实验内容和步骤

SuperScan3.0 比其他版本使用简单，其主界面如图 9.8 所示。基本功能如下所述。

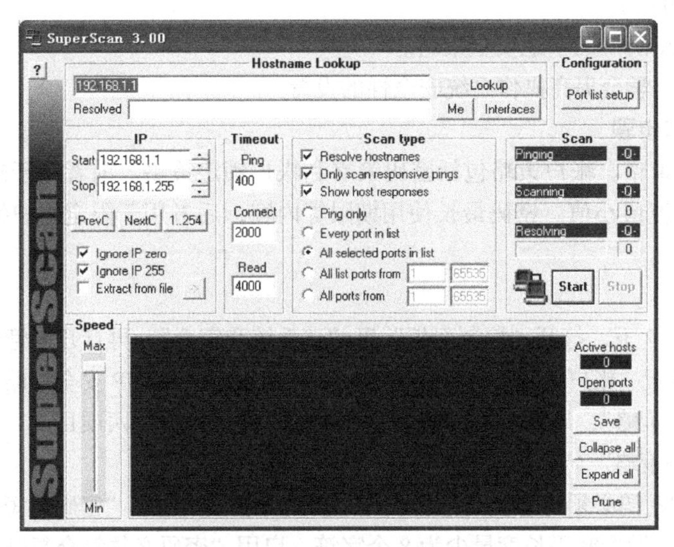

图 9.8　SuperScan3.0 主界面

（1）Ping 功能的使用。Ping 主要目的在于检测目标计算机是否在线和通过反应时间判断网络状况。在【IP】的 Start 填入起始 IP，在 Stop 填入结束 IP，然后，在【Scan Type】选择 Ping only，按 Start 就可以检测了。

（2）IP 和域名相互转换。在【Hostname Lookup】的输入框输入要转换的域名或者 IP，单击 LookUp 按钮就可以取得结果。如果需要取得自己计算机的 IP，单击 Me 按钮；如果需要取得自己计算机的 IP 设置情况，单击 InterFaces 按钮。

（3）扫描目标计算机的特定端口（自定义端口）。扫描的目的是为了得到目标计算机提供的服务和使用的软件。通常，只要检测 80（web 服务）、21（FTP 服务）、23（Telnet 服务）就可以了，即使是攻击，也不会有太多的端口检测。

单击 Port list setup 按钮，出现端口设置界面，在 Select ports 列表框中双击选择需要扫描的端口，端口前面会有一个“√”的标志；选择的时候，注意左边的“Change/Add/Delete port info”和“Helper apps in right-click menu”，这里是该端口的详细说明和所使用的程序。当选择21、23、80三个端口后，单击save按钮保存选择的端口为端口列表。按OK按钮回到主界面。在【Scan Type】选择All selected port in list，按Start按钮，开始检测。

扫描完成以后，按Expand all按钮展开，可以看到扫描的结果。第一行是目标计算机的IP和主机名；从第二行开始的小圆点是扫描的计算机的活动端口号和对该端口的解释，方框部分是提供该服务的系统软件。Active hosts中显示扫描到的活动主机数量；Open ports中显示目标计算机打开的端口数。

（4）检测目标计算机是否被种植木马。SuperScan可以实现对木马的检测，因为所有木马都必须打开一定的端口，所以只要检测这些特定的端口就可以知道计算机是否被种植木马。

在主界面选择Port list setup按钮，出现端口设置界面，单击其Port list files的下拉框，选择一个叫trojans.lst的端口列表文件，这个文件是软件自带的，提供了常见的木马端口，可以使用这个端口列表来检测目标计算机是否被种植木马。

9.5.2 Windows 7安全设置

1. 实验目的和要求

（1）设置Windows 7的本地安全策略。

（2）通过实验，学会提高操作系统安全性的设置。

2. 实验内容和步骤

（1）设置帐户策略。帐户策略包括密码策略和帐户锁定策略。前者用于规定密码必须符合的复杂性要求、长度最小值、密码最长使用期限等内容，后者用于限定帐户锁定时间、帐户锁定阈值等。

操作步骤如下。

① 在Windows 7下，打开“控制面板”里的“系统和安全”，再打开“管理工具”→“本地安全策略”。分别设置“帐户策略”、“本地策略”、“公钥策略”和“IP安全策略，在本地计算机”。

② 单击“帐户策略”，展开“密码策略”和“帐户锁定策略”两项目。

③ 双击“密码策略”名，弹出密码策略选项列表。

④ 选项包括“密码必须符合复杂性要求”、“密码长度最小值”、“密码最短使用期限”、“密码最长使用期限”等。设置密码长度最少为8个字符，启用“密码必须符合复杂性要求”项。

⑤ 双击“帐户锁定策略”，弹出帐户锁定策略列表。设置“帐户锁定阈值”为3，“帐户锁定时间”为10min，即如果3次登录无效，就锁定该帐户10min。

（2）设置本地策略。在本地策略中，有3个选项，分别是“审核策略”、“用户权限分配”和“安全选项”。在“用户权限分配”中设置只有Administrator可以“从远程系统强制关机”，在“安全选项”中设置“设备：CD-ROM的访问权限仅限于本地登录的用户”和“审核：对备份和还原权限的使用进行审核”。

操作步骤如下。

① 打开管理工具，选择本地安全设置，弹出本地安全设置窗口。

② 单击本地策略名，弹出本地策略对话框。

③ 单击“用户权限分配”，打开用户权限分配列表，从列表中选择“从远程系统强制关机”；双击该项目，弹出设置操作对话框，在“添加用户或组”对话框中输入Administrator。

④ 单击“安全选项”，打开安全选项列表，选择“设备：CD-ROM 的访问权限仅限于本地登录的用户”，双击该项目，弹出设置操作对话框，选择“已启用”选项。

⑤ 根据相同操作启用“审核：对备份和还原权限的使用进行审核”。

9.6　多媒体实验

9.6.1　声音录制与片段截取实验

1. 实验目的和要求

（1）掌握 Windows 录音机程序的使用，会进行声音录制。

（2）掌握声音片段的截取。

2. 实验环境

（1）硬件：带声卡的计算机、麦克、耳机。

（2）软件：音频解霸 3000，或其他音频截取软件。

3. 实验内容和步骤

（1）声音的录制。声音的录制可采用 Windows 系统自带的应用程序或专用的工具软件进行。Windows 7 系统自带的录音机程序的操作步骤如下。

① 在 Windows 任务栏中，右击表示音量的小喇叭图标，在弹出的快捷菜单中选择“录音设备”选项，弹出“声音”对话框。

② 在“声音”对话框中，单击“属性”按钮，弹出“麦克风属性”对话框，如图 9.9 所示。在“级别”选项卡中，确保按钮处于打开状态，也可以在“麦克风”选项下拖动滑块调整音量大小，这样才能让麦克风接受声音。

③ 将话筒的插头插入声卡 Mic（话筒）插孔中。一般的声卡有 3 个插孔，标字 Mic 的用于话筒，标字为 Line 的用于线路输入（主要与音响设备的线路输出端连接），标字 Speaker 的用于音响输出，注意不要插错。

④ 单击“开始”菜单→“所有程序”→“附件”→“录音机”命令，打开的“录音机”界面如图 9.10 所示。单击红色的录音键，就可以开始录音了。

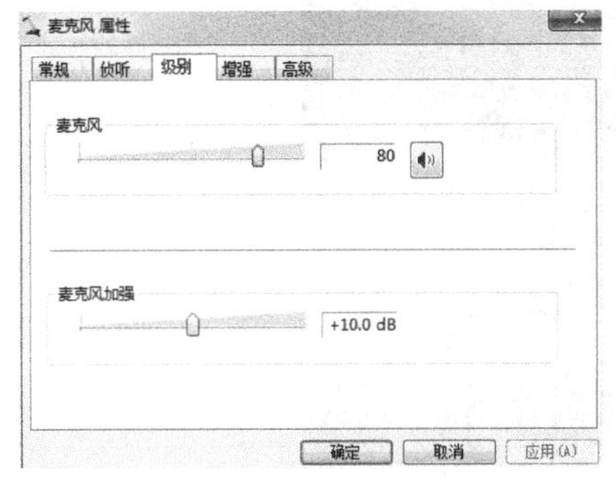

图 9.9　“麦克风属性”对话框

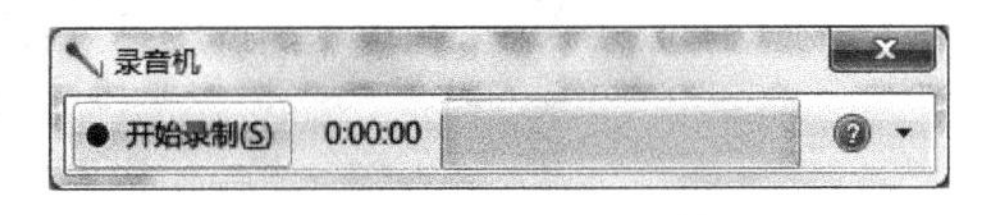

图 9.10　“录音机”界面

（2）声音片段的截取。根据需要，用户可以将声音的一段截取下来。截取的方法很多，下面以“超级解霸 3000”中的“音频解霸 3000”来截取 CD 光盘或 mp3 音乐中的音频片段。下面为截取音频信息的操作步骤。

① 运行“音频解霸 3000”软件，窗口如图 9.11 所示。

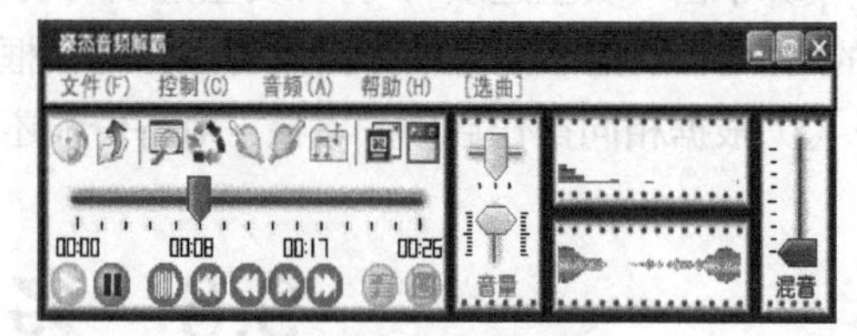

图 9.11　音频解霸

② 打开“文件”菜单，选择要播放的光盘或 mp3 文件等音源，播放器开始播放。

③ 当播放到需要截取的开始位置时，单击暂停按钮。

④ 选择菜单“控制/播放并且录音”命令，弹出“保存声音波形文件”对话框。

⑤ 在该对话框中的“保存在”文本框中，选定要保存的声音文件的目标文件夹；在“文件名”文本框中输入文件名，单击“保存”按钮，此时开始录音。

⑥ 当播放到结束点位置时，单击暂停按钮，则声音信息截取成功。

注意：用这种方法截取的声音信息为 wav 格式，不需要特殊的播放器在 Windows 环境下即可播放。

9.6.2　图像编辑实验

1. 实验目的和要求

（1）自行了解 Photoshop 的基本功能

（2）掌握数字图像的基本编辑方法，比较图像在编辑前后的区别（亮度、饱和度、对比度和亮度直方图等的不同）。

（3）掌握将图像保存为不同的图像格式文件。

2. 实验环境

（1）硬件：计算机。

（2）软件：Photoshop 及待处理的图像。

3. 实验内容和步骤

（1）在 Photoshop 中打开一幅在阴天拍摄的图片，如图 9.12 所示。

图 9.12　准备处理的图像

（2）使用 Photoshop 中的 Auto Levels、Auto Color 和 Auto Contrast 修正图像。

（3）裁减出图像的主体部分另存为一幅新的图像。

（4）利用历史命令窗口回到图像的最初状态。
（5）不使用步骤 2 中的 3 个命令，手动调整图像。
（6）将图像裁减、放大或缩小为 400×400 像素。
（7）将图像保存为 jpg 格式，分别选择保存精度为 12、8、6 和 4 进行保存。
（8）将图像保存为 bmp、tiff、psd 格式。

9.6.3　动画制作实验

1. 实验目的和要求

（1）了解 Flash 的基本功能。
（2）掌握简单动画的基本编辑方法。
（3）了解元件的概念，掌握制作文字元件的方法。
（4）初步掌握制作动画的过程，制作简单电子相册。

2. 实验环境

（1）硬件：计算机。
（2）软件：Macromedia Flash Professional 8。

3. 实验内容和步骤

（1）启动 Macromedia Flash Professional 8。
（2）导入一张舞台图片，制作图片旋转效果。
（3）制作具有位图填充效果的文字元件。
（4）在图片动画的基础上添加文字动画。
（5）配置背景音乐。
（6）运行动画。

9.7　Access 实验

9.7.1　数据表建立和使用实验

1. 实验目的和要求

（1）掌握 Access 数据表建立的方法。
（2）掌握记录和表结构修改的方法。
（3）比较、分析建立表的各种方法的特点。
（4）理解主键的含义。
（5）建立数据表之间的关系。
（6）通过数据表的建立和使用，初步掌握数据库设计能力。

2. 实验内容和步骤

建立“学生成绩管理”数据库，并在数据库中建立以下 3 张表（参考第 7 章内容）：
学生（学号，姓名，性别，是否党员，班级，籍贯）
课程（课程编号，课程名称，学分）
选课（学号，课程编号，成绩，学期）

以上带下划线的字段为主键，字段基本情况如表9.3所示。

表9.3　字段基本情况

字段名	字段类型	字段大小
学号	文本	10
姓名	文本	8
性别	文本	2
是否党员	是/否	
班级	文本	20
籍贯	文本	30
课程编号	文本	10
课程名称	文本	50
学分	数字	单精度型，1位小数
成绩	数字	整型
学期	数字	整型

（1）启动Microsoft Office Access 2010。

（2）创建数据库文件。在“可用模板”下选择“空数据库”，选择好数据库存放的位置，并将数据库命名为“学生成绩管理”。

（3）创建“学生”表结构。在打开的“数据库”窗口中，选择“创建”选项卡，单击“表设计”，打开“表设计视图”窗口。按照“学生”表中的数据字段及其属性创建表结构。单击快速工具栏上的“保存”按钮，这时打开“另存为”对话框，在“表名称”文本框中输入“学生”，单击“确定”按钮，然后提示尚未定义主键，单击“是”按钮。

（4）更改主键。右击“学生”表，选择“设计视图”，可看到自动增加了“ID”字段，数据类型为“自动编号”，且为主键。将主键改为“学号”字段。

（5）创建其他表。使用向导或输入数据创建表的方法，建立“课程”和“选课”表，并设置主键。

（6）修改表结构。右击“学生”表，选择“设计视图”，然后右击“ID”字段，选择“删除行”，或选中“ID”行后按Delete键。

（7）输入记录。对上面创建的3个表，输入一些典型的记录，如“学生”表中输入多条记录，最少包含两个班级的男女生数据；“课程”表中输入3门以上课程；“选课”表中输入各学生的选课情况。

（8）建立数据表之间的关系。建立“学生”表和“选课”表以及“课程”表和“选课”表之间的关系，并选择“实施参照完整性”和“级联更新相关字段”（参照第7章内容）。

9.8.2　学生成绩的统计分析实验

1. 实验目的和要求

（1）在实验9.8.1的基础上，利用数据表完成一些基本查询。

（2）利用Access设计视图查询各班学生各门课程的成绩。

（3）利用Access设计视图查询各门课程的最高分、平均分和最低分。

（4）通过使用查询掌握数据统计分析的技能。

2. 实验内容和步骤

（1）查询各班学生各门课程的成绩。

① 打开“学生成绩管理”数据库。

② 在“数据库”窗口中单击“创建”选项卡的“查询设计”按钮，打开“显示表”对话框。

③ 在“显示表”对话框中添加“选课”、“课程”和“学生”表。

④ 在“学生”表中，双击“班级”，将其添加到设计网格第一列中。重复操作把“课程名称”、“姓名”和“成绩”字段依次添加到后面几列中。在设计网格中设置“班级”、“课程名称”、“姓名”和“成绩”的“排序”行均为“升序”。

⑤ 单击工具栏中的“运行”按钮（感叹号形状），查看查询结果。

⑥ 保存查询。

（2）查询各班学生各门课程的最高分、平均分和最低分。

① 打开“学生成绩管理”数据库。

② 单击“创建”选项卡的“查询设计”按钮。

③ 在“显示表”对话框中添加“选课”、“课程”和“学生”表。

④ 在“课程”表中，双击“课程名称”，将其添加到设计网格第一列中。重复操作 3 次把“成绩”字段依次添加到后面几列中。

⑤ 单击“查询工具”选项卡上的“汇总”按钮，此时，会在设计网格中增加一行“总计”行。

⑥ 在设计网格中依次设置“班级”、“课程名称”和 3 个“成绩”的总计行为“分组”、“最大值”、“平均值”和“最小值”。

⑦ 单击工具栏中的“运行”按钮（感叹号形状），查看查询结果。

⑧ 保存查询。

9.8　工具软件实验

9.8.1　分区数据备份和还原实验

1. 实验目的和要求

（1）掌握分区数据备份的方法。

（2）掌握分区数据还原的方法。

2. 实验环境

（1）硬件：学校机房的计算机通常配有硬盘还原卡，需自备计算机。

（2）软件：一键 Ghost。

3. 实验内容及步骤

（1）分区数据备份。

① 进入 Ghost 操作界面，选择备份操作。

② 选择备份的磁盘和分区（D 盘）。

③ 设置备份文件存放在 E:\ghost\，以“20131201_D_data.gho”（20131201 表示备份日期，D 表示备份分区，data 表示数据备份）命名镜像文件。

④ 执行备份操作，观察备份参数的变化情况。

⑤ 重启计算机，查看 E:\ghost\路径下是否存在 20131201_D_data.gho 镜像文件。

（2）分区数据还原。

① 删除 D 盘所有数据，或直接快速格式化 D 盘。

② 进入 Ghost 操作界面，选择还原操作。

③ 查找镜像文件 E:\ghost\20131201_D_data.gho，确认文件信息，选择还原磁盘和分区（D 盘）。

④ 执行还原操作，观察还原的进度及参数变化情况。

⑤ 重启计算机，进入操作系统，查看 D 盘数据是否被恢复。

9.8.2 PDF 文档制作和使用实验

1. 实验目的和要求

（1）掌握制作 PDF 文档的方法。

（2）掌握 PDF 文档加密的方法。

（3）掌握加密 PDF 文档破解的方法。

2. 实验环境

（1）硬件：计算机。

（2）软件：Adobe Professional 7、PDF Password Remover。

3. 实验内容及步骤

（1）PDF 的制作。

① 创建一个名为“PDF 制作.txt”的文本文档，输入内容后保存。

② 利用打印功能将“PDF 制作.txt”转换为“PDF 制作.pdf”。

（2）PDF 文档的加密。

① 复制“PDF 制作.pdf”生成新 PDF 文档，重命名为“PDF 制作 1.pdf”。

② 加密“PDF 制作 1.pdf”，使其只能在输入正确口令后才能打开（参考第 8 章内容）。

③ 复制“PDF 制作.pdf”生成新 PDF 文档，重命名为“PDF 制作 2.pdf”。

④ 加密“PDF 制作 2.pdf”，使其只能浏览，不能打印、复制内容和修改（参考第 8 章内容）。

（3）PDF 文档的破解。

① 打开 PDF Password Remover 工具。

② 破解“PDF 制作 1.pdf”文档。

③ 破解“PDF 制作 2.pdf”文档。

9.8.3 Daemon 制作和使用光盘映像实验

1. 实验目的和要求

（1）掌握使用 Daemon 制作光盘映像的操作。

（2）体会使用 WinRAR 打开 ISO 文件与虚拟光驱打开 ISO 文件的区别。

2. 实验环境

（1）硬件：配有光驱的计算机。

（2）软件：Daemon。

3. 实验内容及步骤

（1）制作 ISO 映像文件。

① 将光盘放入光驱。

② 打开 Daemon 主界面，在工具栏上单击“制作光盘映像” 图标，弹出“光盘映像”对话框。

③ 在“设备”下拉框中选择放置光盘的物理光驱盘符，在“目标映像文件”输入框选择生成映像文件的存放位置为 D:\，文件名为“测试.iso”，选中“使用密码保护映像”复选框，设置密码。

④ 单击“开始”按钮制作映像文件。制作好的映像文件会显示在“映像文件目录”中。

⑤ 打开 D 盘查看生成的映像文件“测试.iso”。

（2）使用 ISO 映像文件。

① 双击“测试.iso”，打开“计算机”，双击虚拟光驱盘符，提示输入密码。先输入错误密码观察是否能够打开映像文件，再输入正确密码观察是否能够打开映像文件。

② 右击虚拟光驱盘符，选择“弹出”菜单项，卸载映像。

③ 右击 D 盘“测试.iso”，在快捷菜单中选择“解压到当前文件夹”，将映像文件解压缩。

9.8.4　音频视频应用实验

1. 实验目的和要求

（1）掌握使用格式工厂进行视频转换、剪辑、合并的方法。

（2）掌握从视频中提取音频的方法。

2. 实验环境

（1）硬件：计算机。

（2）软件：格式工厂以及相关工具软件。

3. 实验内容及步骤

（1）准备相关视频文件。

（2）使用格式工厂将 MP4 格式的视频文件转换为 AVI 格式。

（3）剪辑三段时间不定的视频文件，然后进行自由合并。

（4）从视频中提取出音频。

（5）自行安装类似的软件，如，QQ 影音、暴风转码、KMPlayer，进行上述操作，比较其优缺点。

附录
Windows 常用命令汇总

在 Windows 中保留了不少 MS-DOS 的命令，并且对某些命令做了修改，增强了功能，而且还新增加了网络命令。如何执行命令在第 2 章中已做了基本介绍。本部分总结了 Windows 提供的常用命令，分成 MS-DOS 命令和网络命令两大类。介绍时，某些命令省略了一些参数。详细用法可参考帮助中的“命令行参考 A-Z”。

一、常用 MS-DOS 命令

在命令格式中，使用的各种描述符含义如下。

Drive——表示驱动器名。

Path——表示路径。

FileName——表示文件名。

…——表示可在命令行中重复多次的参数。

<>——表示括起来的部分为必选项目。

[]——表示括起来的部分为可选项目。

|——表示竖线两边内容只能选择其一。

1. Attrib 命令

类型：外部命令。

功能：显示、设置或删除指派给文件或目录的只读、存档、系统以及隐藏属性。

格式：attrib [+r|-r][+a|-a][+s|-s][+h|-h][[Drive:][Path]FileName]]

说明：在不含参数的情况下时，attrib 命令显示当前目录中所有文件的属性；带参数的 attrib 命令用来设置或修改文件的属性。参数的意义如下。

（1）+r 设置只读属性；-r 清除只读属性。

（2）+a 设置存档文件属性；-a 清除存档文件属性。

（3）+s 设置系统属性；-s 清除系统属性。

（4）+h 设置隐藏属性；-h 清除隐藏属性。

举例：若要显示当前目录上名为 news99 的文件的属性，请键入：

```
attrib news99
```

再如：若将只读属性指派给当前目录下名为 repor.txt 文件，请键入：

```
attrib +r report.txt
```

2. Chdir（cd）命令

类型：内部命令。

功能：显示当前目录的名称，或更改当前的文件夹。

格式：cd[/d][Drive:][Path][..]][[/d][Drive:][path][..]]

说明：

（1）/d 除了更改驱动器的当前目录外，还可更改当前驱动器。

（2）[drive:][Path]指定要改为的驱动器（如果不是当前驱动器）和目录。

（3）[..]指明要改到父文件夹。

举例：假定当前驱动器为 C 盘，则执行下面命令后，当前目录更改为 E 盘上的 csy：

```
cd /d e:\csy
```

再如：从某个子目录更改到它的父目录，请键入：

```
cd..
```

3. Cls 命令

类型：内部命令。

功能：清除命令提示符窗口。

格式：cls

举例：要清除显示在命令提示符窗口中的所有信息，并返回空窗口，请键入：

```
cls
```

4. Cmd 命令

类型：外部命令。

功能：由 Windows 窗口操作界面进入 DOS 命令提示符界面状态。

格式：cmd [[/c|/k] [/s] [/q] string]

说明：

（1）/c 执行 string 指定的命令，然后停止。

（2）/k 执行 string 指定的命令并继续。

（3）/s 修改位于/c 或/k 之后的 string 处理。

（4）/q 关闭回显。

5. Comp 命令

类型：内部命令。

功能：逐字节地比较两个文件或几组文件的内容。

格式：comp [data1] [data2] [/d] [/a] [/l] [/n=number] [/c]

说明：

（1）data1 指定要比较的第一个文件或文件集的位置和名称。使用通配字符（*和？）可以指定多个文件。

（2）data2 指定要比较的第二个文件或文件集的位置和名称。使用通配字符（*和？）可以指定多个文件。

（3）/d 用十进制格式显示差别（默认格式为十六进制）。

（4）/a 将差别显示为字符形式。

（5）/l 显示出现差别的行编号，而不显示字节偏量。

（6）/n=number 比较两个文件的第一个 number，即使两个文件的大小并不相同。两个文件大小不同时，必须使用/n 参数。

（7）/c 执行不区分大小写的比较。

（8）比较期间，comp会显示消息，标识两个文件中不同信息的位置。每条消息都表明了不相等字节的偏移内存地址和字节本身的内容（除非指定了/a或/d命令行选项，否则都用十六进制记数法表示）。消息按以下格式显示：

```
Compare error at OFFSET xxxxxxxx
file1 = xx
file2 = xx
```

经过10个不相等的比较后，comp命令将终止文件对比。

举例：要将目录C:\Reports的内容与备份目录\\Sales\Backup\April进行比较，请键入：

```
comp c:\reports \\sales\backup\april
```

再如：要比较\Invoice目录中文本文件的开头10行并以十进制格式显示结果，请键入：

```
comp \invoice\*.txt \invoice\backup\*.txt /n=10 /d
```

6. Convert命令

类型：外部命令。

功能：将FAT和FAT32卷转换为NTFS

格式：convert [volum]/fs:ntfs [/v]

说明：

（1）volume指定驱动器号（其后紧跟冒号）、装入点或要转换为NIFS的卷名。

（2）/fs:ntfs必需将卷转换为NTFS。

（3）/v指定详细模式，即在转换期间将显示所有的消息。

举例：将驱动器E上的卷转换为NTFS并显示所有消息，请键入：

```
convert e:/fs:ntfs /v
```

7. Copy命令

类型：内部命令。

功能：将一个或多个文件从一个位置复制到其他位置。

格式：copy[/y |/-y]　Source [+ Source [+ ...]] [Destination]

说明：

（1）/y禁止提示确认要覆盖现存的目标文件夹名、文件名或组合所组成。

（2）/-y提示要覆盖现存的目标文件。destination：复制到其中的文件或文件集的位置和名称。

（3）Source必需指定要复制的文件或文件集的所在位置。source可以由驱动器号和冒号、文件夹名、文件名或这几个的组合所组成。

（4）Destination必需指定要将文件或文件集复制到的位置。Destination可以由驱动器号和冒号、文件夹名、文件名或这几个的组合所组成。

举例：将文件Robin.typ从当前驱动器的当前目录复制到位于驱动器C上的现在目录Birds中，请键入：

```
copy robin.typ c:\birds
```

再如：将位于当前驱动器的当前目录中的Mar89.rpt、Apr89.rpt以及May89.rpt合并，并将它们放在当前驱动器的当前目录下名为Report的文件中，请键入：

```
copy mar89.rpt + apr89.rpt +may89.rpt report
```

8. Date命令

类型：内部命令。

功能：显示或修改当前系统日期设置。

格式：date [yy-mm-dd] [/t]

说明：在不含参数的情况下，date 将显示当前系统日期设置并提示键入新日期。

（1）yy-mm-dd 设置指定日期。此处 mm 指月，dd 指天，yy 指年，且必须用句点（.）、连字符（-）或斜杠标记（/）分隔；mm 的有效值范围是从 1 到 12；dd 有效值范围是从 1 到 31；yy 的有效值范围是从 80 到 99 或从 1980 到 2099。

（2）/t 显示当前日期，但不提示键入新日期。

举例：要将日期更改成 2008 年 6 月 5 日，请键入：

```
date
```

再键入：

08-06-05

再如：要显示当前系统日期，请键入：

```
date/t
```

9. Del 命令

类型：内部命令。

功能：删除指定文件。

格式：del [Drive:][path]FileName[…][/p]

说明：/p 提示确认是否删除指定的文件。

举例：要删除驱动器 c:\上名为 Test 文件夹中的所在文件，请键入：

del c:\test*.*　或　del c:\test

10. Dir 命令

类型：内部命令。

功能：显示目录文件和子目录列表。

格式：dir [drive:][path][FileName] [...] [/p] [/w] [/d] [/a[:]attributes]

说明：

（1）在没有参数的情况下使用，则 dir 显示磁盘的卷标和序列号，后接磁盘上目录和文件列表，包括它们的名称和最近修改的日期及时间。dir 可以显示文件的扩展名以及文件的字节大小。Dir 也显示列出的文件及目录的总数、累计大小和磁盘上保留的可用空间（以字节为单位）。

（2）/p 每次显示一个列表屏幕。要查看下一屏，请按键盘上的任意键。

（3）/w 以宽格式显示列表，在每一行上最多显示 5 个文件名或目录名。

（4）/d 与/w 相同，但是文件按列排序。

（5）/a[:]attributes 只显示那些指定属性的目录和文件名称。如果省略此参数，dir 将显示除隐藏文件和系统文件之外的所有文件名。如果在没有指定 attributes 的情况下使用此参数，dir 显示所有文件的名称，包括隐藏和系统文件。

举例：要显示驱动器 c 上所有目录中带.txt 扩展名的所有文件名的列表，请键入：

```
dir  c:\*.txt/w/p
```

再如：显示驱动器 d 上所有目录名，请键入：

```
dir d:
```

11. Exit 命令

类型：内部命令。

功能：退出当前批处理文件或 Cmd.exe 程序（命令解释程序）。

格式：exit [/b]

说明：/b 退出当前批处理文件。

12. Format 命令

类型：外部命令。

功能：格式化磁盘以供 Windows 使用。

格式：format volume [/fs:file-system] [/v:label] [/q] [/c]

说明：必须是 Administrators 组的成员才能格式化硬盘。

（1）volume 指定要格式化的驱动器（后跟一个冒号）、装入点或卷名。

（2）/fs:file-system 指定要使用的文件系统：FAT、FAT32 或 NTFS。软盘只能使用 FAT 文件系统。

（3）/v:label 指定卷标。如果省略/v 开关或使用它而不指定卷标，Windows 将在格式化完成后提示输入卷标。如果用一条 format 命令格式化多个磁盘，则所有的盘都有相同的卷标。

（4）/q 执行快速格式化。删除以前已格式化卷的文件表和根目录，但不在扇区之间扫描损坏区域。使用/q 参数应格式化以前格式化的完好的卷。

（5）/c 仅限于 NTFS。默认情况下，在新卷上创建的文件将被压缩。

举例：若对以前格式化过的 F 盘快速格式化并指定文件系统为 FAT32，请键入：

```
format f:/q/fs:fat32
```

13. Help 命令

类型：外部命令。

功能：提供系统命令（非网络命令）的联机帮助信息。

格式：help [command]

说明：command 指定需要提供联机帮助的命令名称。如果不指定命令名，help 命令将列出并简短描述每个 Windows 系统命令。注意:也可以在键入的命令名后跟/?以得到联机帮助信息。

举例：若要查看有关 xcopy 命令的详细信息，请键入：

```
help xcopy   或  xcopy/?
```

14. Label 命令

类型：外部命令。

功能：创建、修改或删除磁盘的卷标（名称）。

格式：label[drvie:][label]

说明：不带参数的 lable 命令将更改当前卷标或删除现有卷标。

（1）drive:指定驱动器名。

（2）label 指定卷名称。

举例：要为包含 7 月份销售信息的驱动器 A 创建卷标，请键入：

```
label a:sales-july
```

15. Mkdir（Md）命令

类型：内部命令。

功能：创建目录或子目录。

格式：md[Drive:]Path

说明：

（1）Drive:指定要创建新目录的驱动器。

（2）Path 指定新目录的名称和位置。单个路径的最大长度由文件系统决定。

举例：若要在当前驱动器上创建\Taxes\Property\Current，请键入：

```
md \Taxes\Property\Current
```

16. More 命令

类型：外部命令。

功能：每次显示一个输出屏幕。

格式：

```
more [[/c] [/p] [/s] [/tn] [+n]] < [Drive:][Path]filename
command | more [/c] [/p] [/s] [/tn] [+n]
more [/c] [/p] [/s] [/tn] [+n] [files]
```

说明：当使用重定向字符（<）时，必须指定文件名作为来源。在使用管道（|）时，可以使用诸如 dir、sort 和 type 之类的命令。

（1）[drive:][path]filename 指定要显示的文件。

（2）command 指定要显示其输出的命令。

（3）/c 显示页面前清除屏幕。

（4）/p 扩展换页符。

（5）/s 将多个空白行更改为一个空白行。

（6）/tn 将跳格键更改为 *n* 个空格。

（7）+n 显示由 n 指定的行开始的第一个文件。

（8）files 指定要显示的文件列表，用空格分隔文件名。

举例：要在屏幕上查看名为 Clients.new 的文件，请键入下列命令之一：

```
more < clients.new
type clients.new | more
```

再如：要在显示文件 Clients.new 之前清除屏幕并删除所有附加空白行，请键入以下任意一个命令：

```
more /c /s < clients.new
type clients.new | more /c /s
```

17. Path 命令

类型：内部命令。

功能：设置 PATH 环境变量（用于查找可执行文件的目录集）中的命令路径。

格式：path[[%path%][Drive:]Path[；…]]

说明：在没有参数的情况下，path 显示当前的搜索路径。

（1）[Drive:]path 指定命令目录中设置的驱动器和目录。

（2）; 用来分隔命令路径中的目录。

（3）%path%指定 Windows 将命令路径添加到 PATH 环境变量中列出的现有目录集中。

举例：搜索 3 个目录以查找外部命令。这些目录的 3 个路径是 c:\user\taxes、d:\user\invest 和 d:\bin，请键入：

```
path c:\user\taxes;d:\user\invest;d:\bin
```

18. Rename（ren）命令

类型：内部命令。

功能：更改一个文件或一批文件的名称。

格式：ren [drive:][path] filename1 filename2

说明：

（1）[drive:][path] filename1 指定要重命名的文件或文件集的位置和名称。

（2）filename2 为文件指定新的名称。如果使用通配符（*和？），filename2 为多个文件指定新名称。重新命名文件时不能指定新的驱动器或路径。

举例：若要将当前目录中所有.txt 文件的扩展名更改为.doc，请键入：

```
ren *.txt *.doc
```

19. Rmdir（rd）命令

类型：内部命令。

功能：从指定的磁盘上或当前工作目录中删去一个空的子目录。

格式：rd [drvie:]path [/s]

说明：

（1）[drvie:]path 指定要删除目录的位置和名称。

（2）/s 删除指定目录和所有子目录以及包含的所有文件，即删除目录树。

例如：要删除目录\User 和其中的所有文件和子目录，请键入：

```
rd /s \user
```

20. Time 命令

类型：内部命令。

功能：显示或修改当前系统时间。

格式：time[/t] [hours:[minutes[:seconds[.hundredths]]][a|p]]

说明：不带参数，time 显示系统时间并提示输入一个新时间。

（1）/t 显示当前系统时间，不提示输入新时间。

（2）hours 指定小时，有效值为 0～23。 Minutes 指定分钟，有效值为 0～59。 seconds 指定秒数，有效值为 0～59。Hundredths 指定百分之一秒，有效值范围为 0～99。

（3）A|P 指定 12 小时时间格式为 A.M 或 P.M。如果键入了有效的 12 小时时间，但没有键入 A 或 P，time 将使用 A 来代表 A.M。

举例：将计算机时钟设置为 5:35 P.M，请键入：

```
time 17:35
```

21. Type 命令

类型：内部命令。

功能：显示文本文件的内容。

格式：type [Drive:][Path] FileName

说明：使用 type 命令查看文本文件而不修改文件。

[Drive:][Path] FileName 指定要查看的一个或多个文件的位置和名称，用空格分开多个文件名。

举例：要显示文件 holiday.mar 的内容，请键入：

```
type holiday.mar
```

22. Ver 命令

类型：内部命令。

功能：显示 Windows 的版本号。

格式：ver

举例：键入 ver 显示当前 Windows 的版本号。

23. Xcopy 命令

类型：外部命令。

功能：复制文件和目录，包括子目录。

格式：xopy Source [Destination] [/v][/s][/e][/t][{/y|/-y}]

说明：

（1）/v 在写入目标文件时验证每个文件，以确保目标文件与源文件完全相同。

（2）/s 复制非空的目录和子目录，如果省略/s，xcopy 将在一个目录中工作。

（3）/e 复制所有子目录，包括空目录，同时使用/e、/s 和/t 命令行选项。

（4）/t 只复制子目录结构（即目录树），不复制文件。要复制空目录，必须包含/e 命令行选项。

（5）/y 禁止提示确认要覆盖现存的目标文件；/-y 提示确认要覆盖现有目标文件。

举例：要从驱动器 A 将所有文件和子目录（包括所有空的子目录）复制到驱动器 C，请键入：

```
xcopy a: c:/s/e
```

二、常用网络命令

1. Arp 命令

功能：显示和修改“地址解析协议（ARP）”缓存中的项目。ARP 缓存中包含一个或多个表，它们用于存储 IP 地址及其经过解析的以太网或令牌环物理地址。计算机上安装的每一个以太网或令牌环网络适配器都有自己单独的表。

格式：arp [-a [InetAddr]] [-d InetAddr [IfaceAddr]] [-s InetAddr EtherAddr [IfaceAddr]]

说明：如果在没有参数的情况下使用，则 arp 命令将显示帮助信息。

（1）-a 显示某个 IP 地址的网卡地址（不加 IP 地址，显示所有已激活的 IP 地址的网卡地址）（使用该参数前应该先 ping 通某一个 IP 地址）。

（2）-d 删除指定 IP 地址的主机。

（3）-s 增加主机和与 IP 地址相对应的以太网卡地址。

（4）InetAddr 代表 IP 地址。

（5）EtherAaddr 代表以太网卡地址。

（6）IfaceAddr 代表分配给该接口的 IP 地址。

举例：如果有多个网卡，那么使用下面命令就可以只显示与该接口相关的 ARP 缓存项目。

arp -a IP 地址

2. Ftp 命令

功能：将文件传输到运行文件传输协议（FTP）服务器（如 Internet 信息服务）的计算机，或从这台计算机传输文件。可以通过处理 ASCII 文本文件交互式地或以批处理模式使用 FTP。

格式：ftp [-v] [-n] [-i] [-d] [-g] [-s:filename] [-a] [-w:windowsize] [Host]

说明：输入不带参数的 ftp，进入交互使用 ftp 状态，输入 quit 退出。

（1）-v 禁止显示 FTP 服务器响应。

（2）-n 在建立初始连接后禁止自动登录功能。

（3）-I 传送多个文件时禁用交互提示。

（4）-d 启用调试、显示在 FTP 客户端和 FTP 服务器之间传递的所有命令。

（5）-g 禁用文件名组，它允许在本地文件和路径名中使用通配符字符（*和?）。

（6）-s:filename 指定包含 ftp 命令的文本文件；当 ftp 启动后，这些命令将自动运行。该参数中不允许有空格。使用该开关而不是重定向（>）。

（7）-a 在捆绑数据连接时使用任何本地接口。

（8）-w:windowsize 替代默认大小为 4096 的传送缓冲区。

（9）host 指定要连接的计算机名、IP 地址或 ftp 服务器。如果指定，计算机必须是命令行的最后一个参数。

举例：要登录到名为 ftp.example.microsoft.com 的 FTP 服务器，请键入：

```
ftp ftp.example.microsoft.com
```

3. Ipconfig 命令

功能：显示所有当前的 TCP/IP 网络配置值、刷新动态主机配置协议（DHCP）和域名系统（DNS）设置。

格式：ipconfig [/all] [/renew [Adapter]] [/release [Adapter]]

说明：使用不带参数的 ipconfig 可以显示所有适配器的 IP 地址、子网掩码、默认网关。

（1）/all 显示所有适配器的完整 TCP/IP 配置信息（如 IP 地址、MAC 地址等）。在没有该参数的情况下 ipconfig 只显示 IP 地址、子网掩码和各个适配器的默认网关值。适配器可以代表物理接口（例如安装的网络适配器）或逻辑接口（例如拨号连接）。

（2）/renew [adapter]更新所有适配器（如果未指定适配器），或特定适配器（如果包含了 Adapter 参数）的 DHCP 配置。该参数仅在具有配置为自动获取 IP 地址的网卡的计算机上可用。要指定适配器名称，请键入使用不带参数的 ipconfig 命令显示的适配器名称。

（3）/release [adapter]发送 DHCPRELEASE 消息到 DHCP 服务器，以释放所有适配器（如果未指定适配器）或特定适配器（如果包含了 Adapter 参数）的当前 DHCP 配置并丢弃 IP 地址配置。该参数可以禁用配置为自动获取 IP 地址的适配器的 TCP/IP。

举例：要显示所有适配器的基本 TCP/IP 配置，请键入：

```
ipconfig
```

再如：要显示所有适配器的完整 TCP/IP 配置，请键入：

```
ipconfig /all
```

4. Nbtstat 命令

功能：显示本地计算机和远程计算机的基于 TCP/IP（NetBT）的 NetBIOS 统计资料、NetBIOS 名称表和 NetBIOS 名称缓存。

格式：nbtstat [-a RemoteName] [-A IPAddress] [-c] [-n] [-r] [-R] [-RR] [-s] [-S] [Interval]

说明：参数区分大小写。使用不带参数的 nbtstat 显示帮助。

（1）-aRemoteName 显示远程计算机的 NetBIOS 名称表，其中，RemoteName 是远程计算机的 NetBIOS 计算机名称。NetBIOS 名称表是运行在该计算机上的应用程序使用的 NetBIOS 名称列表。

（2）-AIPAddress 显示远程计算机的 NetBIOS 名称表，其名称由远程计算机的 IP 地址指定。

（3）-c 显示 NetBIOS 名称缓存内容、NetBIOS 名称表及其解析的各个地址。

（4）-n 显示本地计算机的 NetBIOS 名称表。Registered 中的状态表明该名称是通过广播或 WINS 服务器注册的。

（5）-r 显示 NetBIOS 名称解析统计资料。在配置为使用 WINS 的 Windows XP 计算机上，该参数将返回已通过广播和 WINS 解析和注册的名称号码。

（6）-R 清除 NetBIOS 名称缓存的内容并从 Lmhosts 文件中重新加载带有#PRE 标记的项目。

（7）-RR 重新释放并刷新通过 WINS 注册的本地计算机的 NetBIOS 名称。

（8）-s 显示 NetBIOS 客户和服务器会话，并试图将目标 IP 地址转化为名称。

（9）-S 显示 NetBIOS 客户和服务器会话，只通过 IP 地址列出远程计算机。

举例：要显示 IP 地址为 10.0.0.99 的远程计算机的 NetBIOS 名称表，请键入：

nbtstat -A 10.0.0.99

再如：要每隔 5s 以 IP 地址显示 NetBIOS 会话统计资料，请键入：

nbtstat -S 5

5. NET 命令

许多服务使用的网络命令都以词 net 开头，常用的有以下一些。

（1）NET CONFIG。

功能：显示当前工作组设定信息。这些信息有计算机名、当前登录用户名、工作组名、本地工作站目录、操作系统版本、网络工具版本、当前登录到服务器的信息等。

（2）NET DIAG。

功能：网络调试。利用网络调试工具，测试网络连接情况，查找故障。需要将一台计算机设定为测试服务器以便发出测试信息，另一台计算机作为接收者尝试接收，从而判定网络连通状态或者故障。

（3）NET INIT。

功能：网络初始化。加载网络适配器驱动程序、网络通信协议。

（4）NET HELP。

功能：详细的联机帮助。能够详细地解释各项子命令的用法和提示信息的含义。

（5）NET LOGOFF。

功能：网络用户注销。切断网络连接，释放共享的网络资源。

（6）NET LOGON。

功能：网络用户登录。利用用户名和口令登录注册网络用户。

（7）NET PASSWORD。

功能：修改网络口令。修改当前用户的网络登录口令。

（8）NET PRINT。

功能：网络打印机管理。查看网络中的打印机信息，查看指定打印机的打印作业队列，暂停、继续或者取消某个打印作业，查看某个打印端口连接的打印机工作状态。

（9）NET START。

功能：启动网络服务。启动各种层次的网络重定向服务，绑定网络通信协议和网络适配器，启动 NetBEUI、NWLINK 网络接口，查看当前运行的网络服务信息。在执行各个网络命令之前，必须首先启动网络服务。

（10）NET STOP。

功能：终止网络服务。终止上述网络服务或者接口。

（11）NET TIME。

功能：网络时钟服务。查看工作站当前时钟，或者将本地时间与网络时钟服务器时间同步。

（12）NET USE。

功能：使用网络资源。接通或者切断与网络资源的连接，这些资源包括共享文件、共享打印机等（能够将网络路径映射为本地虚拟盘，相当于资源管理器中的映射网络驱动器功能），修改共享口令，查看当前的网络连接信息。

（13）NET VER。

功能：查看各种网络服务软件版本。

（14）NET VIEW。

功能：查看所有网络资源。查看当前对等网络中所有提供共享资源的计算机信息，或者指定计算机上的所共享资源信息。

6. Netstat 命令

功能：显示与 IP、TCP、UDP 和 ICMP 相关的统计数据（IPv4、IPv6），一般用于检验本机各端口的网络连接情况。

格式：netstat [-a] [-e] [-n] [-o] [-p Protocol] [-r] [-s] [Interval]

说明：使用时如果不带参数，netstat 显示活动的 TCP 连接。

（1）-a 显示所有活动的 TCP 连接以及计算机侦听的 TCP 和 UDP 端口。

（2）-e 显示以太网统计信息，如发送和接收的字节数、数据包数。该参数可以与-s 结合使用。

（3）-n 以数字表格形式显示所有已建立的有效连接，包括地址和端口号。

（4）-o 显示活动的 TCP 连接并包括每个连接的进程 ID（PID）。可以在 Windows 任务管理器中的“进程”选项卡上找到基于 PID 的应用程序。该参数可以与-a、-n 和-p 结合使用。

（5）-pProtocol 显示 Protocol 所指定的协议的连接。在这种情况下，Protocol 可以是 tcp、udp、tcpv6 或 udpv6。如果该参数与-s 一起使用按协议显示统计信息，则 Protocol 可以是 tcp、udp、icmp、ip、tcpv6、udpv6、icmpv6 或 ipv6。

（6）-s 按协议显示统计信息。默认情况下，显示 TCP、UDP、ICMP 和 IP 的统计信息。如果安装了 Windows XP 的 IPv6 协议，就会显示有关 IPv6 上的 TCP、IPv6 上的 UDP、ICMPv6 和 IPv6 协议的统计信息。可以使用-p 参数指定协议集。

（7）-r 显示 IP 路由表的内容。该参数与 route print 命令等价。

举例：如果对方在设置 QQ 时选择了不显示 IP 地址，当他通过 QQ 或其他的工具与你相连时（例如你给他发一条 QQ 信息或他给你发一条信息），请立刻输入下列命令就可以看到对方上网时所用的 IP 或 ISP 域名了。

netstat -n 或 netstat -a

7. Ping 命令

功能：Ping 是一个测试程序，可检测网络访问层、网卡、MODEM 的输入输出线路、电缆和路由器等存在的故障。

格式：ping [-t] [-a] [-n Count] [-l Size] [-f] [-r Count] [TargetName]

说明：不带参数的 ping 命令显示帮助。

（1）-t 连续对 IP 地址执行 ping 命令，直到被用户以 Ctrl+C 中断。

（2）-a 指定对目的地 IP 地址进行反向名称解析。如果解析成功，ping 将显示相应的主机名。

（3）-n Count 指定发送回响请求消息的次数。默认值为 4。

（4）-l Size 指定发送的回响请求消息中“数据”字段的长度（以字节表示）。默认值为 32。Size 的最大值是 65527。

（5）-f 在数据包中发送“不要分段”标志，数据包就不会被路由上的网关分段。

（6）-r Count 在“记录路由”字段中记录传出和返回数据包的路由。count 可以指定最少 1 台，最多 9 台计算机。

（7）TargetName 指定目的端，它既可以是 IP 地址，也可以是主机名。

举例：使用 ping 检查网络连通性，可使用下面 5 个步骤。

（1）使用 ipconfig/all 观察本地网络设置是否正确。

（2）ping 127.0.0.1，其中 127.0.0.1 为 ping 回送地址，目的是为了检查本地的 TCP/IP 有没有设置好。

（3）ping 本机 IP 地址，目的是为了检查本机的 IP 地址是否设置有误。

（4）ping 本网网关或本网其他 IP 地址，目的是为了检查硬件设备是否有问题，也可以检查本机与本地网络连接是否正常（在非局域网中这一步骤可以忽略）。

（5）ping 远程 IP 地址，目的主要是检查本网或本机与外部的连接是否正常。

8. Route 命令

功能：Route 用来显示、添加和修改路由表项目。

格式：route [-f] [-p] [Command [Destination] [mask Netmask] [Gateway] [metric Metric]] [if Interface]]

说明：不带参数的 route 命令显示帮助。

（1）-f 清除所有不是主路由、环回网络路由或多播路由条目的路由表。

（2）-p 该参数与 add 命令一块使用时用于添加永久的静态路由表条目。如果没有这个参数，则添加的路由表条目在系统重启后会丢失。如果其他命令使用这个参数，则会被忽略。因为其他命令对路由表的影响总是永久的。在 Windows 95 系统的 route 命令不支持这个选项。

（3）Command 指定要运行的命令，包括 add（添加路由）、change（更改现存路由）、delete（删除路由）、print（打印路由）等 4 条命令。

（4）Destination 代表所要达到的目标 IP 地址。

（5）mask Netmask 其中 mask 是子网掩码的关键字。Netmask 代表具体的子网掩码，如果不加说明，默认是 255.255.255.255（单机 IP 地址），因此键入掩码时候要特别小心，要确认添加的是某个 IP 地址还是 IP 网段。如果代表全部出口子网掩码可用 0.0.0.0。

（6）Gateway 代表出口网关。

（7）interface 和 metric 分别代表特殊路由的接口数目和到达目标地址的代价，一般可不予理会。

举例：

（1）要显示 IP 路由表中以 10.开始的路由，请键入：

```
route print 10.*
```

（2）要添加目标为 10.41.0.0，子网掩码为 255.255.0.0，下一个跃点地址为 10.27.0.1，跃点数为 7 的路由，请键入：

route add 10.41.0.0 mask 255.255.0.0 10.27.0.1 metric 7

（3）要删除目标为 10.41.0.0，子网掩码为 255.255.0.0 的路由，请键入：

route delete 10.41.0.0 mask 255.255.0.0

（4）要将目标为 10.41.0.0，子网掩码为 255.255.0.0 的路由的下一个跃点地址由 10.27.0.1 更改为 10.27.0.25，请键入：

route change 10.41.0.0 mask 255.255.0.0 10.27.0.25

9. Tracert 命令

功能：检查到达的目标 IP 地址的路径并记录结果。

格式：tracert [-d] [-h maximum_hops] [-j host_list] [-w timeout] [TargetName]

说明：不带参数时，tracert 显示帮助。

（1）/d　防止 tracert 试图将中间路由器的 IP 地址解析为它们的名称。这样可加速显示 tracert 的结果。

（2）-h maximum_hops　指定搜索到目标地址的最大跳跃数。

（3）-j host_list　按照主机列表中的地址释放源路由。

（4）-w timeout 指定超时时间间隔，程序默认的时间单位是毫秒。

（5）TargetName　指定目标，可以是 IP 地址或主机名。

举例：要跟踪名为 www.chinayancheng.net 的主机的路径并防止将每个 IP 地址解析为它的名称，请键入：

```
tracert -d www.chinayancheng.net
```

参考文献

[1] 贾宗璞. 计算机应用基础. 徐州：中国矿业大学出版社，2001.

[2] 许合利. 计算机文化基础. 徐州：中国矿业大学出版社，2005.

[3] 贾宗璞. 大学计算机基础. 徐州：中国矿业大学出版社，2008.

[4] 阮文江. 大学计算机公共基础. 北京：清华大学出版社，2007.

[5] 冯博琴. 大学计算机. 北京：中国水利水电出版社，2005.

[6] 贾宗福. 新编大学计算机基础教程. 北京：中国铁道出版社，2007.

[7] 王琛. 精解 Windows 7. 北京：人民邮电出版社，2009.

[8] 吴华. Office 2010 办公软件应用标准教程. 北京：清华大学出版社，2012.

[9] 张玲. 大学计算机基础教程. 北京：电子工业出版社，2004.

[10] 张殿龙. 大学计算机基础. 北京：高等教育出版社，2006.

[11] 闫洪亮. 大学计算机基础教程. 上海：上海交通大学出版社，2006.

[12] 李明. 大学计算机基础. 北京：高等教育出版社，2005.

[13] 石峰. 程序设计基础. 北京：清华大学出版社，2003.

[14] 孙中胜. 计算机与信息技术基础. 北京：中国铁道出版社，2006.

[15] 陈义平. Access 数据库程序设计教程（二级）. 北京：清华大学出版社，2004.

[16] 教育部考试中心. 全国计算机等级考试三级教程——网络技术. 北京：高等教育出版社，2004.

[17] 赵骥. 大学计算机基础上机实训及习题解答. 北京：清华大学出版社，2007.

[18] 秦光洁. 大学计算机基础实验指导与习题集. 北京：清华大学出版社，2007.

[19] 林柏钢. 网络与信息安全教程. 北京：机械工业出版社，2004.

[20] 邓志华. 网络安全与实训教程. 北京：人民邮电出版社，2005.

[21] 马华东. 多媒体技术原理及应用. 北京：清华大学出版社，2002.

[22] 钟飞琢. 多媒体技术及其应用. 北京：机械工业出版社，2003.

[23] 黄迪明. 软件技术基础. 北京：高等教育出版社，2004.

[24] 谢先阅. 浅谈计算机网络的未来发展趋势. 信息与电脑，2011，6.